CHEMISCHE TECHNOLOGIE
IN EINZELDARSTELLUNGEN
HERAUSGEBER: PROF. DR. A. BINZ, BERLIN

SPEZIELLE CHEMISCHE TECHNOLOGIE

DIE SCHWELTEERE

IHRE GEWINNUNG UND VERARBEITUNG

VON

Dr. W. SCHEITHAUER

GENERALDIREKTOR

ZWEITE AUFLAGE

BEARBEITET VON

Dr. W. SCHEITHAUER UND PROFESSOR Dr. EDM. GRAEFE

MIT 84 FIGUREN IM TEXT

Springer-Verlag Berlin Heidelberg GmbH

1922

ISBN 978-3-662-27421-7   ISBN 978-3-662-28908-2 (eBook)
DOI 10.1007/978-3-662-28908-2

Vorwort.

Diese Schrift soll die Gewinnung und Verarbeitung der Schwelteere schildern, auf die sich große Industrien aufgebaut haben. Die beiden bedeutendsten sind die schottische Schieferteerindustrie und die sächsisch-thüringische Mineralöl-Industrie, die einen Zweig des mitteldeutschen Braunkohlenbergbaues darstellt. Außerdem wird in Deutschland noch in Messel bei Darmstadt Schwelteer gewonnen und verarbeitet. Durch die freundlichst gewährte Hilfe von dem Leiter dieses Unternehmens, Herrn Dr. *Spiegel*, sind wir in der Lage, eine genaue Schilderung dieser Industrie zu bringen, die genannter Herr selbst zu verfassen die Güte hatte. Ihm sei auch an dieser Stelle nochmals herzlichst gedankt.

In Südfrankreich und in Australien wird gleichfalls in geringem Umfange bituminöser Schiefer geschwelt und der Teer verarbeitet. Für die dort benutzten Apparate und Verfahren sind die der schottischen Industrie vorbildlich gewesen.

Die in den beiden zuerst genannten Industrien gebrauchten Apparate und üblichen Arbeitsweisen werden eingehend dargelegt werden. Der Verfasser ist in der einen, der sächsisch-thüringischen, tätig und die andere, die schottische, kennt er aus eigener Anschauung, auch standen ihm ausführliche Literaturquellen zu Gebote.

Wegen des durch seine erweiterten Amtsgeschäfte eingetretenen Zeitmangels war es dem Verfasser zu seinem Bedauern nicht möglich, die ganze Schrift selbst abzufassen. Zu seiner Freude fand er als Mitarbeiter Herrn Dr. *Edm. Graefe*, einen durch seine wissenschaftliche Arbeiten in der Industrie wohlbekannten Techniker, der das 10. und 11. Kapitel ganz und das 9. Kapitel außer dem ersten Abschnitt „Die Geschichte" verfaßt hat. Ihm sei nochmals für seine Mitarbeit vielmals Dank gesagt.

Waldau bei Osterfeld (Halle a. S.) 1911.

Der Verfasser.

Vorwort zur zweiten Auflage.

Es war dem Verfasser der ersten Auflage wegen Mangel an Zeit nicht möglich, die zweite Auflage allein zu bearbeiten. Es ist ihm zu seiner Freude gelungen, als Mitarbeiter Herrn Professor Dr. *Edmund Graefe* zu gewinnen, der schon bei der ersten Auflage einige Kapitel verfaßt hat.

Bei der Bearbeitung der zweiten Auflage ist uns besonders Herr Fabrikdirektor Dr. *Metzger* auf der Fabrik Webau der A. Riebeck'schen Montanwerke, Aktiengesellschaft, behilflich gewesen. Ihm sei auch an dieser Stelle für seine Mitarbeit herzlichster Dank ausgesprochen.

Der Krieg mit seinen Folgeerscheinungen hat so hohe Anforderungen an die deutsche Schwelteerindustrie gestellt, daß während dieser Zeit wesentliche Fortschritte in der Darstellung von Mineralölen zu verzeichnen sind. Wir haben diese Fortschritte, die im Ausbau der alten Verfahren und in der Einrichtung neuer Verfahren beruhen, soweit sie uns zur Kenntnis gekommen sind, berücksichtigt.

Wir hoffen, daß das Buch auch in seinem neuen Gewande den Fachgenossen ein Freund und den unserer Industrie Fernstehenden gelegentlich ein Helfer sein möge!

Dr. *W. Scheithauer*.   Prof. Dr. *Edm. Graefe*.

Halle a. S. / Dresden 1921.

Inhaltsverzeichnis.

IX. Kapitel. Die Schwelteererzeugnisse.

X. Kapitel. Die Kerzenfabrikation.

XI. Kapitel. Die chemische Zusammensetzung der Schwelteere und ihrer Destillate.

XII. Kapitel. Die Laboratoriumsarbeit.

XIII. Kapitel. Die Statistik.

Erstes Kapitel.

Die Geschichte der Schwelteerindustrie.

Das Holz war der erste Rohstoff, der verschwelt, der trockenen Destillation unterworfen wurde, und dabei erhielt man den ersten Schwelteer, dessen Zusammensetzung schon *Boyle* im Jahre 1661 in seinem Chemista scepticus beschrieben hat[1]. In den holzreichen Ländern, wie Schweden und Norwegen, destillierte man bereits im 17. Jahrhundert betriebsmäßig Kiefernholz und gewann hierbei den Teer.

Um die gleiche Zeit benutzte man als Rohstoff die Steinkohle zum Schwelen. *Becher* wurde die Gewinnung von Pech und Teer aus Steinkohle in England patentiert[2], und er erzeugte als erster neben Steinkohlenteer noch Koks[3]. Auch in Deutschland schwelte man nachweislich in der Mitte des 18. Jahrhunderts Steinkohlen. Diese Verwertung der Steinkohlen gewann erst allgemeine Bedeutung, als man Anfang des vorigen Jahrhunderts das Leuchtgas daraus zu erzeugen und gegen die Mitte des genannten Zeitraumes den Steinkohlenteer als Rohstoff für die Farbstoffe zu verwenden verstand. Zwei großartige Errungenschaften des menschlichen Forschergeistes!

Die beiden bisher genannten Schwelteere sind aber keine solchen im Sinne unserer Abhandlung, denn beide fallen als Nebenprodukte, während die anderen Destillationserzeugnisse wertvolle Hauptprodukte darstellen. Schwelteer als Hauptprodukt der trockenen Destillation erhält man zur Zeit bei der Destillation der bituminösen Braunkohle, Schwelkohle, und beim Schwelen von bituminösem Schiefer. Der aus dem Torf gewonnene Schwelteer ist in der Regel gleichfalls nur Nebenprodukt.

Aus bituminösem Schiefer scheint in England zum ersten Male Teer von *Ele Hancock* und *Portlock* hergestellt worden zu sein, die im Jahre 1694 ein englisches Patent (Nr. 330) darauf erhielten, „to make pitch, tar and oyle out of a kind of stone from shropshire". Im Jahre 1791 wurde Schiefer in England verschwelt, um Öl für medizinische Zwecke zu gewinnen; es wird sich aber hierbei um eine Kleinindustrie gehandelt haben, da der Absatz für solche Zwecke natur-

---

[1] *Kopp:* Geschichte der Chemie 4, 335 [1847].

[2] Patent vom 19. August 1681.

[3] Diese Schreibweise ist die einzig richtige; coak findet sich zuerst in *Plots* History of Staffordshire; nach *Erdmann:* Die Chemie der Braunkohle, S. 7, ist Koks von coquere (kochen) abzuleiten.

gemäß beschränkt ist. Dabei ist auch die technische Verwendbarkeit berücksichtigt worden, denn zu gleicher Zeit wird erwähnt, daß sich das so gewonnene Öl an Stelle von Terpentinöl oder „Steinöl" verwenden ließe. Ein bituminöser Schiefer wird auch das Rohmaterial gewesen sein, das ein Herr *Featherstone* in der Nähe von Sunderland in einer Fabrik aufarbeitete, und aus dem er „Petroleum" und Ammoniak gewann. Wie es aber so oft geht, scheint das Verfahren vergessen worden zu sein, denn sonst könnte es nicht erst der Anregungen *Reichenbachs* benötigt haben, um *Laurent* in Frankreich zu bewegen, den dortigen bituminösen Schiefer aufzuarbeiten (siehe folgendes), und die wirtschaftliche Möglichkeit der Erzeugung von Ammoniak aus Schiefer mußte in der schottischen Industrie viel später von neuem entdeckt werden (1865 von *Bell* in Broxburn), nachdem die Beseitigung des Schwelwassers erst außerordentliche Schwierigkeiten bereitet hatte[1].

Den Braunkohlenteer kannte man aus kleinen Schwelversuchen schon Ende des 18. Jahrhunderts, denn *Krünitz* schreibt 1788, daß man aus der Erdkohle von Langenbogen, gemeint ist Schwelkohle, durch Destillation Bergöl erhalten könnte[2]. Eine Verwendung für diesen Schwelteer fand man auch in den späteren Jahrzehnten nicht. Zuweilen gebrauchte man ihn als Medizin. In Langenbogen ging der Braunkohlenbergbau schon im Jahre 1691 um, während im Zeitz-Weißenfelser Bezirk die ersten Braunkohlen, in Unterwerschen, etwa im Jahre 1808 gefördert wurden.[3]

Für die Verwertung der Schwelteere war die Entdeckung des Paraffins im Jahre 1830 von der allergrößten Bedeutung. Mit der Geschichte und der Entwicklung der Schwelteerindustrie ist daher der Name des Entdeckers dieses wertvollsten Bestandteiles der Schwelteere *Carl v. Reichenbach* eng verknüpft. *Carl Freiherr v. Reichenbach* ist am 12. Februar 1788 in Stuttgart geboren, studierte in Tübingen und war Leiter der Bergwerke und Fabriken des Grafen *Salm* zu Blansko in Mähren. Am 19. Januar 1869 starb er zu Leipzig.

Wenn auch vor *Reichenbach* andere Forscher, wie *I. N. Fuchs* und *A. Buchner*, das Paraffin schon in den Händen gehabt haben, so ist er es doch gewesen, der diesen Körper eingehend untersucht und sein chemisches und physikalisches Verhalten beschrieben hat[4]. Sogar die hohe wirtschaftliche Bedeutung des Paraffins als Rohstoff für die Kerze hat er erkannt, wenn er sagt: „Ein damit getränkter Docht brannte wie eine schöne Wachskerze und ohne Geruch." *Reichenbach* gab dem neuen Körper den Namen Paraffin (parum affinis) wegen seiner nach damaliger Anschauung auffallenden Indifferenz. Er isolierte 1830 Paraffin mit einem Schmelzp. von $43^3/_4°$ aus dem Holzteere. Außer dem Paraffin gewann er durch fraktionierte Destillation ein leichtsiedendes Öl, das er Eupion nannte und das wohl dem Braunkohlenteer-

---

[1] *Graefe:* Die schottische Schieferindustrie (Petroleum 1910, S. 70f.); *Redwood:* Die Mineralöle, übersetzt von *Singer*, S. 167.

[2] *E. Erdmann:* Chemie der Braunkohle, S. 9.

[3] Braunkohle **11**, S. 581.

[4] Journ. f. Chem. u. Phys. von *Schweigger-Seidel* **59**, 436 [1830]; **61**, 273 [1831].

benzin entspricht. *Reichenbachs* mit großer Gewissenhaftigkeit ausgeführte Untersuchungen wurden von den größten Chemikern seinerzeit lobend anerkannt. *Liebig* berichtet 1833 hierüber[1], und einer seiner Schüler *Ettling* analysierte das gleichfalls von *Reichenbach* dargestellte Kreosot, während *Gay-Lussac* die Zusammensetzung des Paraffins feststellte, und zwar fand er 85,2 Proz. C und 15,0 Proz. H[2].

Durch die Veröffentlichung der Arbeiten *Reichenbachs* über den Holzteer veranlaßt, stellte *Laurent*[3] Schwelversuche mit dem bituminösen Schiefer von Autun (Südfrankreich) an und bewog *Selligue* zur Verarbeitung dieses Schwelteeres. *Selligue* und *de la Haye* erzeugten dann betriebsmäßig Schwelteer aus diesem Schiefer und durch dessen Weiterverarbeitung leichte Öle, Leuchtöl, schweres Öl und Paraffin. (Als Mineralwachs bezeichnet.) Diese Erzeugnisse stellten sie auf der Industrieausstellung in Paris im Jahre 1839 aus[4]. Weitere Schwelereien und Fabriken wurden später zur Verarbeitung desselben Rohstoffes gegründet, und die Schwelteerindustrie in Südfrankreich besteht heute noch. Die verschiedenen Gesellschaften, die Schiefer verarbeiten, haben sich zu der Société Lyonnaise des Schistes bitumineux du bassin d'Autun à Autun vereinigt[5].

Der Ölschiefer erstreckt sich über einen Flächenraum von etwa 18 000 ha, und das Flöz besitzt eine Mächtigkeit von 1 bis 2,5 m[6]. Es sind zur Zeit 4 Anlagen im Betriebe.

Wohl schon Anfang des vorigen Jahrhunderts begann man den Torf als Rohstoff für die trockene Destillation zu verwenden, und in den vierziger Jahren stellte *Runge* in Oranienburg Kerzen aus Paraffin her, das aus Torfteer gewonnen war. Sein Schwelverfahren war aber nicht für den Großbetrieb geeignet. Ein solches Verfahren fand erst 1849 *Rees Reece*[7], der gemeinsam mit *Robert Kane* Versuche ausgeführt hatte und ein Patent auf die Herstellung von Paraffin aus Torf erhielt. Es wurde eine Teerschwelerei bei Kildare in Irland errichtet und der Teer weiter verarbeitet. Andere Schwelereien, nach dem gleichen Verfahren arbeitend, benutzten gleichfalls als Rohstoff die ausgedehnten Torfmoore Irlands.

Diese neue Industrie breitete sich in den fünfziger Jahren weiter in Österreich und Deutschland aus, doch es war ihr an allen Stellen nicht möglich, den Betrieb rentabel zu gestalten, so daß diese Gewinnung von Schwelteer bald aufgegeben wurde.

Anfang der neunziger Jahre nahm *Ziegler* im Oldenburgischen das Schwelen des Torfes, der dort in umfangreichen Lagerstätten vorhanden ist, wieder

---

[1] Liebigs Annalen **6**, 202; **8**, 216.
[2] Poggendorfs Annalen **24**, 179.
[3] Chemical Technology, Vol. II Lighting, S. 213.
[4] *Hermann:* Die Industrieausstellung zu Paris 1839, S. 147.
[5] *E. Erdmann:* Die Chemie der Braunkohle, S. 13.
[6] *R. Beyschlag:* Die Entwicklung der Schwelindustrie zur Gewinnung von Teer und Öl aus bituminösen Schiefern und Braunkohlen. (Zeitschr. f. d. Berg-, Hütten- u. Salinenwesen 1919, S. 185f.)
[7] *Oppler:* Handbuch der Fabrikation mineralischer Öle, S. 6.

auf. Er benutzte hierzu Schwelöfen[1], die denen der sächsisch-thüringischen Industrie ähnlich waren. Doch auch hier vermochte diese Torfverwertung keinen Ertrag zu bringen und mußte als verfehltes Unternehmen nach einer kurzen Reihe von Jahren eingestellt werden[2], ebenso wie die Arbeiten in Beuerberg in Oberbayern.

Der Torf kann eben, wie schon betont, nicht als Rohstoff für Schwelteer angesehen werden, sondern die in den eigentlichen Schwelteerindustrien als Nebenprodukte betrachteten Erzeugnisse müssen hier als Hauptprodukte Verwendung finden. Die Torfschwelanlagen sind Verkokungsanlagen. Nach diesem Gesichtspunkte ist Ende des vorigen Jahrhunderts in Ludwigshof (Kreis Ückermünde) die Verwertung des Schlicks (Faulschlamm nach *Potonié* und *Goebel*) in Angriff genommen worden. Auch in Rußland (in Redkino) verarbeitet man den Torf nach *Zieglers* Vorschrift in ähnlicher Weise[3].

Nachdem Schwelversuche in den verschiedenen Ländern mit allerhand Rohstoffen ausgeführt waren, nahm *James Young* diese in Schottland auf. So wie *Reichenbachs* Entdeckung einen Markstein in der Geschichte der Schwelteere bildet, so muß der Eintritt *Youngs* in die schottische Industrie als das zweite hervorragende Ereignis angesehen werden. Die Möglichkeit, aus dem bituminösen Schiefer und der Kohle durch Destillation Teer zu gewinnen, war in Schottland längst bekannt, und es hatten schon wiederholt kleine Schwelanlagen bestanden, die aber nur kurze Zeit arbeiteten und ohne Bedeutung waren. *Young* ist es gewesen, der aus der Gewinnung und Verarbeitung der Schwelteere eine Großindustrie in Schottland geschaffen hat. Des Schöpfers der sächsisch-thüringischen Industrie, dessen Name den dritten Markstein in dieser geschichtlichen Entwicklung darstellt, wird später noch gedacht werden. *James Young*[4] ist 1811 in Glasgow geboren und war ein Schüler von *Thomas Graham*. Auf Veranlassung von Professor *Lyon-Playfair* erbaute er 1848 eine Petroleumraffinerie zur Verwertung von Petroleum, das aus einem Kohlenbergwerke zu Alfreton gewonnen wurde. Es wurden Leuchtöl, Schmieröl und in kleinen Mengen Paraffin hergestellt, woraus sogar Kerzen fabriziert wurden. Nach 2 Jahren versagte die Petroleumquelle, und *Young* suchte nach einem anderen Rohstoffe für die Destillation. Er probierte zahlreiche Kohlenarten Englands und Schottlands ohne Erfolg, bis er die Bogheadkohle von Torbanehill fand, die ihm die gewünschten Destillationserzeugnisse lieferte. Sein Verfahren der trockenen Destillation bei niedriger Temperatur wurde in England und Amerika patentiert. Er gründete in Gemeinschaft mit *Meldrum* und *Binney* im Jahre 1850 in Bathgate Destillationsanlagen.

---

[1] Zeitschr. f. angew. Chemie 1893, 524.

[2] *F. Fischer:* Kraftgas, S. 194.

[3] Vgl. *Heber:* Der gegenwärtige Stand der industriellen Torfverwertung, Braunkohle 8, S. 744 ff.

[4] *D. R. Steuart:* The Shale Oil Industry of Scotland (Economic Geology, Vol. III, Nr. 7), S. 575.

Im Laufe der nächsten 10 Jahre entstanden in verschiedenen Hafenorten Amerikas Schwelereien und Ölraffinerien, die als Rohstoff Bogheadkohle aus Schottland bezogen und nach *Youngs* Patent schwelten, den Teer und die Öle destillierten und letztere mit Schwefelsäure und kaustischer Soda raffinierten. Zu gleicher Zeit wurden in Kanada Schwelanlagen errichtet, die den dort geförderten Ölschiefer, Albertit, verarbeiteten; so hatte die Lucesco Co. im Jahre 1860 10 große rotierende Schwelöfen im Betrieb[1]. Als vom Jahre 1859 ab in Amerika Petroleum in reichlicher Menge gefunden wurde, konnte der Schwelteer natürlich mit dem neuen Rohstoffe nicht in Wettbewerb treten, die Schwelereien gingen nach und nach ein, während die Destillations- und Raffinationsanlagen mit dem bekannten amerikanischen Anpassungsvermögen zur Verarbeitung von Rohpetroleum eingerichtet wurden. So erklären sich, wie *Engler*[2] hervorhebt, die Möglichkeit der so plötzlich auftretenden Massenproduktion von Leuchtpetroleum in Amerika und der Umstand, daß dort die bedeutendsten Petroleumraffinerien in den großen Hafenstädten an der atlantischen Küste liegen. Die amerikanische Petroleumindustrie steht auf den Schultern der Schwelteerindustrie, und *James Young* hat, wie *Steuart* in seiner schon angeführten Schrift mit Recht sagt, den Anspruch, nicht allein als der Vater der schottischen Schieferteerindustrie, sondern auch als der Vater der großen amerikanischen Petroleumindustrie angesehen zu werden.

Es ist ein Irrtum, wenn man wie *Müller*[3] annimmt, daß *Youngs* Patente die Entwicklung der Schwelteerindustrie aufgehalten oder gar geschädigt hätten. Seine Verdienste um diese Industrie beweist ja ihr überaus schnelles Wachsen in Schottland und Amerika. *Reichenbach*[4], der es, ein glückliches Erfinderlos, erlebte, daß seine Voraussage über die Bedeutung des Paraffins glänzend in Erfüllung ging, trat warm für *Young* ein, als dieser in Patentstreitigkeiten geriet. *Youngs* Verdienste, die Schwelteerindustrie zu einer Großindustrie gestaltet zu haben, erkannte er neidlos an.

Wie die Entdeckung der reichen Ölfelder in Amerika im Jahre 1859 der dort blühenden Schiefer-Schwelindustrie den Untergang bereitete, soweit sie sich nicht auf die Verarbeitung des Rohöls umstellen konnte, so bedrohte sie auch das Dasein der schottischen Industrie. Diese Industrie war nach dem Erlöschen der *Young*schen Patente (1864) mächtig erstarkt. Es wurden im Jahre des Erlöschens nicht weniger als 38 Fabriken gegründet, und die guten Preise, die für die Produkte erzielt wurden (während des Bestehens der *Young*schen Patente 60 bis 80 Pfg. für 1 l Leuchtöl), schienen auch trotz der gegenseitigen Konkurrenz eine gute Grundlage für die Entwicklung der Industrie zu bilden. Da trat der erdrückende Wettbewerb der amerikanischen Öle in die Erscheinung, und in kurzer Zeit fiel der Leuchtölpreis auf 20 Pfg. Eine

---

[1] *E. Graefe:* Braunkohle **9**, 424.

[2] *W. Scheithauer:* Die Fabrikation der Mineralöle (Friedrich Vieweg & Sohn, Braunschweig), S. 5.

[3] Zeitschr. f. Paraffin-, Mineralöl- u. Braunkohlenteerindustrie 1876, S. 42.

[4] Journ. f. prakt. Chemie **63**, 64.

große Anzahl der Fabriken mußte schließen; in den Jahren 1871—73 allein nicht weniger als 21. Da kam Rettung von einem bis jetzt nicht geachteten Nebenprodukt, dem Ammoniak. Die Fabriken ließen das Schwelwasser vorher in die Flüsse und Bäche laufen; eine Fabrik verursachte dadurch ein Sterben der Fische in einem Bache, und der Leiter *Bell* wurde nicht allein zum Schadenersatz verurteilt, sondern auch gezwungen, das Wasser auf andere Weise zu beseitigen. Er ließ es auf Wiesen rieseln und bemerkte zu seinem Erstaunen, daß der Graswuchs außerordentlich gefördert wurde, und so war das Ammoniak als Düngemittel entdeckt. Bald war der Wert des neuen Produktes erkannt, und auf seine rationelle Gewinnung aus dem Schiefer wurde nun Wert gelegt, mit dem Erfolge, daß die Ammoniumsulfatausbeute aus einer Tonne Schiefer von 7 kg auf 16 bis 32 kg stieg. Auch diese neue Säule der Schieferteerindustrie begann zu wanken, als die Lager von Salpeter in Chile entdeckt wurden, wodurch der Preis des Ammoniumsulfates von 480 Mk. auf 160 Mk. für die Tonne heruntergedrückt wurde. Diese Erschütterung war um so schwerer zu ertragen, als zu gleicher Zeit der Preis für 1 l Leuchtöl auf 11 Pfg. herunterging. Auch diese Krisis wurde schließlich überwunden, und zwar einmal durch die technische Ausgestaltung der Anlagen, so daß die Schwelkosten auf die Tonne Schiefer um die Hälfte heruntergedrückt wurden. und dann durch den wirtschaftlichen Zusammenschluß der Fabriken, die den Sturm überlebt hatten.

Etwa 12 Jahre lang wurde in Schottland Bogheadkohle verschwelt, dann, Anfang der sechziger Jahre, fand man in dem bituminösen Schiefer einen anderen gut geeigneten Rohstoff. Die Lagerstätten der Bogheadkohle waren durch die heimische Verarbeitung und die flott betriebene Ausfuhr fast erschöpft. Zahlreiche neue Werke wurden gegründet, die die zwischen Edinburg und Glasgow gelegenen Schieferflöze ausbeuteten. *James Young* starb, nachdem er die reichen Früchte seines Schaffens geerntet und hohe Ehren erlangt hatte, im Mai 1883.

Von den Technikern, die zum Blühen der großartig entwickelten schottischen Schwelteerindustrie beigetragen haben, seien u. a. noch *Beilby, Henderson* und *Steuart* genannt. Mit dem Namen *Henderson*, dem Leiter der Broxburn Oil Company, sind zahlreiche neue Apparate in der Schwel- und Paraffinverarbeitungstechnik verknüpft.

Von den zahlreichen Fabriken, die zum Verschwelen des Schiefers im Laufe der Jahre entstanden sind, sind die meisten nach kurzer Betriebszeit wieder eingegangen. Anfang der siebziger Jahre arbeiteten noch 51, dann nur noch 30 Fabriken. Später wurde nur noch von 6 Gesellschaften Schieferteer gewonnen und weiter verarbeitet.

Die Konzentrationsbewegung hat inzwischen zu einem weiteren Zusammenschluß der Fabriken geführt, die unter dem Namen Scottish Oil Companies von der Anglo Persian Oil Co. mit einem Kapital von 4 000 000 £ zusammengeschlossen wurden. Die schottischen Ölwerke haben während des Krieges England die wichtigsten Dienste geleistet durch Versorgung der Flotte mit Heizöl, und sie haben sich auch entsprechend rentiert, jetzt sind sie aber durch die außerordentliche Erhöhung der Bergarbeiterlöhne wieder in schwere Bedrängnis geraten, die man jedoch zu beheben hofft.

Die schottische Bogheadkohle wurde früher nicht allein nach Amerika, sondern auch nach Deutschland ausgeführt. Auf der Insel Wilhelmsburg bei Hamburg wurde diese Kohle von der Firma *Noblée & Co.* in einer von dem Franzosen *Noblée* gegründeten Schwelanlage verarbeitet, die von 1847 ab einige Jahre lang Wemyskohle als Rohstoff benutzt hatte. Der Teer wurde destilliert und daraus Leuchtöl und Paraffin gewonnen. Diese Fabrik wurde später nach Harburg verlegt. Eine gleichfalls Bogheadkohle verschwelende Anlage entstand 1850 in Ludwigshafen.

Ende der vierziger Jahre wurden Schwelanlagen im Rheinlande gebaut, die die dort geförderte Kohle als Rohstoff verwendeten. Die erste Anlage wurde von einer französischen Gesellschaft *Société des Schistes bitumineux*, gegründet, die unter der Leitung von *H. Vohl* Siegburger Blätterkohle verarbeitete. Sie gab ihren Betrieb bald an *Wiesmann & Co.* ab. Eine andere Schwelerei, die Augustenhütte, deren erster Direktor *P. Wagemann* war, verschwelte in größerem Maßstabe in Beuel bei Bonn die dortige Braunkohle und verarbeitete den Schwelteer auf Leuchtöl, schwere Öle und Paraffin. Von beiden Technikern, deren Namen wir in der einschlägigen Literatur oft begegnen, wurden zahlreiche und wohl auch kostspielige Versuche angestellt, die Schwel- und Destillationsapparate zu verbessern. So versuchte man stehende Schwelretorten einzuführen und machte Versuche mit der Vakuumdestillation, um den Betrieb rentabel zu gestalten. Dem Ansturme des neu auftauchenden Leuchtöls aus Petroleum vermochten diese Werke, die ohnehin auf einen ungeeigneten Rohstoff hin gegründet waren, nicht zu widerstehen. Der Betrieb mußte bald eingestellt werden.

Angeregt durch die Presse[1], die von den großen Erfolgen der Schwelteerindustrie in anderen Ländern, besonders Schottland, berichtete und auf die Bedeutung dieser Industrie für die Provinz Sachsen mit seinem ausgedehnten Braunkohlenlagerstätten hinwies, wurden endlich Mitte der fünfziger Jahre im klassischen Gebiete der deutschen Schwelteerindustrie, dem **mitteldeutschen Braunkohlenbezirke**, Schwelereien erbaut. Ohne analytische Untersuchungen der Kohle vorzunehmen, und in der Meinung, jede Braunkohle eigne sich als Rohstoff, wurden aller Orten kleine Schwelanlagen gegründet, die, von vornherein dem Untergange geweiht, mit wenigen Ausnahmen nur einige Jahre ihr Dasein fristeten. Teilweise waren diese Anlagen auch auf ungenügender finanzieller Grundlage, und ohne daß sie einen erfahrenen Leiter hatten, errichtet worden. Eine ordnungsmäßige Prüfung und damit eine Auswahl des Rohstoffes geschah erst, als Apotheker, hier wie auch an anderen Stellen der chemischen Industrie Deutschlands die Vorgänger der Chemiker, als Techniker in die Industrie eintraten. Es seien die Namen *Grotowsky*, *Schliephacke* und *B. Hübner* genannt. Zu gleicher Zeit wurden größere Kapitalien in der Industrie durch Gründung zweier

---

[1] *Müller* und *Uhle:* Die Natur 1854, Nr. 21.

Aktiengesellschaften angelegt, die zum Teil aus der Verschmelzung der Kohlenfelder kleinerer Besitzer hervorgingen. Die älteste Gesellschaft ist die *Sächsisch-Thüringische Aktien-Gesellschaft für Braunkohlenverwertung*, die 1855 entstand und die die Mineralöl- und Paraffinfabrik Gerstewitz errichtete.

Deren erster Leiter war Dr. *Schwarz*, dem Dr. *Schliephacke* folgte. Bald danach, 1857, wurde die *Werschen-Weißenfelser Braunkohlen-Aktien-Gesellschaft*[1] gegründet, die sich zunächst mit Schwelereibetrieb befaßte und dann, Anfang 1870, die Mineralöl- und Paraffinfabrik Köpsen in Betrieb nahm.

Jetzt kam endlich Ordnung und Ruhe in diese neue Industrie, die den auf solider Basis stehenden Unternehmungen sicheren Erfolg versprach.

Im Jahre 1858 baute *Carl Adolf Riebeck*, der vorher als bergmännischer Beamter in den Diensten der Sächsisch-Thüringischen Aktien-Gesellschaft für Braunkohlenverwertung gestanden hatte, seine erste Schwelerei und bald darauf die Mineralöl- und Paraffinfabrik Webau. Der Name *Carl Adolf Riebeck* bezeichnet den dritten Markstein in der Schwelteerindustrie. Er ist für unsere heimische Industrie das gewesen, was *James Young* für die schottische Industrie war. Beide haben mit ihrem gewaltigen Unternehmungsgeiste, mit weitem Blick und großer Energie die beiden Schwelteerindustrien zu Großindustrien gemacht. *Riebeck* ist am 27. September 1821 als Sohn eines Bergmannes in Harzgerode geboren und begann 1835 seine Tätigkeit als Bergjunge, bis er, von Stufe zu Stufe steigend, 1853 Berginspektor bei der Sächsisch-Thüringischen Aktien-Gesellschaft für Braunkohlenverwertung wurde.

Mit rastlosem Eifer erweiterte *Riebeck* seine Anlagen, er schloß neue Bergwerke auf, baute neue Schwelereien, erweiterte die Fabrik Webau und errichtete 2 weitere Mineralölfabriken in Reußen und Oberröblingen a. See. Der Umfang seiner Werke übertraf bald den aller anderen Unternehmungen.

Unter den älteren Technikern ist *Rolles* Tätigkeit von besonderer Bedeutung für die Industrie gewesen. Er war Direktor der Fabrik Gerstewitz und arbeitete mit vieler Mühe und großem Fleiße in den Jahren 1857 bis 1860 daran, das Schwelverfahren zu verbessern. Es gelang ihm, die liegenden Retorten durch stehende Schwelöfen zu ersetzen, und wir werden auf die Wichtigkeit dieser Änderung später zu sprechen kommen. *Rolles* Nachfolger war *Vogt*, dem *Wernecke* folgte. *Wernecke* hat als erster das Schwelgas als Heizgas benutzt und ist in dankenswerter Weise behilflich gewesen, diesen großen Vorteil gegen die bisherige Beheizung der Schwelöfen auch anderen Kollegen zugängig zu machen.

Nach dem im Jahre 1883 erfolgten Tode *Riebecks* wurden seine vereinigten Werksanlagen unter dem Namen *A. Riebecksche Montanwerke in Halle a. S.* als Aktiengesellschaft gegründet. Direktor der drei Mineralölfabriken wurde *Krey*, dessen Name in der Schwelteerindustrie wohl bekannt ist. Er führte die Vakuumdestillation und das Alkoholwaschverfahren ein und ließ sich

---

[1] Außer *Gruhl* und *Mahler*, zweien schon in der Industrie stehenden Herren, war *Reinhold Steckner*, der Begründer des Bankhauses Reinhold Steckner in Halle a. S., bei der Gründung beteiligt. Dieses Bankhaus, eines der größten in Halle ist seit dieser Zeit eng mit dem mitteldeutschen Braunkohlenbergbau verbunden.

das Druckdestillationsverfahren patentieren. Ihm gelang es, was schon *Rolle* angestrebt hatte, die Schwel- und Destillationsgase als Kraftgase zu verwenden.

Außer den drei angeführten Aktiengesellschaften wurde 1873 die *Waldauer Braunkohlen-Industrie-Aktien-Gesellschaft* gegründet, deren Fabrik von *Schliephacke* bis 1898 geleitet wurde, und 1883 entstand die *Zeitzer Paraffin- und Solarölfabrik* in Halle a. S. durch Vereinigung zweier Gesellschaften. Der erste technische Direktor dieser Aktiengesellschaft war *Krug*, der schon vorher eine Reihe von Jahren hindurch als Leiter mehrerer Mineralölfabriken in der Industrie mit Erfolg tätig gewesen war.

In den Jahren 1911 und 1912 wurden die Sächsisch-Thüringische Aktien-Gesellschaft für Braunkohlen-Verwertung in Halle a. S. und die Zeitzer Paraffin- und Solarölfabrik in Halle a. S. mit der A. Riebeckschen Montanwerke Aktien-Gesellschaft vereinigt, während Ende des Jahres 1911 die Werschen-Weißenfelser Braunkohlen-Aktien-Gesellschaft in Halle a. S. sich mit der Waldauer Braunkohlen-Industrie-Aktien-Gesellschaft in Waldau zusammenschloß. Es fand also eine ähnliche Bewegung statt wie seinerzeit in Schottland.

Mannigfaltige Verbesserungen sowohl im Schwelbetrieb wie auch bei der Aufarbeitung des Teeres wurden eingeführt. Die Schwelöfen wurden leistungsfähiger gestaltet und ihre geringe Durchsatzmenge gesteigert. Die Reinigung der Produkte ist durch neue Raffinationsmethoden, wie z. B. das Alkoholwaschverfahren, verbessert und die Raffinationskosten sind vermindert worden. Die Gewinnung des Paraffins geschieht nicht mehr in der viel Handarbeit erfordernden mühseligen Weise durch Benutzung der kleinen, mit der Hand gefüllten und entleerten Kühlzellen; es sind an ihre Stelle mechanisch arbeitende Apparate getreten, wie sie in der Erdölindustrie und in der schottischen Industrie schon seit Jahren verwendet werden. Der kostspielige Reinigungsprozeß des Paraffins ist durch Einführung von Hochdruckfilterpressen, die den Druck auf den stehenden Pressen ersparen, sowie durch teilweise Einführung des Schwitzverfahrens, wie es gleichfalls seit langem in der Petroleumindustrie und in Schottland geübt wird, und durch andere Einrichtungen verbilligt und vereinfacht worden.

Eine genaue Zusammenstellung über die zur Zeit bestehenden Schwel- und Fabrikanlagen findet sich im Kapitel XIII.

Die Not der Kriegszeit gebar ferner neue Fabrikationsverfahren, wie die Herstellung von Schmierölen aus Braunkohlenteerölen. In der Kerzenfabrikation machten sich durch das Fehlen von Stearin und Baumwolle (für die Dochte) manche Umänderungen nötig, die teilweise zeigten, daß man früher doch allzu sehr, wenn auch nicht in der Industrie, so doch in Verbraucherkreisen, sich von Vorurteilen hatte leiten lassen. Es sei nur an den Ersatz der Stearin- und Kompositionskerzen durch Paraffinkerzen erinnert.

Im Kriege kam auch ein Nebenzweig der Braunkohlen verarbeitenden Industrie zu Ehren, der zwar schon vor dem Kriege begonnen hatte, Früchte zu tragen, aber erst infolge der Absperrung von ausländischen Produkten seine rechte Entwicklungsmöglichkeit fand: die Montanwachsindustrie[1].

Anfangs bestand für das rohe Wachs wenig Bedürfnis, und das Streben des ersten Herstellers, *E. v. Boyen*, ging zunächst darauf, das Wachs zu raffinieren. Nach und nach fanden sich aber Anwendungsmöglichkeiten für das Rohmontanwachs in steigender Zahl, und jetzt ist die Montanwachserzeugung eine bedeutende Industrie geworden, auf deren Technik und Wirtschaft später eingegangen werden wird.

Wenn auch die Montanwachsgewinnung nicht als ein Kriegskind zu bezeichnen ist, obgleich sie durch den Krieg außerordentliche Förderung erfahren hat, so ist sicherlich der neueste Zweig der Braunkohlenindustrie, die Braunkohlenvergasung unter Gewinnung von Nebenprodukten, durch die Bedürfnisse des Krieges entstanden. Der außerordentliche Bedarf der Marine an Heiz- und Treiböl veranlaßte das Reichsmarineministerium, dem schon von früher bekannten Verfahren, Braunkohle unter Gewinnung von Nebenprodukten in Generatoren zu vergasen, größte Förderung zuteil werden zu lassen, und es entstanden teils noch im Kriege, teils infolge Herstellungsschwierigkeiten gleich nach dem Kriege eine Reihe von groß angelegten Werken, die sich damit beschäftigten, Braunkohle im Generator zu vergasen unter Gewinnung der Nebenprodukte, Teer und Ammoniak. In Betrieb gekommen ist bis jetzt nur eins dieser Werke, die Generatorvergasungsanlage Rositz mit Fichtenhainichen und Regis der Deutschen Erdöl-Aktiengesellschaft. Diese Anlage arbeitet, da sich der Verarbeitung der mitteldeutschen Rohbraunkohle, wie sie bei der Förderung fällt, Schwierigkeiten in den Weg stellten, mit Briketts. Die Anlage der Kursächsischen Braunkohlen-, Gas- und Kraft-Gesellschaft m. b. H. in Lützkendorf arbeitet zurzeit wegen Betriebsschwierigkeiten noch nicht, die des sächsischen Staates in Hirschfelde hat mit den ersten Arbeiten begonnen.

Während die schottische und französische Schieferindustrie sowie die sächsisch-thüringische Schwelindustrie im Wettbewerb mit den amerikanischen Erdölerzeugnissen sich behaupten konnten, waren Unternehmungen zur Verschwelung von Ölschiefer, die in den fünfziger und sechziger Jahren des vorigen Jahrhunderts in Deutschland, und zwar bei Reutlingen in Württemberg[2], bei Bentheim in Hannover und in Bielefeld am Teutoburger Wald entstanden waren, nur von kurzer Lebensdauer.

Die älteste Anlage zur Verschwelung von Ölschiefer befindet sich in Seefeld[3] in Tirol. Diese besteht seit dem 15. Jahrhundert und ist heute noch in Betrieb. Das Schieferöl dient nicht zur Herstellung von Mineralölen, sondern wird von jeher als Heilmittel verwendet. Seit 1890 verarbeitet man es in Hamburg auf Ichthyolpräparate. Die Gewinnung von rohem Schieferöl betrug im Jahre 1913 1000 dz.

---

[1] Siehe Kapitel V.
[2] *Dorn:* Der Liasschiefer. Petroleum XVI, S. 187.
[3] *Max von Isser:* Petroleum XV, Nr. 2; *R. Beyschlag:* Zeitschr. f. d. Berg-, Hütten- u. Salinenwesen 1919, **67**, H. 3; Prof. *Ed. Donath:* Petroleum XIV, Nr. 18.

Der große Mangel an Mineralölen während des Weltkrieges hat überall das Interesse wieder auf die Ausbeutung der Ölschieferlager gelenkt.

In Deutschland wurde nach mehrjährigen Versuchen in der allerletzten Zeit von dem Ölschieferwerk Karwendel G. m. b. H. in Krünn, Oberbayern, die Ausbeutung[1] der Ölschiefer im Karwendelgebirge in Angriff genommen. Beachtung haben auch die Ölschieferlager in Oberfranken gefunden[2].

Außerdem wurden in den letzten Jahren wieder ausgedehnte Versuche[3] zur Verarbeitung der württembergischen und braunschweigischen Posidonienschiefer unter staatlicher Beihilfe durchgeführt, in Württemberg von der Firma Zeller & Gmelin in Eislingen, in Schandelah von den Rütgerswerken, Aktiengesellschaft. Die Versuche, die sich nicht allein mit der Verschwelung, sondern auch mit der Vergasung unter Gewinnung von Schieferteer befaßten, sind noch nicht beendet. Die bisherige Arbeit gibt aber mehr Aussicht auf Erfolg als früher, zumal die Schwelrückstände, ohne deren technische Verwertung das Verschwelen der Schiefer sich nicht lohnt, zur Herstellung von Zement und Bausteinen gut geeignet sind.

Auch in anderen Ländern haben die Ölschieferlager infolge der Kriegsnot erneutes Interesse gefunden. In England und Amerika sind die neu entdeckten Lager von Norfolk[4] und Colorado[5] zu erwähnen. In Luxemburg[6] fand man Ölschiefer in den Kantonen Esch und Capellen; in Schweden[7] wurden die schon früher ausgebeuteten Lager von bituminösen Alaunschiefern wieder in Angriff genommen. In Estland[8] ist die Ausbeutung der vorhandenen Schieferlager durch die estnische Regierung in Angriff genommen; im Kriege war der Schiefer schon zur Herstellung von Leuchtgas in Gasanstalten verwendet worden. Die Brauchbarkeit der Schwelrückstände zur Herstellung von Zement ist erwiesen. Die finnischen[9] Ölschiefer wurden während des Krieges als Heizmaterial zur Behebung der Brennstoffnot benutzt.

Weiterhin sei noch erwähnt, daß während des Weltkrieges die deutsche Heeresverwaltung Versuche größeren Stiles zur Ausbeutung der Ölschieferlager in Syrien[10] hat durchführen lassen.

In Messel bei Darmstadt wurde im Jahre 1885 mit dem Abbau des umfangreichen Lagers von bituminöser Kohle begonnen. Die Verarbeitung des Fördergutes auf Paraffin und Mineralöle geschieht in einer bei der Grube Messel errichteten umfangreichen Fabrik.

---

[1] Petroleum XVI, Nr. 18, S. 616, Nr. 21, S. 724, Nr. 23, S. 797; Braunkohle 1921, **19**, S. 497.

[2] *Spiegel:* Über Schieferöle. Zeitschr. f. angew. Chemie **53**, S. 321.

[3] *R. Beyschlag:* Zeitschr. f. d. Berg-, Hütten- u. Salinenwesen 1919, **67**, H. 3; Prof. *C. Grube:* Die chemische Industrie XXXXIII, **40**; *W. Stadler:* Petroleum XIV, 5.

[4] Oil News [21. XI. 1916] und Petroleum Review [21. XI. 1916].

[5] Petroleum **12**, Nr. 5, S. 255; *Singer:* Petroleum, Nr. 17, S. 571.

[6] Prof. Dr. *Faber:* Petroleum **12**, Nr. 10.

[7] Petroleum **13**, Nr. 21, S. 838, **14**, Nr. 18, S. 735.

[8] Dr. *Fritz Behr:* Petroleum **14**, Nr. 15; *C. Gäbert:* Braunkohle **19**, H. 48 u. 49 [1921].

[9] Petroleum **13**, Nr. 7, S. 257.

[10] *R. Beyschlag:* Zeitschr. f. d. Berg-, Hütten- u. Salinenwesen, Bd. 67, H. 3 [1919].

Das Vorkommen war seit Anfang der siebziger Jahre bekannt, die Kohle blieb aber unverwertet. Es ist dies leicht erklärlich, weil es die Schattenseiten anderer bituminöser Erdschätze in sich vereinigt. Während sein hoher Wassergehalt an gewöhnliche Braunkohle erinnert, hat es den hohen Aschengehalt mit bituminösem Schiefer gemein. Die leichte Zugänglichkeit des Materials unter einer Decke von höchstens 4 m und die von ihm bekannt gewordene große Mächtigkeit von 150 m gaben indessen genügend Anreiz, die der Verarbeitung entgegenstehenden Schwierigkeiten zu überwinden.

In Australien wird seit 1875 Schwelteer aus bituminösem Schiefer gewonnen und weiter verarbeitet.

In den letzten Jahren hat die tasmanische[1] Regierung die Ausbeutung der sehr reichen Lager von Tasmanien mit staatlichen Mitteln ins Auge gefaßt.

Der Weltkrieg und der durch ihn verursachte Mangel an Mineralölen hat einmal veranlaßt, bitumenärmere Rohstoffe zur Verarbeitung auf Öle heranzuziehen, und zum anderen, den bisherigen Verfahren zur Ausbeutung der Rohstoffe eine wirtschaftlichere Gestaltung zu geben. Besonders hat das Bestreben, das wichtigste Heizmaterial, die Kohle, einer besseren Ausnutzung als bisher zuzuführen, neues Leben und auch eifrige Forscherarbeit auf dem bis vor dem Kriege vernachlässigten Gebiete der Kohlenchemie gebracht. Zahlreiche wissenschaftliche Arbeiten, von denen besonders die des Kaiser-Wilhelm-Institutes für Kohlenforschung in Mühlheim a. Ruhr unter der Leitung des Prof. *Franz Fischer* hervorzuheben sind, haben auch für die Schwelindustrie neue Gesichtspunkte, von denen die Tieftemperatur-Verschwelung der wichtigste ist, ergeben; inwieweit diese sich in der Schweltechnik durchsetzen werden, wird die Zukunft lehren.

---

[1] Petroleum **12**, Nr. 5, S. 256.

Zweites Kapitel

Die bituminösen Rohstoffe.

Das Vorkommen.

Die Hauptlagerstätten der bituminösen Braunkohle, Schwelkohle, finden sich in der Provinz Sachsen, und zwar in dem Oberbergamtsbezirk Halle a. S. zwischen den Städten Weißenfels und Zeitz und in der Nähe der Städte Halle, Aschersleben und Eisleben. Neben der Schwelkohle enthalten die Flöze noch in weit größerer Menge Feuerkohle, eine an Bitumen arme Braunkohle. In den übrigen umfangreichen Braunkohlenlagern Mittel- und Norddeutschlands sowie des Rheingebietes findet man entweder gar keine Schwelkohle oder in so geringer Menge, daß ihre Verarbeitung unlohnend sein würde. Die Braunkohle[1] ist in flachen Mulden von wechselnder Ausdehnung gelagert. Die Mächtigkeit der Kohlenflöze und der Deckgebirge schwankt sehr. Die Schwelkohle ist in unregelmäßiger Ablagerung von den Feuerkohlenschichten umgeben, was durch ihre Entstehung bedingt ist. Die Fig. 1 soll ein ungefähres Bild eines Braunkohlenlagers geben. *I* ist das Deckgebirge, bestehend aus

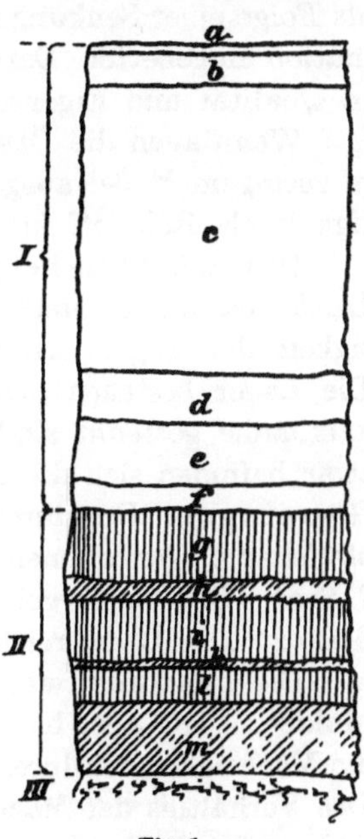

Fig. 1.

a) Mutterboden	1/2	m
b) Lehm	2	„
c) Letten	16	„
d) Sand	2³/₄	„
e) Sand mit Kiesschicht	3¹/₂	„
f) Ton	1¹/₂	„
zusammen	26¹/₄	m

II ist das Kohlenlager und die Schichten *g*, *i* und *l* bezeichnen die Feuerkohle, während *h*, *k* und *m* die Schwelkohlenlager darstellen. Es sind 9¹/₂ m Feuerkohle und 5¹/₂ m Schwelkohle, zusammen 15 m Kohlenstand. *III* ist das Liegende, Ton.

Die Braunkohlenlagerstätten sind mit verschiedenen Mineralien durchsetzt, neben Aluminit und Gips beobachtet man am meisten Schwefelkies,

---

[1] Vgl. *Klein:* Die deutsche Braunkohlenindustrie I, 4. Abschnitt.

Wasserkies und zuweilen reine Kieselsäure, die mit Kohle vollkommen durchdrungen, nur an der Schwere und dann beim Verbrennen solcher Stücke von der Kohle zu unterscheiden ist. Außerdem treten Mergelkalk, Toneisenstein, Alaunstein und in seltenen Fällen Schwefel, Phosphorit und Vivianit auf.

Über die genaue Kennzeichnung der Ablagerung der bituminösen Kohle bei Messel sei auf das schon genannte Handbuch für den deutschen Braunkohlenbergbau[1] verwiesen, wo von Bergrat Dr. *Steuer* das geologisch Wichtige angegeben ist. Die Messeler Kohle ist als ein Gemenge von bituminösem Ton und Braunkohle anzusehen, deren organische Bestandteile an die Mineralstoffe chemisch gebunden sind. Das Lager hat sich als ein durchaus isoliertes Vorkommen erwiesen und scheint wenigstens in Deutschland in seiner Beschaffenheit einzig dazustehen.

Die Flächenausdehnung des Lagers beträgt etwa $^3/_4$ Quadratkilometer, und der Abbau kann sich in absehbarer Zeit auf die obersten 25 m beschränken. Die Kohle ist in Schichten verschiedener Mächtigkeit und verschiedenen Brennstoffgehaltes getrennt. Die Schichten sind annähernd wie die Fleischschalen einer Zwiebel aufeinander gelagert und das ganze Vorkommen halbkugelförmig als Folge einer Senkung in geologischer Vergangenheit in die umgebende Formation eingebettet. Daraus folgt, daß beim Abbau die größte Mannigfaltigkeit in Qualität und Eigenschaften in Erscheinung tritt.

Wenn auch die Ölschieferlager in Deutschland, wie schon erwähnt, erst in geringem Maße[2] ausgebeutet werden, so sei doch Näheres bei ihrer Wichtigkeit als Rohstoff für unser Wirtschaftsleben darüber gesagt.

Das württembergische Posidonienschiefervorkommen[3] gehört zur Liasformation; es erstreckt sich über eine Fläche von 100 qkm; die Mächtigkeit des Lagers kann mit durchschnittlich 10 m angenommen werden. Die Lager bestehen aus 2 Schichten, die durch etwa 4,5 m starke Stinkkalkbänke getrennt sind. Die unteren Schichten sind die ölhaltigeren, und zwar befinden sich die ergiebigsten Lager in der Nähe von Eislingen und Göppingen. Der durchschnittliche Ölgehalt beträgt 3 bis 4 Proz.; bei den ölreicheren Vorkommen von Eislingen etwa 5 Proz., von Göppingen etwa 7 Proz. Der Wassergehalt des grubenfeuchten Schiefers stellt sich auf etwa 6 Proz. Das Öl ist reich an Schmierölen, aber arm an Paraffin.

Die braunschweigischen Liasschiefer umfassen die Schandelaher Mulde[4]. Das Lager hat eine Länge von 11 km und eine Breite von $2^1/_2$ km; die Mächtigkeit ist durchschnittlich 25 m. Der Ölgehalt beträgt 4 bis 5 Proz. Das Verhältnis der Mächtigkeit von Deckgebirge zu Schiefer ermöglicht den Abbau durch Tagebau.

---

[1] *Klein G.:* Halle a. S. 1907 (Verlag v. Wilh. Knapp).

[2] Siehe S. 11.

[3] *R. Beyschlag:* Zeitschr. f. d. Berg-, Hütten- u. Salinenwesen, Bd. 67, H. 3 [1919]; Prof. *C. Grube:* Die chemische Industrie **43**, Nr. 40; *W. Stadler:* Petroleum **14**, Nr. 5. Dr. *Pauline Haas*, Heidelberg „Monographie der Ölschiefer des deutschen Lias". Braunkohle XX. 1922 S. 700.

[4] *R. Beyschlag:* Zeitschr. f. d. Berg-, Hütten- u. Salinenwesen, Bd. 67, H. 3 [1919].

Das Vorkommen im **Karwendelgebirge**[1] gehört zur Keuperformation und hängt mit dem Tiroler Vorkommen, das an der Nordseite des Inntales von Seefeld seinen Ausgang nimmt, zusammen. Der Ölgehalt beträgt durchschnittlich 8 bis 10 Proz.

Der **bituminöse Schiefer Schottlands**[2] findet sich wie die deutsche Schwelkohle nur auf einem eng begrenzten Gebiete, nämlich in der Nähe von Edinburg, und bildet einen Streifen von 8 bis 13 km Breite, der sich nördlich von den Ufern des Firth of Forth ab auf etwa 95 km südwärts erstreckt. Er zieht sich durch die Landstriche West-Lothian und Mittel-Lothian bis zu den Pentlandhügeln hin. Außer dieser Hauptlagerstätte gibt es noch kleinere Schieferbecken, so in Fife.

Das Schieferflöz liegt 600 bis 1200 m unter der Oberfläche, und seine Mächtigkeit schwankt zwischen 1,8, 3,0 und 4,5 m. Es ist zwischen kalkhaltigen Sandsteinschichten eingebettet und seine wichtigeren Flöze sind die von Fells, Broxburn, Dunnet, Barracks und Pumpherston. Der Abbau dieser Lagerstätten ist in der angeführten Reihenfolge in Angriff genommen worden. Früher wurden die Hauptschiefermengen aus den Lagerstätten von Fells und Broxburn geschwelt, während zur Zeit die Flöze von Pumpherston und Dunnet die gleichen Mengen liefern.

Sehr große **Ölschieferlager sind in Norfolk**[3] entdeckt worden. Sie werden von der English Oilfields Ltd., die mit einem Kapital von 300 000 £ arbeitete, das später auf 1 500 000 £ erhöht wurde, ausgebeutet. Die Gesellschaft hat in der Nähe von Kings Lynn auf eine Fläche von 100 engl. Quadratmeilen sich das Ausbeutungsrecht verleihen lassen. Die dort aufgestellte Schwelanlage ist imstande, 1000 t Schiefer täglich zu verarbeiten. Die Tonne Schiefer gibt 220 bis 260 l Rohölausbeute und 30 bis 35 kg Ammoniumsulfat. Das Öl soll andere Eigenschaften haben als die schottischen Öle, es ist spezifisch leichter und enthält 6 bis 8 Proz. Benzin, dagegen wenig Solaröl und Gasöl; es wird aber daraus mehr Schmieröl gewonnen und etwa 15 Proz. Paraffin. Die Flöze dieses Ölschiefers haben eine Mächtigkeit von $1^1/_2$ bis 4 m und sind nicht allein mächtiger als die Lager in Midlothian, sondern auch reicher an Öl.

Das **Hauptlager des bituminösen Schiefers in Frankreich**[4] findet sich im Becken von Autun (Saône et Loire) und Buxières-les-Mines (Allier) und erstreckt sich auf ein Gebiet von 18 000 ha. Es gehört der Permformation an. Das Lager von **Buxière** hat eine Mächtigkeit von 2,65 m; es ist aber nicht in der ganzen Schicht ölhaltig.

Im Becken von **Autun** befinden sich 3 bitumenhaltige Bänke, von denen die obere 3 m, die mittlere 1,8 m, die untere 7 m stark ist. Von der

---

[1] *Max von Isser:* Petroleum **15**, Nr. 2; Prof. *Ed. Donath:* Petroleum **14**, Nr. 18.

[2] Vgl. Memoirs of the Geological Survey. Scotland; The Oil-Shales of the Lothians (Glasgow).

[3] The Petroleum Times [9. VII. 1919] nach täglichen Berichten über die Petroleumindustrie Nr. 219 [1919], Nr. 16, S. 2 [1920].

[4] *M. G. Chesneau:* Annales des Mines 1893, S. IX, T. III, 621 ff.

letzteren werden aber nur 2,5 m abgebaut. Zwischen den einzelnen Schichten befindet sich taubes Gestein von 2,5 bis 3 m Mächtigkeit. In einem Teil des Beckens ist eine 0,25 m starke Bank von Bogheadkohle eingelagert, die zur Leuchtgasfabrikation verwendet wird.

In Rußland hat man vor kurzem gleichfalls mit der Aufarbeitung von bituminösem Schiefer begonnen, der in umfangreichen Lagerstätten nachgewiesen ist[1].

In Neu - Südwales[2] (Australien) wird gleichfalls ein dem bituminösen Schiefer ähnliches Material gefördert, das zur Gewinnung von Schwelteer der trockenen Destillation unterworfen wird. Außerdem sind Lagerstätten von bituminösem Schiefer noch in anderen Teilen Australiens nachgewiesen worden, so in Viktoria, Süd- und Westaustralien[3] und Tasmanien. Die größten Schieferlager erstrecken sich westlich von Sydney und umfassen ein großes Gebiet; die Stärke des Flözes schwankt zwischen wenigen Zentimetern bis 2 m.

Die Ölschieferindustrie in Neu-Südwales ist etwa 60 Jahre alt, sie ist aber infolge des Wettbewerbes der Erdölprodukte ständig zurückgegangen. Während 1895 noch etwa 60 000 t Ölschiefer verarbeitet wurden, sank die Menge im Jahre 1916 auf 17 500 t[4].

Außerordentlich mächtige Schiefervorkommen finden sich in der Green River Formation der Staaten Colorado, Utah und Wyoming. In Colorado allein umfassen die Ölschieferlager ein Gebiet von 80 km Länge und 35 km Breite. Das aus dem Coloradoschiefer gewinnbare Öl wird auf mehrere Milliarden Tonnen geschätzt[5].

Auch an anderen Stellen[6] finden sich noch Lagerstätten von bituminösem Schiefer, so in Französisch Westafrika[7], in Kanada[8] (Neu-Braunschweig), wo bituminöser Schiefer früher schon auf Schwelteer verarbeitet wurde.

Die Entstehung[9].

Die früher lange Jahre geltende Theorie der Entstehung der Schwelkohle, wie sie *v. Fritsch*[10] aufgestellt hat, kann nach den neueren Forschungen von *Potonié* und seinen Schülern nicht mehr aufrecht gehalten werden. *v. Fritsch* nahm allgemein an, daß die Braunkohle nicht an Ort und Stelle gebildet,

---

[1] Petroleum, Heft 11 bis 13 [1921].
[2] Journ. of Soc. Chem. Ind. **24**, 996 ff.
[3] Österr. Zeitschr. f. Berg- u. Hüttenw. **52**, 595 [1904].
[4] Petroleum, Nr. 17, S. 698 ff. und S. 728 ff. [1919/20].
[5] Vgl. Petroleum Nr. 6, S. 230, Nr. 16, S. 668 [1919/20].
[6] *W. Scheithauer:* Die Fabrikation der Mineralöle, S. 25.
[7] Chem. Ztg. 1907, 330.
[8] Petroleum **4**, 1231; *Graefe:* Braunkohle **9**, 424.
[9] Vgl. Dr. *R. Lang:* Jahrbuch des Halleschen Verbandes für die Erforschung der mitteldeutschen Bodenschätze, Heft 2, S. 65 f.
[10] Verhandlungen des 4. allgemeinen deutschen Bergmannstages zu Halle a. S. 1889; vgl. *Scheithauer:* Die Fabrikation der Mineralöle, S. 14 ff.

sondern zusammengeschwemmt worden wäre, wobei die Feuerkohle den Holzstoff der vertorften Bäume der Tertiärzeit und die Schwelkohle das Harz und Wachs dieser Gewächse darstellte. Durch das Anschwemmen der einzelnen vertorften Schichten zu verschiedenen Zeiten kann man die wechselnden Lagen der Schwel- und Feuerkohle in dem Flöze wohl erklären, wenn man berücksichtigt, daß stets der leichtere Rohstoff für die Schwelkohle sich oben angesammelt haben muß. *Potonié* und *Heinold*[1] haben für die Ablagerung beider Kohlenarten eine hiervon weit abweichende Hypothese aufgestellt, deren Berechtigung man sich nicht verschließen kann.

Die Gebrüder *Dehnhardt* fanden im Sultanate Witu (Ostafrika) am Tomaflusse einen dem Pyropissit, der reinsten Schwelkohle, ganz ähnlichen Stoff. *Heinold*[2] hat diesen und seine Entstehungsart untersucht und schließt daraus auf die Bildung des Pyropissits. Nach *Graefe*[3], der eine Probe der Substanz von dem Entdecker *Dehnhardt* selbst erhielt, handelt es sich aber hierbei nicht um ein Vorkommen von wachsartigem Material, wie es dem Pyropissit entsprechen würde, sondern um Harzausschwitzungen von Pflanzen, denn der Dehnhardit löst sich vollständig in Alkohol auf, gibt ausgesprochene Harzreaktion und liefert bei der Destillation kein Paraffin. *Hübner* hatte vorher festgestellt, daß der Pyropissit ein Umwandlungsprodukt von sehr fettreichen und harzreichen Pflanzenstoffen darstellt. *Heinold* hat dieses Ergebnis durch eigene Prüfung bestätigt und auf Grund der Bestimmungen von *Heer* und *Friedrich* nachgewiesen, daß die Flora des Schwelkohlengebietes der Tertiärzeit solche zur Bildung von Pyropissit geeignete Pflanzen und Bäume in reicher Menge aufwies. Nach *Friedrich* finden wir alle diese Gattungen heute in dem indischen Monsungebiete[4].

Die Entstehung des Pyropissits, der Schwelkohle, und damit der Braunkohle überhaupt hätte sich nun auf folgende Weise abgespielt.

Die Braunkohlengebiete stellten in der Tertiärzeit ausgedehnte Sümpfe und Moore dar mit einer üppig gedeihenden subtropischen Flora. Durch die absterbenden Pflanzen und Bäume, die in dem Sumpfe versanken, bildete sich unter Abschluß von Sauerstoff Torf in derselben Weise, wie wir es heute noch bei den Torfmooren sehen können[5]. Die auf dem Moorboden neu entstehenden Pflanzen verfallen immer wieder demselben Umwandlungsprozesse, bis schließlich Sumpf und Moor von vertorften und sich in Vertorfung befindenden Stoffen angefüllt sind. Eine auf dieser Torfschicht allmählich sich anhäufende Decke von Sand und Ton bildet den Anfang des sich darüberlagernden Deckgebirges, schützt die Stoffe vor der vollständigen Verwesung und die Bedingungen zur Entstehung eines Braunkohlenflözes sind gegeben. So wird die Bildung der Braunkohlenlagerstätten vor sich gegangen sein, die keine Schwelkohle enthalten. Anders muß dieser Vorgang sich für die

---

[1] Braunkohle **4**, 357 ff.
[2] Beiträge zur Kenntnis der Schwelkohle. Inaug.-Dissert. Halle 1903.
[3] Privatmitteilung.
[4] Braunkohle **4**, 361.
[5] *Weber:* Über die Entstehung der Moore. Zeitschr. f. angew. Chemie 1905, 1649.

Schwelkohlenentstehung gestaltet haben. *Potonié* und *Heinold* nehmen hier an, daß diese Schwelkohlengebiete gleichfalls allmählich vertorfende Seebecken waren, wofür auch der Ton als Liegendes spricht, in denen der Wasserspiegel bei wechselnder Dürre und Regenzeit starken Senkungen unterworfen war. Die unter Wasser sich befindenden Pflanzenstoffe wurden, wie schon geschildert, in Torf verwandelt, während dieses nicht geschehen konnte mit den Stoffen, die, trocken gelegt, dem Einflusse des Sauerstoffes der Luft preisgegeben waren. Hier mußten die organischen Stoffe der Zellulose völlig verwesen, sie wurden in Wasser und Kohlensäure umgewandelt, während die Fette und das Wachsharz unverändert blieben. So wurde der reine Pyropissit gebildet. Die Anschauung, daß die Bituminierung durch Zersetzung der stickstoffhaltigen Bestandteile, also der Eiweißstoffe und der Pflanzenstoffe erfolgt ist, vertritt auch *Engler*[1]. Konnten durch zu schnell wechselnde Trockenheit und Überschwemmung nicht alle organischen Stoffe in Verwesung übergeführt werden, so entstand durch teilweise Vertorfung ein Gemisch von Pyropissit und Kohle, wie wir es in den jetzt zur Verarbeitung kommenden Schwelkohlen vor uns sehen. Dasselbe geschah an den Übergangsstellen zwischen der Torf- und Pyropissitbildung. Auch hier trat eine unvollständige Verwesung ein wegen des verminderten Zutrittes von Sauerstoff. Die Prüfung der bituminösen Substanz der Schwelkohle zeigt aber auch, daß bei der Bildung des Braunkohlenbitumens nicht nur die Wachsabscheidungen der Pflanzen beteiligt waren, sondern auch die Harze der Pflanzen, denn alle Schwelkohle enthält nicht allein extrahierbare Menge Wachssubstanz, sondern mehr oder weniger wechselnde Mengen von Harzen. In manchen Schwelkohlen überwiegen sogar die Harzmengen bedeutend die Wachsanteile, wie in einigen Vorkommen der Lausitz.

Leicht läßt sich nun die abwechselnde und bei den einzelnen Lagerstätten ganz verschiedene Schichtung von Schwel- und Feuerkohle (Humuskohle) erklären. Trockenheit und Überschwemmungen wechselten und bedingten so nacheinander in ungleichen Mengen die Entstehung der beiden Kohlenarten. Eigentümlich bleibt nur, daß diese Erscheinung der wechselnden Vertorfung und Verwesung der tertiären Pflanzenstoffe nur auf ein so eng begrenztes Gebiet, wie es die Schwelkohlenlagerstätten darstellen, in ausgesprochenem Maße beschränkt geblieben ist. Daß bei den anderen Bildungsstätten der Braunkohle gleichfalls harz- und wachsreiche Pflanzen mit beteiligt gewesen sind, beweist der Bitumengehalt dieser Braunkohlen. Zur Aufklärung der chemischen Vorgänge bei der Entstehung der Kohle hat *Franz Fischer*[2] Untersuchungen angestellt, die ihn zu folgender Theorie führen: Bei der Vertorfung der Kohle wird zunächst die Zellulose unter Mitwirkung von Bakterien zersetzt in Kohlensaure und Wasser. Aus dem zugleich mit den Wachssubstanzen verbleibenden Lignin entstehen die alkalilöslichen Huminsäuren, die durch Polymerisation oder durch Oxydation in Humusstoffe übergehen, aus denen wieder durch Inkohlung bei gewöhnlicher Tem-

---

[1] Chem.-Ztg. Nr. 8, S. 65 [1912].
[2] Brennstoffchemie Bd. 2, S. 37 [1921].

peratur die Braunkohle und Steinkohle entsteht. Die bisherige Anschauung, daß die Huminsäuren, Torf und Kohlen aus Zellulose entstanden sind, wird von *Klever*[1] verteidigt.

Wir müssen annehmen, daß die Schwelkohle der Hauptmenge nach autochthon entstanden ist, wenn auch in geringem Maße eine allochthone Bildung mitgeholfen haben wird, denn Schwemmungen sind in der Tertiärzeit nicht ausgeschlossen. Nach *Potonié*[2] haben sogar noch in der Diluvialzeit stellenweise Umlagerungen von Braunkohlen stattgefunden; das beweisen die nordischen Feuersteine, die sich in den Tagebauen zwischen Streckau und Gaumnitz befinden, wo das Kohlenlager durch Eispressung stark aufgefaltet und mit Gletschertöpfen durchsetzt ist.

Im allgemeinen kann man annehmen, daß die Braunkohle dem Tertiär angehört und die Schwelkohle im besonderen dem Unteroligozän[3].

Auf ähnliche Weise wie die Schwelkohle ist auch der bituminöse Schiefer entstanden, nur haben hier nicht allein die Pflanzen, sondern auch die Tierleichen das bituminöse Material geliefert. Den Schiefer haben wir als Niederschlag eines in vollkommener Ruhe sich befindenden Meeres anzusehen[4]. Abdrücke von Meerestieren bei dem schottischen Schiefer deuten darauf hin, daß er aus Hochseeniederschlägen entstanden ist. In diesem früheren Meeresteile herrschte, da es wahrscheinlich einen stillen Meerbusen darstellte, reges Tierleben, was wiederum eine üppige Meerflora voraussetzte. Die gestorbenen Tiere und Pflanzen sind mit dem mineralischen Absatz des Meerwassers niedergesunken und haben vermodernd das Bitumen geliefert. Aus der sehr wechselnden Mächtigkeit des bituminösen Schiefers, der seines Bitumengehaltes wegen überhaupt die Aufarbeitung lohnt, scheint hervorzugehen, daß zeitweise ein großes Sterben der Meerestiere eingetreten ist, was vielleicht durch vulkanische Ausbrüche bedingt wurde. Nachgewiesenermaßen gehören ja die schottischen Schieferlagerstätten dem vulkanischen Gebiete an.

Wenn auch *Potonié*[5] solche Katastrophen als untergeordnete Erscheinungen bei der Entstehung von Sapropelgesteinen angesehen wissen will, so schließt er sie doch nicht aus.

Wie *Potonié*[6] nachgewiesen hat, ist der Rohstoff der australischen Schwelteerindustrie, das Bitumen des Kerosinschiefers, pflanzlichen Ursprunges, es verdankt seine Entstehung den Ölalgen. Es ist kein eigentlicher Schiefer, sondern stellt eine Algenkohle dar. Daß das den Ölschiefern zugrunde liegende Bitumenmaterial ein anderes war als das bei der Bildung des Bitumens der Braunkohle beteiligte, ergibt sich schon daraus, daß das Braunkohlenbitumen zum größten Teile extrahierbar ist, während selbst

---

[1] Zeitschr. f. angew. Chemie, Nr. 48, S. 275 [1921].
[2] Braunkohle **3**, 270.
[3] *E. Erdmann*: Klassifikation der Braunkohle. Braunkohle **6**, 394
[4] *Carl Dorn:* Der Liasschiefer, S. 9.
[5] Zur Frage nach den Urmaterialien der Petrolien, S. 355.
[6] Zur Frage nach den Urmaterialien der Petrolien, S. 357.

auch reiche Ölschiefer bei der Extraktion mit organischen Lösungsmitteln fast nichts oder doch nur geringe Mengen von extrahierbaren Teilen liefern.

Die bituminöse Kohle von Messel ist ihren Begleitfossilien nach aus tierischen und pflanzlichen Stoffen entstanden[1].

Die Eigenschaften und die Zusammensetzung.

Die Braunkohle, Feuer- und Schwelkohle wird, wie sie beim Abbaue aus dem Kohlenflöze fällt, zutage gefördert und besitzt einen Wassergehalt von 50 bis 60 Proz. Die beiden Kohlenarten lassen sich in diesem Zustande schwer und nur von dem Fachmanne unterscheiden. Die Schwelkohle bildet, frisch gefördert, eine plastische, zuweilen schmierige und sich fettig anfühlende Masse von braunschwarzer Farbe. Nach dem Trocknen sieht sie gelb oder hellbraun aus, zeigt einen erdigen Bruch und matten Glanz, der beim Reiben mit einem glatten Gegenstande zum Fettglanz wird. Die Feuerkohle erhält durch das Trocknen eine schwarze oder hellbraune Farbe. Das spez. Gewicht der Schwelkohle schwankt zwischen 0,9 bis 1,1, während das der Feuerkohle 1,2 bis 1,4 beträgt. Die Schwelkohle schmilzt beim Anbrennen im Gegensatz zur Feuerkohle und brennt mit stark rußender Flamme.

Diese Eigenschaften zeigt besonders die reinste Schwelkohle, der Pyropissit. Dessen Lagerstätten sind jetzt vollständig verarbeitet, und man findet ihn nur zuweilen noch in kleinen Mengen in das Kohlenflöz eingesprengt.

Der wichtigste Bestandteil der Schwelkohle, der seine Bewertung bedingt, ist das Bitumen[2]. Über die Bildung des Bitumens ist schon berichtet worden. Die Hauptmenge des Bitumengehaltes der Schwelkohle kann ihr durch Extraktion mit Lösungsmitteln[3] entzogen werden. Solche Lösungsmittel sind Benzol, Toluol, Äther, Aceton, Alkohole, Schwefelkohlenstoff, Tetrachlorkohlenstoff[4] und Trichloräthylen. Von der Art des Lösungsmittels hängt die Ausbeute und die Beschaffenheit des Bitumens aus der Schwelkohle ab. — Auf diese Extraktion des Bitumens ist die technische Verwertung der Schwelkohle zur Gewinnung von Montanwachs gegründet, worauf wir später noch zu sprechen kommen. Das meiste Bitumen enthält natürlich die reinste Schwelkohle, der Pyropissit.

Vom Pyropissit sind zahlreiche Analysen ausgeführt worden, von denen die von *Schwarz* und *E. Riebeck*[5] erwähnt sein sollen. Die neueren Untersuchungen dieses Stoffes stammen von *Krämer* und *Spilker*[6], *Hübner*[7] und *Erdmann*[8]. *Krämer* und *Spilker* stellten neben Schwefel die Anwesenheit von hochmolekularen einsäurigen Estern und deren freie Säuren fest. Gly-

---

[1] Nach Dr. *Spiegel*.

[2] *Scheithauer:* Das Bitumen der Braunkohle. Braunkohle **3**, 97.

[3] *Graefe:* Bitumen und Retinit. Braunkohle **6**, 217.

[4] Vgl. Chem. Eng. **12**, 15 [1910].

[5] *Scheithauer:* Die Fabrikation der Mineralöle, S. 18.

[6] Berichte d. Deutsch. chem. Ges. 1902, 1215.

[7] Inaug.-Dissert. Halle a. S. 1908.

[8] Die Chemie der Braunkohle, S. 66ff.

ceride und mehrsäurige Carbonsäuren konnten nicht nachgewiesen werden. *Hübner* fand 2 Ketone mit der Zusammensetzung $C_{16}H_{32}O$ und $C_{12}H_{24}O$ und eine Huminsäure mit 8,39 Proz. Schwefelgehalt. *Graefe*[1] hat in den von ihm aus Schwelkohle isolierten Huminsäuren weit weniger, nämlich nur 1,68 Proz. und 4,9 Proz. Schwefel gefunden und damit nachgewiesen, daß der Schwefelgehalt je nach dem Ausgangsstoffe sehr schwankt.

E. Erdmann[2] analysierte Pyropissit, Schwelkohle und Feuerkohle. Die Ergebnisse sind in der nachstehenden Tabelle verzeichnet.

Nr.	Kohlensorte	Herkunft	C	H	O(N) Differenz	S (flüchtig)	Asche
1	Pyropissit	Köpsen b. Weißenfels	71,12	11,63	9,43	0,10	7,72
2	Schwelkohle	Waldau b. Osterfeld	64,83	7,62	19,18	0,48	7,89
3	Erdige Feuerkohle	Waldau b. Osterfeld	62,15	6,42	22,11	0,46	8,86
4	Erdige Feuerkohle	Greppin	58,36	4,88	23,95	1,41	11,40

Diese unter 1 bis 3 angegebenen Kohlenarten geben bei der trockenen Destillation in grubenfeuchtem Zustande, etwa 50 Proz. Wassergehalt, die nebenstehenden Ausbeuten:

	1	2	3
Teer[3] .	32,61	18,75	8,88% [4]
Koks .	10,33	20,83	28,88%
Gas . .	7,06	10,42	12,24%

Die Lager von bitumenreicher Schwelkohle sind durch den langjährigen Abbau fast erschöpft, so daß sich der Teergehalt der Schwelkohle dem der Feuerkohle genähert hat. Die heute nach den Schwelereien geförderte Kohle ergibt durchschnittlich eine Teerausbeute von etwa 8 bis 10 Proz. im Laboratorium; das bedeutet eine Ausbeute von 4,5 bis 6 Proz. im Betriebe, auf den Hektoliter Kohle berechnet 3,4 bis 4,5 kg.

Der Rückgang der Teerausbringens ergibt sich aus folgender Zusammenstellung:

Aus 1 hl Schwelkohle wurde durchschnittlich gewonnen:

im Jahre 1869 . . . . 6,51 kg
   ,,   ,,   1875 . . . . 5,24 ,,
   ,,   ,,   1883 . . . . 4,88 ,,
   ,,   ,,   1888 . . . . 4,70 ,,
   ,,   ,,   1908 . . . . 3,75 ,,
   ,,   ,,   1914 . . . . 3,74 ,,
   ,,   ,,   1915 . . . . 3,76 ,,
   ,,   ,,   1916 . . . . 3,64 ,,
   ,,   ,,   1917 . . . . 3,55 ,,
   ,,   ,,   1918 . . . . 3,44 ,,

Der Schwefelgehalt der Schwelkohle schwankt und beträgt wohl selten über 1 Proz. der grubenfeuchten Kohle.

---

[1] Braunkohle **3**, 242.

[2] Die Chemie der Braunkohle, S. 72.

[3] Das sind die Ergebnisse der Laboratoriumsuntersuchung, im Großbetriebe würde man etwa 60% hiervon erzielen.

[4] In der Regel ist die Teerausbeute aus der Feuerkohle geringer und stellt sich bei Laboratoriumsuntersuchungen auf 6 bis 8%.

Der Pyropissit enthält nur geringe Mengen von pflanzlichen Teilen, wie Pollen und Zellgewebsreste, doch im Aschengehalt zeigt er der Schwelkohle gegenüber keinen wesentlichen Unterschied. Die Asche ist zum Teil auf die anorganischen Bestandteile der Pflanzen zurückzuführen, aus denen die Braunkohle entstanden ist, und zum anderen Teil auf Ablagerungen, die sich aus dem Sumpfwasser gebildet haben. Auch werden zum Aschengehalt die später in das Braunkohlenlager eindringenden Wässer mit ihren Gips- und Eisenbestandteilen beigetragen haben. Bemerkenswert ist, daß auch das extrahierte Bitumen des Pyropissits ziemlich aschehaltig ist. Bitumenreicher Pyropissit enthält im Extrakt über 5 Proz. Asche, die nur so zu erklären sind, daß Kalk und Magnesia des Grundwassers von den Säuren des Montanwachses gebunden wurden und als Seifen im Pyropissit enthalten sind[1].

Als basische Bestandteile der Braunkohlenasche sind festgestellt worden die Oxyde von Eisen, Tonerde und Calcium, ferner in geringerer Menge Magnesium, Kalium, Natrium und zuweilen Mangan, sowie Spuren von Strontium. Von den Säuren sind vorhanden: Kieselsäure, Schwefelsäure, schweflige Säure (in der Flugasche zuweilen auch Thioschwefelsäure), Schwefelwasserstoff, Kohlensäure, Spuren von Salzsäure und zuweilen auch Phosphorsäure.

Als Düngemittel ist die Braunkohlenasche ohne besonderen Wert, doch lockert sie in vorteilhafter Weise den Boden auf. Die Analyse einer Braunkohlenasche nach *E. Erdmann* sei hier angeführt:

Schwefelcalcium	0,46
Schwefeleisen	1,38
Schwefligsaures Calcium	1,12
Calciumthiosulfat	1,27
Schwefelsaures Kalium	1,26
Schwefelsaures Magnesium	7,65
Schwefelsaures Calcium	26,68
Ätzkalk	15,13
Kalk, an Kohlensäure und Kieselsäure gebunden	11,85
Eisenoxyd und Tonerde	9,70
Kohlenstoff	1,66
Kieselsäure	17,79
Kohlenoxyd und Wasser	4,96
	100,91

Die bituminöse Kohle von Messel hat stückige, halbtonige Beschaffenheit; sie besitzt etwa die Härte und Schneidbarkeit von Holländer Käse, ist von schwarzgrünlicher Farbe und zeigt nach dem Trocknen muscheligen Bruch. Der Einwirkung des Frostes ausgesetzt, erweist sie sich nach dem Auftauen in zahllose papierdünne Blättchen zerspalten, woraus zu schließen sein dürfte, daß aus ihr bei größerem geologischem Alter und nach Herauspressen des Wassers ein bituminöser Schiefer hätte entstehen können. Sie besteht zu etwa 45 Proz. aus Wasser und führt durchschnittlich 30 Proz. Asche. Da sie demnach nur 25 Proz. Brennbares enthält, so ist ihr Heizwert

---

[1] Braunkohle, Nr. 13 [1907].

ein entsprechend niedriger und schließt Verfrachtung zu Heizzwecken vollständig aus.

Beim Verschwelen im Laboratorium werden aus einer Durchschnittskohle erzielt: 44 Proz. Feuchtigkeitswasser, 6 Proz. Zersetzungswasser, 7,8 Proz. Rohöl (anderwärts Braunkohlenteer genannt), 36 Proz. Koksrückstand, 6,2 Proz. Schwelgas. Das Zersetzungswasser besitzt einen ansehnlichen Gehalt an flüchtigen und fixen Ammoniaksalzen neben einem solchen von Brenzcatechin und seiner Homologen. Die fixen Ammoniaksalze haben eine ganze Reihe von Fettsäuren zur Grundlage. Der Koksrückstand enthält durchschnittlich 21 Proz. Kohlenstoff, indessen sein Aschengehalt auf einen eisenoxydreichen Ton zurückzuführen ist.

Der **Braunschweiger** Posidonienschiefer in der Schandelaher Mulde besteht aus graublauem bituminösem Schiefermergel, der in dünnste Blättchen spaltbar ist[1]. Das spez. Gewicht ist 2,08, der untere Heizwert 920 WE, die Grubenfeuchtigkeit beträgt etwa 5 Proz. Es sind nachgewiesen: Organisch gebundener Kohlenstoff 9,97 Proz., organisch gebundener Wasserstoff 1,48 Proz. und Stickstoff 0,5 Proz. Das Bitumen ist unlöslich in organischen Lösungsmitteln, doch wurde durch Erhitzen des Schiefers auf 350° während 24 Stunden das Bitumen löslich, allerdings ist nicht ausgeschlossen, daß dabei eine gewisse Zersetzung des Bitumens eingetreten ist. Das durch Depolymerisation in der Hitze löslich gemachte Bitumen zeigte folgende Zusammensetzung:

C 77,85 Proz., H 8,53 Proz., N 1,13 Proz., S 3,80 Proz., O 8,69 Proz. Beim Schwelen gab der Schiefer etwa 5,8 Proz. Teer; durch Schwelen im Vakuum wurde 1 Proz. mehr erhalten. Der Schwelrückstand zeigte gute Entfärbungskraft. — Der Ölschiefer von Schandelah wird übrigens schon seit einiger Zeit von den Rütgerswerken in großem Maßstabe gewonnen, der Schiefer wird dabei in Generatoren vergast[1].

Der bituminöse Schiefer bei **Sieblos in der Rhön** lieferte bei Untersuchungen, die *Graefe* anstellte, über 30 Proz. Teer. Diese Schieferlager sind früher zur Ausbeutung in Angriff genommen, doch ist der Betrieb infolge von Abbauschwierigkeiten eingestellt worden. Das Vorkommen dieses sehr bitumenreichen Schiefers ist anscheinend nicht mächtig genug, um die Entstehung einer Industrie zu ermöglichen.

Bei den neuerdings aufgenommenen Versuchen zur Nutzbarmachung des **württembergischen** Ölschiefers sind folgende Ergebnisse erhalten worden[2]. 1 kg Ölschiefer von 1420 WE oberem Heizwert ergab:

		Heizwert:		
65 g Schieferöl	9700 WE	= 630 WE	= 44,4 Proz.
35 g Schwelgas	5000 WE	= 175 WE	= 12,3 „
820 g Schieferkoks	750 WE	= 615 WE	= 43,3 „
		1420 WE	= 100 Proz.

---

[1] *Hellmuth Katz:* Über die chemische Untersuchung des Braunschweiger Posidonienschiefers und seiner Produkte. Inaug.-Diss. Karlsruhe 1919.

[2] Vgl. *Metzger:* Württembergischer Ölschiefer, ein Brennstoffspeicher Süddeutschlands und richtige Wege zu dessen wirtschaftlicher Auswertung. Stahl u. Eisen, Nr. 38, S. 126ff. [1920].

Die beste Ausbeute an Heizwert aus dem Ölschiefer erhält man bei Vergasung in großen Generatoren; es werden dabei 65 bis 70 Proz. der Wärme des Schiefers in Form von Gas und Öl erhalten. Die Schieferschlacke soll zu Kunststeinen ohne Anwendung von Zement verarbeitet werden[1].

Die Rohölausbeute aus dem oberbayrischen Schiefer in Krünn schwankt nach *Schultz* zwischen 10 und 27 Proz. und beträgt im Mittel etwa 15 Proz. Das spez. Gewicht des Schiefers beträgt 2,45, sein Schwefelgehalt 14,37 Proz. Das spez. Gewicht des Rohöls ist 0,955 und der Schwefelgehalt 9,37 Proz. — Die Gasausbeute schwankt zwischen 12 und 30 Proz.[2]

Der in Luxemburg[3] gefundene Posidonienschiefer besitzt bei einer Oberflächenausdehnung von 80 bis 90 qkm eine Mächtigkeit von 10 bis 12 m. Der Schiefer liefert beim Schwelen 3 bis 5 Proz. Teer.

Der bituminöse Schiefer Schottlands, Ölschiefer, zeigt eine schwarze, braune oder gar graue Farbe. Der an Bitumen reichste Schiefer besitzt die dunkelste Färbung. Er ist klebrig und wenig biegsam, läßt sich schaben und gibt einen muscheligen Bruch. Sein Gefüge zeigt deutlich die Zusammensetzung aus einzelnen Blättchen, was nach dem Abschwelen besonders hervortritt. Sein spez. Gewicht schwankt zwischen 1,713 bis 1,877. Im Gegensatz zur Schwelkohle läßt sich aus dem schottischen Schiefer das Bitumen auch nicht zum Teil durch Lösungsmittel gewinnen[4]. Ein sehr reicher schottischer Schiefer (Torbanit), den *Graefe* untersuchte, gab beim Schwelen nicht weniger als 70 Proz. Teer, beim Extrahieren dagegen nur Spuren an Benzol ab. Dieser Torbanit ist jedoch fast vollkommen abgebaut und verhält sich in dieser Hinsicht auch wie etwa der Pyropissit zu Schwelkohle. Im Durchschnitt liefert bei der Schwelanalyse ein guter Schiefer:

Wasser	2,68 Proz.
Teer und Gas	24,31 „
Rückstand	73,00 „

der sich aus 12,5 Proz. Kohlenstoff und 60,5 Proz. Asche zusammensetzt. Der ausgeschwelte Schiefer aus den Schwelöfen neuzeitlicher Bauart besitzt weit weniger Kohlenstoff als der aus den Retorten älteren Systems. Während der letztere oft bis 18 Proz. Kohlenstoff zeigte, besitzt dieser nur noch 3 bis 4 Proz. Der Schwelrückstand setzt sich nach *Redwood*[5] zusammen aus:

Kohlenstoff	3,61 Proz.
Kieselsäure	56,49 „
Eisenoxyd	12,81 „
Tonerde	22,72 „
Kalk	1,77 „
Magnesia	0,95 „
Schwefel	1,15 .

---

[1] Vgl. Petroleum, Nr. 23, S. 796 [1920].
[2] Privatmitteilung von *Koeppel*, vgl. Petroleum 1920, Nr. 23, S. 797.
[3] Vgl. S. 11.
[4] *D. R. Steuart:* The Shale oil Industrie of Scotland, S. 587.
[5] Mineral oils and their by-products.

Der in **Südfrankreich** zur Verarbeitung kommende Schiefer liefert im Becken von Buxière durchschnittlich 5 bis 7 Proz., im Lager von Autun durchschnittlich 4 Proz. Schwelteer. Der Schiefer hat ein spez. Gewicht von 1,73 bis 2,09.

Der **australische Schiefer** dagegen gibt hohe Ausbeuten, die bis 60 Proz. betragen. Der Teer ist aber arm an Paraffin.

Der Abbau[1].

Ist die Ausdehnung und die Lage eines **Braunkohlenflözes** durch umfangreiche Bohrungen festgestellt, so richtet sich die Art seines Aufschlusses und seines Abbaues nach dem Verhältnis der Höhe (Mächtigkeit) des Kohlenflözes zur Höhe des Deckgebirges. Ist dieses Verhältnis 2 : 1 (Decke zur Kohle) oder darunter — bei ganz „leichtem" Deckgebirge geht man sogar bis 3 : 1 —, so wird der Abbau der Kohle durch Tagebau betrieben, d. h. das Deckgebirge wird mechanisch oder bei geringen Mächtigkeiten durch Menschenhand entfernt. Die Einrichtung eines Tagebaues, Tiefbaues und die Einrichtung eines maschinellen Betriebes oder Handbetriebes sowie im Abraum als in der Kohle ist lediglich Sache der Kalkulation.

Die Kohlenförderung aus dem **Tagebau** geschieht zum größten Teile durch schiefe Ebene mit Ketten- oder Seilförderung und zum kleineren Teil bei nicht ausgedehnten Tagebauen, durch senkrechte Schachtförderung. Die Kohle selbst gewinnt man in neuerer Zeit bei Tagebaubetrieben hauptsächlich auf maschinellem Wege durch Kohlenbagger von verschiedenen Einrichtungen. — Die maschinelle Gewinnung ist aber nicht zweckmäßig, wenn die Schwelkohle in dem Flöz nur in kleinen Bändern oder Schichten vorhanden ist und „ausgehalten" werden soll. Diese dünnen Lagen können nicht für sich in einem Schnitt gewonnen werden. In solchen Fällen wird stets die Gewinnung der Schwelkohle auch im Tagebau von Hand durchgeführt werden müssen.

Die zweite Art des Abbaues ist der **Tiefbau**. Diese Abbauart ist bei den meisten Bergwerken, die Schwelkohle fördern, von einigen Tagebauen abgesehen, in Anwendung, während der Tagebau in dem Lausitzer und rheinischen Braunkohlengebiete Regel ist.

Um den Tiefbau, den unterirdischen Betrieb, aufnehmen zu können, werden senkrechte Schächte niedergebracht, abgeteuft, die zur Förderung und Wasserhaltung dienen sollen. Dieses Abteufen gestaltet sich, zumal wenn es durch wasserreiche Sandschichten geführt wird, schwierig und stellt die Hauptarbeit beim Aufschlusse eines Kohlenlagers dar. Die Tiefe der Schächte ist in dem Schwelkohlenbezirke selten über 60 m, doch finden wir auch Schächte von 75 m Tiefe und darüber.

Von der Sohle des Schachtes aus werden Hauptförderstrecken (Doppelstrecken mit zweigleisiger Huntewagenbahn) quer durch das Kohlenlager

---

[1] *Vollert:* Der Braunkohlenbergbau im Oberbergamtsbezirk Halle a. S. und in den angrenzenden Staaten, S. 149ff.; *Klein:* Die deutsche Braunkohlenindustrie II.

nach verschiedenen Richtungen getrieben. Von diesen führen Nebenstrecken (einfache Strecke mit eingleisiger Bahn) in rechtwinkliger Richtung, nach den örtlichen Verhältnissen in wechselnden Abständen, bis zur Grenze des abzubauenden Feldes. Der Abbau des Kohlenlagers geschieht in der Weise, daß man am Ende der Nebenstrecke, aus dem oberen Teile des Flözes die Kohle bis zu einer Höhe von etwa 4 m hackt und den freien Raum durch Verzimmern (Stellen von Stempeln usw.) schützt, bis ein Raum von 15 bis 20 qm geschaffen ist. Man entfernt nun das Holz und läßt das Deckgebirge nachbrechen (Bruchbau). In gleicher Weise werden unter möglichster Vermeidung von Kohlenverlusten die benachbarten Kohlenpfeiler gewonnen, bis sämtliche Kohle in dieser Lage auf der in Angriff genommenen Fläche zutage gefördert ist. Da die Höhe des Kohlenlagers meist mehr als 4 m beträgt, so beginnt man, nachdem das gesenkte Deckgebirge längere Zeit geruht und sich gesetzt hat, unter diesem in der beschriebenen Weise die tieferen Lagen des Flözes abzubauen. An vielen Stellen hat man einen drei- und viermaligen Bau, da die Mächtigkeit mancher Flöze über 12 bis 16 m beträgt. In Tagebauen finden sich nicht selten Kohlenlager von noch größerer Höhe, die bis zu 70 m und darüber steigt.

Für die Förderung im unterirdischen Betriebe und im Tagebau benutzt man Hunte, deren Kasten 5 bis 6, selten 7 oder 8 hl fassen und aus Holz oder Eisenblech bestehen. Die Bewegung dieser Wagen geschieht nur für kurze Wege durch Menschenkraft, für weitere durch maschinelle Anlagen mit Kette ohne Ende oder Drahtseil. Zur Schachtförderung dienen Maschinen, die zylindrische Seiltrommeln mit Zahnradübertragung in Bewegung setzen. An dem Seile hängen die Förderschalen, die die gefüllten Wagen zutage fördern und die entleerten dem unterirdischen Betriebe wieder zuführen. In einigen Tiefbaubetrieben hat man auch Elevatoren in die Schächte eingebaut, mit denen die Kohle anstelle der Förderschalen zutage gehoben wird.

Der Transport der Kohle von dem Bergwerke nach den Aufbereitungsanstalten geschieht für kurze Entfernungen durch Hunte oder Transportbänder, für weitere durch Drahtseilbahn.

Um die Schwelkohle von der Feuerkohle zu trennen, ist es erforderlich, daß die beim Abbohren des Kohlenlagers erhaltenen Kohlenproben analytisch untersucht werden, damit der Bergmann beim Abbaue weiß, in welchen Lagen er Schwelkohlen antrifft. Er wird hierbei durch einige praktische Kunstgriffe unterstützt, die aber eine analytische Überwachung der Schwelkohlenförderung nicht ersetzen können. Es muß dafür Sorge getragen werden, daß nach Möglichkeit nur Schwelkohle der trockenen Destillation zugeführt wird.

Der Abbau der Grube Messel geschieht durch Tagebau mit darunterliegender Streckenförderung, automatisch laufende Förderwagen und Hochheben dieser mit Kettenbahn. Die Fördereinrichtungen und die ausgedehnte Aufbereitung werden teils durch direkten Transmissionsantrieb von kleineren Gasmotoren, teils durch Elektromotore bedient, die ihren Strom von einer mit Groß-Gasmotoren bewegten elektrischen Zentrale empfangen.

So wie die Mächtigkeit des Schieferlagers in Schottland stark schwankt, so ist auch die Entfernung dieses Flözes von der Oberfläche verschieden. Es stellt nicht ein einheitliches Flöz, sondern verschiedene dar.

Die Lage des Schieferflözes muß vor dem Abbaue durch Bohrungen genau festgestellt werden. Die Bohrkerne werden der analytischen Prüfung auf Schwelfähigkeit unterworfen.

Der Abbau des Schieferlagers[1] geschieht entweder durch senkrechte Schächte oder bei schräger Flözlage durch Stollen, die von der Oberfläche aus in das Flöz getrieben werden, und in denen später auf schiefer Ebene die Förderung mit Seil erfolgt. Zur weiteren Vorrichtung werden Querschläge aufgefahren, von denen aus der Abbau des Schiefers vorgenommen wird. indem er durch Sprengen in möglichst großen Stücken gewonnen wird. Um den Schiefer nicht in zu kleine Stücke zersplittern zu lassen, verwendet man als Sprengmittel Schießpulver und nur selten an feuchten Stellen Dynamit. Über die „Schießarbeit" selbst bestehen genaue bergpolizeiliche Vorschriften.

Die Förderung des Schiefers erfolgt mit Hunten und Seilbahn nach den Schwelanlagen.

In der französischen Schieferindustrie[2] werden zur Förderung senkrechte Schächte von 4—6 m Durchmesser abgeteuft und von ihrer Sohle aus Querstollen nach den einzelnen Flözen getrieben. Die Schächte erreichen eine Tiefe von 60 bis 200 m.

Die Verwertung.

Es ist wohl nötig, daß wir im Zusammenhang mit der Besprechung über die Verwertung der Schwelkohle zunächst kurz die der anderen Braunkohlenart, die nur geringe Mengen von Bitumen enthält, erwähnen. Die Feuerkohle findet ausschließlich als Heizmaterial Verwendung. Entweder sie gelangt, wie sie zutage gefördert wird, zum Versand (Förderkohle), oder sie wird durch Siebvorrichtungen in Klar- und Stückkohle getrennt. Die Stückkohle, in verschiedenen Korngrößen, wird wie die Förderkohle verkauft, während die Klarkohle zur Herstellung von Naßpreßsteinen benutzt wird. Diese Kohlensteine werden aus der angefeuchteten Klarkohle maschinell bei einem Drucke von 5 bis 7 Atm. erzeugt und besitzen die Form der Ziegelsteine. Ihre Gewinnung geschieht im Sommer, da sie nach der Fabrikation an der Luft getrocknet werden müssen und künstliche Trockeneinrichtungen bisher noch nicht im vollen Maße befriedigt haben. Die Naßpreßsteine werden in der Nähe der Erzeugungsstellen als Hausbrandmaterial verbraucht, da sie ihres lockeren Gefüges wegen sich für einen weiteren Bahntransport nicht eignen.

Die Hauptverwendung, die von Jahr zu Jahr steigt, findet die Feuerkohle zur Fabrikation von Braunkohlenbriketts. Die Briketts werden

---

[1] The Oil Shales of the Lothians, S. 105 ff.
[2] Prof. Dr. *Faber:* Petroleum **12**, Nr. 10.

erzeugt, indem die frisch geförderte Feuerkohle zunächst einer Zerkleinerung bis Erbsengröße und dann einer Trocknung bis zu einem Wassergehalte von 12 bis 16 Proz. unterworfen wird. Die so vorgerichtete Kohle wird unter einem Drucke von 1200 bis 1500 Atm. gepreßt, wobei durch die auftretende Erhitzung der Kohle das in ihr enthaltene Bitumen erweicht und so die Kohlenteilchen zu einem festen Steine verbunden werden. Der Zusatz eines Bindemittels erfolgt im Gegensatz zur Herstellung von Steinkohlenbriketts hierbei nicht. Wir sehen, daß wir diese Verwendungsart lediglich dem Bitumengehalte der Braunkohle zu verdanken haben[1].

Die Schwelkohle eignet sich ihres hohen Bitumengehaltes wegen nicht als Brennmaterial und auch nicht zur Herstellung von Briketts. Im ersten Falle würde ein Teil der geschmolzenen Kohle durch den Rost laufen, die Roststäbe verbrennen und der Heizeffekt wäre gering, im zweiten Falle lieferte die Kohle erwiesenermaßen nur bröckelige Briketts, die im Feuer auseinanderfielen.

Die Schwelkohle wird seit Jahrzehnten der trockenen Destillation unterworfen. Diese Verhüttung sowie die Verarbeitung des hierbei erhaltenen Braunkohlenteers zu Mineralölen und Paraffin ist das Arbeitsfeld der sächsisch-thüringischen Mineralölindustrie und wird in den folgenden Kapiteln geschildert werden.

Die Gewerkschaft Messel verarbeitet die geförderte Kohle ausschließlich in ihren Schwelanlagen.

Früher wurde nach Qualität getrennt gefördert, doch wird heute nur noch Durchschnittsfördergut nach der Schwelerei gebracht. Beim Abschwelen der einzelnen Qualitäten werden Teergehalte beobachtet, die zwischen 4 und 14 Proz. schwanken. Die Durchschnittskohle liefert dagegen etwa $7\frac{1}{2}$ Proz. Bitumen läßt sich aus der Kohle nur in geringer Menge extrahieren.

Der bituminöse Schiefer Schottlands wird auch lediglich als Rohstoff für die trockene Destillation benutzt. Sein Bitumen zu isolieren ist, wie schon betont, unmöglich. Wollte man unter Bitumen nur den durch Lösungsmittel zu extrahierenden Bestandteil der bituminösen Rohstoffe verstehen, so dürfte man die Kohle von Messel und den Ölschiefer Schottlands überhaupt nicht zu diesem Stoffe rechnen. Wie die Verf. schon an anderer Stelle[2] ausführlich dargelegt haben, ist, wenn man überhaupt für Bitumen eine umfassende Definition geben will, darunter der Stoff zu verstehen, der bei der Destillation Teer liefert. Daß man bei dieser Theorie, sie weiter verfolgend, wie *Erdmann* tut[3], auch Cellulose mit zu den bituminösen Stoffen zählen muß, stört nicht, wenn man erwägt, daß ja ein Teil des Braunkohlen-

---

[1] Vgl. *Scheithauer*: Das Bitumen der Braunkohle. Braunkohle **3**, 101.
[2] Braunkohle **3**, 101.
[3] Die Chemie der Braunkohle, S. 77

teers aus dem Holzstoffe gebildet wird. Wird die Cellulose dem Verwesungsprozesse unterworfen, so wird sie sich wie bei der Destillation zersetzen. Der Kohlenstoff und Wasserstoff wird als Methan, Kohlensäure und Wasserdampf verschwinden und nur der Rohstoff des Teeres, eben das Bitumen, bleibt zurück.

Der Schiefer Frankreichs und Australiens wird im wesentlichen als Rohstoff für den Schwelteer benutzt, jedoch finden in Australien die bitumenreichsten Schiefer auch als Zusatzkohle bei der Gasbereitung Verwendung[1]. Man bringt sogar einen Teil solchen Schiefers zum Versand nach dem Auslande.

---

[1] The Petroleum Gazette 1908, Nr. 4, S. 5.

Drittes Kapitel.

Die Gewinnung der Schwelteere.

A. Das Schwelverfahren.

Um aus dem Bitumen des Rohstoffes den Schwelteer zu gewinnen, ist
eine Destillation des Rohstoffes nötig. Man hat zu dieser Arbeit zu den verschiedenen Zeiten die verschiedensten Apparate benutzt; immer richtete
man aber sein Augenmerk darauf, die Zersetzung des Bitumens nicht weiter
fortschreiten zu lassen, als es nötig war, um Teer, das Hauptschwelerzeugnis,
zu erhalten. Man war bestrebt, Zersetzungsprodukte des Teeres selbst zu
vermeiden.

Der wichtigste Punkt ist die Beheizung .des Schwelofens, und es muß
ausprobiert werden, welche Temperatur zur ordnungsmäßigen Verschwelung
eines Rohstoffes in einem bestimmten Apparate die geeignetste ist. Ist die
Temperatur zu hoch, so tritt eine Zersetzung der Teerdämpfe ein, die Gas-
entwicklung wird stärker und ein Teil der festen Kohlenwasserstoffe wird
in flüssige verwandelt, die reich an aromatischen Verbindungen, wie Benzol
und seine Homologen, Naphthalin und anderen, sind. Die Schwelgase enthalten reichlich freien Wasserstoff und leichte Kohlenwasserstoffe. Ist die
Schweltemperatur zu niedrig, so wird das Bitumen nicht vollständig zersetzt,
sondern ist in dem Schwelteere mit enthalten. Die flüssigen und festen Schwel-
erzeugnisse sind dann frei von aromatischen Kohlenwasserstoffen und bestehen aus hauptsächlich Kohlenwasserstoffen der Fettreihe, gesättigten und
ungesättigten, während die Schwelgase im wesentlichen schwere Kohlenwasserstoffe, wie Äthylen und Homologe, enthalten. Außerdem ist
der Rückstand weit kohlenstoffreicher als im ersten Falle. Bei richtig ge-
wählter Schweltemperatur wird das Bitumen gerade zersetzt, ohne daß weitere
Zersetzungen des Teeres eintreten. Natürlich läßt sich dieses ideale Schwelverfahren im Betriebe nicht gleichmäßig durchführen. Es muß jedoch angestrebt werden, ihm möglichst nahe zu kommen. Meistens sind auch in den
gewöhnlichen Schwelteeren noch unzersetzte Anteile des Braunkohlenbitumens enthalten, die sich in dem Braunkohlenteerkoks, soweit er nicht
durch Glühhitze schon graphitartig geworden ist, anreichern und daraus
durch Braunkohlenbenzin herausgelöst werden können[1].

---

[1] Privatmitteilung von Herrn Direktor Dr. *Krey.*

Wichtig ist es ferner, den Schwelvorgang so zu leiten, daß alle Teile des Rohstoffes in den einzelnen Zeitabschnitten der Destillation einer gleichen Hitze ausgesetzt sind. Der Schwelofen muß so gebaut und seine Feuerung so eingerichtet sein, daß das Schwelmaterial erst mäßige Hitze erhält, die sich allmählich steigert und schließlich so hoch werden muß, daß die letzten Reste des Bitumens zersetzt und in Teer umgewandelt werden. Die neuzeitlichen Schwelöfen werden dieser Forderung durchaus gerecht.

In der sächsisch-thüringischen Industrie erfolgt das Schwelen des Rohstoffes im Gegensatz zu der schottischen ohne Verwendung von Wasserdampf. *Ramdohr* versuchte Ende der sechziger Jahre das Schwelverfahren mit Unterstützung von Dampf auch für Braunkohlen anzuwenden. Zunächst benutzte er es bei den liegenden und später bei den stehenden Öfen[1]. Das Verfahren hat sich in der Technik nicht bewährt, und es ist nur kurze Zeit versuchsweise damit gearbeitet worden. *Ramdohr* nannte das gewonnene Schwelprodukt Dampfteer, der sich wesentlich von dem eigentlichen Schwelteer der Braunkohlenindustrie unterschied. Der Dampfteer enthielt noch beträchtliche Mengen von Bitumen, das durch den Dampf vor Zersetzung geschützt war, während man doch im Schwelteer gerade die Zersetzungsprodukte des Bitumens, wie geschildert, haben will.

In der schottischen Schieferindustrie schwelt man, wie schon gesagt, mit Unterstützung von Wasserdampf, und die Apparate sind dementsprechend eingerichtet. Hier ist ein solches Verfahren geboten, weil man das Schwelwasser auf Ammoniak verarbeitet. Ausführlich wird darüber später berichtet.

In der schottischen Industrie muß der Schwelvorgang so geleitet werden, daß man neben einer hohen Ausbeute von Teer auch eine solche von Ammoniak aus dem Schiefer erhält. Dieses erreicht man am vollkommensten mit den neuesten Ofenarten[2]. Man läßt, nachdem bei niedriger Temperatur der Schwelvorgang beendet ist, auf den ausgeschwelten Schiefer bei hoher Temperatur Wasserdampf einwirken[3]. Der Kohlenstoff des Schiefers wird in ein Gemisch von Kohlensäure und Kohlenoxyd übergeführt, während ein Teil des dabei entstehenden Wasserstoffes mit dem Stickstoff des Schiefers sich zu Ammoniak vereinigt.

B. Die Gewinnung des Braunkohlenteers.

Der Schwelofen.

Die erste Art des Schwelofens, auch Retorte genannt, in der sächsisch-thüringischen Industrie war die liegende in der Form eines ⌒ aus Gußeisen. Diese benutzten *Vohl* und *Wagemann*[4], sie vereinigten 16 Stück, je 2 in einem

---

[1] Deutsche Industrie-Zeitung 1878, 322 (D. R. P. Nr. 2232).
[2] Vgl. S. 62.
[3] The Oil-Shales of the Lothians, S. 169.
[4] Dinglers Polytechn. Journ. **135**, 138; **139**, 216.

Ofen, zu einer Retortenbatterie. Auch andere Retortenformen, wie kleine niedrige, viereckige und runde, waren zeitweise im Gebrauch.

    B. Hübner[1] und *Unger*[2] wählten die ovale Form der liegenden Retorte, die sich auch für die Zukunft am besten bewährte, da sie dem nachteiligen Einflusse der ungleichmäßigen Beheizung am meisten zu widerstehen vermochte. Diese Form verdrängte nach und nach die übrigen und behauptete bis zur Einführung des stehenden Schwelofens das Feld. Fig. 2 und 3 zeigen

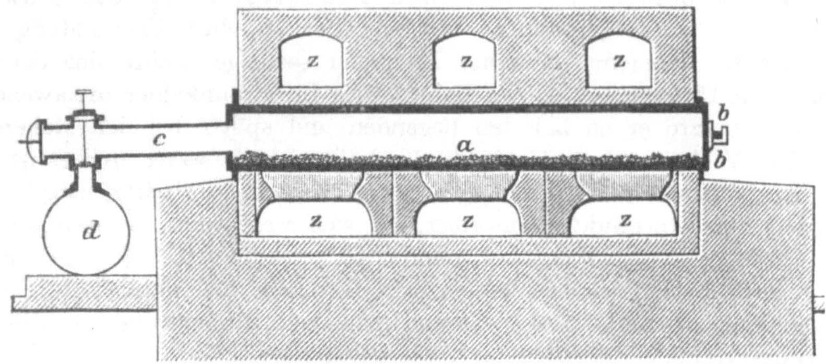

Fig. 2.

diese Retorte im Längs- und Querschnitt. Sie besitzt eine Länge von 2,5 bis 3,0 m, eine Breite von 70 bis 80 cm und eine Höhe von 36,5 cm, bei einer Stärke des Gußeisens von 3 bis 4 cm. Das eine Ende der Retorte a ist mit dem Deckel b mit Riegel und Keilverschluß abgeschlossen, während das andere Ende einen Stutzen trägt, an dem sich das Abzugsrohr c für die Teerdämpfe anschließt. d ist die Vorlage und z, z stellen die Feuerzüge dar.

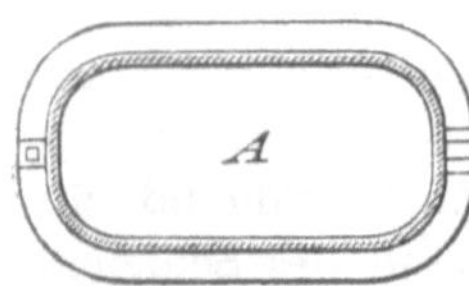

Fig. 3.

    Eine größere Anzahl solcher Retorten, in der Regel 10 bis 12 Stück, waren zu einem System, Batterieofen, vereinigt und hatten eine gemeinsame Feuerung. Die Beschickung der Retorten geschah durch Einwerfen oder Einschieben der Schwelkohle, so daß diese in gleichmäßiger Schicht von etwa 10 cm Höhe den Retortenboden bedeckte. Die Beheizung erfolgte auf Planrost mit Feuerkohle, und 1 hl Schwelkohle erforderte 0,8 bis 1,0 hl Feuerkohle zum Verschwelen. Nach 8 Stunden war der Schwelprozeß beendet, der Schwelrückstand, Grudekoks, wurde mit Krücken aus der Retorte entfernt, und diese von neuem gefüllt. Wir sehen, es war kein fortlaufender, sondern ein unterbrochener Betrieb.

    Dieser Übelstand wurde schon in der ersten Zeit der Industrie empfunden, und man suchte ihn zu beseitigen. So baute *Perutz*[3] eine liegende Retorte, die mit fortlaufendem Betriebe arbeiten sollte. Aber diese sowie andere das

---

[1] Dinglers Polytechn. Journ. **146**, 211.
[2] Dinglers Polytechn. Journ. **150**, 130.
[3] Die Industrie der Mineralöle, S. 124.

gleiche Ziel anstrebende Retorten von liegender Form haben sich im Betriebe nicht bewährt, da einmal die Kohle nicht genügend ausgeschwelt wurde und zum anderen der erzeugte Teer wegen seines hohen spezifischen Gewichtes minderwertig war.

Die ersten stehenden Schwelöfen, die man zur Erzeugung von Schwelteer benutzte, waren Schachtöfen[1]. Der damit gewonnene Teer war, da eine weitgehende Zersetzung eintrat, für die Weiterverarbeitung unbrauchbar. *Unger*[2] verbesserte die Bauart dieser Öfen wesentlich, indem er eine außen gelegene Feuerung einrichtete, so daß die Teerdämpfe nicht mehr mit den Feuergasen in Berührung kamen. Sein Ofen arbeitete ununterbrochen, indem aus einem Fülltrichter oben Schwelkohle in dem Maße nachsank, wie unten Koks abgezogen wurde. Der Schwelofen von *Perutz*[3] schloß sich an den von *Unger* an.

Die Einrichtung dieser stehenden Schwelöfen war aber nicht geeignet, in befriedigender Weise Schwelkohle zu destillieren. Einen solchen Ofen, der allen Anforderungen gerecht wurde, baute im Jahre 1858 *Rolle*. Wir haben seiner schon im ersten Kapitel rühmend gedacht. Der *Rolle*sche Ofen ist mit einigen unwesentlichen

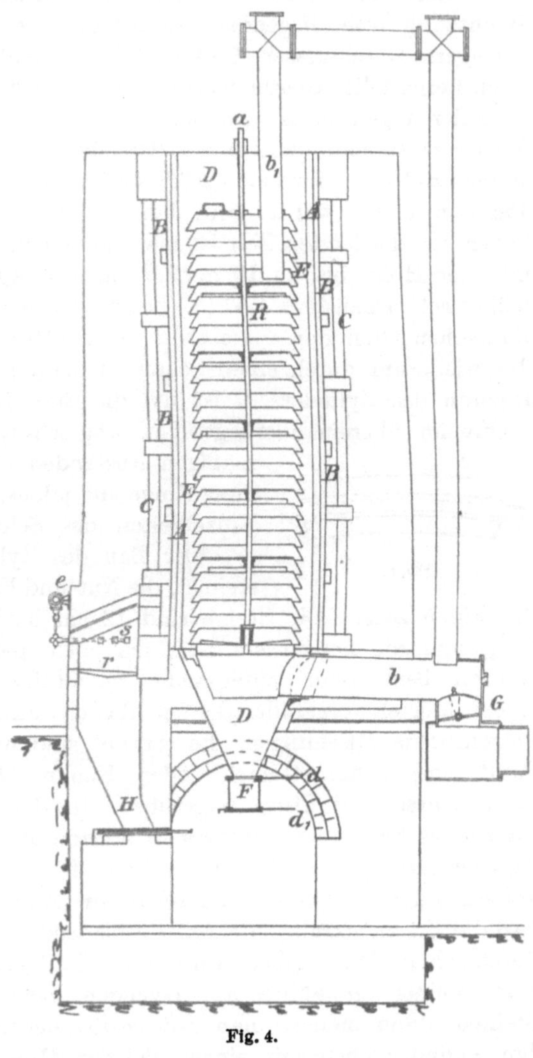

Fig. 4.

Abänderungen heute noch in der Schwelteerindustrie der Provinz Sachsen ausschließlich im Gebrauch. Durch seine Vorzüge hat er die liegenden Retorten verdrängt. Sein Betrieb ist ein ununterbrochener, er ist der

---

[1] *Oppler:* Handb. der Fabrikation mineralischer Öle, S. 87 ff.; *Wagemann:* Dinglers Polytechn. Journ. **140**, 461.

[2] *Wagemann:* Dinglers Polytechn. Journ. **150**, 130.

[3] Die Industrie der Mineralöle, S. 144 ff.

liegenden Retorte gegenüber weit leichter zu bedienen und erfordert
weniger Arbeitskräfte. Er verarbeitet in der Zeiteinheit das Fünffache
der liegenden Retorte, und die Teerausbeute ist im *Rolle*schen Ofen
weit höher und der Teer selbst von besserer Beschaffenheit als bei der
Benutzung von liegenden Retorten. Die Öfen wurden zunächst mit
geringem Durchmesser, 0,94 m (3′) und mäßiger Höhe, 3,75 m, aus Gußeisen hergestellt. Später baute *Rolle* die Öfen höher und umgab den eisernen
Zylinder wegen seines schnellen Verschleißes mit einem Mantel aus schwachen
Schamottesteinen. Bald ging er dazu über, den ganzen Zylinder aus Schamottesteinen zu bauen, ihm einen größeren Durchmesser zu geben und ihn zu erhöhen.
Der Schwelofen wurde dann Jahre hindurch 6 bis 7 m hoch gebaut, selten
höher. In der letzten Zeit ist man, um einen größeren Durchsatz zu erzielen.
mit der Höhe bis zu 10 m und darüber gegangen. Den Durchmesser, der
früher schon meistens 1,57 (5′) betrug, hat man beibehalten. Fig. 4 stellt einen
*Rolle*schen Ofen dar. *A* ist der Schamottezylinder, *B* sind die Feuerzüge,
die wiederum durch einen Schamottemantel *C* abgeschlossen werden. Im
Inneren des Zylinders *D* ist um die Eisenstange *a* herum ein System von
senkrecht übereinanderliegenden, abgeschragten eisernen Ringen in regelmäßigen Abständen eingesetzt. Im Schnitte zeigen
diese Ringe die jalousienartige Anordnung. Über die
Einzelheiten des Schwelofens sei folgendes gesagt:
Der Bau des Zylinders erfolgt mit Schamottesteinen, die Nut und Feder besitzen, wie einen solchen

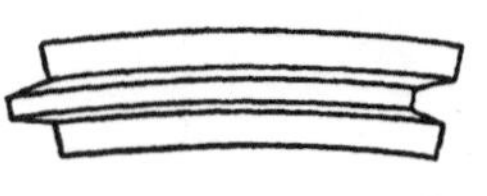

Fig. 5.

die Fig. 5 zeigt. Die Steine sind 12 cm hoch, 10 cm stark, 30 bis 40 cm
lang, und die Längsleiste ist 2 cm hoch und breit. Die einzelnen Steine
werden beim Baue aufeinander geschliffen und die engen Fugen mit
einem Mörtel ausgefullt, der sie dicht verkittet. Als Mörtel nimmt man
verschiedene Mischungen, die erprobt sind und aus Ton, fein gemahlenem
Sand und Schamottemehl oder Kaolin bestehen. Das Gemisch wird
mit Melasse und Sirup angerührt. In der Regel laufen die Fugen der
Steine des Schamottezylinders in horizontal übereinanderliegenden Kreisen.
dagegen hat *Schliephacke*[1] beim Baue der Schwelöfen der Waldauer Braunkohlen-Industrie-Aktien-Gesellschaft die Anordnung der Steine so getroffen.
daß die Fugen spiralig von Anfang bis Ende zusammenhängend den Zylinder
durchziehen. Man mauert am Grunde des Zylinders einen bis zur Höhe eines
Nutensteines allmählich aufsteigenden Ring aus schwachen, keilförmigen
Steinen, dann mauert man mit gewöhnlichen Steinen weiter und schließt
den Zylinder oben mit einem gleichen Ring von keilförmigen, allmählich
schwächer werdenden Steinen wie unten ab. Man erreicht durch diese Bauart.
die auch noch an anderen Stellen mit Vorteil benutzt worden ist, daß der
Verband der Steine untereinander enger ist, als wenn jeder Ring für sich
abgeschlossen wäre. Der Schamottezylinder bildet ein Ganzes und ist für
lange Zeit gegen die Schwelgase undurchlässig. Um diese Undurchlässigkeit
gegen Gase, die durch gutes Steinmaterial im wesentlichen bedingt wird.

---

[1] D. R. P. Nr. 35 180.

noch weiter zu erhöhen, sind die Zylindersteine innen mit Glasur versehen, die allerdings nach kurzer Betriebszeit springt und auch keinen sicheren Abschluß mehr bietet, wenn man nicht gutes Steinmaterial gewählt hat; in der Regel werden deshalb jetzt unglasierte Steine verwendet.

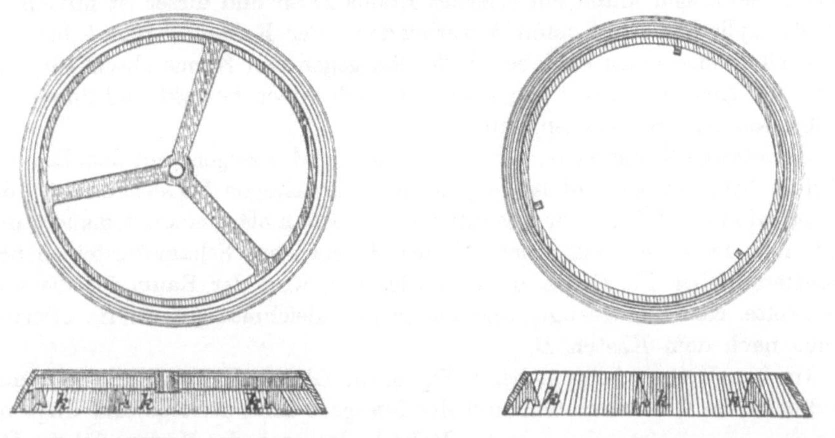

Fig. 6.   Fig 7.

Die gußeisernen Glocken, die das Innere des Schwelzylinders ausfüllen, sind zum Teil mit Stegen versehen, die sich in der Mitte zu einem Ringe vereinigen, der durch die eiserne Stange führt. Fig. 6 zeigt eine solche Glocke, (Stegglocke). Die anderen Glocken ohne Stege stellt Fig. 7 dar. Das ganze Glockensystem setzt sich bei

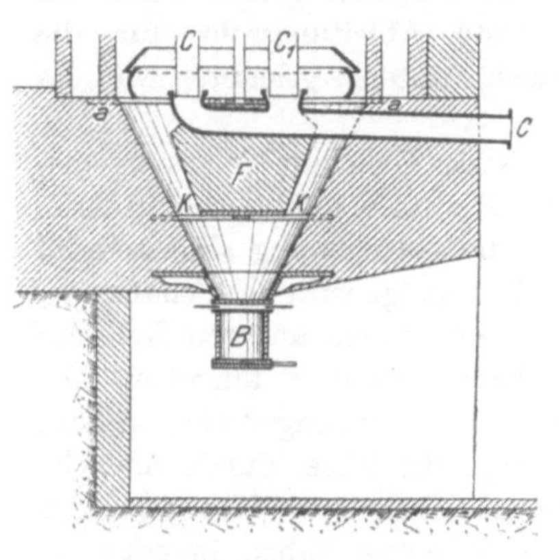
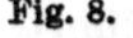
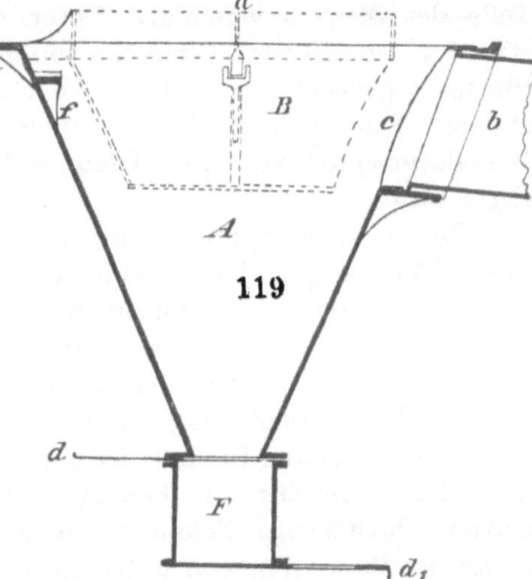

Fig. 8.   Fig. 9.

den 6 bis 7 m hohen Öfen aus etwa 28 Stück gewöhnlichen und 6 Stück Stegglocken zusammen. Die höheren Öfen enthalten etwa 50 Stück gewöhnliche und 10 Stück Stegglocken. Die Glocken sind derart angeordnet, daß die obere sich mit Knaggen (k in Fig. 6 und 7) auf den Rand der unteren stützt. Es wird so innerhalb des Schamottezylinders (Fig. 4)

ein kleiner zylindrischer Raum R abgeschlossen, der durch die zwischen
den Glocken entstehenden Öffnungen mit dem ihn umgebenden Raume E
in Verbindung steht. Dieser Raum E stellt den Schwelraum dar und dient
zur Aufnahme des Schwelmaterials, er ist 8 bis 10 cm breit. An dem Schamottezylinder setzt sich unten ein eiserner Konus D an und dieser ist mit einem
eisernen zylindrischen Kasten F verbunden. Der Kasten F faßt 1 bis 2 hl
und besitzt oben einen Schieber d, der ihn gegen den Konus abschließt, und
unten den gleichen d_1, der den Abschluß nach außen bewirkt und durch den
der Kasten entleert werden kann.

Der eiserne Konus liegt, wie es die Fig. 8 und 9 zeigen, mit dem Rande a
auf dem Mauerwerke und ist eingemauert. In einigen Schwelereien ist der
Konus, wie es auf Fig. 8 dargestellt ist, aus Schamottesteinen gemauert und
trägt noch im Innern auf einem Kreuze K einen aus Schamottesteinen hergestellten Pfeiler F. Durch diese Einrichtung wird der Raum für die ausgeschwelte Kohle eingeengt, und sie gleitet gleichmäßiger als im eisernen
Konus nach dem Kasten B.

In dem Konus A hängt bei f, Fig. 9, die Glocke B, Topfglocke genannt.
Sie dient dem Glockensystem und der Stange a als Unterlage und trägt bei

Fig. 10.

c das Rohr b, das nach der Vorlage führt. Der
Glockensatz wird oben durch eine eiserne Haube,
Fig. 10, Glockenhut genannt, abgedeckt. Durch
diesen führt das Ableitungsrohr b_1, das sich
mit dem zweiten Rohre aus dem unteren
Teile des Ofens b vereinigt. Unter der Mündung des ersten Rohres, in
etwa $^1/_3$ der gesamten Ofenhöhe von oben, ist eine Glocke durch eine eiserne
Platte abgedeckt, so daß der Glockensatz in 2 Zonen geteilt wird. In
anderen Schwelanlagen wird auch das erste Ableitungsrohr für die
Destillationsprodukte im Ofen selbst nach unten geleitet, wie es
Fig. 8 zeigt.

Der Schamottezylinder wird in seinem unteren Teile zum Schutze gegen
starke Beheizung in der Regel noch mit einem Mantel von Schamottesteinen
umhüllt. Dieser Schutz macht sich, seitdem die Gasfeuerung allgemein in
Gebrauch ist, besonders nötig. Zum Baue der Feuerzüge wird der Schamottezylinder in einer Entfernung von etwa 20 cm mit einem anderen Zylinder
aus gleichfalls ringförmig angeordneten Schamottesteinen umgeben. In
diesem so gebildeten Raume, der nach oben um 4 bis 6 cm enger wird, ziehen,
wie schon angeführt, die Feuergase, deren Weg, die Züge, durch Abdeckplatten, keilförmige Schamottesteine, vorgeschrieben ist. Nachdem die
Feuergase ihren Weg von unten nach oben zurückgelegt haben, münden sie
am Ende in einen Kanal, der sie nach dem Schornstein führt.

Fig. 11 stellt übersichtlich einen Teil des Querschnitts vom gemauerten
Schwelofen dar. a bezeichnet die Nutensteine, b die Steine des Mantels,
c die Abdeckplatten und d die Steine der äußeren Ofenwand. Der Zwischen-
raum z bildet den Zug für die Feuergase. Wo die Abdeckplatten liegen,
fehlen natürlich die Mantel- und die äußeren Steine, sie sind nur der Über-

sicht wegen punktiert eingezeichnet. Der Schwelofen findet durch die Ummauerung von Backsteinen seinen Abschluß. — Die Beheizung geschieht
von Rost r (Fig. 4) aus mit Kohle, die aber nur als Hilfsfeuerung anzusehen
ist, denn die Hauptbeheizung findet mit den Schwelgasen statt, worauf wir
später noch ausführlich zu sprechen kommen werden.

An das zum Baue der Schwelöfen verwendete Steinmaterial müssen
zwei Forderungen gestellt werden: es muß einmal unempfindlich gegen die
Flugasche der Feuerkohle sein, die sich daran ansetzt, und es muß zum anderen hohe Temperaturen ohne zu schmelzen aushalten.

Die Flugasche der Feuerkohle[1] ist basisch, und daher muß das Material
der Schamottesteine des Ofens auch basisch sein. Nähme man saures Steinmaterial, so würde sich das basische Silicat der Flugasche mit dem sauren
des Steines zu einem Doppelsilicat verbinden und als Asche an den heißen
Steinen anhaften. Beim Reinigen der Feuerzüge würde dann diese Masse
und mit ihr ein Teil der Steine abgestoßen und damit der Ofen selbst schwer
beschädigt werden. Am brauchbarsten sind Steine aus reinem Aluminium-
silicat, weil sie ihres hohen Schmelzpunktes wegen dem Einflusse der Hitze
am meisten widerstehen.

Erwähnenswert er-
scheint noch das Patent
von *Fr. Aug. Schulz* (D.
R. P. Nr. 6832), das da-
hin ging, die gußeisernen
Glocken durch tönerne zu
ersetzen. Er nahm als
Glockenmaterial $^2/_5$ Scha-

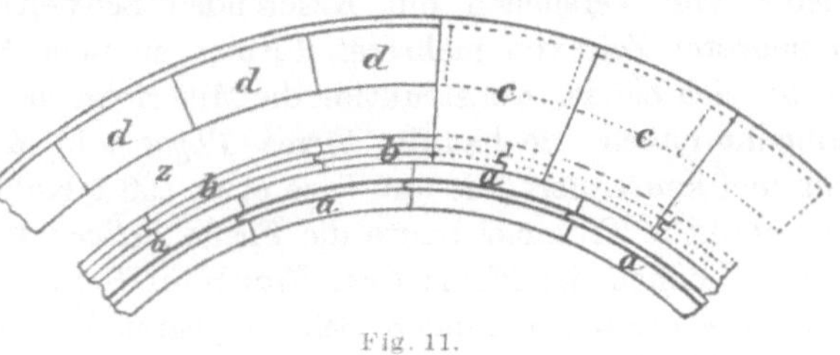

Fig. 11.

mottemehl und $^3/_5$ Steingutmasse. Ein so ausgerüsteter Ofen sollte billiger
im Anlagekapital und bequemer zu reinigen sein. Im Betriebe haben sich
die aufgestellten Öfen nicht bewährt, und daher hat das Patent keinen Eingang in die Technik gefunden.

Rotierende Schwelöfen sind früher schon ohne Erfolg in der Schwelteerindustrie versucht worden[2]. *Graefe*[3] beschreibt eine solche Retortenkon-
struktion von *Gebr. Barnewitz* in Dresden (D. R. P. Nr. 156 952 und 203 091)
und regt an, Schwelversuche in der Braunkohlenteerindustrie hiermit anzustellen. Solche Versuche, die Kohle in rotierenden Retorten zu schwelen,
wurden in neuester Zeit wieder aufgenommen, und zwar versuchte man nicht
nur, Braunkohle darin zu schwelen, sondern vor allem Steinkohle bei niederer
Temperatur zu destillieren, um Urteer zu gewinnen. Der Tieftemperaturteer
oder Urteer ist ein Erzeugnis, das bei der Destillation der Kohle bei niederer

---

[1] *Schliephacke:* Über die Befeuerung der Schwelzylinder. Jahresbericht des Technikervereins 1890/91.

[2] *W. Scheithauer:* Die Fabrikation der Mineralöle, S. 41 ff.

[3] Braunkohle 8, 515.

Andere neue Patente von rotierenden Retorten sind unter Nr. 112 178 und 112 398
eingetragen. Zeitschr. f. angew. Chemie 1900, 1036.

Temperatur entsteht. Schon früher hatten sich Forscher, wie *Pictet, Börnstein, Wheeler* u. a., damit befaßt, doch hatten diese Versuche fast alle ein mehr wissenschaftliches Gepräge, während in der Neuzeit der Tieftemperaturteer erhöhte Bedeutung durch die Abschließung Deutschlands vom Weltmarkte im Kriege erlangte. Man glaubte, mit Hilfe der Tieftemperaturteer-Erzeugung Deutschland, wenn auch nicht ganz vom Bezug von Mineralöl unabhängig zu machen, so doch zu einem großen Teil seines Bedarfs im Kriege, und noch mehr mit Hilfe der neu entstandenen Anlagen nach dem Kriege, aus dem Tieftemperaturteer zu versorgen, da der Tieftemperaturteer in seinen Eigenschaften beträchtlich von denen des Steinkohlenteers abweicht und sich mehr dem Braunkohlenteer nähert. Einzelheiten darüber folgen später; an dieser Stelle seien die Bestrebungen nur aus dem Grunde erwähnt, weil eines der Mittel, Tieftemperaturteer zu gewinnen, die Verkokung in der rotierenden Schweltrommel ist. Die früheren Versuche, die, wie schon erwähnt, *Graefe* beschreibt, sind vor allem an der technischen Unvollkommenheit der Apparate gescheitert, nicht zum wenigsten daran, daß die Schweltrommeln diskontinuierlich arbeiteten. Man hat dann längere Jahre nichts wieder von Versuchen mit rotierenden Schweltrommeln gehört, bis jetzt in neuester Zeit von mehreren Firmen an neue Versuche gegangen worden ist, die sich bei der Konstruktion die Mißerfolge der früheren Versuche zunutze gemacht haben. So hat die Firma *Thyssen* in Mülheim eine große Schweltrommel konstruiert, die am Tage etwa 100 t Kohle durchzusetzen gestattet, eine ähnliche Trommel baute die Firma *Fellner & Ziegler* in Frankfurt a. M. und schließlich die Firma *Carl Franke* in Berlin, die nach den Vorschlägen von *Tern* einen rotierenden Schwelapparat konstruierte. Solche Trommeln sind nicht allein für die Destillation der Stein- und Braunkohle, sondern auch für die von Ölschiefern vorgesehen. So arbeitete einige Zeit die Firma *Zeller & Gmelin* in Eislingen mit einer etwa 30 m langen Schweltrommel bei der Aufarbeitung des Posidonienschiefers, eine Trommel nach *Franke - Tern* hat das Ölschieferwerk K a r w e n d e l in Betrieb, oder vielmehr hatte, denn nach den neuesten Nachrichten haben die Trommeln, wenigstens bei der Aufarbeitung des Ölschiefers, doch nicht die Erwartungen — namentlich hinsichtlich der Haltbarkeit — erfüllt, die man auf sie gesetzt hatte. Wie sie sich bei Kohle bewähren, wird die Erfahrung zeigen. Die Produkte, die damit erhalten wurden, waren, wie *Graefe* bei der Prüfung fand, jedenfalls recht gut und namentlich der Koks war, trotzdem er vollkommen abgeschwelt war, sehr gut entzündlich und brennbar, und es wurden dadurch die Ergebnisse der Versuche bestätigt, die seinerzeit[1] mit den noch recht unvollkommenen Schweltrommeln älterer Systeme erhalten worden waren. Der Koks von Steinkohlen wird, da er nicht das Aussehen der Kokereikokse zeigt, als Halbkoks bezeichnet und ist vor allem, wie die Firma *Thyssen* für die mit ihrer Trommel erhaltenen Erzeugnisse angibt, bestimmt, in einem an die Schweltrommel anschließenden Generator vergast zu werden.

---

[1] Vgl. Braunkohle 8, 515.

Die schematische Skizze einer rotierenden Schweltrommel von *Thyssen* (Fig. 12)
zeigt die Anordnung einer Schwelanlage
unter Anwendung von Schweltrommeln.
Die Trommel ist für 100 t tägliche Leistung
bestimmt. Das Ofenrohr bei der Konstruktion ist mit 2 Laufringen auf
Laufrollenlagern gelagert und wird durch
Zahnkranz mittels Rädervorgelege angetrieben. Das Rohr ist auf 15 bis 18 m Raum
eingemauert und wird auf seiner ganzen
Länge beheizt. Das Schwelgas dient, wenn
es keine andere Verwendung findet, zum
Heizen der Trommel; am Ofenkopf wird der
entfallende Halbkoks ausgetragen und kann
hier gleich abgelöscht und abtransportiert
werden. Der Ofen selbst weist eine Länge
von 18 bis 20 m bei einem Durchmesser
von 2,5 m auf, die Leistung ist 60 bis 70 t
Steinkohle oder 80 bis 100 t Braunkohle, bei
Verwendung eines Rohrbündelofens, der also
weit größere Heizfläche hat, läßt sich die
Leistung auf 150 bis 200 t Braunkohle
steigern. Die Schweltemperatur schwankt
zwischen 450 und 500°. Eine Rohbraunkohle von 50 bis 55 Proz. Wassergehalt ergab
bei einem Schwelversuch in der Trommel

31,75 Proz. Koks von 6560 WE,
  6   „   Teer und
  7,8   „   Gas von 5500 WE.

Steinkohle lieferte auf 100 kg:

  62   Proz. Halbkoks mit 6160 WE,
   7   kg Teer,
  11,8 „   Kondenswasser und
  14   cbm Gas von 5000 WE.

Nach *Roser*[1] sind bis jetzt außer den
älteren Patenten 5245, 30 236, 85 100, 115 070,
127 223, 183 280, 195 284 in neuerer Zeit Patente genommen worden von *Zeller & Gmelin*
vom 1. III. 17 Nr. 303 813 und *Carl Franke*,
Berlin, vom 2. XI. 17 Nr. 314 337.

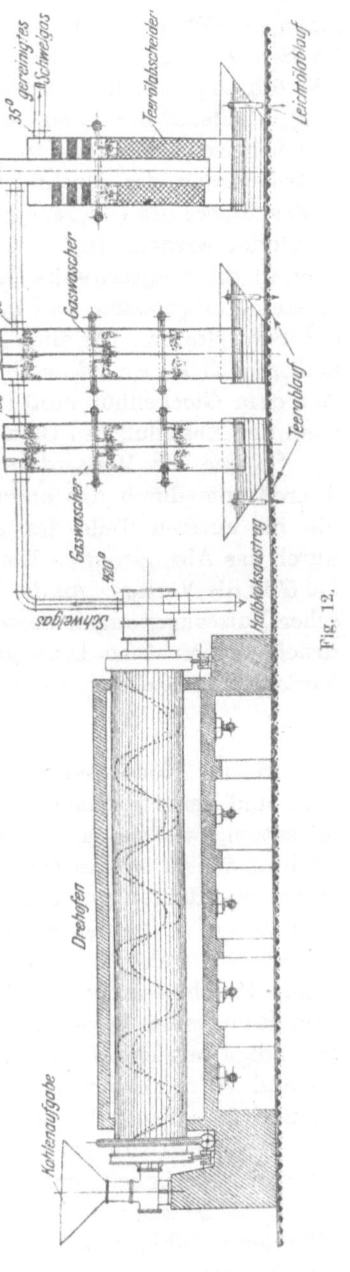

Fig. 12.

---

[1] Die Entgasung der Kohle im Drehofen. Stahl und Eisen 1920, Nr. 22.

Die Arbeit des Schwelofens.

Der Schwelofen wird von oben aus mit Kohle gefüllt, und im regelmäßigen Betriebe liegt sie zwischen Schamottezylinder und Glockensatz im Schwelraume. Auf dem Glockenhute, der sich etwa 50 cm unter der Ofenöffnung befindet, wird noch Schwelkohle angehäuft, die, einen kleinen Hügel bildend, den Ofen bedeckt. Die Feuergase durchstreichen die Züge und beheizen den Ofen. In seinem oberen Teile findet im wesentlichen eine Entwässerung der feuchten Schwelkohle statt, wobei die Wasserdämpfe, in das Innere des Glockensystems ziehend, durch das Abgangsrohr b_1 (Fig. 4) abgeleitet werden. In bestimmten Zwischenräumen wird aus dem Konus A (Fig. 9) die ausgeschwelte Kohle durch Öffnen des Schiebers d nach dem Kasten F abgelassen, und im gleichen Maße fällt von oben frische Kohle in den Schwelraum. Die entwässerte Kohle rutscht so allmählich in die immer heißeren Teile des Ofens, bis sie vom Bitumen befreit im Konus anlangt. Auf dem Glockenhut muß immer wieder Kohle nachgefüllt werden, so daß stets der Abschluß des Ofens gesichert ist.

So wie die Wasserdämpfe und wohl auch ein Teil der entstehenden Teerdämpfe durch das obere Abzugsrohr abgeführt werden, so entweichen die im unteren Teile des Ofens sich entwickelnden Destillationsprodukte durch das Abzugsrohr b. Die beiden Abzugsrohre vereinigen sich und münden bei G in die Vorlage. An der Vorlage ist ein Flügelexhaustor oder ein *Körting*scher Luftsauger angeschlossen, die die Schweldämpfe nach der Kondensation drücken. Der Ofen kann gegebenenfalls durch die Drosselklappe von der Vorlage abgeschlossen werden.

Die Kondensation.

In der Kondensation sollen die Schwelprodukte, soweit sie Dämpfe sind und keine permanenten Gase darstellen, verdichtet werden. Die Kondensation, wie sie fast allgemein in der Schwelteerindustrie der Provinz Sachsen üblich ist, besteht aus einem System von liegenden und auf Kasten stehenden Rohren mit dünnen Wandungen aus Schmiedeeisen, die genietet oder, wie es in der neueren Zeit geschieht, durch Knallgasgebläse zusammengeschweißt sind. Man rechnet erfahrungsgemäß für jeden Schwelofen mit einem Durchmesser von 1,57 bis 1,88 m eine Kühlfläche von 80 bis 100 qm. Das Rohrsystem beginnt mit weiten Rohren, die in engere übergehen, und es endigt mit engen. Wenn die Anfangsrohre einen Durchmesser von 90, 80 und 70 cm haben, so haben die darauffolgenden einen solchen von 50, 40 und 30 cm und die Schlußrohre sind nur 25 cm im Durchmesser.

Die Kühlung geschieht ausschließlich durch die äußere Luft, und es ist von Wichtigkeit, daß die Dämpfe einen möglichst weiten Weg zurücklegen. Es ist festgestellt, daß, wenn man die Schweldämpfe durch künstliche (Wasser-) Kühlung auf kurzem Wege so tief abgekühlt hat, wie es bei der Luftkühlung am Ende der Kondensation der Fall ist, diese doch noch verdichtbare Bestandteile besitzen, während sie bei Luftkühlung annähernd frei davon sind. Das wichtigste bei dem Kondensationsvorgang ist die allmähliche Abkühlung, die sich aber nur durch den langen Weg der Luftkühlung erreichen läßt. Diese Verhältnisse sind seinerzeit bei der Einführung der Schwelgase als Heizgase (vgl. Kapitel IV) eingehend geprüft worden. *Graefe*[1] hat überzeugend festgestellt, daß die Luftkühlung zur Verdichtung der Schweldämpfe vollkommen genügt, er fand nur etwa 0,7 Proz. verdichtbare Kohlenwasserstoffe am Ende der Kondensation. Jetzt läßt man bei Neuanlagen zuweilen die stehende Kondensation beiseite und vergrößert die Anzahl der liegenden Kondensationsrohre, die ja auch insofern eine bessere Wirkung zeigen, als nicht wie bei der stehenden Kondensation die oberen Teile durch die von unten aufsteigende warme Luft in ihrer Kühlwirkung beeinträchtigt werden. Die stehende Kondensation wirkte in vielen Fällen durch ihren dem Gasstrom auferlegten öfteren Richtungswechsel nur als Stoßreiniger.

Es ist leicht verständlich, daß man schon in den Anfängen der Industrie Versuche mit Wasserkühlung angestellt hat, um die Luftkühlung, die viel Raum und Anschaffungskosten beansprucht, zu ersetzen[2]. Aus den eben dargelegten Gründen sind alle diese Versuche nicht günstig ausgefallen, und man ist bei der alten bewährten Einrichtung geblieben. Nur in vereinzelten Fällen hat man Kondensationsanlagen mit Wasserkühlung eingerichtet. Der Grund lag aber nicht darin, eine bessere Kühlung zu erzielen, sondern um Platz und Anlagekapital zu sparen. Zur Wasserkühlung braucht man nach *Graefe*[3] die zehnfache Menge des Kondensates an Kühlwasser.

Infolge der jetzigen hohen Materialpreise sind die Anlagekosten für Luftkondensationen sehr teuer geworden. Man hat sich deshalb billigeren Ersatzeinrichtungen erneut zugewandt und ist dazu übergegangen, mechanisch wirkende Wäscher zu benutzen. So haben an einzelnen Stellen die als Desintegratoren ausgebildeten *Theisen*schen Zentrifugalgaswäscher[4] Verwendung gefunden. Die Wirkung der Apparate beruht darauf, daß das Schwelgas unter hohem Zentrifugaldruck zwangsweise auf geeignete Stoßflächen aufprallt und mit einer fein zerstäubten Waschflüssigkeit, am besten Teer, innig gemischt wird; dadurch findet ein kräftiges Auswaschen der in den Schwelgasen mitgeführten Teerteilchen statt. Gas und Waschflüssigkeit passieren den Desintegratorraum im Gegenstrom. Der hohe Zentrifugaldruck und die feine Zerstäubung der Waschflüssigkeit werden durch eine rasch rotierende Flügeltrommel, die die Gasteilchen auf das die Trommel umgebende Gehäuse schleudert, erzielt. Um aus dem Desintegrator mitgerissen Teertropfen im Gase niederzuschlagen, ist hinter diesem ein Teerabscheider eingeschaltet. — Der Kraftbedarf einer *Theisen*schen Gaswaschanlage von etwa 3000 cbm Stundenleistung beträgt etwa 15 PS.

---

[1] Braunkohle 1905, 388.

[2] *O. Burg:* Polytechn. Centralhalle 1858, 641; *B. Hübner:* Dinglers Polytechn. Journ. **146**, 215.

[3] *Graefe:* Die Braunkohlenteerindustrie, S. 27.

[4] Stahl und Eisen 1913, Nr. 51.

Solche Teerscheider sind nur dort mit. Nutzen zu verwenden, wo die Gase den Teer in Nebelform schon kondensiert und nur noch mechanisch mitgeführt enthalten. Als Ersatz für die Kondensation können diese Wäscher nicht angesehen werden.

Als Absaugevorrichtung benutzt man bei Luftkondensationen Flügelexhaustoren und *Körting*sche Luftsauger. Den ersteren gebührt entschieden der Vorzug, denn die Luftsauger besitzen verschiedene Nachteile. Sie brauchen im Betriebe den Exhaustoren gegenüber weit mehr Dampf, und der bei ihnen in die Kondensation einströmende Wasserdampf erschwert natürlich die Abkühlung der Schweldämpfe wesentlich, da der Dampf selbst ja niedergeschlagen werden muß. Außerdem zerstäuben die Dampfstrahlexhaustoren dadurch, daß der Gasstrom mit hoher Gewalt durch den Dampf fortgerissen wird, schon vorhandene größere Teertröpfchen wieder in feinere und erschweren auch so die rein mechanische Abscheidung.

Auch die Durchzugsgeschwindigkeit der Schweldämpfe wird erhöht, was besonders im Sommer von nachteiliger Wirkung ist. Es entstehen bei der Benutzung der Luftsauger in der Kondensation Emulsionen von Wasser- und Teerdampfen, die Verluste an Teer zur Folge haben. Alle diese Übelstände werden bei der Anwendung von Exhaustoren vermieden.

In dem ersten Teile der Kondensationsanlage, der im wesentlichen liegende Rohre enthält, verdichten sich die schwer flüchtigen Schweldämpfe, die Paraffine und höher siedenden Kohlenwasserstoffe. In den stehenden Rohren werden die wenig Paraffin enthaltenden öligen Bestandteile des Teeres niedergeschlagen.

Man trennt zuweilen diese beiden Kondensate, Paraffinteer und Ölteer genannt, und arbeitet sie gesondert auf.

Der Teer sammelt sich aus der Kondensation in einem Behälter, wo die Trennung zwischen Wasser und Teer vor sich geht. Das Wasser, Schwelwasser, läßt man abfließen, und den Teer befördert man zu seiner Verarbeitung nach der Mineralölfabrik.

Der Schwelbetrieb.

Die Beheizung der Schwelöfen geschah früher, bis Ende der achtziger Jahre des vorigen Jahrhunderts, ausschließlich mit Feuerkohle auf Planrost, wie es die Fig. 4 (S. 33) zeigt. *r* ist die Feuerung, nach *H* fällt die Asche, und sie wird von dort durch Öffnen des Schiebers entfernt.

Versuche, an Stelle der Planrostfeuerung solche mit Treppenrost oder Halbgasfeuerung[1] anzuwenden, haben zu keinem befriedigenden Ergebnisse geführt. Bei der Halbgasfeuerung konnte keine Ersparnis an Feuerkohle festgestellt werden, worauf es doch im wesentlichen ankam. *Rolle* hat schon Anfang der sechziger Jahre mit dem Versuche begonnen, das Schwelgas als Heizgas für die Öfen zu benutzen. Es gelang ihm aber nicht, diese Feuerungsart betriebssicher im großen einzuführen. Er vermochte nicht die Explosions-

---

[1] *Schliephacke:* Über die Befeuerung der Schwelzylinder. Jahresbericht des Techniker-Vereins der sächs.-thür. Mineralölindustrie 1890/91.

gefahr zu beseitigen und erzielte auch eine geringere Teerausbeute als bisher. Als ein wesentliches Hindernis für seine weiteren Versuche ist anzusehen, daß seinerzeit kein feuerbeständiges Steinmaterial für diese Beheizung zu beschaffen war. Nachdem solche Schamottesteine zur Verfügung standen, nahm *Wernecke* 1887 die *Rolle*schen Versuche in Gerstewitz wieder auf. Zu gleicher Zeit stellte auch *Ziegler* in Nachterstedt Beheizungsversuche mit Schwelgas an. *Werneckes*[1] Veröffentlichungen über diesen Gegenstand ist es zu danken, daß auch andere Schwelereien mit Erfolg diese Verwendung des Schwelgases einführten, und heute sind wohl alle Schwelanlagen der Provinz Sachsen mit Schwelgasheizung versehen.

Die Einrichtungen sind im allgemeinen so getroffen, daß die Schwelgase aus dem letzten Kondensationsrohre durch einen *Körting*schen Luftsauger einer Kühlvorrichtung zugeführt werden, wo sich etwa noch mitgerissene Teerdämpfe niederschlagen. Wie schon dargelegt, enthält bei ausreichender Kühlfläche der Kondensation das Schwelgas nur noch geringe Mengen von verdichtbaren Teilen, und man läßt daher in einigen Schwelereien diese Kühlvorrichtung weg. Das Schwel-gas wird, wie es Fig. 4 zeigt, dann durch Rohrleitung *e* nach dem Ofen geleitet und durch seitlich angeordnete und mit Schlitzen versehene Kammern *s* dem Roste *r* zu- geführt, wo es zur Verbrennung gelangt. In anderen Schwelereien läßt man die Gasleitung auch im zweiten oder dritten Zuge einmünden.

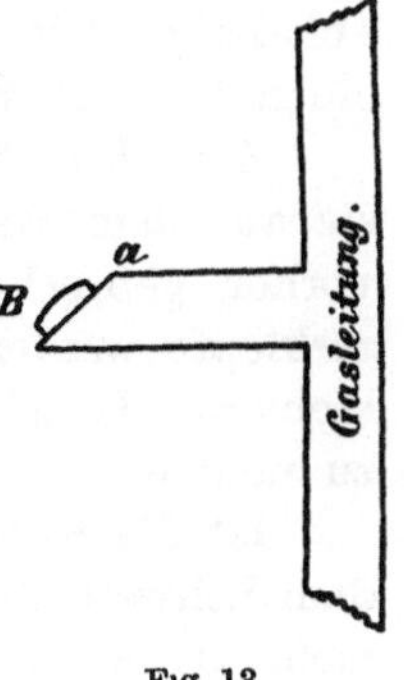

Fig 13.

Um etwa auftretenden Explosionen zu begegnen und ihnen den Weg nach der Kondensation abzusperren, schaltet man in einigen Schwelereien zwischen der Feuerung und der Kondensation einen selbsttätigen Verschluß ein. Als solchen schlägt *Graefe*[2] eine genügend beschwerte Explosionsklappe vor, wie es Fig. 13 veranschaulicht. Die Klappe *B* ist um *a* drehbar und wird bei Explosionen gehoben, so daß der Druck ins Freie entweicht. Er-fahrungsgemäß ist aber eine solche Vorrichtung nicht nötig, denn der *Körting*-sche Luftsauger, der die Gase nach der Feuerung befördert, bildet schon einen sicheren Abschluß und verhindert ein Rückschlagen der Explosionen nach der Kondensation. Es muß allerdings dafür Sorge getragen werden, daß der Luftsauger sich stets in gutem Zustande befindet und ordnungs-mäßig arbeitet.

Diese Feuerungsanlage stellt in der Regel keine reine Gasfeuerung dar, da sie noch durch Kohlenfeuerung auf dem Planroste unterstützt wird. Nur in wenigen Schwelereien geschieht die Beheizung der Öfen ausschließlich mit Schwelgas oder mit Mischgas aus Schwel- und Generatorgas. Die jetzt benutzten Schamotte-steine sind, wie schon betont wurde, von solcher Beschaffenheit, daß sie den Einflüssen der Gasheizung für längere Zeit zu widerstehen vermögen.

---

[1] *Wernecke:* Über die Befeuerung der Schwelzylinder. Jahresbericht des Techniker-Vereins der sächs.-thür. Mineralölindustrie 1890/91.

[2] Die Braunkohlenteerindustrie, S. 22.

Der Industrie hat die Einführung der Gasheizung große Vorteile gegenüber der alten Planrostfeuerung gebracht. Man erspart natürlich zunächst wesentlich an Feuerkohlen, da hiervon jetzt auf 100 hl verarbeitete Schwelkohle nur 15 bis 10 hl oder noch weniger verbraucht werden, während bei reiner Planrostfeuerung 30 bis 40 hl nötig waren. Die Löhne für die Bedienung der Feuerungen haben sich um etwa die Hälfte vermindert, denn jetzt kann ein Mann 20 bis 24 Öfen überwachen. Das wichtigste aber ist die erhöhte Leistungsfähigkeit der Öfen, die gegen früher 20 bis 30 Proz. und darüber mehr beträgt.

Bestimmte Vorschriften über die Art der Beheizung des Schwelofens zu geben, ist nicht möglich. Man hat festgestellt, daß in den Feuerzügen von oben nach unten gemessen, Temperaturen von 400 bis 600° herrschen, und daß die Schweldämpfe bei ordnungsmäßigem Betriebe den Ofen mit 120 bis 150° verlassen müssen. Es ist meistens Sache der Erfahrung, wie man die Beheizung leitet, und man ist hierbei von der Art des Rohstoffes abhängig. Grundsätzlich gilt, daß man eine günstige Teerausbeute und einen brauchbaren, leicht verkäuflichen Koks erzielen will.

Zum Füllen des Schwelofens verwendet man die Schwelkohle, wie sie aus dem Bergwerke gefördert wird; ist sie zu großstückig, so muß sie vorher gebrochen oder vereinzelt vorkommende größere Stücke müssen zerklopft werden. Zuweilen benutzt man kleine eiserne Walzen zum Zerkleinern. Es ist nicht ratsam, größere Stücke als solche von 40 bis 60 mm zu nehmen.

Ist die Kohle zu feucht, so muß sie vorher getrocknet werden, was auf dem Schwelboden geschehen kann. Die Kohle soll mindestens 30 und nicht mehr als 60 Proz. Wasser enthalten, weil trockene oder sehr feuchte Kohle erfahrungsgemäß nicht mit Vorteil zu verschwelen ist. Im ersten Falle wird das Bitumen weitgehend zersetzt, wogegen es sonst die Wasserdämpfe schützen, und im zweiten Falle gleitet die Kohle, weil sie „zusammenbäckt", schwer im Ofen herab. Man verschwelt jetzt in 24 Stunden mit einem Ofen 40 bis 50 hl, auch 60 hl Kohle und darüber. Dieses gilt für Öfen von dem jetzt üblichen Durchmesser von normaler Höhe bei Schwelkohle von mittlerer Qualität. Sind die Öfen besonders hoch gebaut, und ist die Kohle minderwertig, so kann man noch größere Mengen, bis zu 80 hl und darüber, durchsetzen, wobei außerdem der Verbrauch an Heizkohle vermindert wird. Im allgemeinen gilt, daß die bessere Schwelkohle langsamer als die minderwertige abgeschwelt wird, und daß daher von ihr in der Zeiteinheit weniger durchzusetzen ist als von der letzteren.

Vor Einführung der Gasheizung zog man den Koks 18 bis 24 mal innerhalb 24 Stunden aus dem Konus nach dem eisernen Kasten ab. Jetzt geschieht dieses 30 bis 40 mal und darüber. Es hängt natürlich von der Schwelfähigkeit der Kohle ab. In Fig. 14 und 15 stellen A den Konus und B den eisernen Kasten dar. Der Koks rutscht durch Öffnen des oberen Schiebers C nach B, wo man ihn bis zur nächsten „Ziehung" abkühlen läßt, dann fällt er durch Öffnen des unteren Schiebers D aus B nach dem Gefäße. In den Anfängen

der Industrie geschahen wiederholt Unfälle durch Öffnen der beiden Schieber
zu gleicher Zeit. Eine größere Menge des glühenden Koks fiel aus dem Ofen,
ehe einer der Schieber geschlossen werden konnte, Brände entstanden und
Menschenleben waren in Gefahr. Um von den Arbeitern unabhängig zu sein,
wurden automatisch arbeitende Schieber konstruiert, so von *Grotowsky*
und *Vogt*. Schon seit Jahren schreiben die Berufsgenossenschaften vor, nur
solche Schieber zu verwenden. Die Einrichtung der *Vogt*schen Schieber, wie
sie die Fig. 14 und 15 zeigen, ist die folgende. Die Führungen für die beiden
Schieber C und D sind mit Öffnungen a versehen, in denen ein Rundeisenstab E
mit einer Handhabe b beweglich ist. Die gleichen Öffnungen besitzen die
Zugstangen der Schieber. Der Stab E hat in der Nähe seiner Enden je einen
Verstärkungsring c. E ist so lang, daß er die eine Öffnung a ganz ausfüllend,
in die andere nur bis auf den Schieber reicht. Die Handhabe b kann auf die
an B angebrachte Stütze d gelegt werden, was der Fall ist, wenn beide Schieber
geschlossen sind und nur der untere geöffnet werden kann, wie es Fig. 15
zeigt. Der obere kann jetzt nicht geöffnet werden, da ihn E in a absperrt.
Schließt man nun den unteren Schieber D, hebt die Handhabe von d ab und

läßt E fallen, so sperrt E den unteren
Schieber ab und nur der obere kann
geöffnet werden. Diese Stellung gibt
die Fig. 14 wieder.

Der Koks fällt aus B entweder
in Karren oder Hunte und zeigt noch
eine Temperatur von 360 bis 400°.

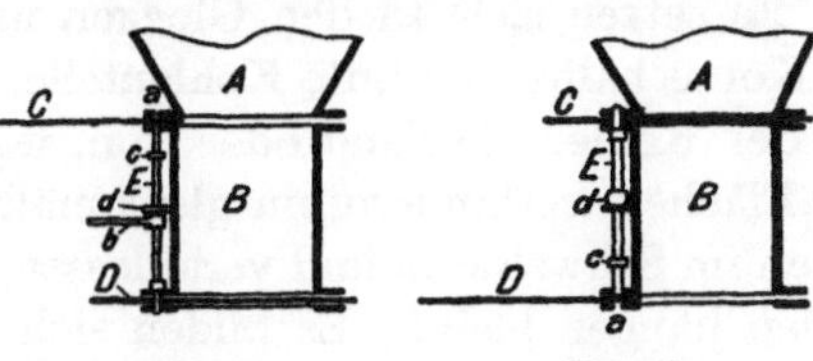

Fig. 14. Fig. 15.

Seine völlige Abkühlung, „Ablöschen‘, geschieht durch Mischen mit
Wasser. Hierbei benutzt man verschiedenartige Einrichtungen. Früher
löschte man den Koks ausschließlich durch Einstürzen in mit Wasser
gefüllte ausgemauerte Gruben ab, Kokslöscher. Da dieser Vorgang mit
Feuererscheinung verbunden ist, so müssen die Kokslöscher in einiger
Entfernung von der Schwelerei liegen. Man muß Einrichtungen treffen,
um die Arbeiter gegen den Sturz in die mit dem heißen Koks gefüllten
Gruben zu schützen. Tatsächlich sind wiederholt Unfälle vorgekommen.
Die Gruben wurden mit Schranken versehen oder mit Netzwerk bedeckt.

Diese Übelstände, die Feuererscheinung und die Absturzgefahr, zu
denen sich noch als nicht unwesentlicher Nachteil der Verlust an staub-
förmigem Koks beim Einstürzen und Ablöschen gesellt, werden durch die
neuen Ablöschverfahren vermieden. Durch die Bergpolizeiverordnung für
die Schwelereien vom 12. Oktober 1904 ist vorgeschrieben, Vorkehrungen
zu treffen, daß beim Koksablöschen kein Aufflammen erfolgt, und daß kein
glühender Koks verweht wird. Man löscht in der Regel jetzt den Koks in den
Behältern ab, in die er beim Abziehen gefallen ist, Karren oder Hunte.
Diese Gefäße werden bald mit Wasser überbraust, bald in Wasser eingetaucht[1]
oder durch Bassins, die mit Wasser gefüllt sind, hindurchgezogen.

---

[1] Patent Nr. 27 723 (*Albert Mann* in Naumburg) schreibt vor, das Ablöschen in
durchlöcherten Löschbehältern vorzunehmen, indem diese in Wasser eingetaucht werden.

Bei einigen Schwelereien ist in zweckmäßiger Weise mit der Löschvorrichtung die Verladeeinrichtung des Koks nach dem Eisenbahnwagen verbunden.

Die Versuche, den Koks unter Abschluß von Luft und ohne Wasserzusatz abzukühlen[1], haben keinen Erfolg gehabt. Einmal braucht der Koks hierbei lange Zeit, um abzukühlen, und zum anderen, das ist von großer Bedeutung, wird er für seine bisherige Verwendung als Brennmaterial minderwertig.

Die Schwelerei ist ohne Unterbrechung in Tätigkeit, und sie ist in der Reichsgewerbeordnung mit unter den Betrieben verzeichnet, wo die Sonntagsarbeit gestattet ist. Außer Betrieb wird sie nur zum Zwecke der Reinigung und Reparatur gesetzt. Die Reinigung der Öfen geschieht in bestimmten Zwischenräumen, die auf den einzelnen Anlagen verschieden sind und sich nach der Kohlenart und der Betriebsweise richten. Diese Zeiträume schwanken zwischen 5, 9 und auch 12 Monaten. Die Reinigung muß unbedingt vorgenommen werden, sobald sich Störungen im ordnungsmäßigen Gange des Betriebes zeigen.

Es setzen sich an den Glocken und an den Wandungen des Ofens und des Konus halbverbrannte Kohlenteile, verharzte Teerreste und Beimengungen aus der Kohle, wie Sand oder Ton, fest. Die so entstandenen Unebenheiten der Flächen verhindern ein gleichmäßiges Nachfallen der Kohle beim Koksziehen im Schwelraum und veranlassen, daß die Kohle zuweilen an den rauhen Stellen hängen bleibt. Es bilden sich hierdurch in der Kohlenfüllung leicht Hohlräume, in denen sich Schweldämpfe ansammeln, die zu einer Explosion und so zu einer Betriebsstörung Veranlassung geben können.

Man reinigt entweder einen einzelnen Ofen für sich oder setzt mehrere Öfen zusammen und an einigen Stellen den ganzen Ofenklotz zu diesem Zwecke außer Betrieb. Die einzelnen Öfen müssen durch festen Verschluß der Drosselklappe von der gemeinsamen Vorlage abgetrennt werden.

Das Kaltlegen eines jeden Ofens wird ausgeführt, indem man das Feuer löscht und die Absaugevorrichtung weiterarbeiten läßt. Den Koks zieht man wie bisher ab und gibt frische Kohle nach, bis der Ofen abgekühlt ist. Dann werden die Ofenglocken mit einer Hebevorrichtung aus dem Ofen herausgezogen und gründlich gereinigt. Auch der Ofen selbst wird gesäubert und, wo der ganze Ofenklotz zur Reinigung steht, was ratsam ist, werden die Abgänge und Vorlagen sowie die gesamte Kondensation und Gasleitung einer gründlichen Prüfung und Reinigung unterworfen. Das Mauerwerk wird, wenn es nötig ist, ausgebessert, und die Feuerungen werden in Ordnung gebracht. Reinigt man einen einzelnen Ofen, so kann er in 5 bis 8 Tagen wieder in Betrieb sein, während die Betriebsunterbrechung bei einem ganzen Ofenklotze 3 Wochen dauert.

Das Einsetzen der Glocken und das Anfeuern des Ofens bietet keine Schwierigkeiten. Zur ersten Füllung des Ofens verwendet man in der Regel die halb ausgeschwelte Kohle, die man beim Kaltlegen des Ofens abgezogen

---

[1] Braunkohle 4, 600.

hat. Das Schwelgas wird in die Feuerung geleitet, sobald es frei von Luftbeimischungen ist, daß es überhaupt brennt. Der Koks kann erst dann als verkaufsfähig angesehen werden, wenn der Betrieb durch regelmäßige Ziehungen wieder ein ordnungsmäßiger geworden ist.

Betriebsstörungen beim Schwelbetriebe können im wesentlichen nur entstehen, wenn die Kohle im Schwelraume bei den Ziehungen nicht gleichmäßig nach unten gleitet. Einen solchen Fall, der die Reinigung fordert, haben wir schon besprochen. Eine gleiche Bildung von Hohlräumen und eine damit verbundene Ansammlung von Schweldämpfen kann eintreten, wenn zu feuchte Kohle zum Verschwelen gelangt, die zusammenbackend im Ofen nicht weiter rutscht. Störungen solcher Art stellt man fest, indem man das Nachfallen des Kohlenhaufens beim Koksziehen beobachtet. Die Kohle muß im gesamten Umfange des Schwelraumes gleichmäßig nachgleiten. Geschieht das nicht, so muß mechanisch nachgeholfen werden, indem man mit kurzem oder langem, eisernen „Spieße" an der Stelle, wo die Kohle nicht gefallen ist, das Hindernis sucht und es beseitigt. Stets muß darauf geachtet werden, daß die Kohle bei jeder Ziehung kreisrund fällt.

Die **Teerausbeute** aus der Schwelkohle ist verschieden je nach dem Bitumengehalt. Sie beträgt jetzt für den Hektoliter[1] 3 bis 5 kg, während sie sich in den früheren Jahren, als noch bessere Schwelkohle in reicher Menge zur Verfügung stand, weit höher stellte; über den Rückgang der Teerausbeute wurde schon S. 21 berichtet.

Die Schwelanlage.

Die Schwelöfen werden, in der Regel 10 bis 12, auch 15 Stück, zu einem **Ofenklotz** vereinigt, der eine gemeinsame Kondensation und Absaugevorrichtung besitzt. Der Ofenklotz, auch Batterie genannt, stellt, von oben gesehen, ein Rechteck dar, dessen kurze Seite die Breite des Schwelofens und dessen lange Seite die Summe der Durchmesser der vereinigten Öfen wiedergibt. Die Außenfläche des Klotzes wird mit einem melassehaltigen Lehmputz als Wärmeschutz versehen.

Entweder werden ein oder zwei Ofenklötze, durch Brandgiebel getrennt, nebeneinander.in ein Haus gestellt, einfaches Schwelhaus, oder zwei Ofenklötze werden, sich gegenüberstehend, in einem Hause vereinigt, Doppelhaus. Die letztere Bauart wurde zuerst von *Rolle* ausgeführt und später von *C. A. Riebeck* allgemein getroffen. Das Schwelhaus ist massiv gebaut und mit Pappdach versehen, das an einigen Stellen durch Wellblechdach ersetzt ist. Für eine ausreichende Ventilation der Arbeitsräume muß Sorge getragen werden. In neuerer Zeit läßt man an einigen Stellen die Umfassungsgebäude fehlen und überdeckt die Ofenklötze nur mit Wellblech. Man ist dadurch in der Lage, die Anlagekosten zu verbilligen.

Die Fig. 16 zeigt den Grundriß und wagerechten Schnitt einer Schwelanlage mit einfachem Schwelhaus, während Fig. 17 den senkrechten Schnitt

---

[1] 70 bis 75 kg.

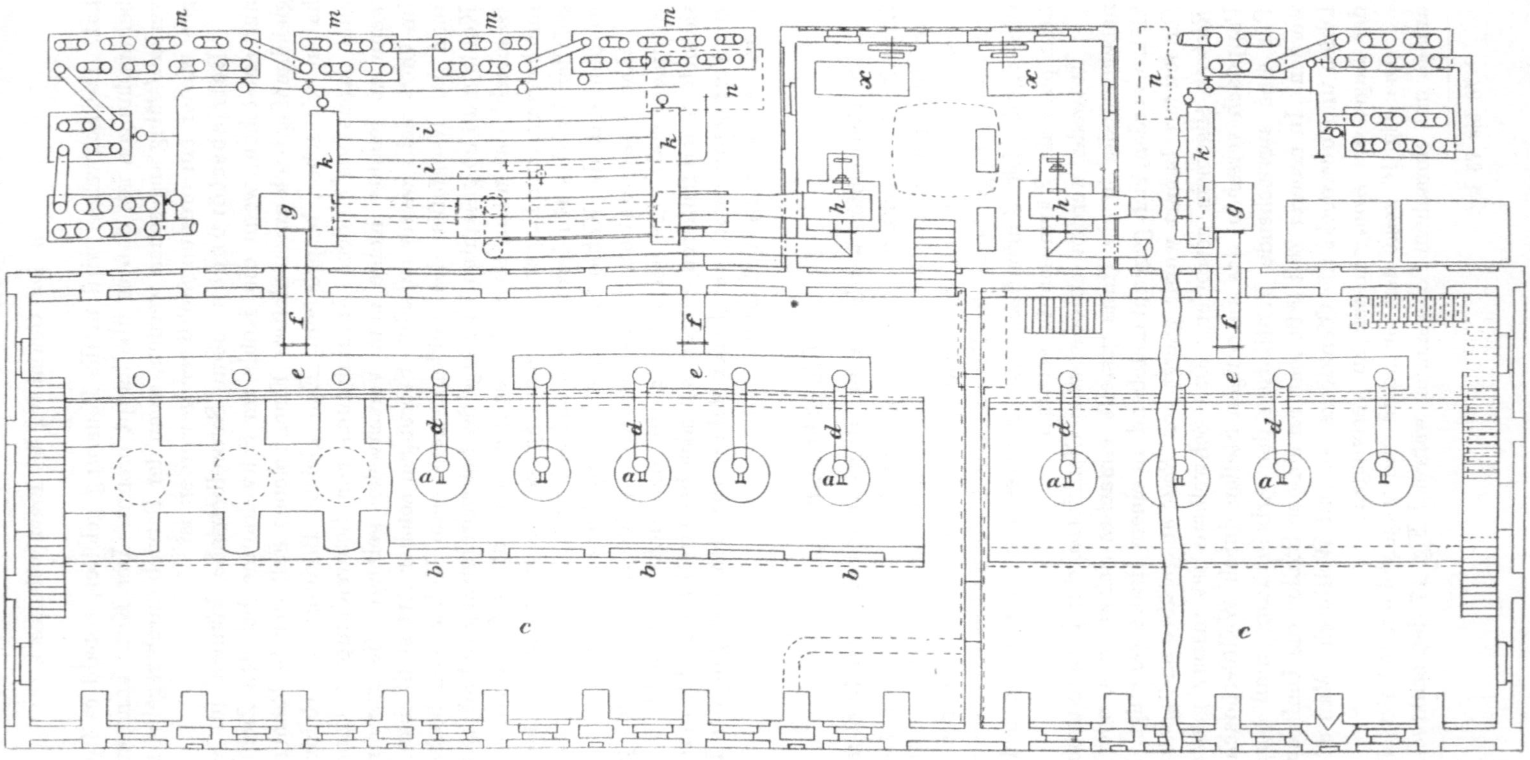

Fig. 16.

der gleichen Anlage wiedergibt. *a* ist der Schwelofen, *b* die Feuerung, *c* der Heizerstand, der 2 bis 3 m breit ist, und *t* der Schornstein. Die Schweldämpfe ziehen durch das Abzugsrohr *d* nach der je 4 Öfen gemeinsamen Vorlage *e* und von da durch *f* nach dem Sammelkasten *g*. Von hier befördert sie der Exhaustor *h* nach der liegenden Kondensation *i, i* und dann nach der stehenden *m, m. x* ist der Elektromotor oder die Dampfmaschine, die den Exhaustor antreiben. Man ist jetzt dazu übergegangen, in den Schwelereien als Kraftquelle nur noch Elektrizität zu verwenden; Dampf wird nur noch in Einzelfällen benutzt. Der in der liegenden Kondensation verdichtete Teer fließt

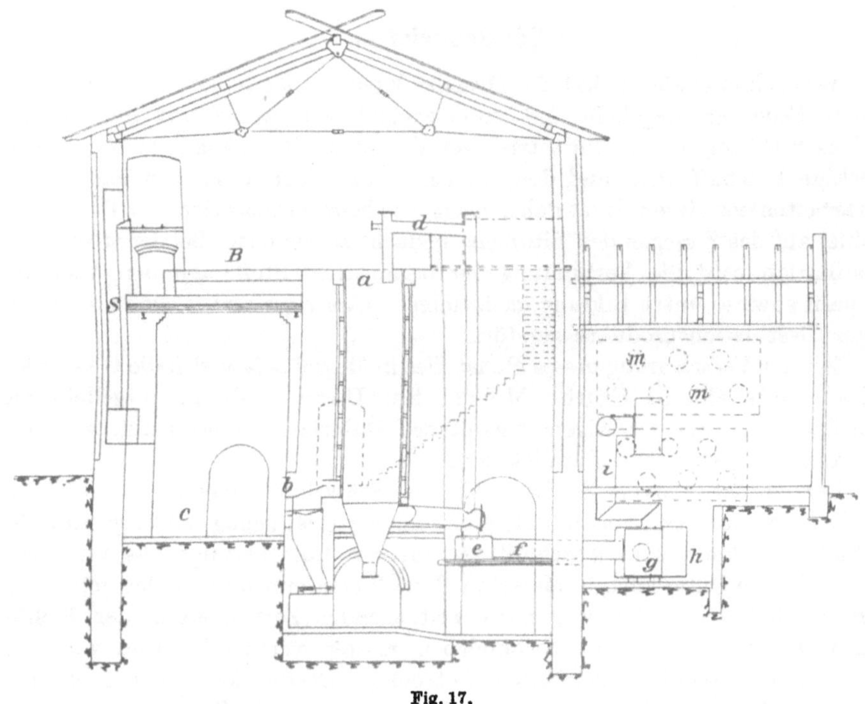

Fig. 17.

nach dem Kasten *k* und dann nach dem Behälter *n*, wo sich der Teer aus der stehenden Kondensation ansammelt. Aus dem letzten Rohre dieser Kondensation entweichen die Schwelgase, die durch einen *Körting*schen Luftsauger als Heizgas der Feuerung zugeführt werden, oder als Kraftgas Verwendung finden. *B* (Fig. 17) ist der Schwelboden, der die Kohle aufnimmt, die ihm durch Luftbahn oder wie hier durch Huntebahn zugeführt wird. Durch den Trichter *S* wird die Feuerkohle nach dem Heizerstande gestürzt.

Über die Anlage, den Bau und die feuersichere Einrichtung einer Schwelerei erläßt die Bergpolizeiverordnung für die Braunkohlenteerschwelereien im Verwaltungsbezirke des Königlichen Oberbergamts zu Halle a. S. vom 1. April 1906 Vorschriften, denen die neueren Schwelereien durchaus entsprechen.

Das in einem Schwelofen angelegte Kapital stellte sich bis vor dem Weltkriege auf 10 bis 12 000 Mk.; unter den jetzigen außergewöhnlichen Preisverhältnissen muß man den 20 bis 30fachen Betrag annehmen.

Über die Betriebsdauer eines Schwelofens lassen sich keine bestimmten Angaben machen. Wichtig ist, daß beim Baue die besten ·Materialien genommen und laufend Reparaturen ausgeführt worden sind. Man kann die Betriebsdauer der Öfen auf 12 bis 15 Jahre und darüber schätzen.

C. Die Gewinnung des Schwelteers in Messel.

Der Schwelofen.

Wie schon erwähnt, hat die Messeler Kohle neben hohem Aschen- einen hohen Feuchtigkeitsgehalt und unterscheidet sich weiter von der in der sächsisch-thüringischen Industrie verarbeiteten Braunkohle durch seine stückige Beschaffenheit und den Mangel an extrahierbarem Bitumen. Beim Verarbeiten des Materials ist daher nicht, wie beim Verschwelen von Thüringer Kohle, auf das Zerlegen des Bitumens Bedacht zu nehmen. Bei der trockenen Destillation wird die Verbindung der organischen Stoffe mit den Mineralkörpern sowieso unter Bildung gasförmiger, wässeriger und leicht reinigbarer öliger Destillationsprodukte zerstört.

Mit der Verarbeitung dieses Rohstoffes in Messel befaßt sich die Gewerkschaft Messel auf Grube Messel bei Darmstadt in ausgedehnten Fabrikanlagen, die der Eigenartigkeit ·des Materials entsprechend, was die Schwelerei angeht, ohne Parallele sind.

Der in der Provinz Sachsen übliche Schwelofen arbeitet bei offener Beschickung nur dann vorteilhaft, wenn das Material genug pulverige Anteile enthält und damit zum Abschluß der äußeren Luft beiträgt. Es war versuchsweise ein Schwelofen in Messel in Betrieb genommen und dabei gefunden worden, daß diese Öfen nur nach weitgehender Zerkleinerung der Kohle und Übernahme der damit verbundenen Kosten verwendbar sein würden. Da zudem die Stückform der Kohle die trockene Destillation in einem Dampfstrom ermöglicht und dieser bekanntlich weitergehende Zersetzung zu verhindern imstande ist, so wurde der Hauptbetrieb von Haus aus in diesem Sinne eingerichtet. In früheren Jahren wurde das Material in einem besonders konstruierten Trockenofen (unter Nr. 48 413 im Jahre 1888 patentamtlich geschützt) von 44 Proz. Feuchtigkeitsgehalt auf einen solchen von etwa 6 Proz. herab getrocknet und das trockene Material alsdann in stehenden Retorten im Dampfstrom abgeschwelt. Die stehenden Retorten erlaubten infolge eines leicht bedienbaren Mortonverschlusses das Entleeren in die darunter angebrachten Generatoren. Der aus den Retorten entfallende, immer noch stückige Koksrückstand wurde in den Generatoren vergast und die Kammer mit den stehenden Retorten durch das gewonnene Gas beheizt. Für das Unternehmen konnte ein Rentabilitätsfaktor, wie er für die sächsischthüringische Industrie in dem wertvollen Grudekoks gegeben ist, nicht in

Frage kommen. Als Endabfall nach Verheizung des Koksrückstandes blieb nur Asche. Für den Gang dieses früheren Verfahrens war es erforderlich, einen Teil der Kohle zu verheizen, um den anderen zu trocknen, andererseits eine weitere Menge zu verheizen, um den für die trockene Destillation in großer Menge verwendeten Dampf zu gewinnen. Es wurde in den Trockenöfen der Wassergehalt der Kohle in die Luft gejagt, in den Dampfkesseln daneben neuer Wasserdampf erzeugt. Schon früher erschien es als erstrebenswertes Ziel, diese beiden einander entgegenstehenden Faktoren gegeneinander auszugleichen und die Feuchtigkeit der Kohle an Stelle ·von Kesseldampf bei der Schwelung zu verwenden. Der Stickstoffgehalt des Kohlenrückstandes bot weiterhin die Möglichkeit, aus demselben nach dem Verfahren von *Hubert Grouven*[1] Ammoniak zu gewinnen. Dieses Verfahren hat seinen mit der Verwertung von Torf beschäftigten Erfinder auf diesem Gebiete keinen Erfolg gebracht. Es ist aber sowohl die Grundlage zu dem Verfahren der Mondgasgewinnung[2] als zum rettenden Faktor der schottischen Schieferindustrie geworden. Leider ist die Urheberschaft *Grouven*s in dieser Beziehung bislang viel zu wenig gewürdigt worden; es ist ihm infolge seines frühzeitigen Ablebens nicht vergönnt gewesen, für seine Priorität persönlich einzutreten.

Das *Grouven*sche Verfahren beruht auf der Möglichkeit, bei Vergasung von stickstoffhaltigem Koks zu Wassergas in einem reichlichen Überschuß von Wasserdampf den Stickstoff als Ammoniak unter den Vergasungsprodukten auftreten zu lassen und Ammoniaksalz zu gewinnen. Der erforderliche Überschuß an Wasserdampf stellt anderwärts einen der Nachteile des Verfahrens dar. Da aber aus der Messeler Kohle vor ihrem eigentlichen Verschwelen der hohe Feuchtigkeitsgehalt ohnehin zu entfernen war, so standen in diesem große Mengen Wasserdampf ohne sonderliche Kosten zur Verfügung, wenn es nur gelang, ihn in dem für die Schwelung erforderlichen geschlossenen Raum aus der Kohle zu erzeugen und nachher seiner Bestimmung zur Wassergasbereitung zuzuführen. Da ferner die Abhitze von Schwelretorten genügend Wärme enthält, um große Mengen Wassers in Dampf zu verwandeln, so bestand die Aussicht, den erforderlichen Wasserdampf mit dieser Abhitze aus der grubenfeuchten Kohle zu erzeugen. Die Wassergasbereitung liefert ihrerseits eine Abhitze, die zur Erzielung der Schweltemperatur zureicht. Es war also die Aufgabe gegeben, die Vereinigung genannter Ziele zu erreichen. Dieser Aufgabe hat sich die Gewerkschaft Messel in jahrelangen kostspieligen Versuchen gewidmet und war nach Beendigung derselben in der Lage, ihre Arbeitsweise auf ein neues, jetzt in Grube Messel benutztes Verfahren zuzuschneiden, und die alte Arbeitsweise aufzugeben.

Das Verfahren bildet den Gegenstand des deutschen Reichspatentes Nr. 200 602 vom 23. Mai 1906. Der Patentschrift sind die Fig. 18 und 19

---

[1] D. R. P. Nr. 2709 [1878], Nr. 13 718 [1880], Nr. 17 002 [1880], Nr. 18 051 [1881].
[2] Vgl. *Fischer:* Kraftgas, 2. Aufl., S. 274 (Leipzig 1921, Otto Spamer).

(Fig. 19 zeigt die Seitenansicht der Gebläse G, G) entnommen und veranschaulichen das verwendete Prinzip. R sind die Retorten, deren unterer Teil aus Schamotte besteht und a, b, c die drei Stufen der Retortenfüllung, d ist der gemeinsame Ausgang für Wassergas und Destillationsdämpfe. F und G dienen zum Hervorbringen der Zirkulation des Wasserdampfes durch die Stufe c der Retortenfüllung (Fig. 19). A, B, C sind die durch o, o, o verbundenen Heizkammern, jede einer Stufe entsprechend. s sind die Zuführungsrohre für das Heizgas.

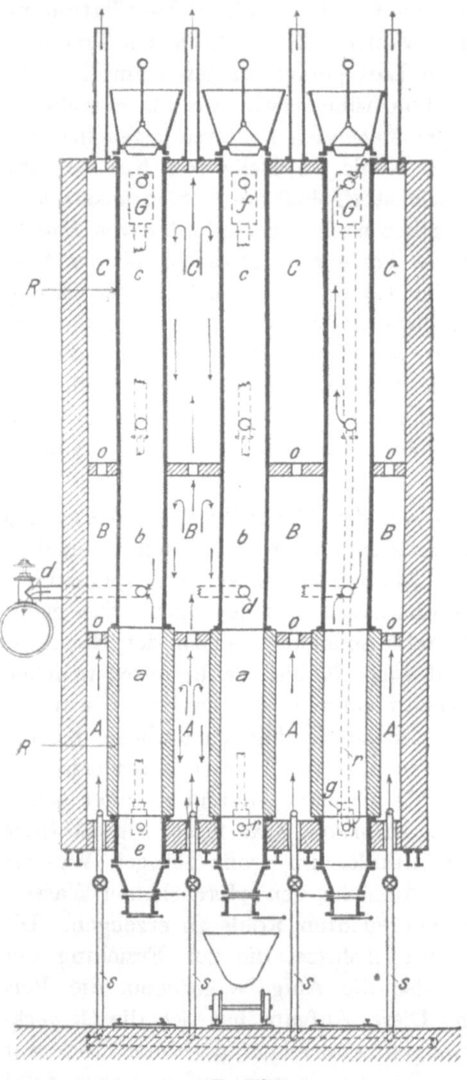

Fig. 18.

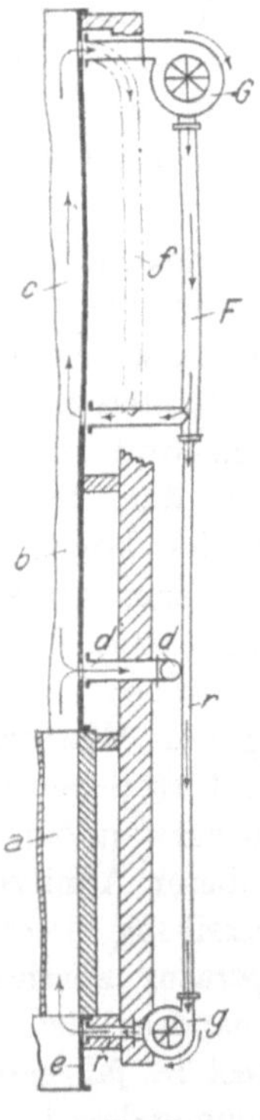

Fig. 19.

Die Arbeit des Schwelofens.

Der Arbeitsgang zerfällt in 3 Stufen: In das mit Dampferzeugung verbundene Trocknen der Kohle, das Abschwelen des Trockengutes und das Vergasen des Koksrückstandes mit dem in der ersten Stufe erzeugten Wasserdampf. Die 3 Stufen folgen in einer einzigen Retorte von oben nach unten aufeinander. Beschicken und Abziehen findet kontinuierlich statt. Die Einzelstufen sind durch keinerlei Trennungsorgane voneinander geschieden, vielmehr wird ihre Trennung durch die Zirkulationsweise des Wasserdampfes in einwandfreier Weise erreicht. Entsprechend den 3 Arbeitsstufen innerhalb der Retorten zerfällt die äußere Beheizung der Retorten in 3 Zonen, nämlich in eine von höchster Temperatur zwecks Wassergaserzeugung im untersten Teil der Retorte a, a, in eine darüberliegende, die Schweltemperatur herbeiführende b, b und in eine oberste der Dampferzeugung bzw. Trocknung gewidmete c, c. Die Heizkammern A, B, C sind verhältnismäßig geräumig; sie sind jedoch nur durch so kleine Öffnungen o, o miteinander verbunden, daß von einem Raum zum anderen bzw. von einer Zone zur anderen keine Konvektion der Heizgase stattfinden kann und nur so viel von einem Raum zum anderen hochsteigt, als für die erzeugte Menge von Rauchgas bei dem gegebenen Zug erforderlich ist. Vermöge der Geräumigkeit der Kammern findet innerhalb derselben reichlich Konvektion statt, und es wird eine innerhalb jeder Zone gleichmäßige Temperatur zuwege gebracht, die von derjenigen in der voraufgehenden erheblich abweicht. Naturgemäß sind zum Austreiben des hohen Prozentsatzes von Grubenfeuchtigkeit erhebliche Wärmemengen erforderlich. Dies bedingt, daß die Rauchgase in die der Dampfentwicklung gewidmeten Kammer mit erheblicher Wärmeintensität eintreten. Tatsächlich ist die Temperatur so hoch, daß der Prozeß bei der Austreibung des Wassers nicht halt machen würde, sondern auch noch Schwelung des trocken gewordenen Materials bewirken könnte, wäre nicht dafür gesorgt, daß innerhalb des obersten Abschnittes der Retortenfüllung die Temperatur erheblich unter Schweltemperatur bleibt. Es wird dies dadurch erreicht, daß durch diesen obersten Teil der Retortenfüllung auf künstlichem Wege ein kräftiger Kreislauf des Wasserdampfes aufrechterhalten wird. Der Wasserdampf tritt mit wenig über 100° an der heißesten Stelle ein und entführt unter Überhitzung den Überschuß von Wärme nach der Stelle, an der soeben frische Kohle mit vollem Feuchtigkeitsgehalt eingefüllt worden ist. Genannter Kreislauf wird mit Hilfe eines kräftigen Ventilators hervorgerufen, der auf den Öfen Aufstellung findet; er ist so wirksam, daß der Wasserdampf von Produkten der trockenen Destillation freibleibt und der Wassergasbereitung zugeführt werden kann, ohne daß damit Zersetzung von wertvollen Stoffen verbunden wäre. Andererseits ist die Ausnützung der Wärme eine so gründliche, daß die Rauchgase mit 200° in den Kamin entweichen.

Der in dem Kreislauf durch aufgenommene Feuchtigkeit in reichlichem Maße überschüssig werdende Wasserdampf wird mit Hilfe eines kleineren Gebläses in das unterste Ende der Retorten gepreßt und steigt unter Bildung von Wassergas in diesen hoch. Die Beheizung der Öfen geschieht mit dem in ungemein reichlicher Menge anfallenden Gemisch von Schwel- und Wassergas. Aus 100 kg verarbeiteter grubenfeuchter Kohle werden bis zu 30 cbm dieses Gemisches gewonnen, nachdem alle kondensier- und extrahierbaren Bestandteile daraus entfernt sind. Nach Deckung des eigenen Bedarfs der Schwelöfen bleibt noch ein erheblicher Überschuß, der die Kraftzentrale versorgt und unter Dampfkesseln verheizt wird. Das Gas besitzt annähernd 3000 w pro cbm und ist nach Entfernung seines rund 20 Proz. betragenden Kohlensäuregehaltes zum Beleuchten mit Auerstrümpfen vortrefflich geeignet. Der Austritt von Schweldämpfen und Wassergas erfolgt gemeinsam auf etwa ein Drittel der Höhe der Retorten von unten. Das Gemisch wird zuerst von Nebelteilchen befreit, dann nach der ·Ammoniakgewinnungsanlage, darauf nach den Kühlern und endlich nach der Ölwäsche geleitet, in einem Gasbehälter aufgefangen und von diesem den verschiedenen Verwendungsstellen zugeführt. Der für die Gaskraftmaschinen bestimmte Teil wandert auf seinem Wege zwecks Entfernung des Schwefelwasserstoffgehaltes durch Reinigerkästen, die mit der in Gasfabriken üblichen eisenoxydhydrathaltigen Reinigungsmasse beschickt sind.

Die eben erwähnten Anlagen zur Behandlung der Dämpfe vor ihrem Eintritt in den Gasbehälter werden später eingehend geschildert werden. Hier sei noch auf den Gang der Arbeitsweise bezüglich des Rohmaterials das folgende erwähnt: Die aus der Grube in der Fabrik angekommene Kohle wird in Brechwalzwerken zerkleinert und auf Sieben eigentümlicher Konstruktion von staub- und grießförmigen Anteilen befreit. Die letzteren stellen nämlich dem Durchgang des Dampfes in den Schwelöfen zu großen Widerstand entgegen. Für ihre anderweite Nutzbarmachung sind Vorrichtungen besonderer Art in Aussicht genommen. Früher wurden Siebe aus gelochten Blechen verwendet, diese aber später verworfen, weil die tonige Beschaffenheit des Materials namentlich bei nasser Witterung zum Verschmieren der Siebe geführt hat. Heute werden ausschließlich noch sog. Rührroste verwendet, zwischen deren Stäben Messer transportierend rotieren und verhindern, daß die Schlitze sich mit schmierigem Material zusetzen. Die zu Stücken von Hühnerei- bis Gänseeigröße zerkleinerte und aufbereitete Kohle wird mit Transportvorrichtungen bekannter Art nach den über jedem .Ofen befindlichen Füllrumpf gebracht, aus dem die Retorten gefüllt werden. Die Entleerung der Öfen wird mit einer zweckmäßigen mechanischen Abziehvorrichtung bewirkt und diese in Abschnitten von je einer halben Stunde auf kurze Zeit in Bewegung gesetzt. Das Abziehgut kann durchaus reine Asche vorstellen, die im Gegensatz zu der bei Verfeuerung erhaltenen roten Asche eine graue Farbe besitzt, beim Nachglühen aber rot wird. In der Praxis hat sich das völlige Veraschen noch nicht als nötig erwiesen, weil ohnehin schon mehr Gas erzeugt wird, als für den Betrieb erforderlich ist. Es wird daher vorbehaltlich besserer Verwertbarkeit des erzielbaren Gases lediglich zur Steigerung der durch die Öfen durchsetzbaren Kohlenmenge das Abziehgut mit einem Kohlenstoffgehalt von etwa 8 Proz. entfernt und auf die Halde gebracht.

Je 24 Retorten geringen Querschnittes bilden zusammen einen Ofen. Die Leistungsfähigkeit eines Ofens beläuft sich auf 26 t in 24 Stunden. Beschicken und Entleeren finden kontinuierlich statt.

Die Behandlung der Schweldämpfe.

a) **Ammoniakgewinnung.** Das von Nebeln befreite Gasdampfgemisch aus den Öfen wird in gloverartigen Türmen mit verdünnter Schwefelsäure gewaschen und dadurch den noch heißen Gasen ihr Gehalt an Ammoniak entzogen. Die erhaltene Salzlösung gelangt zum Eindampfen mit Hilfe der Wärme aus den Schweldämpfen selbst, d. h. die Salzlösung wird als Kühlmittel bei weiterem Abkühlen des Gasdampfgemenges benutzt. Das beim Eindampfen abgeschiedene schwefelsaure Salz wird zentrifugiert, getrocknet und in den Handel gebracht.

b) **Kühlung.** Die Kühlung des Gasdampfgemenges, soweit nicht schon bis dahin bewirkt, wird auf dem weiteren Weg mit Hilfe von Wasser vollzogen, das hierbei ebenfalls zur Verdampfung gelangt. Es ist das Kondenswasser (Schwelwasser), das vorher in Rieseltürmen abgekühlt worden war, und nach seiner Wiedererwärmung erneut gekühlt wird. Das erhaltene Kondenswasser dient als Kühlwasser und wird im Kreislauf gehalten durch die Röhrenkühler und die Rieseltürme, die eine ähnliche Bauweise haben, wie die der Rückkühlanlagen bei Kondensmaschinen. Durch diese Vorrichtung werden die Abwässer auf ein Minimum reduziert, der Rest wird auf den Aschenhalden zum Ablöschen des heißen Rückstandes benutzt und so beseitigt. Zum Schluß werden die Dämpfe mit kaltem Wasser aus der Grubenwasserleitung völlig abgekühlt und gelangen nach

c) **der Ölwäsche.** Diese findet in Anlagen statt, ähnlich den in Steinkohlenkokereien für die Benzolgewinnung üblichen, so daß an dieser Stelle hierauf nicht weiter eingegangen zu werden braucht. Das auf diese Weise gewonnene leichtflüchtige Öl (Photogen, in Messel Naphtha genannt) ist von heller Farbe und macht fast 8 Proz. der gesamten Rohölgewinnung aus. Wird es bei dem Gas belassen, so steigt dessen Heizkraft; da das Gas aber keinen Verkaufswert besitzt und ohnehin im Überschuß vorhanden ist, so wird auf die Wirksamkeit der Ölwäsche besonders Gewicht gelegt.

d) **Die Exhaustoranlage.** Diese besteht aus Hochdruckventilatoren, die mit Elektromotoren direkt gekuppelt sind. Bei der ganzen Anlage ist Wert darauf gelegt, daß die Widerstände, denen das Gasdampfgemisch auf seinem Weg begegnet, so niedrig wie möglich gehalten werden. Es wird dadurch an Kraft gespart, und die Verwendung kostspieliger kolbenloser Gaspumpen überflüssig gemacht.

D. Die Gewinnung des Schieferteers in Schottland.

Der Schwelofen.

Auch in der schottischen Industrie waren anfangs liegende Retorten in Gebrauch, bis schließlich, wie in der sächsisch-thüringischen Mineralölindustrie, die stehenden Öfen allgemein den Vorzug erhielten[1].

Als liegende Retorte nahm man solche von ovalem, rechtwinkligem oder förmigem Querschnitte aus Gußeisen, die an dem einen Ende durch

---

[1] Journ. of the Society of Chem. Ind. 1897, 876 ff.

eine eiserne Tür verschlossen wurden, während an dem anderen sich ein Abzugsrohr für die Schweldämpfe nach der Kondensation befand. Die Füllung und Entleerung der Retorten geschah durch die Tür, und der Betrieb war naturgemäß ein unterbrochener.

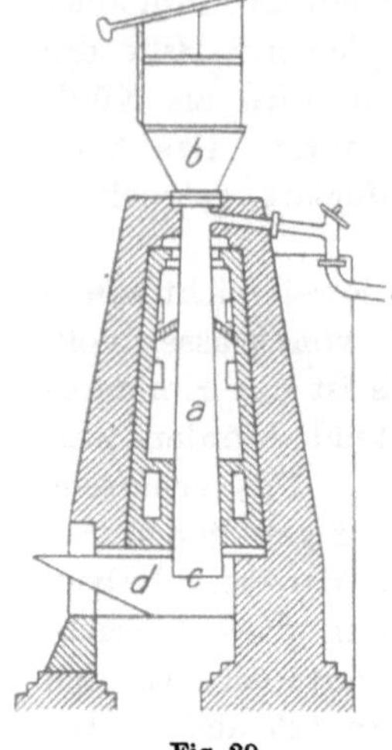

Fig 20.

Um diesen Übelstand zu beseitigen, ging man bald zu den stehenden Öfen über, von denen schon Ende der sechziger Jahre des vorigen Jahrhunderts eine wesentliche Anzahl in Betrieb waren. Die alten Öfen dieser Art bestanden aus gußeisernen Rohren von ovalem oder kreisrundem engem Querschnitt, die mit einer Ummauerung von Ziegelsteinen versehen waren. Die Füllung geschah durch einen oben angesetzten Trichter, während der ausgeschwelte Schiefer unten abgelassen wurde und in einen mit Wasser gefüllten Trog fiel, der zugleich den Abschluß des Ofens bildete. Fig. 20 zeigt einen solchen Ofen. *a* ist das eiserne Rohr, das den Schwelraum darstellt, durch *b* geschieht die Füllung und bei *c* wird der ausgeschwelte Schiefer in den Trog abgelassen. Die Schwedämpfe entweichen durch *e* nach der Kondensation.

Außer dem Vorzug des ununterbrochenen Betriebes besaßen die stehenden Öfen noch den der höheren Teerausbeute, und zwar um 25 bis 30 Proz. gegenüber den liegenden Retorten. Die Beheizung der Öfen geschah mit Steinkohlen, doch waren die Feuerungen zu groß eingerichtet, so daß das Eisen stark angegriffen wurde und die Retorten schon nach 6 oder 9 Monaten unbrauchbar waren.

Young stellte eingehende Versuche an, den Schwelvorgang anders zu gestalten und den Teer paraffinreicher zu gewinnen, da bei dem bisherigen Verfahren weitgehende Zersetzungen auf Kosten des Paraffingehaltes eintraten. Er baute Ende der sechziger Jahre Öfen mit größerem Querschnitt und erniedrigte die Schweltemperatur bis zur schwachen Rotglut. Diesen Schwelofen zeigt Fig. 21. Die Schweldämpfe werden im Gegensatz zu den alten Öfen nicht oben, sondern unten bei *e* abgeleitet und die Retorte *a* besitzt einen doppelten Mantel. Anfang der siebziger Jahre begann *Young* als Heizmaterial nicht mehr Steinkohle, sondern den ausgeschwelten Schiefer zu benutzen, der noch genügenden Kohlenstoff besaß, um die erforderliche Hitze zu erzeugen. Er baute eine neue Retortenform, die sich

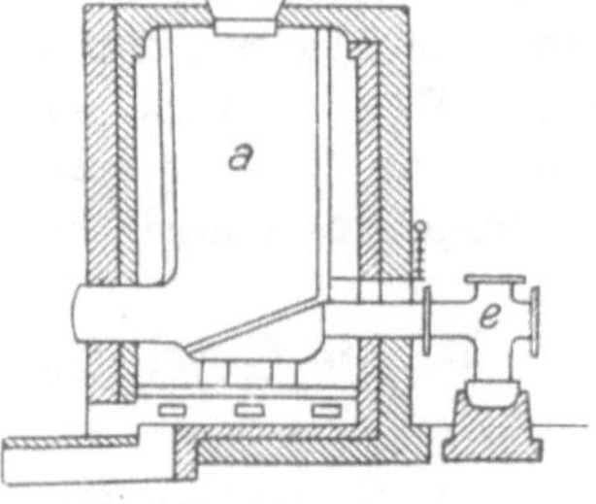

Fig. 21.

durch die klug ersonnene Einrichtung auszeichnete, durch die der ausgeschwelte Schiefer in die Feuerung fiel. Diese Einrichtung war aber so fein konstruiert, daß sie sich nicht zur Bedienung von Händen der Arbeiter eignete, die Hunderte von Retorten zu überwachen hatten. Durch diese Ofeneinrichtung hatte *Young* aber bewiesen, daß man mit dem ausgeschwelten Schiefer die erforderliche Schweltemperatur erzeugen konnte.

Eine im Betriebe sich besser bewährte Retorte baute im Jahre 1873 *N. M. Henderson*, wie sie Fig. 22 zeigt. Die Retorten *A, A* werden aus dem Wagen *C* gefüllt. Durch den drehbaren Bodenverschluß *a* fällt der abgeschwelte Schiefer nach der Feuerung *B*, die beim Betriebe der Retorte durch *b* verschlossen ist. Die Schweldämpfe entweichen durch die Rohre *f, f*, die durch *g* gegen die Retorte abgeschlossen sind, nach der Kondensation und von dort werden die nicht verdichtbaren Gase durch *c* der Feuerung zugeführt. Die Asche fällt durch *d* nach *D*; und die Feuergase ziehen durch *e, e* ab.

Die ersten Öfen mit diesen Retorten wurden 1874 auf den Oakbank-Werken aufgestellt, und sie waren bis 1886 in Betrieb, wo sie durch eine verbesserte Retortenart ersetzt wurden, nachdem sie während dieser 12 Jahre durchaus gut gearbeitet hatten. Auch in Broxburn wurden 1878 Öfen mit *Henderson*schen Retorten gebaut. Diese verarbeiteten den dortigen Schiefer mit großem Erfolge, und das Blühen der Broxburn Oil Company um diese Zeit ist im wesentlichen der glücklichen Wahl der Retortenart zu danken.

Die Schwelereien, die die alten stehenden Öfen noch besaßen, bauten, sich die Erfolge von *Young* und *Henderson* zunutze machend, deren Feuerungen so um, daß sie den ausgeschwelten Schiefer verwenden konnten, und ermäßigten die Schwel-

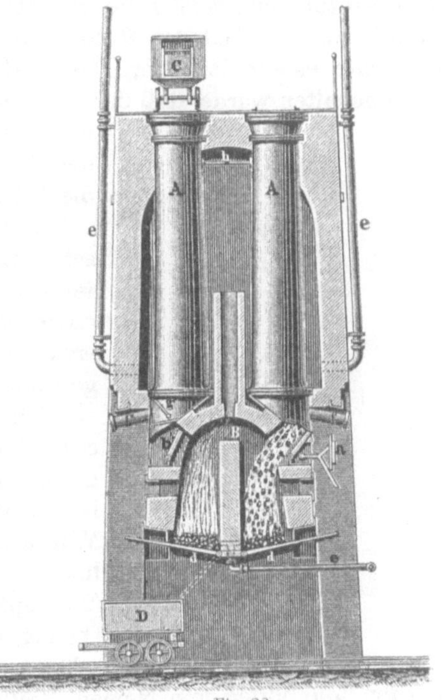

Fig. 22.

temperatur wesentlich. Man erzielte Teer von weit besserer Beschaffenheit und höherem Paraffingehalt als bisher und drückte zugleich die Betriebskosten herab.

Versuche, den Retortenquerschnitt zu vergrößern und mehrere Öfen mit einer gemeinsamen Feuerung zu versehen, die in Oakbank angestellt wurden, mißlangen, und die *Henderson*sche Retorte galt bis 1881 als die beste. Sie war ausschließlich im Betriebe in Broxburn, Burntisland und Linlithgow, während in Addiewell, Uphall, Dalmeny und Oakbank daneben noch die alten Retorten und die umgebauten Öfen benutzt wurden.

Während man bisher beim Schwelverfahren nur an die Teerausbeute gedacht hatte und die Gewinnung von Ammoniak für die Techniker Nebensache gewesen war, prüften *Beilby* und *Young* das Verfahren auf die Möglich-

keit, die Ammoniakausbeute aus dem Schiefer zu erhöhen. Sie begründeten
ein neues Schwelverfahren und bauten dafür geeignete Öfen. Der von dem
Bitumen der Hauptsache nach befreite Schiefer sollte in den Öfen selbst
zur Ammoniakgewinnung nochmals einer erhöhten Temperatur ausgesetzt
werden. Das Hauptbedenken gegen das neue Verfahren war, welchen Einfluß es auf die Eigenschaft des Teeres ausüben würde, da man von früher
her noch die zersetzende Wirkung der hohen Hitze auf dieses Haupterzeugnis
kannte. Doch die Sorge war umsonst, man erhielt einen tadellosen Teer.
Diese Retortenart besaß einen oberen Teil aus Gußeisen, wo bei niedriger
Temperatur der Schiefer im wesentlichen ausgeschwelt wurde, dann fiel er
in den unteren Teil der Retorte, der aus Schamottesteinen bestand. Hier
herrschte eine weit höhere Hitze als in dem oberen Retortenteile, die so
hoch gehalten wurde, daß der Schiefer nicht schmolz. Man leitete Dampf ein

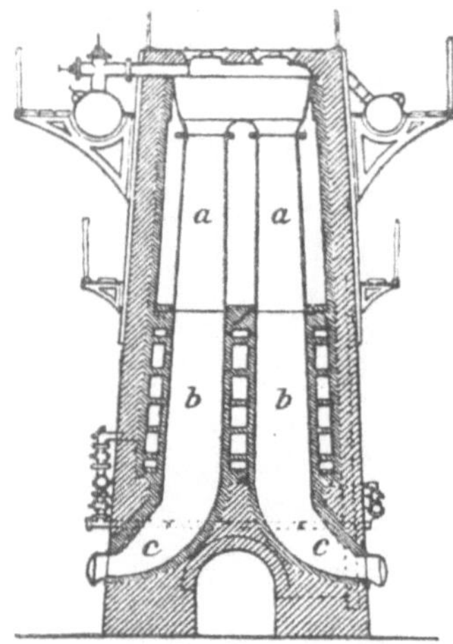

Fig. 23.

und erhielt eine hohe Ammoniakausbeute nach
dem Vorgange, wie er S. 31 geschildert ist, und
die Schwelgasmenge wurde vermehrt.

Die Schwelarbeit mit dieser Ofenart war
schwieriger als bisher, da man zwei Retorten-
temperaturen zu beachten und innezuhalten
hatte. Die ersten Öfen wurden 1881 in Oakbank
errichtet und arbeiteten gut. Die Ammoniakgewinnung wurde verdoppelt, und der Teer
enthielt mehr Paraffin als der aus den anderen
Schwelöfen. Störend war nur, daß die Wartung
große Aufmerksamkeit erforderte und jede Nach-
lässigkeit Betriebsstörungen zur Folge hatte.
War z. B. die Hitze in dem unteren Teile zu
hoch, so daß der Schiefer schmolz, so entstanden
Verstopfungen. Diese Umstände veranlaßten
Young, nach Änderungen zu suchen, die diese
Übelstände ausschlossen. Er baute Öfen, wie sie in Fig. 23 wiedergegeben
werden und unter dem Namen *Pentland-* oder *Young & Beilby-Retorten* bekannt geworden sind. Der Retortenraum wurde wesentlich vergrößert, und
das Abgangsrohr für den ausgeschwelten Schiefer c wurde in gebogener
Form angebracht, so daß es leicht zugänglich war. Die Beheizung
geschah, um sie leichter zu überwachen, nicht durch freies Feuer,
sondern durch einen Gasgenerator. Die Retorte bestand im oberen Teile a
aus Gußeisen und im unteren Teile b aus Schamottesteinen, wie die
frühere Retorte von *Beilby*. Sie lieferte durchaus befriedigende Ergebnisse
an Teer und Ammoniakausbeute. Man versuchte nun diese Ofenart noch
weiter zu verbessern, sowohl in ihrer Einrichtung als auch in der Betriebsweise. Der gußeiserne obere Teil der Retorte wurde auch aus Schamottesteinen hergestellt, weil sich die Verbindung zwischen Eisen und Schamotte
nur schwer gasdicht ermöglichen ließ. Diese ganz aus Schamotte bestehenden
Retorten arbeiteten aber nur kurze Zeit, dann wurden, wie *Beilby* wörtlich

schreibt, „die Fugen der Steine undicht, und die Retortenwandungen zersprangen". Wir sehen, daß diese Einrichtung, die sich in der sächsisch-thüringischen Industrie durchaus gut bewährt hat, hier nicht zu gebrauchen ist. Diese Erscheinung muß auf die Art des Rohstoffes und vor allem auf das wesentlich abgeänderte Schwelverfahren zurückgeführt werden. Im Jahre 1885 baute die *Hermand Oil Company* Schwelöfen, die Pentland-Retorten von größerer Höhe erhielten und wo jede Retorte mit einem besonderen Fülltrichter versehen wurde, während sonst zwei einen gemeinsamen Trichter besaßen. Die Erhöhung der Retorten war von gutem Einfluß auf die Betriebsergebnisse. Die hier nochmals ausgeführten Versuche, die Retorten nur aus Schamottesteinen herzustellen, wie es Fig. 24 zeigt, mißlangen gleichfalls, so daß es endgültig aufgegeben wurde, an dem bisher gebräuchlichen und sich gut bewährten System etwas zu ändern. Die Betriebsstörungen, die sich an den alten Pentland-Retorten zeigten, daß geschmolzener Schiefer den Abzug verstopfte, traten auch hier zuweilen noch auf, deswegen mußte die Verbesserung dahin gehen, diesen Übelstand gänzlich zu beseitigen. Die neueren Retortensysteme haben dieses erreicht.

Die eine Ofeneinrichtung ist von *Henderson* getroffen und wird durch Fig. 25 dargestellt[1]. Die Form ist der Pentland-Retorte nachgeahmt, sie hat einen länglichen Durchmesser, der obere Teil *a* besteht gleichfalls aus Eisen und der untere *b* aus Schamotte. Die Verbindung zwischen beiden Teilen ist sehr sorgfältig hergestellt, so daß ein Undichtwerden an dieser

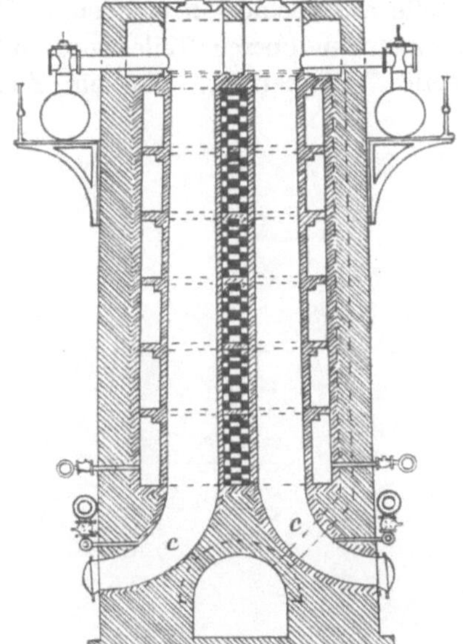

Fig 24

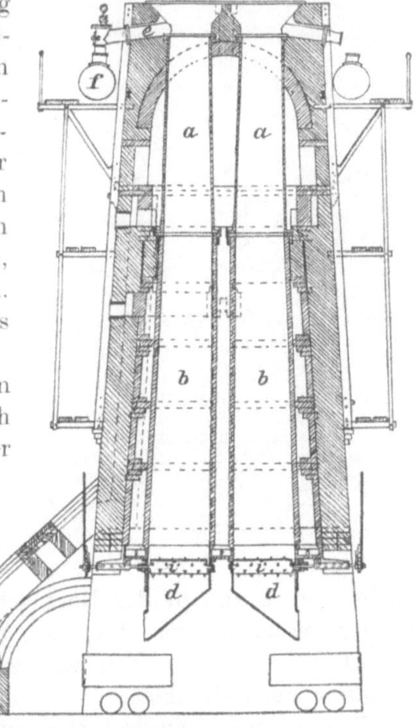

Fig. 25.

---

[1] Journ. of the Society of Chem. Ind. 1897, 983.

Stelle ausgeschlossen erscheint. Die Retorte ist 8,4 m hoch, und die Temperatur im oberen Teile wird auf 450° gehalten, während sie im unteren Teile 700° beträgt. Um ein Zusammenbacken der Schieferstücke und so ein Verstopfen unmöglich zu machen, wird der Schiefer in beständiger Bewegung gehalten, indem eine am Boden der Retorte eingesetzte, gezahnte Welle i sich während des Schwelvorganges langsam dreht. Der ausgeschwelte Schiefer wird dadurch aus der Retorte entfernt und fällt in den eisernen Kasten d, woraus er in Hunte abgelassen wird. Die Schweldämpfe entweichen durch den Abzug e nach der Vorlage f. Dieses System bietet wesentliche Vorzüge. Der Betrieb ist, da der ausgeschwelte Schiefer nicht in bestimmten Zwischenräumen abgezogen, sondern beständig aus der Retorte entfernt wird, ein sehr einfacher und erfordert wenig Wartung. Aus dem Fülltrichter, der Schiefervorrat für 18 Stunden faßt, gleitet in dem Maße, wie Schieferrückstand nach d fällt, frischer Schiefer in die Retorte. In Broxburn wird ausschließlich mit solchen Öfen gearbeitet, die wir im Betriebe sahen. Ein Ofenklotz von 88 Öfen, der in 24 Stunden 160 t Schiefer verschwelt, wird in der Tagesschicht von 4 und in der Nachtschicht, wo das Füllen lediglich aus dem Trichter geschieht, von 2 Leuten bedient. — Die Ausbeute an Ammoniak ist noch besser als bei den anderen Retorten, und der gewonnene Teer ist von guter Beschaffenheit.

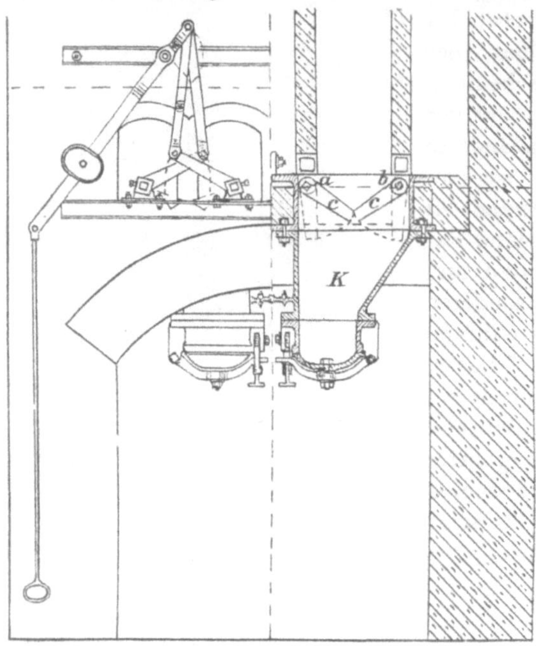

Fig. 26.

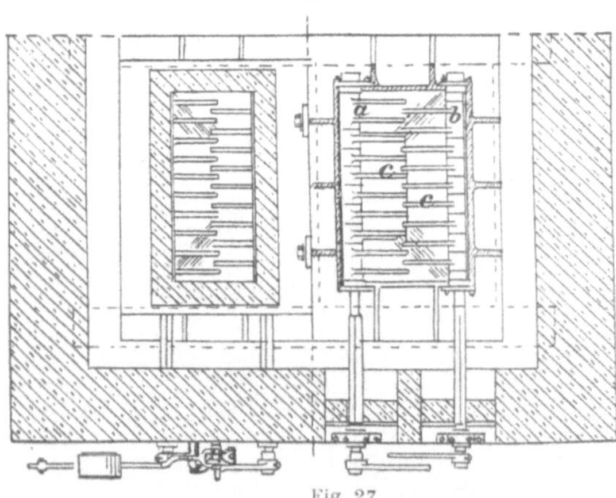

Fig. 27.

Eine andere Schwelretorteneinrichtung, die das gleiche Ziel wie die eben beschriebene anstrebt und erreicht, ist von *Crichton* in Philipstown gebaut worden. Sie ist im allgemeinen der Broxburn-Retorte ähnlich und besitzt nur kleine Abweichungen im Einbau und der Befeuerung. Zur mechanischen Entfernung des ausgeschwelten Schiefers ist am Boden der Retorte eine Vorrichtung angebracht, die die Fig. 26 und 27 darstellen und aus zwei Wellen *a* und *b* mit je einem Satze eiserner Arme *c, c* besteht. Diese Arme bilden, dicht schließend, einen Winkel von 45° (Fig. 26) und stellen so den Abschluß der Retorte nach unten dar. Das Ablassen des Schiefers erfolgt nicht laufend, sondern soll dieses geschehen, so bewegt man die Wellen mechanisch, die Arme gehen auseinander und lassen den Schiefer nach dem darunter angeschlossenen eisernen Kasten *K* fallen. Aller 6 Stunden wird Schiefer abgezogen, die Beheizung erfolgt wie bei den Broxburn-Retorten mit Schwelgas, das nötigenfalls unterstützt wird durch Gas, das in einem besonderen Generator erzeugt worden ist.

Die von *Bryson* konstruierte und in Pumpherston aufgestellte Retortenart schließt sich den beiden zuletzt geschilderten eng an. Fig. 28 stellt einen solchen Schwelofen dar. Diese Retorte hat einen kreisrunden Durchmesser und besitzt die größten Abmessungen der in der schottischen Industrie benutzten Retorten. Sie ist 9 m hoch und hat einen Durchmesser von 90 cm. Der Schwelraum vermag 4¹/₂ cbm Schiefer zu fassen, während die Broxburn-Retorte einen Schwelraum von 3 cbm zeigt und die alten stehenden Retorten nur 0,7 cbm Rohstoff aufzunehmen imstande waren.

Der obere Teil *a* ist aus Gußeisen und der untere *b* aus Schamotte. Der Fülltrichter *c* enthält Schiefervorrat für 24 Stunden. An die Retorte ist ein eiserner Kasten *d* angeschlossen, der beide Retorten umfaßt, und in

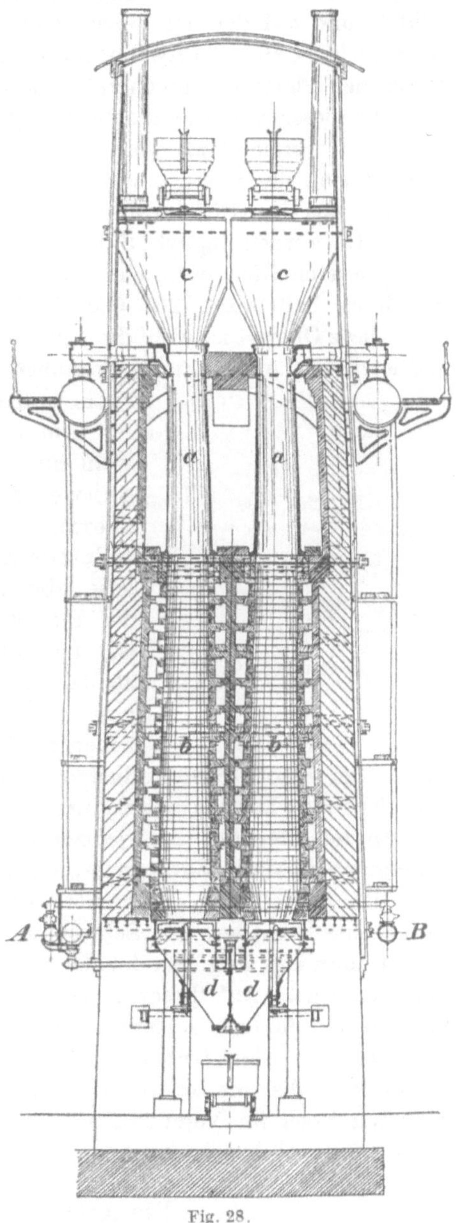

Fig. 28.

den der ausgeschwelte Schiefer fällt. Dieses geschieht mechanisch, wie es Fig.-29, der Schnitt *A B* durch zwei Retorten, zeigt. Am Boden jeder Retorte befindet sich ein eiserner Tisch *t*, dessen Platte *e* den Abschluß der Retorte bildet, und auf der der ausgeschwelte Schiefer ruht. Durch die Mitte des Tisches führt eine Stahlwelle, an der ein gebogener eiserner Arm *i*, dem Umfange der Platte entsprechend, befestigt ist. Bewegt sich die Welle, so bestreicht dieser Arm die Platte und stößt den ausgeschwelten Schiefer in den Kasten *d*, woraus er zeitweise abgezogen wird. Während des Schwelvorganges bewegt sich die Welle langsam, und der eiserne Arm entfernt laufend den Schiefer aus dem Ofen, während aus dem Fülltrichter frischer Rohstoff nachfällt. Es werden täglich 5 t Schiefer durchgesetzt. — Die Beheizung der Pumpherston-Öfen geschieht wie in Broxburn ausschließlich mit Schwelgas. Im Jahre 1910 waren 208 Öfen in Betrieb, die gut arbeiten.

Diese Ofenart ist wohl die vollkommenste, die in der schottischen Schieferindustrie zur Anwendung gekommen ist. Sie besitzt den größten Fassungsraum und hat die niedrigsten Betriebskosten.

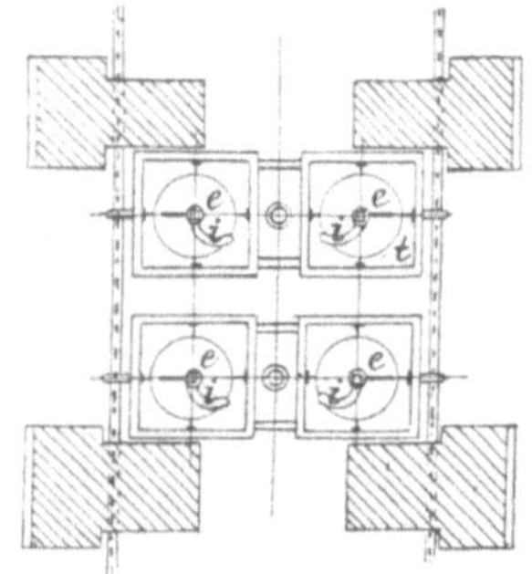
Fig 29

Am Schlusse dieses Abschnittes drängt sich wohl ein Vergleich über die Entwicklung der Schwelöfen in den beiden großen Schwelteerindustrien auf. Während in der deutschen Industrie seit *Rolle*, von der Ausnutzung der Schwelgase abgesehen, keine wesentliche Änderung an der Einrichtung der Schwelöfen getroffen worden ist, hat die schottische Industrie erst vor etwa 25 Jahren ihre Öfen zu der Vollkommenheit verbessert, wie sie jetzt arbeiten. Das liegt im wesentlichen an dem schwieriger zu verarbeitenden Rohstoffe der schottischen Industrie und an der von der heimischen Industrie abweichenden Leitung des Schwelvorganges, was wir schon dargelegt haben.

In neuester Zeit hat jedoch die Braunkohlenindustrie eine wichtige Anregung erhalten durch vollkommen neue Schwelverfahren, die sich ganz von der Gestalt des *Rolle*schen Schwelofens unabhängig gemacht haben; es ist dies vor allem die Schwelung der Braunkohle in Schwelgeneratoren, wobei allerdings kein Grudekoks, sondern nur Generatorgas außer dem Teer erhalten wird. Auf dieser Basis hat sich schon eine ansehnliche Industrie entwickelt. Andere Verfahren, wie das Schwelen in rotierenden Öfen, die man teilweise schon früher versucht hatte (siehe S. 37) und in Hochleistungsschwelöfen, die mit innerer Heizung durch Heißgas arbeiten, befinden sich zur Zeit noch im Versuchsstadium. Auf die hier angedeuteten Verfahren wird später noch eingegangen werden.

Die Arbeit des Schwelofens.

Die Art der Arbeit des Schwelofens ist bei der Beschreibung der einzelnen Ofenarten mit angeführt worden. Sie haben alle das Gemeinsame, daß der Schiefer durch einen oberen Fülltrichter beschickt und am Boden des Ofens abgelassen wird. Bei den Öfen neuerer Bauart erfolgt, wie schon beschrieben, dieses Ablassen ununterbrochen durch mechanische Vorrichtung.

Die Schweldämpfe werden jetzt allgemein am Kopfe der Retorte abgeführt, während früher bei der alten Retortenart von *Henderson* diese Ableitung am Fuße erfolgte.

Die Kondensation.

Die Schweldämpfe werden durch Exhaustoren aus dem Ofen in die Kondensation gesogen. Diese besteht aus einem System von gußeisernen Rohren, deren Durchmesser bei großen Anlagen mit 60 cm beginnend bis 45 cm herabgeht. Bei anderen Schwelanlagen sind diese Rohre je nach der Ofenzahl mit kleinerem Durchmesser, etwa 10 cm, gewählt.

Als Kühlung wendet man Luftkühlung an. Man trennt von dem eigentlichen Teere den sich zuletzt verdichtenden Teil, das Benzin, in einer gesonderten Kondensationsanlage von vornherein ab. Die Kondensationsprodukte werden in Behältern angesammelt, wo sich das Wasser von dem Teere scheidet. Außerdem wird an das Ende der Kondensation noch ein Wäscher mit schwerem Öl geschaltet, der die etwa im Gas noch vorhandenen dampfförmigen Kohlenwasserstoffe, die sich infolge ihrer hohen Dampfspannung nicht durch Kondensation niederschlagen lassen, auswäscht.

Der Schwelbetrieb.

Ehe der Schiefer, wie er in dem Bergwerke gewonnen wird, zum Verschwelen gelangt, wird er durch Brechvorrichtungen zerkleinert, und zwar in Stücke von 15 bis 20 mm. Diese Arbeit geschieht jetzt mechanisch, während sie früher durch Arbeiter mit langgestielten Hämmern ausgeführt wurde. Der zerkleinerte Schiefer fällt aus den Brechwalzen in Hunten, die ihn auf schiefer Ebene durch Drahtseil oder Kette nach dem Schwelofen befördern.

Die Art der Füllung und der Entleerung des Ofens ist schon bei den einzelnen Ofenarten, weil sie eng mit der Bauart zusammenhängt, beschrieben worden.

Die Beheizung des Schwelofens geschieht jetzt mit Schwelgas und aushilfsweise mit Generatorgas, während bei den älteren Retorten noch der ausgeschwelte Schiefer benutzt wird.

Die Kosten des Schwelverfahrens haben sich im Laufe der Jahre wesentlich verringert, was auf die Verbesserung der Schwelöfen zurückzuführen ist. Man setzt jetzt mehr durch und erzielt eine höhere Teer- und Ammoniakausbeute. Die *Broxburn Oil Company* rechnet als Schwelkosten einschließlich des Rohstoffes zur Gewinnung von 100 l Teer

im Jahre 1897: 3,50 Mk. (neue Ofenart)
„ „ 1879: 4,50 „ (Hendersonsche Retorte)
„ „ 1877: 6,25 „ (stehende Retorte)
„ „ 1876: 8,00 „ (liegende Retorte)

Mit der neuesten Ofenart der Pumpherston-Retorten verschwelt man in 24 Stunden 50 dz[1] Schiefer und mit den Schwelöfen in Broxburn etwa 45 dz.

Die Ausbeute an Teer ist je nach dem Rohstoffe und der Ofenart verschieden, man gewinnt aus 1 dz Schiefer 8 bis 10 kg Teer.

Der Schwelrückstand ist im Gegensatz zur sächsisch-thüringischen Industrie wertlos, er wird auf Halden gefahren, die in der Nähe der großen Schwelanlagen sich zu stattlichen Hügeln ausgebildet haben. Da der Schiefer noch in sehr heißem Zustande hier angelangt, so rauchen diese Halden, und übelriechende Gase entströmen daraus.

Die Schwelanlage.

Die Schwelanlagen sind in der schottischen Industrie in der Regel weit umfangreicher als in der sächsisch-thüringischen ausgeführt und große Kapitalien sind dazu aufgewendet worden. Die Anlagen befinden sich meistens in der Mitte des Schieferbeckens in der Nähe der Bergwerke.

Der Vollständigkeit wegen sei noch über die Schwelöfen anderer Schieferindustrien kurz berichtet.

Die Schieferschwelverfahren, die zur Zeit in Deutschland ausgeübt werden, verwenden teils rotierende Schweltrommeln, wie sie die Firma *Zeller & Gmelin* in Eislingen und das Ölschieferwerk *Karwendel* in Krünn (System *Franke-Tern*) benutzen. Es wird dabei keine Kohle, sondern nur Ölschiefer und die Schwelgase zur Heizung genommen[2]. Beide haben aber infolge der Unvollkommenheit der Apparate keine guten Ergebnisse zu verzeichnen. Zum anderen Teile wird der Schiefer in Generatoren geschwelt, wie. es die Rütgerswerke in Schandelah tun. Dieses Verfahren soll befriedigend arbeiten, doch ist der so erhaltene Teer nicht von so guter Beschaffenheit wie der Schwelteer.

In Südfrankreich hatte man zunächst Schwelöfen nach der Art der Schachtöfen, wie sie früher auch in Reutlingen (Württemberg) zum Schwelen des dort gefundenen Liasschiefers benutzt wurden. Dann arbeitete man mit stehenden Retorten, die nach Art der Destillationsblasen eingebaut und ausgerüstet waren. Mit diesen Schwelanlagen war es aber nicht möglich, gewinnbringend den Schiefer zu verschwelen.

Seit etwa 20 Jahren haben die schottischen Schwelöfen[3] mit Erfolg Eingang gefunden, namentlich die umgeänderte *Young-Beilby*-Retorte. Zum Niederschlagen der Teerdämpfe wird ebenfalls die in Schottland gebrauchte Luftkondensation benutzt.

Die Schiefer von A u t u n liefern durchschnittlich 4 Proz., die von Buxière 5 bis 7 Proz. Rohöl.

---

[1] 1 dz = 100 kg = 1 hkg.
[2] Tägliche Berichte über die Petroleumindustrie 1920, Nr. 257, S. 4.
[3] Prof. Dr. *Faber*, Petroleum, XII. Jahrgang Nr. 10.

Durch Einführung der schottischen Retorten ist die Gewinnung von Ammoniak ermöglicht. Aus 1 t Schiefer werden 5 bis 6 kg Ammonsulfat gewonnen.

Der Schwelrückstand wird, wie in der schottischen Industrie, nicht verwertet.

In den Schwelanlagen Australiens arbeitet man mit Öfen, die denen der schottischen Industrie ähnlich sind.

E. Die Gewinnung des Teeres in Generatoren.

Daß man in Generatoren Teer erzeugen kann, ist schon so lange bekannt, wie die Vergasung der Kohle im Generator überhaupt. Um auf die Möglichkeit der Erzeugung von Teer im Generator einzugehen, sei kurz das Wesen des Generators und seiner Arbeitsweise geschildert. Ein Generator ist im wesentlichen ein aus Eisenblech bestehender, mit feuerfestem Stein ausgemauerter Schacht, in dem man mit ungenügenden Luftmengen Kohle zur Verbrennung bringt, so daß die Kohle nicht zu Kohlensäure, sondern zu Kohlenoxyd verbrennt; durch Wasserdampf, der mit der Luft eingeblasen wird, kann man ferner dafür sorgen, daß sich ein Teil der Kohle mit dem Wasserdampf unter Bildung von CO_2 bzw. CO und H umsetzt. Diese Prozesse sind teils solche, die Wärme geben, teils solche, die zu ihrer Durchführung der Wärmezufuhr bedürfen, sie ergänzen sich mithin teilweise, und der Generatorprozeß würde der idealste sein, der gestattet, den ganzen Wärmeinhalt der Kohle in Gasform zu gewinnen. Die dem Generatorprozeß zugrunde liegenden thermischen Gleichungen sind folgende: Es ist hierbei stets mit molekularen Mengen gerechnet, also z. B.

1) $C + O_2 = CO_2 + 96\,960$ WE
     12 kg $+$ 32 kg $=$ 44 kg.

2) $CO_2 + C = 2\,CO - 39\,792$ WE.

3) Diese beiden Formeln vereinigt, so daß als Endprodukt nur CO resultiert, ergeben $2\,C + O_2 = 2\,CO + 57\,168$ WE.

Rechnet man (nach *Kreißig* „Die Vergasung der Brennstoffe") die entstehende Wärme auf 1 kg Kohle um, so findet man, daß bei der Verbrennung zu CO 2442 WE frei werden, während der bei weitem größere Teil des Wärmeinhaltes der Kohle noch latent in dem entstandenen CO enthalten ist, das bei seiner Verbrennung zu CO_2 auf 1 kg ursprünglicher Kohle berechnet, noch 5638 WE abgibt. Um die 2442 WE, die von den Vergasungsprodukten in Form von fühlbarer Wärme mitgenommen wurden und evtl. z. B. beim Fortleiten auf weitere Strecken verloren gehen könnten, nutzbar zu machen, führt man in den Vergasungsprozeß, wie oben erwähnt, noch Wasserdampf ein, der sich mit dem glühenden Kohlenstoff umsetzt nach Gleichung

4) $C + 2\,H_2O = CO_2 + 2\,H_2 - 18\,104$ WE.

Bei dieser Reaktion, die vor allem unterhalb 1000° vor sich geht, sind also für 1 kg $\dfrac{C\ 18\,104}{12} = 1509$ WE zuzuführen, der Prozeß ist ein endothermer, dafür sind in den entstandenen gasförmigen Produkten statt 8080 bzw. 8140 WE, wie sie der Kohlenstoff bei seiner Verbrennung zu CO_2 gibt, nicht weniger wie 9589 WE vorhanden. Beträgt die Temperatur wesentlich über 1000°, so verläuft die Reaktion zwischen glühendem C und Wasserdampf nach der Gleichung

5) $C + H_2O = CO + H_2 - 28\,948$ WE.

Dieser Prozeß verbraucht also noch mehr Wärme wie der nach Gleichung 4 verlaufende. Es sind ihm

$$\frac{28\,948}{12} = 2412 \text{ WE}$$

für das Kilogramm Kohlenstoff zuzuführen, dafür steigert sich der Verbrennungswert der gasförmigen Produkte auf 10 942 WE.

Man hat also in der Hand, durch Zuführung von Wasserdampf Reaktionen herbeizuführen, die viel Wärme aufnehmen und infolgedessen den Generatorgang abkühlen, was aus später noch zu erläuternden Gründen namentlich für Nutzbarmachung des Stickstoffes von Bedeutung ist.

Es gibt nun eine große Anzahl von verschiedenen Generatorkonstruktionen, um die vorstehend geschilderte Vergasung der Kohle vorzunehmen, und es

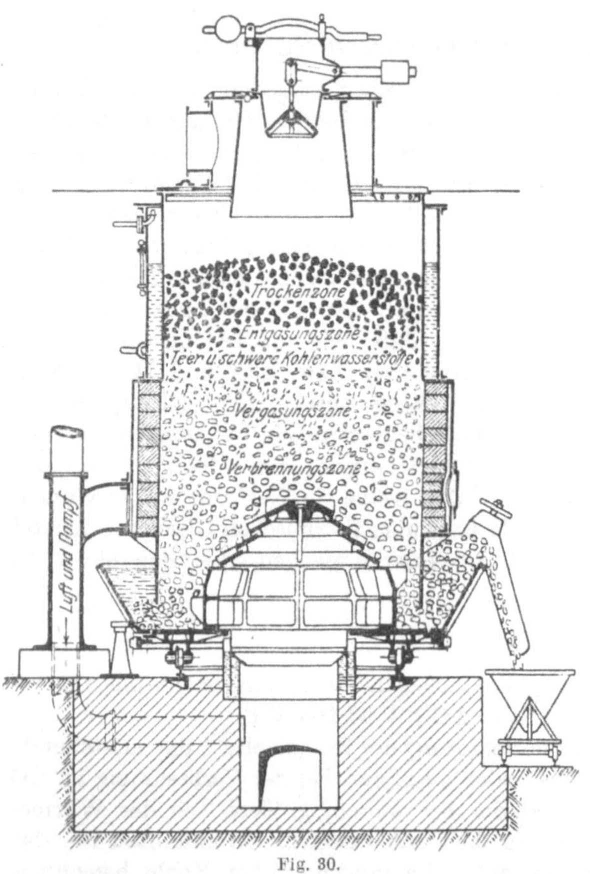

Fig. 30.

ist hier unmöglich, alle diese Bauarten zu beschreiben. Es sei deshalb das Prinzip an einem Gasgenerator der Firma *Thyssen* geschildert (Fig. 30). Die Kohle wird durch den Fülltrichter am oberen Ende des Generators eingeschüttet, der mit einem doppelten Verschluß, einem oberen und einem unteren, versehen ist. Man öffnet erst die obere Klappe, füllt den Trichter mit Kohle, schließt dann den durch Gegengewicht ausbalanzierten oberen Deckel wieder und öffnet nun den umgekehrten trichterförmig gestalteten unteren Verschluß. Die Kohle fällt nun in den Generator, ohne daß die Bedienungsmannschaft durch Entweichen des sehr giftigen Generatorgases (giftig wegen seines CO-Gehaltes) belästigt und gefährdet wird. Im unteren Ende des Generators brennt ein Feuer, genährt durch Luft, die durch einen (hier kegelförmig gestalteten) Rost am unteren Ende des Generators eingeblasen wird. Hier geht vor allem die oben geschilderte Reaktion Nr. 1, $C + O_2 = CO_2$, vor sich. — In den Gleichungen ist der Luftstickstoff, da er sich an den chemischen Umsetzungen nicht beteiligt, der Einfachheit halber weggelassen worden. — Diese Zone, in der diese Umsetzung vor sich geht, ist auf der Zeichnung mit Verbrennungszone bezeichnet worden. Die sehr heißen Verbrennungsgase erreichen nun durch die darüber lagernde noch unvergaste Kohle und hierbei setzt sich nach Gleichung 2 die CO_2 mit dem überschüssigen C zu CO um. Hiermit wäre der Vergasungsprozeß zu Ende (abgesehen von den unter 4 und 5 geschilderten Nebenreaktionen des Wasserdampfes), wenn die Beschickung des Generators aus reinem Kohlenstoff bestehen würde, wie es ja auch praktisch der Fall ist, wenn man für den Generatorprozeß Koks verwendet, denn die Aschenbestandteile des Kokes nehmen ja an dem Vergasungsprozeß keinen Anteil. Das Bild ändert sich aber, wenn man nicht von Koks ausgeht, sondern von Kohle, sei es Braunkohle oder Steinkohle. Die Kohle enthält ja außer der ihr anhängenden Grubenfeuchtigkeit auch Anteile, die beim Erhitzen Kohlenwasserstoffe in Form von Gas und Teer abgeben. Nun sind die aus der Vergasungszone entweichenden Generatorgase, trotzdem sie infolge des wärmeverzehrenden Prozesses Nr. 2 $CO_2 + C = CO$ nicht mehr die Temperatur der aus der Verbrennungszone entweichenden Gase haben, noch immer sehr heiß, und sie treiben deshalb aus der Kohle unter Zersetzung der Kohle Gas- und Teerbestandteile aus, die mit dem Generatorgas zusammen schließlich durch die frisch aus dem Fülltrichter eingeschütteten Kohlen entweichen, und da sie immer noch sehr heiß, wiewohl niedriger als die aus der Vergasungszone abziehenden Produkte sind, die der Kohle anhaftende Grubenfeuchtigkeit verdampfen, was in der Trockenzone geschieht. Gerade dieser letzte Prozeß der Trocknung absorbiert, wenn er auch bei verhältnismäßig niederer Temperatur vor sich geht, außerordentlich viel Wärme infolge der hohen spezifischen und der noch höheren Verdampfungswärme des Wassers von zusammen 636 WE pro kg Grubenfeuchtigkeit und an dem hohen Wassergehalt der Kohle, namentlich bei Braunkohle, wo der Wassergehalt 50 bis 60 Proz. bei grubenfeuchter Kohle beträgt, kann die ganze Durchführung des Generatorprozesses scheitern.

Es war nun, wie schon oben erwähnt, seit man Kohle für den Generatorprozeß verwendet, bekannt, daß dabei Teer erhalten wird. Der Teer scheidet sich, soweit er nicht vom Generatorgas mitgeführt und mit ihm zusammen verbrannt wurde, teilweise in den Gasleitungen aus und führte als Generatorteer in der Technik ein wenig geachtetes Dasein. In vielen Fällen, z. B. wenn man das Gas zum Motorenbetrieb verwendete, wurde seine Anwesenheit sehr störend empfunden, da es die Gasleitungen und Maschinenventile verstopfen konnte oder bei Verwendung als Heizgas die Brenner zusetzte. Man versuchte deshalb in sog. Doppelfeuergeneratoren, wie sie u. a. die Firma

Pintsch baute, die eine obere und untere Feuerzone haben, die oben entstehenden Teerdämpfe durch die zweite Unterfeuerzone zu zersetzen und so in unkondensierbare Gase überzuführen. — Wo sich in Betrieben mit Generatoren Teer abschied, war er, da er nur ein Abfallprodukt darstellte, auf dessen Gewinnung man keinen Wert legte, gewöhnlich sehr minderwertig, durch mitgerissenen Kohlenstaub, Asche, Wasser u. dgl. stark verunreinigt und stand sehr niedrig im Preise. So konnte man z. B. vor dem Kriege einen verhältnismäßig recht guten Generatorteer zum Preise von 1 Mk. für 100 kg ab Werk kaufen. Solchen Teer lieferten vor allem Glashütten- und Stahlwerke. Ging man aber auf die Gewinnung von Nebenprodukten aus, so war es möglich, die Qualität des Teers wesentlich zu verbessern, und einige Werke hatten sich schon lange vor dem Kriege auf die Gewinnung von Nebenprodukten eingerichtet. Ein solcher Versuch ist zuerst im größten Maßstabe in England gemacht worden in der großen Mondgasanlage in Staffordshire, wo man Steinkohle restlos vergaste unter Gewinnung von Teer und Ammoniak; das Generatorgas wurde dann an Verbraucher abgegeben. Das Ergebnis des Versuches war aber nicht glänzend, vor allem weil das im Heizwert sehr arme Generatorgas (1200 bis 1500 WE der cbm gegenüber etwa 5000 bei Leuchtgas) sehr große Rohrquerschnitte und mithin sehr hohe Anlagekosten erforderte. Technische Schwierigkeiten hatten der Entwicklung des Verfahrens in England nicht entgegengestanden, der geringe Erfolg hatte vor allem wirtschaftliche Ursachen. Auch auf dem Kontinent wurden die Versuche aufgenommen, und zwar teilweise mit sehr gutem Erfolg. Es wurden gerade bei Verwendung von Braunkohle gute wirtschaftliche Resultate erzielt, allerdings zunächst bei Verwendung von böhmischer Braunkohle, die ja gegenüber der mitteldeutschen Braunkohle namentlich den Vorzug geringeren Wassergehalts hat und infolge ihrer stückigen Beschaffenheit sich auch viel leichter verarbeiten läßt, als die mehr erdige mitteldeutsche Braunkohle. Ein solch großer Versuch mit der Vergasung der Braunkohle unter Gewinnung der Nebenprodukte wurden von den österreichischen Mannesmannwerken in Komotau unternommen, und zwar mit recht gutem Erfolg. Die Anlage besteht aus 10 großen Mondgeneratoren (die Zahl der Generatoren ist wohl inzwischen erhöht worden) und zur Vergasung gelangte eine minderwertige böhmische Braunkohle mit 15 bis 20 Proz. Asche und 32 bis 36 Proz. Grubenfeuchtigkeit und einem Heizwert von 2900 bis 3200 WE. Das Gas verläßt die Generatoren mit einer Temperatur von 120 bis 150° und gelangt in die Teerwäscher. Das sind liegende Trommeln mit rotierenden Schaufelrädern, hier wird es durch die Abkühlung und Berührung mit den bewegten Schaufelrädern von einem großen Teile seines Teergehaltes befreit und gelangt in ähnlich konstruierte Ammoniakwäscher, die mit verdünnter Schwefelsäure beschickt sind. Hier wird das Ammoniak aus dem Gas gewaschen: Dann strömt das Gas noch durch eine Reihe von Kühltürmen, wo es von überschüssiger Feuchtigkeit und noch von Resten des Teers befreit wird, und wandert dann zur Verwendungsstelle des Gases. Es wird meist zum Beheizen der Öfen verwendet, in denen die Eisenstücke vorgewärmt werden, die zur Herstellung der Mannesmannrohre dienen. Wesentlich ist für den Mondgasprozeß die Zuführung großer Mengen von Wasserdampf, wodurch die Temperatur in den Generatoren niedriger gehalten, und dadurch die Ammoniakausbeute wesentlich gesteigert wird, und die Stickstoffgewinnung in Form von Ammoniumsulfat ist ein wesentlicher wirtschaftlicher Stützpfeiler für das ganze Verfahren. Während beim Mondgasverfahren bei einem Dampfzusatz von $^1/_2$ kg pro kg einer Kohle eine Ammoniumsulfatausbeute von 11 kg pro Tonne Kohle erhalten wurde, stieg die Ausbeute bei einem Dampfzusatz von 1,1 kg auf das Kilogramm Kohle auf 30 kg Ammoniumsulfat pro Tonne Kohle. Es gelingt auf diese Weise, 75 Proz. des in der Kohle enthaltenen Stickstoffes in Form von Ammoniak zu erhalten, während bei dem gewöhnlichen Vergasungsprozeß in Retorten die Ausbeute nur etwa 15 Proz. beträgt. Je niedriger die Temperatur im Generator ist, und je schneller das entstandene Ammoniak aus den ihm verderblichen heißen Zonen des Generators weggeführt wird, um so größer ist die Ammoniakausbeute. Die Ammoniumsulfatlösung wird aus den Ammoniakwäschern von Zeit zu Zeit abgezogen und in kontinuierlich arbeitenden Verdampfapparaten konzentriert und das sich scheidende krystallisierte Ammoniumsulfat abgezogen. Da die Erzeugung der beträchtlichen Dampfmengen, die zur Anfeuchtung der Luft nötig sind, und die pro cbm Verbrennungsluft 700 bis 1000 g Dampf ausmachen, den ganzen Prozeß wärmewirtschaftlich außerordentlich belasten würde, so verwendet man zum Anfeuchten der Luft vor allem die heißen Kühlwasser der Wasch- und Kühltürme, die man über Türme strömen läßt, durch die im Gegenstrom die von dem Gebläse gelieferte Verbrennungsluft strömt. Die Luft wird einmal dadurch angefeuchtet und zum anderen zugleich das Kühlwasser in seiner Temperatur herabgesetzt, daß es wieder für die Kühltürme verwendet werden kann. Daß man den Auspuffdampf der Maschinen, die die Gebläse antreiben, mit zum Anfeuchten der Luft verwendet, ist selbstverständlich, darüber hinaus ist aber noch frischer Dampf erforderlich, den man ersparen kann, wenn im Betrieb noch weitere Betriebsmaschinen vorhanden sind, z. B. zum Betrieb elektrischer Zentralen, deren Abdampf man mit verwenden kann.

Außer dem Ammoniak wird noch als weiteres Nebenprodukt Teer gewonnen. Der Teer ist, da die böhmische Kohle keinen qualitativ guten Teer, liefert, minderwertig. Er zeigte nach Untersuchungen von *Graefe* folgende Eigenschaften:

Spez. Gewicht bei 15°	= 1,046	
Rohöl bis 300°	= 29	Proz.
Paraffinmasse	= 57	„
Koks beim Destillieren	= 11	„
Kreosot im Rohöl	= 44	„
Kreosot in der Paraffinmasse	= 34	„
Paraffin auf Teer ber.	= 3,7	„

Er wird im eigenen Betrieb der Mannesmannwerke destilliert, und zwar auf Heizöl und auf Braunkohlenpech. Eine Monatsbilanz der Arbeit der

Mondgasanlage zeigt folgende Ergebnisse[1]: Durchsatz pro Tag in durchschnittlich 9 Generatoren 192,8 t Rohkohle von 32,2 Proz. Wassergehalt entsprechend 130,7 t trockener Kohle mit einem Aschengehalt von 29,3 Proz. und einem Stickstoffgehalt von 0,89 Proz. auf trockene Kohle berechnet. Daraus wurde erhalten 255 750 cbm Gas = rund 1,33 cbm Gas pro kg grubenfeuchter Kohle oder 1,96 cbm Gas auf trockene Kohle oder 2,78 cbm Gas pro Tonne wasser- und aschefreier Kohle. Es wurden am Tag erzeugt 3755 kg Ammoniumsulfat = 19,5 kg pro Tonne grubenfeuchter Kohle oder 28,73 kg auf trockene Kohle berechnet. Gewonnen wurden 18 510 kg Teer = 9,6 Proz. auf grubenfeuchte Kohle. Der untere Heizwert des Gases war 1450 WE, der Kohlenverbrauch des Kesselhauses 18,9 t = 9,8 Proz. der vergasten Kohle. Die Anlage arbeitete so gut, daß nicht nur das Gas völlig kostenfrei erhalten wurde, da der Erlös aus den Nebenprodukten nicht nur die sämtlichen Betriebskosten deckte, sondern daß auch unter Anrechnung einer Amortisation und Verzinsung der Anlagekosten mit 15 Proz. noch ein kleiner Überschuß blieb.

Die Erzeugung von Teer aus Braunkohlen im Generator hat, wie man schon teilweise aus der obigen Schilderung entnehmen kann, verschiedene Vorzüge vor der Teererzeugung in den Schwelöfen. Der erste ist der große Durchsatz der Generatoren. So setzt nach obiger Angabe ein Generator etwa 21 bis 22 t Kohle im Tag durch, während ein Schwelofen es auf 3 bis 5 t bringt. Hinsichtlich der Durchsatzmöglichkeit ist der Schwelofen überhaupt ein sehr unrationell arbeitender Apparat[2]; ein Schwelofen setzt nur einen Bruchteil seines eigentlichen Anlagekapitals an Braunkohle im Jahre durch. Ferner erhält man in der Praxis nur etwa 60 Proz. des theoretisch aus der Kohle zu gewinnenden Teers, ein großer Teil des Teers wird unter Gasbildung zersetzt. Nun wird allerdings das Gas zum Heizen der Schwelöfen verwendet, da man aber zum Heizen Braunkohle verwenden kann, entweder direkt oder in Form von Generatorgas und auf Friedensverhältnisse berechnet die gleiche Anzahl WE ungefähr zum 4. bis 5. Teile des Preises aus Braunkohle zu erhalten waren, als wenn sie aus Teer auf dem Umweg über Schwelgas entstanden, so arbeitet der Schwelofen auch in technischer Hinsicht recht unvollkommen. Der Generator gestattet 90 Proz. und noch mehr der theoretisch aus der Kohle erhältlichen Teermengen zu gewinnen. Infolgedessen ist es möglich, im Generator auch bitumenärmere Kohlen zu verwenden, während man beim Schwelverfahren sich auf bitumenreichere Sorten beschränken mußte. Ferner kann bei der Generatorarbeit etwa 75 Proz. des Stickstoffgehalts der Kohle nutzbar gemacht werden, während das Ammoniakausbringen im Schwelofen so gering ist, daß man nicht daran denken konnte, das Schwelwasser auf Ammoniak zu verarbeiten, wenn sich nicht gerade Gelegenheit bot, das Schwelwasser auf Rieselfeldern zu gebrauchen und so seinen geringen Ammoniakgehalt nutzbar zu machen. Der Generator erlaubt ferner, sehr

---

[1] *Trenkler:* Stahl und Eisen 1913, Nr. 42, S. 1730ff.
[2] *Graefe:* Braunkohle 8, 515; *Limberg:* Braunkohlen- und Brikettindustrie 1921, Nr. 9, S. 92.

aschenreiche Kohlen zu verarbeiten, die bei der Verschwelung im Ofen so aschenreichen Koks liefern würden, daß das Produkt unverkäuflich wäre. Eine Kohle, wie sie in Komotau verarbeitet wird, mit etwa 30 Proz. Asche im trockenen Material, würde einen Koks liefern, der vielleicht 50 Proz. Asche enthalten würde und unbrauchbar wäre. Ein prinzipieller Nachteil der Generatorarbeit, wie sie oben beschrieben wurde, ist der, daß man die Anlagen nur da errichten kann, wo Absatz für große Mengen Generatorgas vorhanden ist, denn an ein Weiterleiten an entfernter liegende Verbrauchsstellen ist nicht zu denken, wie schon der Mißerfolg der Mondgasanlage in Staffordshire bewies. Wo große Industrieanlagen die Verwendung des Gases ermöglichen, kommt dieser Nachteil allerdings nicht in Betracht. Die Schwelerei ist von vornherein nicht an die Verwertung solcher Gasmassen gebunden, da sie einmal für ihre eigenen Gasmengen genügenden Absatz zum Heizen der Schwelöfen hat und der Grudekoks, der an Stelle der großen Gasmengen der Generatoren gewonnen wird, leicht weiter versandt werden kann. Ferner ist der Generatorteer gegenüber dem Schwelteer minderwertig. Generatorteer enthält stets mehr Pech, da in der Hitze eine teilweise Oxydation des Teers stattfindet, die Produkte sind sozusagen etwas roher, wie es auch schon bei dem Teer der rotierenden Retorten[1] der Fall war, obgleich der Teer der rotierenden Retorten nicht so oxydiert ist, wie der Generatorteer. Ein besonderer Anlaß, die Teererzeugung im Generator zu forcieren, lag daher im Frieden nicht vor, da die Erzeugnisse der Braunkohlenschwelerei mit 60 bis 70 000 t schon schwer genug unter dem Wettbewerb der Erdölprodukte (Leuchtöle, Treiböle und Paraffine) zu kämpfen hatten. Das Bild änderte sich aber mit einem Schlage, als im Krieg durch die Blockade Deutschland vom Bezug der Erdölprodukte abgeschnitten wurde und andererseits der Bedarf für Zwecke der Marine: Treiböl für U-Boote, Heizöl für Schiffe, auch an Schmieröl, außerordentlich wuchs. Unter der Ägide des Reichsmarineamtes wurden deshalb Versuche aufgenommen, aus einheimischen Rohstoffen Mineralölprodukte zu erzeugen, und eines der Produkte, das uns in genügender Menge zur Verfügung stand, war die Braunkohle. Verschiedene bekannte Firmen bemühten sich, Konstruktionen zu schaffen, die gestatteten, Kohlen unter Gewinnung von Nebenprodukten im Generator zu vergasen; es seien von solchen Firmen genannt die *Generator-Aktiengesellschaft, Ehrhardt & Sehmer, Pintsch, Akt.-Ges. für Brennstoffvergasung, Heller, Bamag* u. a. m. Wie schon oben erwähnt, kann man mit jedem Generator Teer erhalten, es kommt nur auf die Art des verarbeiteten Materials an. Der Teer ist aber minderwertig, was wesentlich von der früher vernachlässigten Teerabscheidung abhängt, da ja der Teer ein Nebenprodukt war und man oft, wie in Glashütten und Stahlwerken, nur den Teer gewann, der sich in den Leitungen abschied, die anderen wertvolleren Teile, die mit dem Gas noch flüchtig waren, aber einfach mit verbrannte. Auch wenn man sich bemüht, den Generatorteer vollständig abzuscheiden, ist er nicht so hochwertig, und das kommt vor allem daher, daß es sehr schwer ist, einen gleichmäßigen

---

[1] Vgl. Braunkohle 8, S. 515.

Generatorgang zu erzielen; es bilden sich Kanäle, durch die die heißen Verbrennungsgase durch die Vergasungszone hindurch in die Entgasungszone dringen und dort teilweise den Teer verbrennen oder zersetzen, es wird Kohlenstaub und Asche mitgerissen. Jedenfalls ist der Generatorteer aus den oben geschilderten Gründen gegenüber dem Schwelteer minderwertig, namentlich wenn man auf die bisher üblichen Verkaufsprodukte arbeitet. Man versuchte nun sog. Schwelgeneratoren zu konstruieren, die den Vorzug des Schwelofens mit dem des Generators verbinden, und vor allem erhielten durch die Kriegszeit diese Bestrebungen einen mächtigen Anstoß. — Eine der ersten Konstruktionen dieser Art, die im großen Maßstabe angewandt wurde, war die der *Generator-A.-G.* Nach diesem System sind die großen Anlagen der deutschen Erdöl-Aktiengesellschaft in Rositz, die der Kursächsischen Braunkohlen-, Gas- und Kraft-Gesellschaft m. b. H. in Lützkendorf und des Sächsischen Staates in Hirschfelde errichtet, allerdings in Einzelheiten mehr oder weniger modifiziert. An der Hand der Fig. 31 sei prinzipiell die Arbeitsweise geschildert. Es sind hier zwei Generatortypen abgebildet, einmal einer von ovalem Querschnitt, für sehr große Leistungen, der mit einem Korbrost ausgestattet ist, und dann ein Drehrostgenerator von rundem Querschnitt, bei dem der Rost mit dem Wasserverschluß drehbar ist. Durch Gegenstellung einer Austragsschaufel in den Wasserverschluß wird bei der Drehung die Schlacke dann seitlich in die Höhe gedrängt, und fällt in bereitstehende Förderwagen oder in die Entaschungsvorrichtung. In den Generator ist die Schweleinrichtung eingehängt; sie besteht aus 2 konzentrischen Eisenzylindern, zwischen denen die frisch aufgegebene Kohle herabsinkt. Um den äußeren und teilweise durch den inneren Zylinder streicht das heiße Generatorgas und trocknet hierbei die Kohle und schwelt sie ab. Die Schwelung wird unterstützt dadurch, daß man auch einen Teil des heißen Generatorgases, den man regeln kann, durch die Kohle selbst hindurchleitet. Es entstehen also 2 Gase, erstens das Schwelgas, das natürlich auch das ganze Wasser der Kohle (Grubenfeuchtigkeit und Zersetzungswasser) enthält, nebst Teer und etwas Ammoniak, und ein teerfreies Generatorengas, das nur die Feuchtigkeit enthält, die man der Verbrennungsluft zuführte, soweit sie nicht zersetzt wurde. Die beiden Gasarten werden zunächst getrennt vom Generator abgezogen. Das Schwelgas gelangt zuerst durch die Rohrleitung *b*, dann zum Teerwäscher und Kühler *c* und *d*, hier wird durch Waschung mit Teer der größte Teil des Teers ausgewaschen, in *d* wird das Gas durch Waschen mit Wasser im Gegenstrom in dem Oberflächenkühler abgekühlt, hierbei kondensieren sich noch Teeröle, die noch dampfförmig waren, und verdünntes Ammoniakwasser, die in der Scheidegrube *e* von einander getrennt werden. Die jetzt kalten Schwelgase werden von einem Ventilator in einen Stoßreiniger gedrückt und hier von nebelförmigen im Gas verbliebenen Teerteilchen befreit. Während der Zeit sind die bei *g* aus dem Generator austretenden Generatorgase durch die Rohrleitung *h* zum Überhitzer *q* geleitet, wo die dem Generator zugeführte Verbrennungsluft vorgewärmt und zugleich das Generatorgas abgekühlt wird. Das Generatorgas führt die größeren Mengen Ammoniak mit sich; es wird nun bei *i* mit dem gereinigten Schwelgas zusammengeleitet und zur Ammoniakanlage geführt. In dem Wäscher k befindet sich verdünnte Schwefelsäure, durch die die Gase gedrückt werden. Ihre Temperatur muß dabei so hoch sein, daß sich kein Wasser aus den Gasen niederschlägt, sie müssen „über dem Taupunkt" sein. Die Schwefelsäure

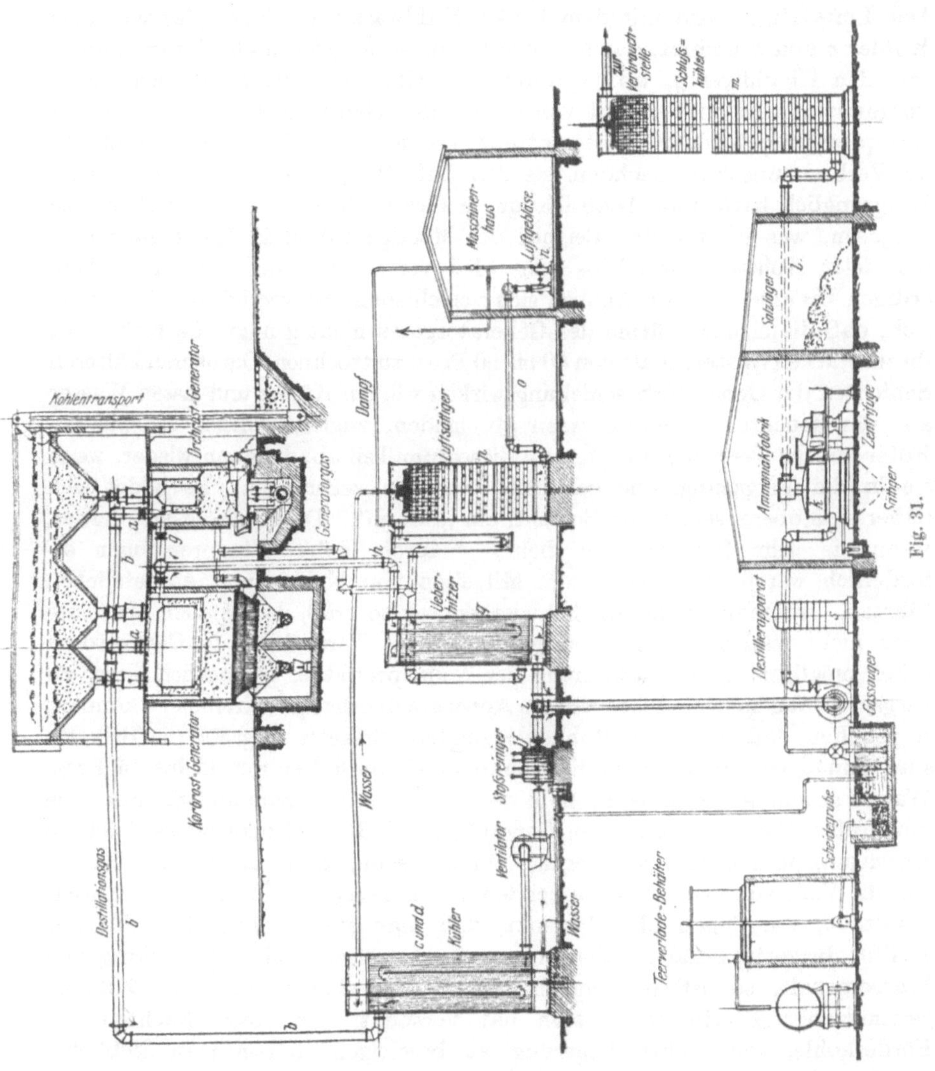

absorbiert das Ammoniak und durch Zugabe von neuer Säure sorgt man dafür, daß der Gehalt an freier Säure etwa 5 bis 10 Proz. beträgt. Das sich abscheidende schwefelsaure Ammoniak wird ständig der Zentrifuge zugeführt und dort von der überschüssigen Mutterlauge befreit, die wieder in den Sättiger zurückkehrt. Nachdem das Gas so von seinem Ammoniakgehalt befreit

worden ist, wird es in einem Schlußkühler noch gekühlt und von dem größten
Teile seines Wassergehaltes befreit, der nur die Verbrennungstemperatur
herabdrücken würde und dann der Verbrauchsstelle zugeführt. Die Verbrennungsluft wird für die Generatoren durch ein Luftgebläse angesaugt und
passiert zunächst einen Luftsättiger, wo sie mit Wasserdampf beladen wird.
Der Luftsättiger wird mit dem heißen Kühlwasser beschickt, das von dem
Kühler *c* und *d* kommt, danach passiert die so angefeuchtete Verbrennungsluft den Überhitzer *g*, wo sie durch die heißen Generatorgase noch weiter
vorgewärmt wird und strömt von da aus den Generatoren zu. Der von der
Dampfturbine, die das Gebläse antreibt, kommende Abdampf wird gleichfalls
der Verbrennungsluft, nachdem sie den Luftsättiger passiert hat, zugesetzt.
Ursprünglich hatte man beabsichtigt, in diesen Generatoren Förderkohle zu
vergasen, was ja, wie das Beispiel der Mondgasanlage in Komotau zeigte,
bei vielen Kohlen anstandslos ging. Bei Verwendung der mitteldeutschen,
erdigen Braunkohle aber ergaben sich verschiedene Schwierigkeiten, so zeigte
sich, daß die eigene Wärme des Generatorgases nicht genügt, die Kohle mit
ihrem starken Wassergehalt von 50 bis 60 Proz. zu trocknen. Die oberen kälteren
Schichten der Generatorbeschickung wirken wie ein Kühler und lassen Wasser
aus den feuchten Generatorgasen abscheiden, zugleich wirken sie wie ein
Filter auf die Teernebel und fangen diese zum Teil ab, die dann wieder, wenn
sie in die Vergasungszone gelangen, teilweise verbrennen. Es bildet sich
daher eine obere, sehr nasse Schicht, ein „Sumpf“. Die Kohle lagerte ferner,
wenn sie sehr fein war, zu dicht, wodurch hohe Windpressungen erforderlich waren, die wieder zum Mitreisen von Kohlen und Ascheteilchen
führten. Jedenfalls waren die Schwierigkeiten so groß, daß es auch bis heute
noch nicht restlos gelungen ist, grubenfeuchte Förderkohle in Generatoren
unter möglichst guter Gewinnung der Nebenprodukte, namentlich Teer, zu
vergasen. Man hat sich daher, um die Apparate überhaupt betreiben zu können,
so geholfen, daß man nicht Rohkohle, sondern Briketts vergaste, die Briketts
sind einmal viel trockner als die Rohkohle, sie enthalten nur 12 bis 15 Proz.
Wasser gegenüber 50 bis 60 Proz. in der Rohkohle, und zum andern liegen sie
mit großen Zwischenräumen im Generator, sodaß die Generatorgase leichten
Durchgang und mithin nur geringe Windpressung nötig haben. Im Kriege
war die Vergasung von Briketts bei den hohen Teer- und Ölpreisen auch wirtschaftlich, wenn man aber bedenkt, daß man aus 3 Teilen Rohkohle nur
1 Teil Briketts erhält, allerdings, wie erwähnt, mit viel geringerem
Wassergehalt, so ist es fraglich, ob das Verfahren auch in Zukunft
gewinnbringend sein wird. Man hat versucht, den einen Nachteil der
Förderkohle, die dichte Lagerung zu beseitigen, indem man Siebkohle
für den Generator benützte. Die Förderkohle ging erst über ein Sieb, der
grobe Teil wanderte in den Generator, der feine in die Brikettfabriken.
Ferner bemühte man sich, den anderen Nachteil der Förderkohle, den hohen
Wassergehalt zu verringern, indem man die Kohle trocknete, wie es z. B.
Erhardt & Sehmer versuchten. Man erhält zwar auf diese Weise bessere
Ergebnisse als bei Verwendung von Förderkohle, aber die Einfachheit

des Verfahrens geht damit verloren. Auf diesem Gebiete sind die Dinge überhaupt noch im Fluß. An Vorschlägen fehlt es nicht. So beschreibt *Limberg*[1] einen Schwelgenerator, der auf flüssige Schlacke arbeitet, die auch in flüssiger Form abgezogen wird. D. R. P. 302 322, 303 954, 313 470, 322 646. Da aber solche Generatoren natürlich auf Generatorgas arbeiten, das man entweder im eigenen oder in sehr naheliegenden anderen Industrien verwenden, nicht aber auf weite Entfernungen versenden kann, so ergänzt er seine Vorschläge durch Beschreibung eines hochleistungsfähigen Schwelofens, der gestattet, die Kohle nur zu schwelen und nicht zu vergasen, und der so erhaltene Koks ist dann auf weitere Strecken versendbar, da er ein wasserfreies und hochwertiges Heizmaterial darstellt. Die Abschwelung geschieht hier mit Hilfe von heißen Gasen, die in Winderhitzern ähnlich den Cowperapparaten, die mit Schwelgas betrieben werden, erhitzt werden. In mancher Beziehung ähnelt also dieses Verfahren dem Delmonteschwelprozeß, den *Graefe* früher beschrieben hat[2]. Ähnliche Verfahren, wie die von *Limberg* erwähnten werden von der *Allgemeinen Vergasungsgesellschaft* in Berlin propagiert, ein Schwelgenerator, der mit Siebkohle betrieben wird und bei dem in einem besonderen Aufbau die zu entgasende Kohle durch die heißen Generatorgase getrocknet wird, und ein Schwelofen, der von heißen Verbrennungsgasen durchzogen wird, die in einem besonderen Feuerungsofen erzeugt werden. Durch die heißen Gase wird die Kohle abgeschwelt und die Teertröpfchen, die im Gas verteilt sind, werden durch einen Theißenwäscher zur Abscheidung gebracht. Ein Teil der Verbrennungsgase geht, nachdem er von den Teernebeln befreit ist, wieder in den Betrieb zurück und wird den aus dem Verbrennungsofen strömenden sehr heißen Gasen zugemischt, um ihre Temperatur auf die zur Schwelung geeignete Wärme herabzusetzen. Verbrennbares Gas soll bei dem Schwelprozeß angeblich nicht entstehen. Der bei solchen Verfahren, die bei einer möglichst niedrigen Schweltemperatur arbeiten, erhaltene Teer ist nicht ohne weiteres mit dem Schwelteer zu vergleichen; größer noch als bei Braunkohlenteer ist aber der Unterschied bei Steinkohlenteeren, die einmal auf dem gewöhnlichen Wege in der Gasretorte oder dem Koksofen erhalten werden, und dem Teer, der bei möglichst niedriger Temperatur, sei es in der rotierenden Retorte oder im Schwelgenerator hergestellt wurde. Während der gewöhnliche Steinkohlenteer fast nur aus aromatischen Körpern besteht, enthält der Steinkohlentieftemperaturteer zum größten Teil aliphatische Kohlenwasserstoffe und ähnelt in mancher Beziehung den Braunkohlenteeren oder Erdölkohlenwasserstoffen; nur die große Menge von Phenolhomologen im Steinkohlenurteer weist auf seine Herkunft hin. Jedoch bleibt hier der Steinkohlenurteer außer Betracht, da wir uns nur mit den Braunkohlenteeren beschäftigen wollen. Die Unterschiede zwischen Braunkohlenschwelteer und Braunkohlentieftemperaturteer sind nicht so durchgreifend, wie die zwischen den Steinkohlenteeren. Immerhin haben die Tieftemperaturteere höheres

---

[1] *Limberg:* Neue Vorschläge zur rationellen Ausnützung bituminöser nasser Braunkohlen. Braunkohlen- und Brikettindustrie 1921, Nr. 9, S. 94 ff.

[2] Braunkohle 1912, Nr. 38.

spez. Gewicht, höheren Erstarrungspunkt und viel mehr Anteile, die in Petrol-
äther unlöslich sind. Auf der letzteren Eigenschaft ist ein Unterscheidungs-
verfahren zwischen Schwelteeren und Tieftemperaturteeren von *Fischer* aufgebaut. Die Tieftemperaturteere enthalten auch viel mehr unzersetzte Anteile des Montanwachses. Der Teerdestillationsrückstand enthält infolgedessen mehr verseifbare Anteile, sei es in Form von Säuren oder Estern, als
der Schwelteerrückstand. Braunkohlenurteer ist ferner frei von Naphtalin,
während Schwelteer infolge von teilweiser Überhitzung, die sich im Schwelofen
nicht vermeiden läßt, stets etwas Naphtalin, das sich bei der Aufarbeitung in
der Solarölfraktion anreichert, enthält. Durch nochmalige Destillation wird
infolge weitergehender Zersetzung der Tieftemperaturteer dem Schwelteer
ähnlicher, und aus diesem Grunde verzichtete man bisher darauf, in der Braunkohlenteerindustrie Tieftemperaturteer herzustellen, der an sich für sie nichts
Neues bedeutete, sondern schon vor langen Jahren von *Ramdohr*[1] in Gestalt
des Dampfteers in sehr reiner Form erhalten worden war und stellte lieber
gleich den Schwelteer her, der die gewünschten Produkte, namentlich
Paraffin, schon vorgebildet enthielt und schon den gerade erwünschten
Grad der Aufspaltung zeigte. Nach Untersuchungen von *Fischer* und
Schneider (Über Tieftemperaturteer aus Braunkohle und einige Unter-
scheidungsmerkmale von anderen Teeren, Gesammelte Abhandlungen
zur Kenntnis der Kohle, Band 3, 1918, Seite 208) zeigten Schwel-
und Tieftemperaturteere von verschiedenen Kohlen folgende Eigenschaften:

	Teer			aus rheinischen Union-Briketts	
	aus mitteldeutscher Schwelkohle				
	1	2	3	1	2
	Techn. Schwelteer	Tieftemp. Teer	Einmal destill. Tieftemp.-Teer	Tieftemp. Teer	Einmal destill. Tieftemp.-Teer
Stockpunkt	15—16°	37°	18°	33°	17°
Spez. Gewicht bei 50°	0,877	0,886	0,864	0,950	0,936
Menge des petroläther-unlösl. Anteils des mit Benzol gereinigten Teers	4 Proz.	47,5 Proz.	8,5 Proz.	35 Proz.	2,5 Proz.

	Tieftemperaturteer aus lignitischer Braunkohle	Generatorteer der Kaliwerke Prinz Adalbert
Stockpunkt	12°	35°
Spez. Gewicht bei 50°	1,125	0,953
Menge des petrolätherunlösl. Anteils des mit Benzol gereinigten Teers	nicht bestimmt	37 Proz.

---

[1] S. 80.

Graefe[1] fand für einen im Schwelgenerator erhaltenen Teer von Rositzer
Briketts

Spez. Gewicht 0,915, bei	60°	
Rohöl bis 300°	22	Proz.
Paraffinmasse	65,5	„
Koks beim Destill.	9,5	„
Kreosotgehalt vom Rohöl (mit konz. Lauge)	17	„
Kreosotgehalt der Paraffinmasse	9	„
Paraffingehalt auf Teer berechnet	13,1	„

Vom Standpunkt der Paraffingewinnung und der Gewinnung der üblichen
Braunkohlenteeröle bietet die Erzeugung von Tieftemperaturteer keine Vorteile, da die Produkte in einer Form erhalten werden, namentlich beim Paraffin, in der sie sich schlechter reinigen lassen. Anders ist es, wenn man auf
die Gewinnung von Schmieröl ausgeht. Durch die Zersetzung, die der Schwelteer teilweise schon im Schwelofen erleidet, wird auch die Viskosität der Öle
herabgedrückt, die sich bei der Destillation des Braunkohlenteers ergeben
und die selbst bei den schwereren Paraffinölen nur zwischen 2 bis 3 Englergrade manchmal noch etwas mehr bei 20° betragen. Die aus Tieftemperaturteer erhaltenen Schmieröle sind dagegen viel viskoser, da sie weniger zersetzt
waren, und es sind namentlich in der letzten Zeit des Krieges und nachher
große Mengen von Braunkohlenteerschmieröl erzeugt worden und werden auch
jetzt noch hergestellt, obgleich ihnen die Konkurrenz der wieder in großen
Mengen eingeführten Schmieröle aus Erdöl beim Absatz mehr und mehr im
Wege steht, da die Schmieröle aus Erdöl qualitativ besser sind. Immerhin
hat die Herstellung von Tieftemperaturteer eine außerordentliche Ausdehnung erfahren. Die Gewinnung geschieht bis jetzt fast ausschließlich in
den Anlagen der deutschen Erdöl-Aktiengesellschaft in Rositz, Fichtenhainichen und Regis. Es handelt sich hierbei um Teer aus Schwelgeneratoren. Die verkauften Produkte sind, wenn man von dem Schmieröl absieht, im wesentlichen dieselben, wie die aus Schwelteer gewonnenen.
Anfänglich waren die Produkte, namentlich das Paraffin, schlecht raffiniert,
da die Reinigung Schwierigkeiten bereitete, doch jetzt sind darin wesentliche
Fortschritte gemacht worden. Die Generatoranlagen der anderen oben erwähnten Gesellschaften (Kursächsische Braunkohlen-, Gas- und Kraft-G. m. b. H.,
Sächs. Staat) haben noch nicht begonnen zu produzieren, da sie mit viel
mehr Schwierigkeiten zu kämpfen haben, weil sie von Rohkohle ausgehen
wollen, während die Deutsche Erdöl-Aktiengesellschaft von Briketts ausgeht.
Das letztere Verfahren ist naturgemäß teurer, und die Zukunft wird über die
wirtschaftlichen Möglichkeiten der Entwicklung der Tieftemperaturteererzeugung aus Braunkohle das letzte Wort sprechen.

Nachstehend finden sich einige Literaturangaben über die Gewinnung von
Tieftemperaturteer und anderen Nebenprodukten bei der Entgasung oder Vergasung von Kohlen, ohne auf Vollständigkeit Anspruch zu machen:

Gesammelte Abhandlungen zur Kenntnis der Kohle 1—4, Berichte des Kohlenforschungsinstituts in Mülheim 1916—19, wird fortgesetzt.

---

[1] Braunkohle 8, 515.

Roser: Die Entgasung der Kohle im Drehofen. Stahl u. Eisen 1920, Nr. 22.

Limberg: Neue Vorschläge zur rationellen Ausnützung bituminöser nasser Braunkohlen. Braunkohlen- u. Brikettindustrie 1921, Nr. 9.

Trenkler: Urteergewinnung bei der Gaserzeugung. Zeitschr. des Ver. deutscher
Ing. 1920, Nr. 48, S. 997.

Roser: Die Gaserzeugungsanlagen mit Gewinnung von Urteer. Zeitschr. d. Ver.
deutsch. Ing. 1920, Nr. 42, S. 857.

Fischer: Über die Mineralölgewinnung bei der Destillation und Vergasung der
Kohlen. (Berlin, Gebrüder Bornträger.)

Beyschlag: Neue und alte Wege der Braunkohlen- und Schieferverschwelung.
(Berlin 1920, Wilhelm Ernst & Sohn.)

Sauer und *Bernhard Schmidt:* Die Verwertung des Ölschiefers. (Stuttgart 1920,
Konrad Witwer.)

Kißling: Die Gewinnung von Mineralöl aus Braun- und Steinkohlen. Braunkohlen-
u. Brikettindustrie 1921, Nr. 7, S. 71 ff.

Kreißig: Die Vergasung der Brennstoffe. Als Manuskript gedruckt.

Trenkler: Die Nebenproduktgewinnung aus Generatorgas und ihre Beziehung zur
Krafterzeugung. Zeitschr. d. Ver. deutsch. Ing. 1918.

Roser: Die Wirtschaftlichkeit von Gaserzeugungsanlagen bei Gewinnung von Tieftemperaturteer und schwefelsaurem Ammoniak. Bericht 41 der Stahlwerkskommission,
Diskussionsbericht 42.

Caro, Klingenberg u. a. Die rationelle Ausnützung der Kohle. Technische Gutachten,
herausgegeben vom Reichsschatzamt. (Berlin 1918, Carl Heymann).

Scheuer: Gewinnung und Verwertung von Nebenerzeugnissen bei der Verwendung
von Stein- und Braunkohlen. Preisarbeit des Vereins Deutscher Maschineningenieure.
(Berlin 1915, F. C. Glaser.)

Gluud: Die Tieftemperaturverkokung der Steinkohle. (Halle 1919, Wilh. Knapp.)

Trenkler: Über Mondgasanlagen. Stahl u. Eisen 1913, Nr. 42, S. 1730; Die wärme-
technische Bedeutung der Gewinnung der Nebenerzeugnisse aus Generatorgas. Stahl u.
Eisen 1917, Nr. 23, S. 538.

Bube: Vergasung und Entgasung bituminöser Stoffe. Braunkohle 1920, Nr. 16, S. 201.

Glaser: Die Tieftemperaturteere. Bitumen 1921, Nr. 6, 7 ff.

Viertes Kapitel.

Die Schwelerzeugnisse.

Durch das Schwelen der bituminösen Rohstoffe werden vier verschiedene Produkte erzeugt, nämlich der Schwelteer, der aus flüssigen und festen Kohlenwasserstoffen besteht, das Schwelwasser, das Ammoniak und dessen organische Salze enthält, ferner das Schwelgas, die gasförmigen Körper, die bei gewöhnlicher Temperatur und bei Atmosphärendruck sich nicht verdichten und schließlich der Schwelrückstand, der Rest des Rohstoffes, nachdem ihm die flüchtigen Anteile entzogen sind.

A. Die Schwelteere.

Die Schwelteere sind das Hauptprodukt der trockenen Destillation, und von ihrer Ausbeute und von ihren Eigenschaften hängt es ab, ob ein bituminöser Rohstoff als schwelfähig zu gelten hat. Von diesem Gesichtspunkte aus kann man, wie schon gesagt (S. 1), den Torfteer und den Holzteer nicht als Schwelteere im engeren Sinne betrachten, denn diese entstehen wie auch der Steinkohlenteer als Abfallprodukte bei der Destillation ihrer Rohstoffe, während die Schwelteere planmäßig gewollte Hauptprodukte darstellen. Die Schwelteere werden stets durch Destillation weiter verarbeitet und ihre Verwendung als Teer selbst ist ausgeschlossen. Unterschieden davon sind die Generatorteere, die nur teilweise als Hauptprodukt hergestellt werden, während sie an anderen Stellen, wie in Glashütten und Stahlwerken und anderen Industrien, die mit Braunkohle oder Braunkohlenbriketts gespeiste Generatoren verwenden, neben dem erzeugten Heizgase als Nebenprodukt abfallen. Da man auf ihre Gewinnung nicht viel Sorgfalt verwendet, sind sie oft recht minderwertig.

Die Schwelteere bestehen aus flüssigen und festen Kohlenwasserstoffen der Fettreihe, und ferner sind geringe Mengen von aromatischen, sauren und basischen (stickstoffhaltigen) Körpern in ihm enthalten. Auch sauerstoffhaltige (Alkohole und Ester) und Schwefelverbindungen sowie Aldehyde und Ketone sind in den Schwelteeren nachgewiesen worden[1].

Der Braunkohlenteer.

Der Braunkohlenteer hat eine gelblichbraune oder dunkelbraune Farbe und besitzt bei gewöhnlicher Temperatur eine butterartige Festigkeit. Im geschmolzenen Zustande schillert er dunkelgrün und riecht kräftig, zuweilen nach Schwefelwasserstoff. Sein spez. Gewicht, das in der Regel bei 50° bestimmt wird,

---

[1] Genaueres hierüber findet sich im elften Kapitel.

schwankt zwischen 0,850 und 0,910. In früheren Jahrzehnten, als der Industrie noch bessere Schwelkohlen zur Verfügung standen, war das spez. Gewicht der Teere niedriger und stieg selten über 0,880. Der Schmelzpunkt liegt zwischen 25 und 35° und darüber. Seine Bestandteile sieden zwischen 80 b s 400°; die Hauptmenge geht bei der Destillation zwischen 250 und 350° über.

Der Messeler Teer (Rohöl) stellt eine salbenartig erstarrende Masse von grünlichbrauner Farbe dar, mit einem spez. Gewicht von 0,855 bis 0,860.

Einige Generatorbraunkohlenteere, wie sie *Schnell*[1] verarbeitet, zeigten nach *Schnell* folgende Eigenschaften:

	Herkunft:				
	Bitterfelder Revier	Merseburger Revier	Kölner Revier	Hallenser Revier	Altenburger Revier
Wassergehalt	6,5 Proz.	4,8 Proz.	6,8 Proz.	5,2 Proz.	7,8 Proz.
Spez. Gewicht	0,974	0,970	0,969	0,965	0,968
Siedebeginn	216°	197°	148°	196°	203°
Bis 250° gingen über	9,6 Proz.	—	8,13 Proz.	7,5 Proz.	6,2 Proz.
Paraffinmasse	70,52 „	73,25 Proz.	69,66 „	72,69 „	58,23 „
Paraffingehalt d. Paraffinmasse	10,85 „	15,02 „	13,69 „	9,69 „	15,87 „
Schmelzpunkt d. Paraffins	49,6°	53,3°	49,7°	53,4°	48,0°
Spez. Gewicht d. Destillate					
bis 250°	0,929	0,932	0,923	0,926	0,923
bis 300°	0,946	0,951	0,940	0,940	0,943
bis Schluß	0,972	0,974	0,962	0,961	0,962
Koksanfall	9,89 Proz.	10,15 Proz.	10,11 Proz.	10,49 Proz.	11,02 Proz.
Mech. Verunreinigungen	2,9 „	2,3 „	1,3 „	1,5 „	1,2 „

Diese Teere sind an der Erzeugungsstelle schon vorentwässert worden; einige Rohteere zeigen folgende Analysen:

	Herkunft:					
	Niederlausitzer Glashütte	Mansfelder Bezirk	Hallenser Bezirk	Berliner Gasanstalt	Böhmische Glashütten	Zellstoff-Fabrik Waldhof
Wassergehalt	35,6 Proz.	35,5 Proz.	62,1 Proz.	39,6 Proz.	23,6 Proz.	38,96 Proz.
Spez. Gewicht	0,981	0,969	0,991	0,975	0,942	0,987
Siedebeginn	243°	219°	256°	211°	241°	202°
Destillat-Ges.-Menge des vorentwässert. Teeres	70,81 Proz.	62,15 Proz.	56,3 Proz.	69,6 Proz	66,3 Proz.	46,3 Proz.
Paraffingeh. d. Dest.	11,51 „	6,84 „	4,76 „	7,38 „	13,78 „	11,07 „
Schmelzpunkt des Paraffins	53,7°	53,9°	46,3°	52,1°	48,3°	52,6°
Hartpech, Schmelzpunkt 110/120	23,49 Proz.	—	23,54 Proz.	22,85 Proz.	22,11 Proz.	—
Koksausbeute	—	9,67 Proz.	—	—	—	15,21 Proz.
Mech. Verunreinig.	3,9 Proz.	3,5 „	9,9 Proz.	7,2 Proz.	13,2 Proz.	3,8 „

[1] Vgl. S. 76.

Der Schieferteer (crude oil).

Die Farbe des schottischen Schieferteers ist braunrot mit dunkelgrünem Schimmer. Sein spez. Gewicht beträgt jetzt 0,860 bis 0,900 und darüber. Der Schmelzpunkt schwankt zwischen 20 bis 30°, und die Siedeanalyse ist annähernd der des Braunkohlenteers gleich. Der Stickstoffgehalt ist höher als der des Braunkohlenteers und beträgt 1,16 bis 1,45 Proz.[1]

Der Schieferteer von Südfrankreich[2] stellt eine schwarze, fluorescierende Flüssigkeit dar mit knoblauchartigem Geruche. Sein spez. Gewicht beträgt 0,870 bis 0,910; der Gehalt an Paraffin ist gering. Bei der Aufarbeitung des Teeres wird deshalb auf die Gewinnung des Paraffins verzichtet, da sie nicht lohnen würde.

Die Bewertung der Schwelteere.[3]

Der Wert des Schwelteers ist einmal abhängig von dem Werte der bei seiner Verarbeitung gewonnenen Fabrikate, nämlich der Mineralöle und des Paraffins, und zum anderen von seinem Gehalte an sauren und basischen Bestandteilen. Diese Körper müssen teils aus ihm und zum größten Teil aus seinen Destillaten entfernt werden, um verkaufsfähige Waren herzustellen. Hierzu sind Arbeit und Ausgaben für Chemikalien erforderlich.

Je höher die Fabrikate des Schwelteeres im Preise stehen und je geringer sein Gehalt an sauren und basischen Körpern ist, desto wertvoller ist er. Da die Marktpreise der Fabrikate, im besonderen der des Paraffins, großen Schwankungen unterworfen sind, so läßt sich kein bestimmter Wert für den Schwelteer festsetzen.

Abgesehen von diesen Umständen ist der bedingte Wert des Braunkohlenteers in den letzten Jahrzehnten gegen früher gesunken, weil die Güte des Rohstoffes herabgegangen ist. Das kommt auch in den Eigenschaften des Teeres zum Ausdruck. Das spez. Gewicht ist gestiegen, und solche Teere von 0,820 bis 0,850 spez. Gewichte gibt es jetzt nicht mehr. Der Schmelzpunkt dagegen ist niedriger geworden, was einen geringeren Paraffingehalt anzeigt. — Dafür sind aber die Eigenschaften des Grudekoks besser geworden, da bitumenärmere Kohle im allgemeinen poröseren und besser brennenden Grudekoks liefert.

Im Gegensatze hierzu ist die Güte des schottischen Schieferteers in den letzten Jahrzehnten gestiegen, weil, wie schon dargelegt, die Schwelöfen neuerer Bauart einen wertvolleren Teer erzeugen. Im besonderen ist sein Paraffingehalt höher geworden, was in dem niedrigeren spez. Gewichte und in dem höheren Schmelzpunkte zum Ausdrucke kommt.

Die Herstellungs- und Verarbeitungskosten der Schwelteere selbst sind in den letzten Jahrzehnten an allen Stellen gegen früher relativ herabgegangen dank der Verbesserungen, die an den Einrichtungen der Schwelöfen getroffen sind,

---

[1] *Beilby:* Journ. of the Society of Chem. Ind. 1891, 126.
[2] *F. Miron:* Österr. Zeitschr. f. Berg- u. Hüttenwesen **45**, 80 [1897].
[3] Vgl. auch zwölftes Kapitel.

und dank der Vereinfachungen der Aufarbeitungsverfahren, wodurch Arbeitskräfte erspart sind, was der wesentlichste Punkt bei allen Änderungen eines Arbeitsverfahrens sein muß.

B. Das Schwelwasser.

Während das Schwelwasser für die Schwelteerindustrie der Provinz Sachsen ohne Bedeutung ist, ist es für andere Schwelteerindustrien von großer Wichtigkeit, und wir haben schon gesehen, daß auf die Erhöhung seines Ammoniakgehaltes bei dem Schwelverfahren ganz besondere Rücksicht genommen wird.

Das Schwelwasser der Braunkohle.

Es werden 40 bis 50 Proz. der Schwelkohle, wie sie zur Verarbeitung gelangt, als Schwelwasser gewonnen. Benutzt man zum Absaugen der Schweldämpfe nach der Kondensation einen *Körting*schen Luftsauger, so ist die Menge des Schwelwassers aus schon geschilderten Gründen noch höher.

Das Schwelwasser besitzt schwache alkalische Reaktion. Es sieht im frischen Zustande gelb aus, doch schlägt diese Farbe beim Stehen bald ins Rötliche um und geht schließlich in Rot über. Das spez. Gewicht beträgt 1,02 oder 2 bis 3° Bé. Der Ammoniakgehalt schwankt zwischen 0,03 bis 0,07 Proz. und ist von dem Stickstoffgehalt der Schwelkohle abhängig.

Die Verarbeitung des Schwelwassers auf Ammoniak, ein naheliegender Gedanke, ist wiederholt versucht worden. Eingehende Untersuchungen von *Grotowsky*, *Krey* und seinen Schülern haben übereinstimmend festgestellt, daß der Ammoniakgehalt des Schwelwassers zu gering ist, um eine Gewinnung von Sulfat lohnend zu gestalten.

Als Düngemittel hat man das Schwelwasser schon seit Jahren benutzt, und die von *Scheele*[1] in einem größeren landwirtschaftlichen Betriebe planmäßig angestellten Versuche haben einwandfrei seine Brauchbarkeit für diesen Zweck bewiesen. *Strube*[2] hat zahlenmäßig den Wert des Schwelwassers als Düngemittel festgestellt auf Grund von eingehenden Versuchen. Diese günstigen Ergebnisse über den Düngewert des Schwelwassers sind durch Versuche der agrikultur-chemischen Kontrollstation der Landwirtschaftskammer zu Halle a. S.[3] bestätigt worden.

Der Wert des Schwelwassers ist jedoch im Vergleich zu anderen stickstoffhaltigen Düngemitteln, die auf den Markt gebracht werden, zu gering, um Beförderungs- oder gar Gestehungskosten tragen zu können. Die Schwelereien stellen den benachbarten Landwirten das Schwelwasser daher kostenlos zur Verfügung.

Für die Braunkohlenteerschwelereien stellt das Schwelwasser im allgemeinen eine lästige Beigabe dar, da es nur zum geringsten Teil der gedachten Verwendung zugeführt wird und es außerdem nicht in seinem Gewinnungs-

---

[1] Braunkohle 4, 469 ff.
[2] Zeitschr. f. angew. Chemie 1904, 1787.
[3] Bericht über die Tätigkeit dieser Kontrollstation 1908, S. 71.

zustande als Abwasser in die Wasserläufe eingeleitet werden darf. Es muß vorher einer Reinigung, soweit diese möglich ist, unterworfen werden. Eine chemische Reinigung kommt, wie *Rosenthal*[1] nachgewiesen hat, nicht in Frage. Es enthält neben Ammoniak Aldehyde, Ketone, Methylalkohol und Acetonitril[2] Außerdem wies *Rosenthal* im Schwelwasser verschiedene organische Säuren, wie Essigsäure, Propionsäure, Buttersäure, Valeriansäure nach und stellte die Anwesenheit von Brenzcatechin fest[3].

Das Schwelwasser kann nur auf mechanische Weise mit Durchlüftung und Filtration gereinigt werden[4]. Dann kann man es in geeigneter Verdünnung den Flußläufen zuführen. — Ein anderes Verfahren, das Schwelwasser unschädlich zu machen, sei noch erwähnt. Man bewässert die Aschenhalden damit, wo es zunächst die heiße Asche ablöscht und dann zum größten Teile aufgesogen wird. Ein anderer geringer Teil wird durch die Asche dringen, hier filtriert und so gereinigt werden. Durch diesen Vorgang erreicht man sicherlich denselben „Reinigungsgrad", den man durch kostspielige Durchlüftungs- und Filtrationsanlagen erzielt.

Man nimmt das Schwelwasser ferner zum Anfeuchten der Feuerkohle und zum Ablöschen der Asche in den Feuerungen. An manchen Stellen hat man auch umfangreiche Sammelteiche zum Verdunsten des Schwelwassers angelegt.

Die Vorschläge, das Schwelwasser als Kesselspeisewasser zu verwenden, müssen aus naheliegenden Gründen wegen seiner Zusammensetzung und seines durchdringenden Geruchs verworfen werden. — Aus dem gleichen Grunde kann man es auch nicht zum Ablöschen des Grudekoks verwenden.

Das Schwelwasser der Messeler Kohle zerfällt in zwei Teile, einen geringen, der vor der Behandlung der Dämpfe mit Säure bereits kondensiert war (vgl. S. 55) und einen großen, der nach der Säurebehandlung niedergeschlagen wurde. Letzteres ist naturgemäß frei von Ammoniak; ersteres enthält die fixen Ammoniaksalze und wasserlösliche Destillationsprodukte, nämlich fettsaure Ammoniaksalze und Brenzcatechin nebst seinen Homologen; es gelangt zur weiteren Verarbeitung. Zunächst wird nach Zusatz von Alkali das Ammoniak freigemacht und in Kolonnen abgetrieben. Alsdann werden aus dem alkalischen Wasser mit Hilfe von Bleiacetat das Brenzcatechin und seine Homologen niedergeschlagen. Die verbleibenden fettsauren Alkalisalze werden durch Eindampfen gewonnen. Das Brenzcatechinblei dient zur Gewinnung des reinen Produktes unter Zerlegung mit Hilfe von Schwefelsäure, Eindampfen der Lösung, Extrahieren des Konzentrates mit Äther und Umkrystallisieren des Ätherrückstandes aus Benzol. Der größere ammoniakfreie Teil des Schwelwassers wird, wie auf S. 55 unter b) (Kühlung) erläutert, aufgebraucht.

---

[1] Gutachten vom 1. 12. 1903.
[2] *Rosenthal:* Zeitschr. f. angew. Chemie 1901, 665.
[3] *Rosenthal:* Zeitschr. f. angew. Chemie 1903, 221.
[4] Gutachten der Königl. chem. techn. Versuchsanstalt in Berlin vom 25. 3. 1904.

Das aus dem Schwelwasser gewonnene **schwefelsaure Ammoniak** zeichnet sich durch das völlige Fehlen überschüssiger Säure und blausaurer Salze aus und erfreut sich zu Düngezwecken besonderer Beliebtheit.

Das Schwelwasser vom Schiefer.

Bis zum Jahre 1865 betrachtete man wie in der sächsisch-thüringischen Industrie auch in der schottischen Industrie das Schwelwasser als eine lästige Beigabe und leitete es in die Wasserläufe. Das Schwelwasser macht etwa $^3/_4$ des gesamten Destillates aus. Es besitzt ein spez. Gewicht von 1,03 (4° Bé) und enthält außer Ammoniak noch Pyridine und andere organische Basen.

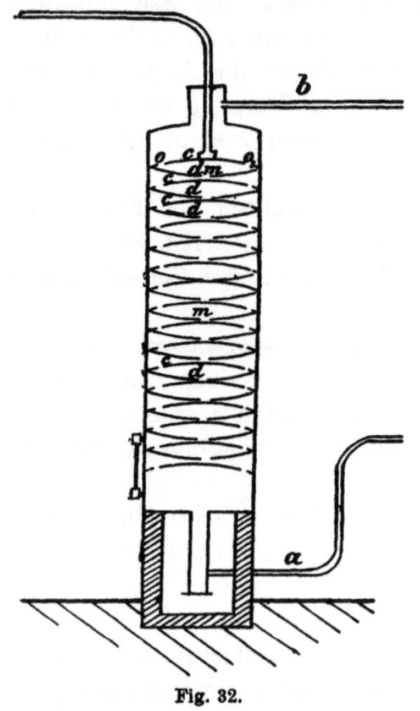

Fig. 32.

Robert Bell in Broxburn[1] war der erste, der das Schwelwasser auf Ammoniumsulfat verarbeitete. Die jetzige Einrichtung ist im allgemeinen so getroffen, wie sie bei größeren Gasanstalten zur Gewinnung von Sulfat aus dem Gaswasser üblich ist. Am vorteilhaftesten arbeitet man nach den beiden Verfahren von *Beilby*[2] und *Henderson*[3].

Das Schwelwasser wird nach *Beilby* durch Einströmenlassen von Dampf in einem stehenden Gefäße, Blase (tower still), wie es Fig. 32 zeigt, zum Kochen gebracht und das Ammoniak ausgetrieben. Während der Dampf am Boden durch a eintritt, fließt das Schwelwasser oben durch b ein und wird durch eingelegte Platten c, d, c, d zum Zickzacklauf gezwungen. Das einfließende Ammoniakwasser tropft auf die Mitte der Platte c, dann rollt es nach den Seiten ab und fällt durch o und o_1 nach der Platte d. Von da rinnt es nach der Mitte und fällt durch m wieder nach einer Platte c und so abwechselnd bis zum Boden des Gefäßes, wo, wie schon gesagt, durch a ihm der Dampf entgegenströmt, mit dem das Wasser in innige Berührung kommt.

Beim *Henderson*schen Apparate, den Fig. 33 darstellt, braucht man weniger Dampf als bei dem eben beschriebenen. Hier durchfließt das Wasser im Apparate kleine Schalen, die miteinander durch Rinnen in Verbindung stehen, wie es in der Fig. 33 durch Pfeile angedeutet ist. Durch eigenartig angeordnete Zwischenwände sind die einzelnen Querböden der Kolonne, von denen in der Regel zehn eingebaut sind, voneinander getrennt. Der Dampf

---

[1] *Redwood:* Mineral oils and their by-products.
[2] Chem. Technology **2**, 221.
[3] *D. R. Steuart:* The Oil-Shales of Lothians, Part. III, S. 174.

wird gezwungen, unter Druck in das Wasser einzudringen und so das Ammoniak auszutreiben.

Die Ammoniakdämpfe werden in einen mit Schwefelsäure gefüllten Behälter (craker box) geleitet. Als Säure verwendet man zunächst die vom Mischprozesse wiedergewonnene Abfallsäure[1]. Die entstandene Sulfatlösung wird eingedampft, und das Sulfat krystallisiert aus. Die Ammoniakdämpfe, die von dieser Säure nicht aufgenommen sind, werden weiter in ein anderes Gefäß geführt, wo sie mit einer Schwefelsäure vom spez. Gewicht 1,4 in Berührung kommen und vollkommen in Sulfat verwandelt werden, das sich ausscheidet. Zur Verdünnung der Schwefelsäure nimmt man die Mutterlauge des Sulfates und zuweilen auch Abfallsäure.

Die großen Sulfatkrystalle, wie sie zuerst fallen, werden durch Ausbreiten im warmen Raume getrocknet, während die kleineren von späterer Gewinnung durch Ausschleudern in Zentrifugen getrocknet werden.

Um möglichst reines Ammoniumsalz und eine große Ausbeute zu erhalten, setzt man beim Sieden des Wassers Kalkmilch zu, wodurch die anderen Stickstoffverbindungen, in denen das Ammoniak sich in gebundener Form befindet, unter Bildung von Ammoniak zersetzt werden. Die Handelsware ist nur technisches Ammoniumsulfat[2], doch genügt sie vollkommen für die Verwendung als Düngesalz. In einigen Fabriken dampft man die Mutterlaugen, die bei der Ammoniakgewinnung fallen, zur weiteren Ausbeute ein, man benutzt hierzu Vakuumapparate.

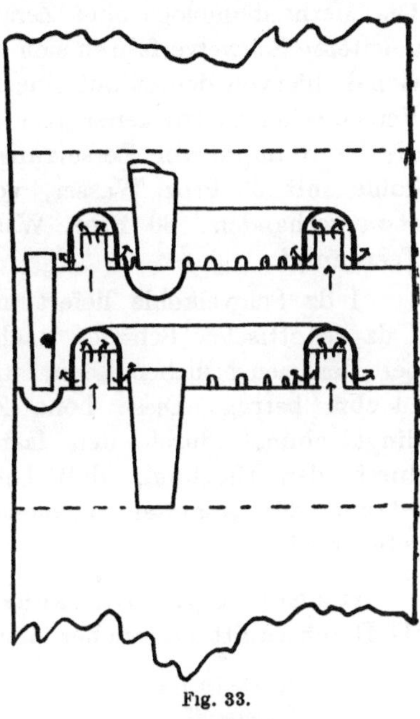

Fig. 33.

Aus dem Schwelwasser werden, auf 1 t Schiefer berechnet, 5 bis 6 kg Sulfat gewonnen, also 0,5 bis 0,6 Proz.

Die Ausnutzung des Schwelwassers ist für die schottische Schieferindustrie von der allergrößten Bedeutung, und gewänne man nicht dieses Produkt, so wäre die Schieferdestillation überhaupt an vielen Stellen nicht lohnend.

C. Das Schwelgas.

Das Schwelgas enthält die Körper, die sich in der Kondensation nicht verdichtet haben. Seine Zusammensetzung schwankt nach der Art des Rohstoffes und ist abhängig von dem Zustande der Schwelöfen und der Kon-

---

[1] S. 145.

[2] *Mills:* Destruktive Destillation, S. 20.

densation. Ein dichter Ofen und eine ebenso beschaffene Kondensation, die jede weitere Beimischung von Luft außer der, die mit dem Rohstoff selbst in den Ofen eindringt, ausschließen, liefern das heizkräftigste Schwelgas ohne hohen Stickstoffgehalt. Je höher dieser ist, desto minderwertiger ist das Gas, und es zeigt an, daß undichte Stellen in der Apparatur vorhanden sind, wo Luft eintritt. *Graefe*[1] hat durch sorgfältig ausgeführte Untersuchungen nachgewiesen, daß die Kohlensäure und der Wasserstoff im Schwelgas der sächsisch - thüringischen Industrie hauptsächlich von der eigentlichen Kohlensubstanz der Schwelkohle stammen, und daß dagegen das Bitumen den Rohstoff für die Bildung von Kohlenoxyd und Methanhomologe darstellt. Die Methanhomologe sind Zersetzungsprodukte und dürfen bei einem gut geleiteten Schwelverfahren sich nur in geringer Menge bilden. Ein größerer Gehalt hiervon deutet auf eine zu hohe Schweltemperatur oder läßt auf das Verschwelen zu trockener Kohle schließen. Der Wasserdampf im Ofen soll die Teerdämpfe vor Zersetzung schützen. Bei Verwendung einer Schwelkohle mit 50 Proz. Wasser, von der 1 hl 5 kg Teer liefert, sind im Ofen etwa vorhanden: 80 Proz. Wasserdampf, 18 Proz. Schwelgas und 2 Proz. Teerdampf.

1 dz Schwelkohle liefert nach *Krey* 13 bis 14 cbm Schwelgas und 1 dz schottischer Schiefer nach *Henderson* 28 und nach *Bryson* 36 cbm[2] bei den neuzeitlichen Öfen, während diese Zahl bei den alten Öfen nur 14 cbm betrug. Diese hohe Zahl der schottischen Industrie wird bedingt einmal durch den fast wasserfreien Rohstoff und zum anderen durch den Umstand, daß bei dem jetzigen Schwelverfahren die Zersetzung des gesamten Kohlenstoffes aus dem Schwelrückstande herbeigeführt wird.

Das Schwelgas der sächsisch - thüringischen Industrie besteht, als Durchschnitt zahlreicher Analysen, aus:

Kohlensäure	10	bis 20	Proz.
Sauerstoff	0,1	„ 3	„
Schwere Kohlenwasserstoffe	1	„ 2	„
Kohlenoxyd	5	„ 15	„
Methan	10	„ 25	„
Wasserstoff	10	„ 30	„
Stickstoff	10	„ 30	„
Schwefelwasserstoff	1	„ 3	„

Graefe[3] stellte folgende Zusammenstellung eines Schwelgases fest, wobei der hohe Stickstoff- und Sauerstoffgehalt allerdings eine Verschiebung der übrigen Zahlen nach unten bedingt. Diesen hohen Luftgehalt erklärt er durch den Einfluß einer undichten Kondensation:

---

[1] Braunkohle 4, 383.
[2] Journ. of the Society of Chem. Ind. 1897, 983.
[3] Braunkohle 4, 382.

Kohlensäure . . . . 8,9 Proz.
Sauerstoff . . . . 8,3 „
Schwere Kohlenwasserstoffe . . . . 0,7 „
Kohlenoxyd . . . . 6,2 „
Methan . . . . 6,4 „
Wasserstoff . . . . 17,4 „
Stickstoff . . . . 48,0 „
Schwefelwasserstoff . . . . 0,45 „
Dampfförmige Kohlenwasserstoffe . . . . 0,1 „

Der Heizwert des Schwelgases der sächsisch-thüringischen Industrie schwankt natürlich wie die Zusammensetzung und stellt sich auf 2000 bis 3600 WE.

Das Schwelgas der schottischen Industrie[1] zeigt aus den neuen Ofenarten die folgende Zusammensetzung:

Kohlensäure . . . . 22,08 Proz.
Sauerstoff . . . . 1,18 „
Schwere Kohlenwasserstoffe . . . . 1,38 „
Kohlenoxyd . . . . 9,77 „
Methan . . . . 3,70 „
Wasserstoff . . . . 55,56 „
Stickstoff . . . . 6,33 „

Auffallend ist hieran im Vergleich zu den Analysen aus der heimischen Industrie der hohe Gehalt an Wasserstoff. Dieser ist sicherlich auf die Einwirkung des Dampfes auf den Kohlenstoff des ausgeschwelten Schiefers (vgl. S. 31) zurückzuführen, wobei Wasserstoff entsteht, der sich im Schwelgase findet. Der Heizwert dieses Gases berechnet sich auf 2300 WE. Es ist durchschnittlich wegen seines hohen Wasserstoffgehaltes weniger heizkräftig als das der sächsisch-thüringischen Industrie.

Eine Gasanalyse von *J. Macadam*[2] von Schwelgasen aus älteren Öfen zeigt eine andere Zusammensetzung mit geringerem Wasserstoffgehalt, nämlich

Kohlensäure . . . . 15,40 Proz.
Kohlenoxyd . . . . 10,72 „
Methan . . . . 4,02 „
Wasserstoff . . . . 34,53 „
Stickstoff . . . . 35,33 „

In beiden Industrien wird das Schwelgas seltener als Leuchtgas, doch regelmäßig als Heizgas zur Beheizung der Schwelöfen benutzt. Schon im vorigen Kapitel ist ausführlich darüber berichtet worden.

In der sächsisch-thüringischen Industrie findet es seit einer Reihe von Jahren auch als Kraftgas Verwendung. *Rolle* hat in den achtziger Jahren in dieser Richtung die ersten Versuche angestellt, doch erhielt er keine befriedigenden Ergebnisse. *Krey* nahm später die Versuche wieder auf, und es gelang ihm nach längeren eingehenden Vorarbeiten das Schwelgas für die

---

[1] Journ. of the Society of Chem. Ind. 1897, 983.
[2] Journ. of Gaslighting **2**, 399 [1893].

Industrie als Kraftgas nutzbar zu machen. Er wurde bei seinen Versuchen wesentlich durch die großartige Entwicklung der Gasmotorentechnik unterstützt. Jahre hindurch haben auch Motore mit Leistungen von 100 bis 150 PS von Schwelgas angetrieben zur Erzeugung von elektrischem Strom gedient[1]. Infolge der gesteigerten Verwendung der Elektrizität in den Bergwerksbetrieben als Kraft- und Lichtquelle und der damit verbundenen Zentralisation der Elektrizitätserzeugung in Groß-Kraftwerken ist man von dem Betriebe der Gasmotore wieder abgekommen. Das Schwelgas dient jetzt lediglich noch zur Heizung der Schwelöfen.

Vor der Verwendung des Schwelgases als Kraftgas wurde es in der ben der Steinkohlengasfabrikation üblichen Weise vom Schwefelwasserstoff gereinigt und, um Schwankungen in der Erzeugung auszugleichen, in einem Gasometer angesammelt. Die Zündung im Motor geschieht durch eine magnetisch-elektrische Vorrichtung. Die Entzündbarkeit des Schwelgases ist wegen seines Luftgehaltes, worauf schon hingewiesen wurde, gering. Der Gasverbrauch im Motor beträgt für die PS und Stunde 1 bis 1,5 cbm, und ein Schwelofen liefert in derselben Zeit etwa 17 cbm Gas, also in 24 Stunden 400 cbm bei einer Verarbeitung von 35 bis 40 hl Schwelkohle.

Über die chemische Ausnutzung des Schwelgases haben *Krey* und seine Schüler zahlreiche Untersuchungen angestellt und diese Frage vollkommen geklärt[2]. Eine betriebsmäßige Nutzbarmachung des Schwelgases in dieser Richtung ist wenig aussichtsvoll, da die Preislage der betreffenden Produkte ihre Gewinnung zurzeit unlohnend erscheinen läßt. Man kann den Schwefel des Schwefelwasserstoffes im Schwelgase zu Schwefelsäure verarbeiten. Geschähe dieses allgemein, so erhielte man die gesamte Schwefelsäure, die überhaupt in der sächsisch-thüringischen Industrie zur Raffination der Öle verbraucht wird. Die Kohlensäure kann man zur Zersetzung des Kreosotnatrons (S. 144) benutzen, wozu auch der Schwefelwasserstoff nutzbar zu machen wäre[3]. Das Kohlenoxyd des Schwelgases in Ameisensäure überzuführen, ist *Krey* gleichfalls gelungen.

Die **dampfförmigen Kohlenwasserstoffe im Schwelgas** sind durch Waschen mit Teerölen zu erhalten. Eine solche Verarbeitung des Schwelgases geschieht nicht in der sächsisch-thüringischen Industrie, wohl aber außer in Messel noch in Schottland. Das Gas wird dort aus der Kondensation durch einen Exhaustor in einen Behälter (Koksturm) befördert, der zum Teil mit Gaskoks angefüllt ist und in dessen oberen Teil eine Rohrleitung mündet. Durch diese wird Paraffinöl eingeleitet, das auf eine Verteilungsplatte fließt und von hier in dünnen Strahlen sich auf den Koks ergießt, dessen Lagen es durchrieselt. Das Gas tritt am Boden des Turmes ein und entweicht, von seinen dampfförmigen Kohlenwasserstoffen befreit, aus dem Gefäße.

---

[1] Glückauf 1901, 410; Drehstromkraftübertragungsanlage auf Grube Ottilie Kupferhammer der A. Riebeckschen Montanwerke. Braunkohle **1**, 95.

[2] *W. Scheithauer:* Die Fabrikation der Mineralöle, S. 90 u. 91; *Graefe:* Braunkohle **4**, 385.

[3] *E. Erdmann:* D. R. P. Nr. 132 265.

Man leitet es nun durch eine mit Wasser gefüllte Vorlage, wo sich die mitgerissenen Ölteilchen niederschlagen sollen und wo das darin enthaltene Ammoniak vom Wasser aufgenommen wird. Dann wird es seiner Verwendung als Heizgas zugeführt. Aus dem Paraffinöle wird das Benzin durch Abblasen mit Dampf ausgetrieben und das Öl dann wiederum zur Absorption benutzt.

Neuerdings beschickt man diese Waschtürme an einigen Stellen nicht mehr mit Koks, sondern setzt hölzernes Gitterwerk zur Verteilung des Waschöls ein.

Eine andere Einrichtung zur Gewinnung der dampfförmigen Kohlenwasserstoffe aus dem Schwelgas wandte *Coleman* an. Er preßte das Gas auf 6 bis 7 Atm. Druck unter Abkühlung bis auf —5 bis —10° zusammen, wodurch sich die verdichtbaren Bestandteile abschieden.

Dieses Verfahren ist nur kurze Zeit im Betriebe gewesen und bald seiner hohen Kosten wegen aufgegeben worden. Jetzt wendet man allgemein das Absorptionsverfahren zur Gewinnung des leichten Benzins an. Das Benzin hat ein spez. Gewicht von 0,700 bis 0,715.

Eine solche Gewinnung in der sächsisch-thüringischen Industrie einzurichten, ist wegen des sehr geringen Gehaltes an dampfförmigen Kohlenwasserstoffen ausgeschlossen. Wie wir schon betonten, sind diese als Zersetzungsprodukte bei dem Schwelvorgange entstanden. Wegen der höheren Sehweltemperatur, die in den Schwelöfen Schottlands herrscht, ist der größere Gehalt an dampfförmigen Kohlenwasserstoffen in diesem Schwelgase leicht erklärlich.

Die Verwendung der Schwelgase in der Messeler Industrie geschieht, in folgender Weise. Der größte Teil (70 bis 80 Proz.) wird in ungereinigtem Zustande zum Beheizen der Schwelöfen benutzt. Ein Teil bedient die Abtreibkolonnen der Ölwäsche (vgl. S. 55) und ein anderer Teil wird unter den Dampfkesseln verheizt.

Der Rest des Schwelgases, etwa 20 Proz., wird nach der Entfernung des Schwefelwasserstoffes zum Betriebe von Gasmotoren verwendet. Die Gewerkschaft Messel hat vom ersten Anbeginn an, die Bedeutung der Gasmotoren erkennend, ihre Kraftversorgung auf deren Verwendung zugeschnitten. Sie hatte zweifellos die erste Betriebsstelle, in der unreines, minderwertiges Gas zur Erzeugung von Kraft benutzt wurde, und ist für die allgemeinere Anwendung von Abfallgas zum Motorbetrieb vorbildlich geworden. Der erste kleine Gasmotor für Abfallgas wurde bereits im Jahre 1886 in Betrieb genommen; ihm sind später eine große Anzahl größere gefolgt, so daß heute der Gewerkschaft Messel etwa 1500 PS in Gasmotoren zur Verfügung stehen. Allerdings werden im Gegensatz zur früheren Gepflogenheit die Gasmotoren nur noch mit zuvor schwefelfrei gemachtem Gas bedient, obgleich man in dieser Richtung im allgemeinen viel zu ängstlich ist, denn es hat sich gezeigt, daß z. B. Dieselmotoren, die mit stark schwefelhaltigen Braunkohlenteerölen betrieben werden, schon seit vielen Jahren anstandslos laufen[1].

---

[1] *Graefe:* Ölmotor 1912: Über den Einfluß von schwefelhaltigen Brennstoffen für Motorenbetrieb.

Das Gas wird auch als Leuchtgas benutzt und unterscheidet sich von Steinkohlenleuchtgas durch den allen Schwelgasen eigentümlichen Charakter. Es verdankt seine Carburation dem Vorhandensein von Dämpfen leicht flüchtiger Kohlenwasserstoffe der Fettreihe und liefert nach Entfernen des bis zu 30 Proz. betragenden Kohlensäuregehaltes ein hell brennendes Leuchtgas.

D. Die Schwelrückstände.

Wir haben gesehen, daß in der schottischen Industrie das Schwelwasser eine wichtige Einnahmequelle für die Schwelanlagen bildet, während es in der sächsisch-thüringischen ohne jeden Wert ist. Beim Schwelrückstande liegt die Sache umgekehrt. Da ist der ausgeschwelte Schiefer, nachdem er allerdings gute Dienste zur Erhöhung des Ammoniakgehaltes des Schwelwassers getan hat, wertlos. Er wird, wie wir gesehen haben, auf Halden gefahren. — In der sächsisch-thüringischen Industrie kommt dem Schwelrückstand, Grudekoks, dieselbe Bedeutung zu wie dem Schwelwasser in der schottischen. Hätte man nicht die Einnahmen aus dem Grudekoks, so würden zahlreiche Schwelanlagen ohne Nutzen arbeiten.

Der Grudekoks ist von körniger Beschaffenheit. Er gelangt in dem Zustande, in dem er sich nach dem Ablöschen befindet, zum Versand und enthält noch etwa 20 Proz. Wasser. Sein Aschengehalt, der von dem Rohstoffe abhängig ist, beträgt bei 20 Proz. Wasser 15 bis 25 Proz., während er im übrigen aus reinem Kohlenstoff besteht. Der untere Heizwert des wasserhaltigen Kokses stellt sich auf 4000 — 4800 WE, des wasserfreien Kokses auf 5800 bis 6500 WE. Man legt Wert darauf, daß der Koks eine körnige Beschaffenheit zeigt, und zu staubartige Beschaffenheit beeinflußt nachteilig seinen Wert als Heizmaterial.

Diese Verwendung findet der Koks allgemein erst seit Mitte der siebziger Jahre des vorigen Jahrhunderts. Bis dahin wurde er in der Regel, wie er aus dem Schwelofen kam, auf Halden gefahren, wo er glühend zum größten Teile verbrannte und zum Teil später zum Wegebessern benutzt wurde. Solche alte Halden findet man noch heute an den Stätten eingegangener Schwelereien.

Der Koks wird in besonders dazu eingerichteten Öfen, Grudeöfen, verbrannt. Einen solchen Ofen einfacher Konstruktion zeigt Fig. 34. Unter dem Roste a befindet sich der Koks, der angebrannt langsam verglüht. Auf den Rost werden die Kochgeschirre gestellt.

In Fig. 35 ist ein Ofen mit 2 Etagen dargestellt. Während auf dem Roste unten die Speisen gekocht werden, werden sie auf einer Platte im oberen Teile gewärmt. Durch die Klappe k wird der Zug im Ofen geregelt. a ist ein herausziehbarer Aschenkasten. Eine ganze Anzahl neuerer Konstruktionen[1] bezweckt eine bessere Ausnutzung der Ofenhitze;

---

[1] Solche Öfen werden gebaut von den Firmen: *Leipziger Grudeofenfabrik Rieschel & Co.*, Leipzig, *Hannoversche Herdfabrik Voß* in Sarstedt bei Hannover, *Senking* in Hildesheim und *Dreyse & Co.* in Berlin NW. 7 (Liliput-Grudeofen).

dergleichen Öfen haben sich gut bewährt und bieten den älteren Ofenarten gegenüber wesentliche Vorteile.

Die Öfen werden auf eine gemauerte Unterlage oder einen eisernen Bock in passender Höhe gesetzt. Ein Grudeofen bedarf nur wenig Wartung und Aufsicht, das Feuer ist immer gleichmäßig und geht, wenn zuweilen Koks aufgelegt wird, nie aus; so brennt es, ohne daß es geschürt zu werden braucht, die ganze Nacht hindurch. Die Asche muß ab und zu entfernt werden. Der Ofen eignet sich besonders zum Kochen in kleinen Haushaltungen, doch findet er auch Verwendung in größeren landwirtschaftlichen Betrieben, in Tischlereien zum Leimkochen und zum Trocknen der geleimten Gegenstände. Auch zum Heizen von Werkstätten usw. dient der Grudeofen.

Sein Gebrauch ist auf bestimmte Gegenden beschränkt. Im Braunkohlengebiete selbst findet man wenig Grudeöfen, weil da anderes Heizmaterial billig ist. Die Hauptverwendungsstätten des Grudekoks sind die Städte Magdeburg, Braunschweig, Dessau, Leipzig und deren Umgegend. Er verschafft sich aber zurzeit auch Eingang in andere Gegenden Deutschlands und wird überall gern gekauft, wo man seine Vorzüge kennt.

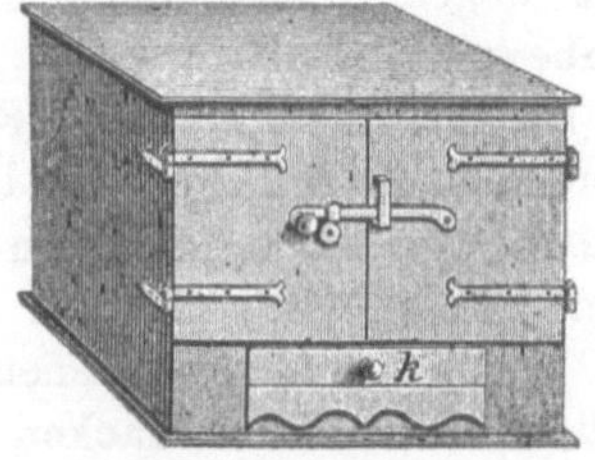

Fig. 34.

Die Hauptmenge des erzeugten Grudekoks kommt als Heizmaterial in den Handel, und nur in geringem Maße wird er anderen Verwendungsarten zugeführt. Koks mit geringem Aschengehalt, der tiefschwarz aussieht, wie ihn bitumenarme Schwelkohlen liefern, wird fein gemahlen zur Herstellung von schwarzer Farbe benutzt (Frankfurter Schwarz). — In der Metallurgie dient er als Reduktionsmittel beim Zinkbetriebe[1]. — Der Grudekoks ist ein gutes Filtermaterial und findet als solches für Trinkwasser und Abwässer Verwendung; er ist hierin dem Steinkohlenkoks wesentlich überlegen (D. R. P. Nr. 150 362, 1901). Auch für Enteisenungsanlagen kann er benutzt werden, da er wie andere poröse Kohlenarten die Eigenschaft besitzt, das Eisen aus dem Wasser niederzuschlagen.

Fig. 35.

---

[1] Freibergs Berg- und Salinenwesen, S. 315.

In geringer Menge verwendet man Grudekoks zur Herstellung von Koks-
preßsteinen[1]. Diese Steine dienen seit Jahren als Heizmaterial für Eisenbahn-
personenwagen von Nebenbahnen und haben sich gut bewährt. Da Grudekoks
bitumenfrei ist, muß ihm beim Pressen ein dextrinhaltiges Bindemittel zugesetzt werden.

Die Vorschläge, den Grudekoks in großem Maßstabe zu Briketts zu verarbeiten oder ihn der Braunkohle bei der Herstellung von Naßpreßsteinen
und Briketts[2] zuzusetzen, um deren Heizkraft zu erhöhen, brauchen so lange
nicht in Erwägung gezogen zu werden, als der Koks in seiner ursprünglichen
Form Absatz findet, was bisher stets der Fall gewesen ist.

Der Schwelrückstand der Messeler Industrie wird, abgesehen von
der von den Schwärzefabriken begehrten Menge, nicht verwertet. — Über
seine sonstige Verwendung in den Schwelöfen ist S. 51 berichtet worden. —
Der Koks wird dem Schwärzefabrikanten durchaus trocken geliefert und
neigt wegen seines hohen Mineralstoffgehaltes beim Vermahlen nicht zu
Staubexplosionen.

Die mineralischen Rückstände in der Messeler Industrie
fallen sowohl in Form von loser Asche schieferigen Ansehens von äußerst
poröser Struktur, als in Form von harten porösen Schlacken. Erstere werden
unter Beimengen von Kalk zu Kunststeinen verarbeitet, die in Aussehen
und Verwendungsweise denen aus rheinischem Schwemmsand hergestellten
ähnlich sind. Die Schlacken werden in zwei verschiedenen Qualitäten gewonnen; die eine entsteht in den Generatoren der Kesselfeuerung und besitzt
nur die beschränkte Festigkeit; sie wird in ausgedehntem Maße zur Herstellung
von Betondecken verwendet. Die andere Gattung ist bei geringem spez.
Gewicht und schwammiger Beschaffenheit von größerer Härte und Druck-
festigkeit und entsteht durch Zusammensintern der noch kohlenstoffhaltigen
Schwelrückstände auf der Halde. Sie werden nach dem Erkalten in Blöcken
von mehreren Kubikmetern Inhalt, wie in einem Steinbruch gelöst, in kleine
Stücke geteilt und finden an Stelle von Sandsteinen zu Bauzwecken Verwendung, namentlich da, wo feuchtigkeits- und frostbeständiges Baumaterial
verlangt wird.

---

[1] Die Jahresproduktion beträgt etwa 600 dz.
[2] Zeitschr. f. d. Paraffin-, Mineralöl- u. Braunkohlenindustrie 1875, 34.

Fünftes Kapitel.

Montanwachsfabrikation.

A. Die geschichtliche Entwicklung.

Auf dem Bitumen oder Wachsgehalt der Braunkohle beruht die Möglichkeit der Braunkohlenteergewinnung, denn nur der Wachsgehalt gewährleistete die Bildung des Paraffins, des wertvollsten Bestandteils des Braunkohlenteers. Daß die Braunkohlen einen wachsartigen oder wie man sich früher populär ausdrückte, „fettigen" Anteil enthalten, war schon lange bekannt und verrät sich schon beim Reiben der getrockneten Kohle mit dem Fingernagel, der geriebene Teil der Kohle zeigt dann einen dem Nageldruck entsprechenden glänzenden Strich. Die „fettige" Natur der Kohle zeigte sich auch an anderen Erscheinungen: Getrockneter Kohlenstaub ließ sich nicht vom Wasser benetzen, sondern schwamm auf dem Wasser, und vor allem, es war möglich, durch Lösungsmittel der Kohle gewisse Anteile, die sich nicht in Wasser lösten und vom Wasser auch nicht benetzt wurden, zu entziehen. Schon *Emil Riebeck* hatte in seiner Doktorarbeit (Inaugural-Dissertation, Beiträge zur Kenntnis des Pyropissits, Freiburg i. Br. 1880) darauf hingewiesen und durch Behandeln der Kohle mit Äther, Ligroin und siedendem Amylalkohol einen Teil der in diesen Lösungsmitteln löslichen Körpern aus der Kohle extrahiert, ohne ihre Natur jedoch weiter aufzuklären.

An eine technische Gewinnung des extrahierbaren Anteils oder an seine Verwertung hatte lange Zeit niemand gedacht, trotzdem in dem *Ramdohr*schen Dampf-Destillations-Verfahren eine Möglichkeit gegeben war, auch ohne den Weg der Extraktion betreten zu müssen, ein Produkt zu erhalten, das etwa in der Mitte zwischen dem Schwelteer und dem durch Extraktion erhältlichen Material lag, das wir in der Zukunft Montanwachs oder Braunkohlenbitumen nennen wollen. Es fehlte eben zu jener Zeit noch das Bedürfnis für ein solches wachsartiges Material; man ging bei der Braunkohlenverwertung einseitig auf die Gewinnung des Paraffins aus, und ein montanwachsreicher Teer, wie ihn das *Ramdohr*sche Verfahren lieferte, war von diesem Gesichtspunkte aus nur ein zeit- und geldraubender Umweg, da man, um aus ihm Paraffin herzustellen, den Teer noch einer Krakdestillation unterziehen mußte, einer Arbeit, die der Schwelofen ja schon sowieso besorgte. Daß man so spät erst die wirtschaftlichen Möglichkeiten der Montanwachsgewinnung erkannte, ist um so mehr zu bedauern, als das an Montanwachs reichste Material, der Pyropissit, inzwischen fast vollständig in die Schwelöfen gewandert war. Während man jetzt Kohlen, die im trocknen Zustande 10 bis 20 Proz. Montanwachs enthalten, als sehr reich bezeichnet, ergab der Pyropissit im trocknen Zustande nicht weniger wie 50 bis 60 Proz. Extrakt und dieses noch in einer Qualität, die von den jetzt gewonnenen Montanwachssorten nicht erreicht wird. Erst zu Beginn dieses Jahrhunderts begann *E. von Boyen* im technischen Maßstabe in Gemeinschaft mit der Firma *Schliemann* Kohle auf Montanwachs zu verarbeiten (D. R. P. Nr. 101 373). Er schwelte wie *Ramdohr* die Kohle mit überhitztem Wasserdampf, verließ aber dieses Verfahren zu gunsten der Extraktion, die ja das in der Braunkohle enthaltene Bitumen, soweit es löslich war, im unveränderten Zustande lieferte. Anfänglich schwebte *v. Boyen* die Herstellung eines Kerzenmaterials vor, und da das rohe Montanwachs als solches dafür nicht zu gebrauchen war, so raffinierte er das Produkt durch Destillation im Vakuum und eine Reinigung wie Paraffin (D. R. P. Nr. 116 453). Er erhielt dabei ein hartes, sprödes Material, das ähnlich aussah wie Stearinsäure und das ursprünglich aus einem Gemisch von sehr hoch molekularen Fettsäuren bestand. Später änderte sich, um nicht zu sagen verschlechterte sich, die Qualität des Produktes, es enthielt mehr und mehr Kohlenwasserstoffe, die teils durch die Zersetzung des Montanwachses beim Destillieren, teils durch die neueren angewandten Raffinationsverfahren mit in das Endprodukt gelangten, und nach und nach trat die Raffination des Montanwachses gegenüber der Verwendung des Rohwachses in den Hintergrund. Nur einige Firmen beschäftigten sich noch damit, im wesentlichen die Firma *Schliemann*, die auch als erste die Gewinnung des Rohmontanwachses und seine Raffination aufgenommen hatte. Das raffinierte Montanwachs sollte die Eigenschaft haben, den Schmelzpunkt des Paraffins in außerordentlicher Weise schon bei kleinen Zusätzen zu erhöhen. Scheinbar leistete es auch diesen Dienst, und man glaubte, die bei der Kerzenfabrikation verwendete Stearinsäure, die in den Kompositionskerzen bis zu 33 Proz. enthalten war, durch geringere Mengen des raffinierten Montanwachses ersetzen zu können. *Graefe* wies aber nach[1], daß diese Schmelzpunkterhöhung nur eine scheinbare war und daß in dieser Hinsicht das Montanwachs auch nicht mehr leistete als andere Substanzen, die man gleichfalls vergeblich für diesen Zweck vorgeschlagen hatte. Die scheinbare Schmelzpunktserhöhung rührte nur von der Anwendung einer ungeeigneten Schmelzpunktmethode her (vgl. Kerzenfabrikation), und eine Härtung des Kerzenmaterials gegenüber dem deformierenden Einfluß der Wärme, wie man sie durch den Zusatz von Stearin erzielen wollte, fand nicht statt. An sich stellte das raffinierte Montanwachs eine wünschenswerte Bereicherung unseres Rohstoffschatzes dar. Es war eine weiße, harte Masse vom Schmelzpunkt 77 bis 80° C und bestand nach den Untersuchungen von *Hell*[2] zum größten Teile aus einer einbasischen Säure, der Geocerinsäure, außerdem war darin nach *v. Boyen*[3] ein Alkohol vom

---

[1] Chem. Zeitg. 1904, S. 1145.
[2] Zeitschr. f. angew. Chemie 1900, S. 556.
[3] Zeitschr. f. angew. Chemie 1901, S. 1110.

Schmelzpunkt 60° enthalten und ferner noch einige hochschmelzende Kohlenwasserstoffe als Spaltprodukte des ursprünglichen Rohmontanwachses.

Ein wesentlicher Bestandteil des Montanwachses ist das **Harz**. Manche Montanwachssorten enthalten so viel davon, daß ihm gegenüber die Menge der eigentlichen Wachssubstanz verschwindet und sie den Namen Montanwachs eigentlich zu Unrecht tragen, wie überhaupt der früher gewählte Name **Braunkohlenbitumen** für die Extraktionsprodukte der Braunkohle vielleicht die passendere Bezeichnung ist. Das Harz ist noch nicht näher untersucht worden, es weicht jedenfalls von dem Harz der Nadelbäume dadurch ab, daß es viel weniger verseifbar ist, was vielleicht durch innere Vorgänge im Harz (Anhydridbildung, Lactonbildung, Bildung von Doppelmolekülen und dergl.) zu erklären ist. Die *Storch*sche Reaktion gibt das Harz jedenfalls. Man kann es dem Montanwachs mit warmem Alkohol, mit kaltem Äther, auch mit kaltem Benzol entziehen, es stellt, namentlich, wenn man es mit Alkohol auszieht, einen glänzenden, in der Wärme etwas klebenden dunkelbraunen Körper dar, der an den Kanten rotbraun durchschimmert. Einige Sorten, wie z. B. das aus Oberlausitzer Kohle gewonnene Braunkohlenbitumen, enthalten etwa 70 bis 80 Proz. Harz; manche Sorten, die aber bis jetzt noch nicht technisch gewonnen werden, wie aus einigen schlesischen Braunkohlen, bestehen fast nur aus Harz.

Daneben kommen noch verschiedene andere Körper im rohen Montanwachs vor, wie Huminsäuren, im wesentlichen aber Montansäure und Montansäureester. *Pschorr* und *Pfaff*[1] haben in einem Montanwachs 17 Proz. freie Montansäure und 53 Proz. Montansäureester festgestellt. An der Esterbildung sind folgende Alkohole beteiligt: Tetrakosanol, Cerylalkohol und Myricylalkohol.

B. Die Gewinnung.

Zur Gewinnung des Montanwachses eignet sich nicht jede Kohle. Da die Arbeitslöhne, der Benzolverlust, der Dampfverbrauch und die sonstigen Unkosten für bitumenarme und -reiche Kohlen fast die gleichen sind, so lohnt es sich nur, bitumenreiche Kohlen zu extrahieren. Das idealste Material dafür hätte der Pyropissit abgegeben, der 50 und noch mehr Proz. Montanwachs, und zwar von besonders guter Beschaffenheit enthielt, doch ist das Material fast ganz abgebaut. Es finden sich aber immerhin noch reiche Schwelkohlen genug, die die Montanwachsgewinnung lohnend machen. Bis zu welcher Grenze man mit dem Montanwachsgehalt in der Kohle heruntergehen kann, bis die wirtschaftliche Grenze der Gewinnbarkeit erreicht ist, kann man nicht ohne weiteres bestimmen, da das von der Marktlage und den sonstigen Arbeitsbedingungen (Kosten für Arbeiter, Dampf und dergl.) abhängt. Eine Schwelkohle, die im getrockneten Zustande 15 Proz. Montanwachs enthält, ist schon recht gut. Meist erkennt man die zur Extraktion geeigneten Kohlen schon an der hellen Farbe, je heller, desto besser, d. h. um so montanwachsreicher. Es

---

[1] Berichte der Deutschen Chemischen Gesellschaft, 53. Jahrgang, Seite 2147.

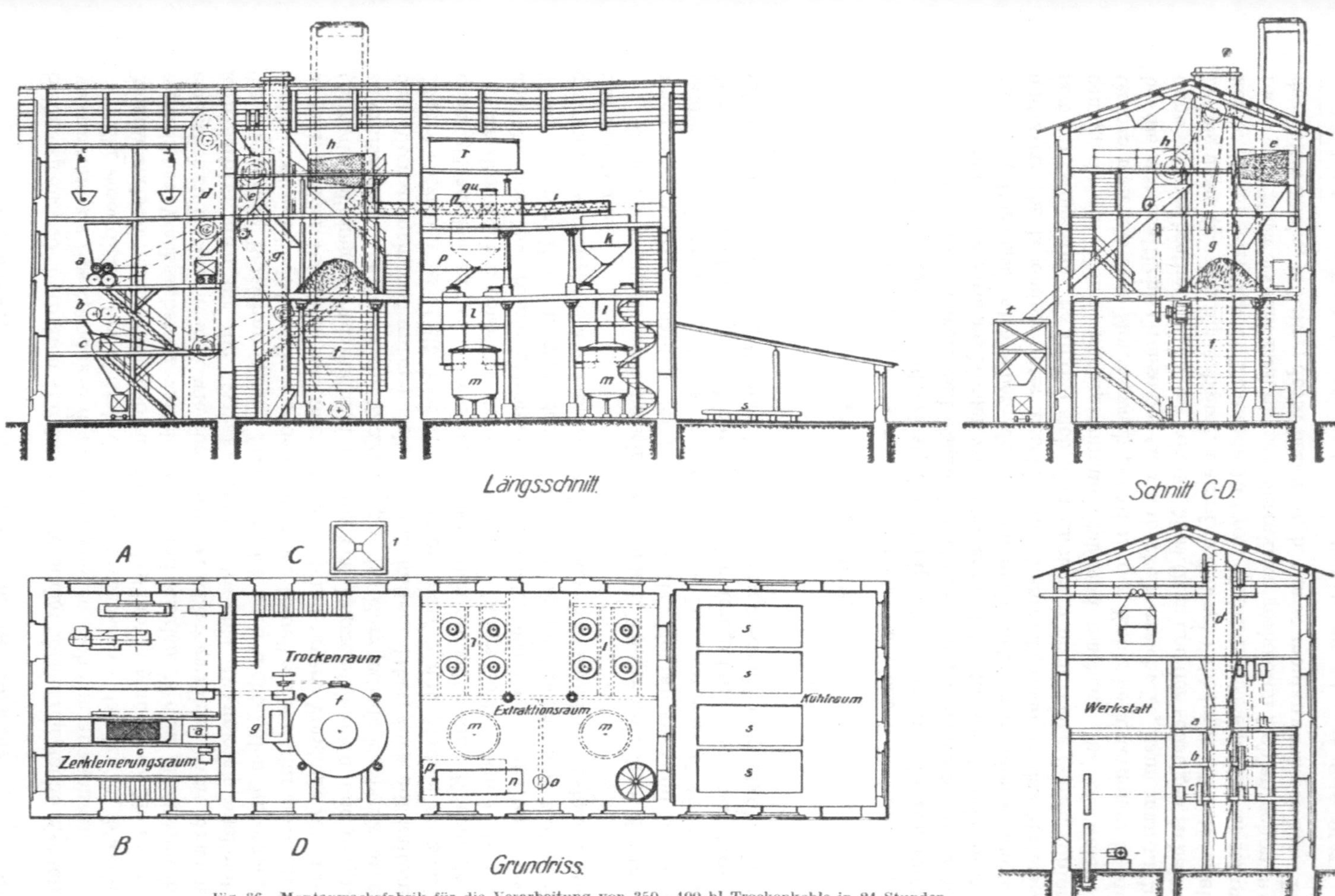

Fig. 36. Montanwachsfabrik für die Verarbeitung von 350—400 hl Trockenkohle in 24 Stunden.

gibt aber auch Ausnahmen. So hat der Verfasser ausländische Sapropelkohlen untersucht, die ganz hellgelb, etwa wie getrockneter Lehm aussahen und auch sehr viel Teer beim Schwelen ergaben und dennoch so gut wie nichts beim Extrahieren lieferten. Wichtig ist eine gute Auseinanderhaltung der Schwelkohle, die für Extraktionszwecke bestimmt ist, von der ärmeren Feuerkohle. Man tut gut, nicht allein die Meister und Arbeiter in der Extraktion durch Prämien an der guten Ausbeute des Montanwachses zu interessieren, sondern schon die Bergleute, die die Kohle gewinnen. Die Kohle kommt gewöhnlich durch Seilbahn in die Montanwachsfabrik, Fig. 36, und wird dort zunächst einmal durch Walzen a und b gebrochen, kommt dann auf ein Rüttelsieb c und von da in den Elevator für Naßkohle d, der sie in ein Sieb e befördert. Dort werden die feinsten Anteile abgesiebt. Das hat folgenden Zweck: Die Kohle wird vor der Extraktion ja einem Trocknungsprozeß unterzogen. Der nasse Staub würde natürlich infolge seiner größeren Oberfläche schneller getrocknet werden als die kleinen Knorpel, die in der Kohle sind, er würde nur den Trockenofen unnötig belasten, zumal der trockne Staub ja später aus noch zu beschreibenden Gründen sowieso entfernt wird, man siebt deshalb den Staub schon im nassen Zustande ab. — Die von den feinsten Anteilen befreite Kohle, die etwa Erbsen- bis Haselnußgröße besitzen soll, kommt dann in einen Trockenofen. Als solche werden sowohl Tellertrockenöfen, wie sie die Abbildung zeigt, wie auch die *Schultz*schen Röhrentrockner benutzt. Hier wird die Kohle, die im grubenfeuchten Zustande 50 bis 55 Proz. Wasser enthält, durch indirekten Dampf, bis auf 20 bis 25 Proz. Wasser getrocknet, da die nasse Kohle vom Benzol, das in der Regel als Lösungsmittel benutzt wird, nur schwer angegriffen wird. Die getrocknete Kohle wird nun durch einen Elevator g wieder auf ein Sieb gebracht, das den durch die Bewegung im Trocken-Apparat entstandenen und den vorher nicht ganz entfernten Staub im trocknen Zustande absiebt. Das erfolgt, weil der trockne Staub, der an sich infolge seiner großen Oberfläche ja ein recht geeignetes Mittel zur Montanwachsgewinnung wäre, infolge seiner leichten Beweglichkeit die Zwischenräume zwischen den großen Kohlenteilchen zuschlämmen würde, was nicht allein den Durchfluß des Lösungsmittels hemmen, sondern auch beim Ausdämpfen der Kohle, wie später beschrieben wird, dem Dampf großen Widerstand bereiten würde. Die vom trocknen Staub befreite Kohle wird durch eine Förderschnecke i zu den Vorratsbehältern für getrocknete Kohle k geführt, die direkt über den Extraktionskammern angeordnet sind. Es können jeweils 4 Kammern von einem Vorratsbehälter aus gefüllt werden. Von Extraktionsapparaten sind verschiedene Systeme in Gebrauch, am meisten sind die Extraktionskammern in der *Heimann*schen Anordnung aufgestellt, bei der 4 Extraktionskammern von einem gemeinsamen Heizmantel umgeben sind. (Bei der Abbildung, Fig. 36, sind die Extraktionskammern zwar zu vieren, aber nicht von einem gemeinsamen Heizmantel umgeben dargestellt worden).

Der Arbeitsvorgang ist nun der folgende: Aus dem Kohlenbunker k über den Extraktoren füllt man die Extraktionskammern mit der getrockneten und zerkleinerten Kohle an und läßt aus dem Lösungsmittelbehälter p das

Benzol auf die Kohle fließen; sobald der Apparat gefüllt ist, hebert wie beim Soxhlet Apparat ein Heberrohr das Benzol ab, das in den Destillator m fließt. Man kann dabei durch Schaugläser, die in die Heberleitung eingesetzt sind, sowohl die Stärke des Benzolstromes beobachten, wie seine Farbe. Auch in die Zulaufleitung zu den Extraktionskammern sind solche Schaugläser eingesetzt. Der Destillator m wird mit Dampf durch Dampfschlangen geheizt und verdampft das mit Montanwachs beladene Benzol, das ihm von den Extraktoren zuläuft. Die Dämpfe umspülen die Extraktionskammern und heizen sie dabei, denn die Lösungsfähigkeit des Benzols wird durch die Erwärmung ganz außerordentlich gesteigert. Die Benzoldämpfe, die aus dem Heizmantel der Extraktionskammern entweichen, werden in dem Kühler n niedergeschlagen, und ein etwaiger Überschuß, der nicht in den Extraktionskammern gebraucht wird, fließt nach dem Lösungsmittelbehälter p. Wenn man an dem Schauglas sieht, daß das Benzol nicht mehr dunkelbraun gefärbt von dem Montanwachs abläuft, sondern nur noch schwach gelb gefärbt ist, entleert man durch einen Dreiweghahn die Extraktionskammern von dem Benzol, das nunmehr direkt zum Destillator m läuft. Es sei bemerkt, daß man durch Vorschalten von Sieben und Filtertüchern im Innern der Extraktionskammern dafür sorgt, daß keine Kohle mit in den Destillator m gerissen wird. Die in den Kammern befindliche extrahierte Kohle ist natürlich mit Benzol gesättigt, und um dieses wieder zu gewinnen, leitet man nun Dampf in den unteren Teil des Extraktors, nachdem man alle Zugänge vom Extraktor zum Destillator m verschlossen hat. Der Wasserdampf verdampft das der Kohle anhängende Benzol und wird mit diesem zusammen zum Kühler n geleitet. Dort schlagen sich beide Dämpfe nieder, und durch eine Florentiner Flasche trennt man dann das flüssige Wasser vom Benzol, bevor das Benzol wieder in den Kreislauf zurückkehrt. Ab und zu öffnet man einen Probehahn am oberen Deckel des Extraktors und prüft durch den Geruch, ob aus der Kohle noch Benzoldampf ausgeblasen wird. Wenn der entweichende Wasserdampf nicht mehr nach Benzol riecht, stellt man den Dampf ab, öffnet nun den unteren Deckel des Extraktors und läßt die extrahierte Kohle in bereitstehende Förderwagen stürzen. Dann wird der untere Deckel wieder geschlossen, nachdem man Sieb und Filtertücher von etwa anhängender Kohle befreit hat, füllt man den Extraktor wieder mit Kohle, und der Prozeß kann von neuem beginnen.

Der ganze Vorgang dauert etwa 5 bis 6 Stunden, wovon das Extrahieren etwa 4 Stunden, das Ausdämpfen $^1/_2$ bis 1 Stunde Zeit in Anspruch nimmt, die übrige Zeit wird für Füllen, Entleeren und Reinigen gebraucht. Die Lösung in dem Destillator m wird natürlich immer konzentrierter, und nachdem der Inhalt verschiedener Extraktorkammern sich darin angereichert hat, sperrt man den Zulauf von Benzol aus dem Extraktor ab und leitet das ganze Benzol nach dem anderen Destillator m'. Der erste Destillator wird nun durch indirekten Dampf und später unter Zuhilfenahme von direktem Dampf von Benzol befreit und das im Destillator verbleibende Montanwachs flüssig nach den Kühlpfannen s gelassen, wo es erstarrt und nach dem Erstarren zerschlagen und in Säcke gefüllt wird.

Die extrahierte Kohle kann zu Feuerungszwecken benutzt werden, sie hat im Heizwert nur wenig eingebüßt, im Vergleich zur Förderkohle ist sie sogar noch heizkräftiger, weil der Wassergehalt durch das Trocknen verringert ist, der auch durch das Wasser, das infolge des Ausdämpfens wieder in die Kohle gelangt, nicht wieder die alte Höhe erreicht. Es ist darauf zu achten, daß die Kohle möglichst vollkommen von dem Benzol durch Ausblasen befreit ist, nicht allein wegen des Benzolverlustes, den man dadurch hat, sondern auch wegen der Feuersgefahr der benzolhaltigen Kohle. Es sind schon mehrfach Unglücksfälle infolge ungenügend ausgedämpfter Kohle vorgekommen.

Der Benzolverlust, den man im Betriebe hat, und wovon das in der Kohle verbleibende Benzol die Hauptquelle ist, beträgt auf das fertige Montanwachs berechnet 15 bis 40 Proz. Je knorpeliger die Kohle ist, um so leichter läßt sie sich ausdämpfen und um so geringer ist im allgemeinen der Benzolverlust. Für den Betrieb einer Anlage zu 8 Kammern von je etwa 1,2 cbm Fassungsraum ist eine Antriebskraft zum Zerkleinern, Sieben, Fördern der Kohle von etwa 20 PS erforderlich. Der Auspuff-Dampf der Dampfmaschine wird am besten gleich zum Betrieb des Trockenofens mit verwendet. Außerdem braucht man Dampf zum Heizen der Destillatoren und zum Ausdämpfen der Kohle. Man kann rechnen, daß man einschließlich des nassen Staubes, der beim Sieben der Kohle entfällt, noch etwa die Hälfte der extrahierten Kohle braucht, um den für den Betrieb der Anlage nötigen Dampf zu erzeugen. — Eine Anlage in der beschriebenen Größe würde mit allen Nebenanlagen vor dem Kriege etwa $^1/_4$ Mill. Mk. gekostet haben, heute sind die Preise natürlich ganz beträchtlich gestiegen, und man kann etwa mit dem 20fachen rechnen[1].

Das Montanwachs, wie es im Betriebe entfällt, stellt nach dem Zerschlagen der Tafeln aus den Kühlpfannen derbe, dunkelbraune Stücke dar, die etwa einen Schmelzpunkt von 80 bis 90° zeigen. Manche Sorten, die sehr harzreich sind, haben einen etwas geringeren Schmelzpunkt; es wird in der Neuzeit an einigen Stellen sogar ein Material gewonnen, das fast ganz aus Harz besteht und den Namen Montanwachs eigentlich nicht mit Recht führt und aus diesem Grunde auch Erdharz genannt wird. Es finden sich aber innerhalb der Fabrikate alle Übergänge von etwa 20 bis 80 Proz. Harz. Der Harzgehalt beeinträchtigt den Wachscharakter des Montanwachses, und es hat nicht an Versuchen gefehlt, dem Montanwachs das Harz zu entziehen. Das geschieht, soweit man es tut, in der Regel dadurch, daß man das feinzerkleinerte Montanwachs in der Kälte mit Benzol oder in der Wärme mit Alkohol auszieht. In kaltem Benzol ist nämlich das eigentliche Montanwachs schwer löslich, gut dagegen das Harz[2]. Für Raffinationszwecke ist ein harzarmes Montanwachs, sei es von Natur aus harzarm oder durch nachträgliches Entharzen dazu vorbereitet, am besten.

Die Extraktion des Montanwachses findet im wesentlichen immer noch nach dem oben geschilderten Verfahren statt, nur verwendet man lieber rotierende

---

[1] Vgl. auch *Matthiae:* Die Verwertung von Braunkohlen zur Montanwachsgewinnung. Chem. Apparatur 1916, Nr. 1 u. 2.

[2] Vgl. auch *Marcusson* und *Smelkus:* Chem. Ztg. 1917, Nr. 41, S. 129 bis 132, 150/51.

Trommeltrockner statt Tellertrockner, da nach Angaben von *Bube*[1] Tellertrockner, namentlich wenn sie überhitzt werden, leicht die Kohle etwas zusammensintern lassen, so daß sie schwer vom Benzol angreifbar wird. Am besten angreifbar ist unberührte Rohkohle, doch verwehrt hier wieder die Gegenwart des Wassers den Angriff des Benzols. Mischt man dagegen Alkohol mit Benzol, so vereinigt das Gemisch die benetzende Kraft des Alkohols mit der Lösungsfähigkeit des Benzols, und die Ausbeute wird wesentlich gesteigert. (D. R. P. Nr. 305 349 vom 9. 8. 16. *Riebecksche Montanwerke.*) Nach diesem Verfahren arbeitet die Hauptproduzentin, die *Riebeckschen Montanwerke.*

Fischer und seine Schüler haben gefunden, daß man durch Extrahieren unter hohem Druck mit Benzol die Bitumenausbeute aus Kohle beträchtlich steigern kann[2]. Der Druck selbst dürfte dabei aber wohl nicht wirksam sein, sondern er ermöglicht nur dadurch, daß er den Siedepunkt des Lösungsmittels beträchtlich heraufzurücken gestattet, die Anwendung höherer Temperaturen. Die Mengen Bitumen, die *Fischer* auf diese Weise schon extrahierter Kohle noch entziehen konnte, sind jedenfalls recht beträchtlich. Von mancher Seite[3] wird angenommen, daß das Bitumen, das sich bei der Druckextraktion mehr gewinnen läßt, erst infolge der höheren Temperatur aus den Celluloseabkömmlingen der Kohle bildet, was aber in Widerspruch steht mit der Tatsache, daß ein Benzol-Alkoholgemisch bei gewöhnlicher Siedetemperatur ähnlich hohe Ausbeute gibt wie die Druckextraktion. Die Ergebnisse der Druckextraktion stehen in gewisser Übereinstimmung mit Versuchen, die *Bergius* in jüngster Zeit angestellt hat[4], das Bitumen selbst bei sehr hoher Temperatur (etwa 300°) aus der Kohle direkt durch hohen Druck herauszupressen. Er erhielt auf diese Weise ganz außerordentlich große Ausbeuten an Bitumen, die sich sonst auf keinem Wege der Extraktion in dieser Höhe gewinnen ließen und die, da das Verfahren ganz ohne Lösungsmittel arbeitet, neue Wege für die Verwertung der Kohle zu weisen scheinen.

C. Die Verwendung.

Das Montanwachs kommt in großen, unregelmäßig gestalteten Stücken, wie sie beim Zerschlagen des Inhalts der Kühlpfannen gewonnen werden, in den Handel, gewöhnlich in Säcken zu 50 kg Inhalt verpackt. Wie schon früher erwähnt, wird jetzt der weitaus größte Teil in Form von Rohmontanwachs verwendet. Ursprünglich diente es hauptsächlich zur Herstellung von Schuhcreme und von Phonographenwalzen in Amerika, während des Krieges jedoch stellte man daraus im Gemisch mit Mineralöl Starrschmieren her oder konsistente Fette und verwendete es zum Leimen in der Papierindustrie.

---

[1] Jahrbuch des Halleschen Verbandes für die Erforschung der mitteldeutschen Bodenschätze, Heft 2, S. 236.

[2] Gesammelte Abhandlungen zur Kenntnis der Kohle, Bd. II, S. 57.

[3] Jahrbuch des Halleschen Verbandes für die Erforschung der mitteldeutschen Bodenschätze, Heft 2, S. 237.

[4] Privatmitteilung.

Der Rückstand von der Destillation des Montanwachses, das sogenannte Montanpitch oder Montanpech, wird bei der Kabelfabrikation und als Isoliermittel gebraucht. Nach Versuchen von *Fischer* und *Schneider*[1] läßt sich das Montanwachs durch Luft unter hohem Druck zu Fettsäuren abbauen.

Viele Versuche sind angestellt worden, das Montanwachs zu raffinieren, denn die wünschenswerten Eigenschaften des Montanwachses würden dadurch außerordentlich gesteigert werden, wenn es gelingen würde, die dunkle Farbe des Rohstoffes zu beseitigen. Durch verschiedene Verfahren ist zwar die Beseitigung der Farbe möglich, so durch Destillation im Vakuum, Pressen und Reinigen des dabei entstandenen Produktes, durch Behandeln mit Säuren u. dgl., leider gingen aber dabei die wertvollen Eigenschaften des Montanwachses, vor allem seine Härte und Sprödigkeit, verloren. Ohne auf die Verfahren näher eingehen zu wollen, seien hier nur die Verfahren Kl. 23e, B. 43692, Sch. 29502, A. 15182, N. 8762, M. 44123, B. 51256 erwähnt, ferner D. R. P. Nr. 216281, auf die Interessenten hingewiesen seien. Den besten Erfolg auf diesem Gebiete hat bis jetzt die *Ernst Schliemannsche Export-Ceresin-Fabrik* erzielt, indem sie, von der richtigen Erkenntnis ausgehend, daß die Veränderung des Charakters des Montanwachses vor allem durch die Spaltung der Ester bewirkt wird, an das Ende der Reinigungsperiode, wobei zum größten Teil freie Säuren erhalten werden, wieder rückwärts eine Veresterung dieser Säuren anschloß, und zwar wurde die Veresterung, da man die ursprünglichen Alkohole nicht mehr unzersetzt zur Verfügung hatte, durch Glycerin vorgenommen. Das so erhaltene Produkt soll namentlich infolge seiner Härte und Sprödigkeit an den Charakter des ursprünglichen Montanwachses erinnern.

Die Preise des Montanwachses waren großen Schwankungen unterworfen. Während vor dem Kriege 1 kg Montanwachs etwa 50 Pfg. mit Schwankungen nach unten und oben kostete, stieg der Preis im Kriege und nach dem Kriege im freien Handel bis auf 25 Mk. das Kilogramm, um wieder auf etwa 5 Mk. zu fallen und jetzt auf 11 Mk. zu steigen. Es sind in letzter Zeit eine Anzahl sehr großer Fabriken entstanden und die gegenwärtige Jahresproduktion mag vielleicht 10 bis 15000 t betragen, wenn die Fabriken voll ausgenützt werden[2].

---

[1] Chem. Ztg. 1920, S. 711.

[2] Neuerdings wird auch in England (Chem. Umschau 1920, Heft 10, S. 101) aus Braunkohle Montanwachs hergestellt; der Lignit von Devonshire soll bei der Extraktion 10—40 % Bitumen ergeben.

Sechstes Kapitel

Die Destillation der Schwelteere und der Schwelteeröle.

Wie schon gesagt ist, gelangen die Schwelteere, nachdem sie in den Sammelbehältern der Schwelanlagen möglichst vom Wasser befreit sind, in die Mineralöl- und Paraffinfabrik. Hier wird der Teer aus den zur Beförderung benutzten Bassinwagen nach großen eisernen oder zementierten Behältern abgelassen, und um immer einen Durchschnittsteer zu verarbeiten, angesammelt. Da der Teer bei gewöhnlicher Temperatur erstarrt, so müssen zu seiner weiteren Beförderung mit Dampf geheizte Rohre benutzt werden. Die Arbeit der Fabrik zerfällt in drei Hauptteile: 1. die Destillation, 2. die chemische Behandlung des Schwelteers und seiner Destillate und 3. die Paraffinfabrikation.

Die folgenden drei Kapitel werden in dieser Reihenfolge die Arbeit der Mineralöl- und Paraffinfabrik behandeln.

A. Das Destillationsverfahren.

Wir werden im nachstehenden die Destillationsapparate beschreiben, die bei den in den Schwelteerindustrien gebräuchlichen Destillationsverfahren in Frage kommen. Es sind dieses die Destillation bei gewöhnlichem Luftdrucke, die im luftverdünnten Raume und die Dampfdestillation. Daneben ist noch die kontinuierliche Destillation und die Druckdestillation anzuführen.

Jede Destillation des Braunkohlenteers bezweckt durch Erhitzen des Rohstoffes und durch Verdichten der dabei entstehenden Dämpfe die Zerlegung des Rohstoffes in seine Glieder nach den Siedepunkten und dem Paraffingehalte. Bei der Destillation, die bei gewöhnlichem Luftdrucke geschieht, wird mit der Zerlegung des Rohstoffes eine Zersetzung unter Abscheidung von Kohlenstoff (Blasenkoks) verbunden sein, die weitgehender ist, als wenn die Destillation im luftverdünnten Raume ausgeführt wird. Bei dieser zuletzt genannten Destillation werden die Destillationstemperaturen, da der Luftdruck verringert ist, herabgedrückt, und die entstehenden Dämpfe sind weniger der Zersetzung ausgesetzt. Bei der Dampfdestillation wird derselbe Zweck durch Zuführung von Wasserdampf erreicht. Hier hüllt der Wasserdampf die Destillationsdämpfe ein und schützt sie so vor Zersetzung, vor allem entfernt er sie schnell aus dem Bereiche der aufspaltend wirkenden hohen Temperatur.

Da zum Sieden von verschiedenen Flüssigkeiten, die sich nicht mischen, nicht der ganze etwa 760 mm betragende Druck jedes einzelnen zu destillierenden Körpers nötig ist, sondern sich die Dampfspannungen addieren, bis sie zusammen den Atmosphärendruck erreichen, so wird naturgemäß bei der Dampfdestillation zum Sieden eine niedrigere Dampfspannung und mithin auch eine niedrigere Temperatur erforderlich sein, als wenn jede Flüssigkeit einzeln destilliert wird. Man kann dabei auch die eine Flüssigkeit, in diesem Falle Wasser, schon in Dampfform zuführen. Die Einführung des Dampfes wirkt also wie eine gewisse Luftverdünnung und je mehr Dampf man anwendet, umsomehr kann man den Siedepunkt des zu destillierenden Körpers herabsetzen.

Die genannten Destillationsverfahren werden so durchgeführt, daß man die Füllung eines Apparates abdestilliert und aus der damit verbundenen Kühlanlage die einzelnen Glieder des Rohstoffes nacheinander auffängt. Ist die Anordnung der Apparate so getroffen, daß beständig neues Füllgut zufließt und an verschiedenen Stellen der Kühlanlage die einzelnen Glieder des Rohstoffes zu gleicher Zeit verdichtet und abgelassen werden, so hat man eine kontinuierliche Destillation.

Das Druckdestillationsverfahren beruht darauf, den Dampf schwerer Öle unter einem bestimmten Drucke zu zersetzen. Das Verfahren darf nicht mit dem Zersetzen der Öldämpfe durch Überhitzen, Kraken, verwechselt werden.

Die Einzelheiten der Destillationsverfahren werden bei den Apparaten beschrieben.

B. Die Destillation in der sächsisch-thüringischen Industrie.

Die Destillationsapparate.

Der Destillationsapparat besteht aus dem Destillationsgefäße, Blase genannt, und dem Kühlgefäße, das die Kühlschlange enthält. Ähnliche Einrichtungen sind bei der Destillation des Steinkohlenteers, des Erdöls und des Sprits im Gebrauche.

Die Blasen bestehen in der Regel aus Gußeisen, seltener aus Schmiedeeisen. Die von *Krey* versuchsweise benutzten Blasen aus Gußstahl haben sich nicht bewährt. Die Blase enthält in der Regel bis zu $^2/_3$ ihres Fassungsraumes gefüllt 2 bis 2,5 cbm Teer oder Öl. Größere Blasen aus Gußeisen werden nicht benutzt und solche aus Schmiedeeisen nur in einigen Fabriken in beschränkter Anzahl. Die Form der Blase ist aus den Fig. 37 und 38 zu ersehen. Sie ist 1,54 m hoch und besitzt eine obere lichte Weite von etwa 1,70 m. An dem Flansche der Blase *A* ist der gleichfalls aus Gußeisen bestehende Deckel *B* angeschraubt und gut gedichtet. Der Deckel besitzt seitlich einen

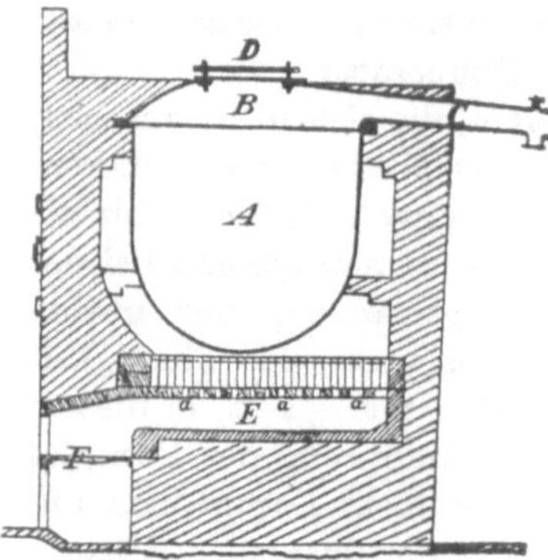

Fig. 37.

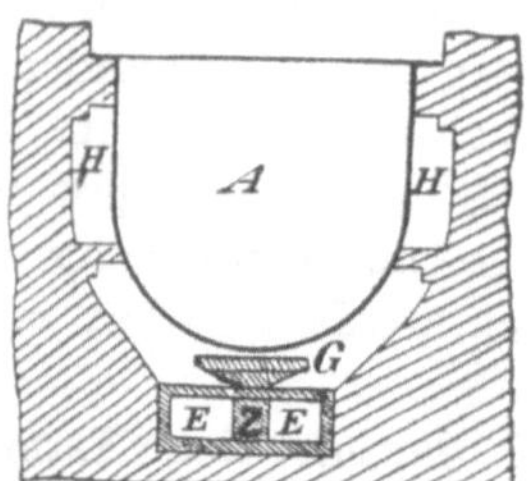

Fig. 38.

Fig. 39.

etwa 50 cm langen Abzug für die Destillationsdämpfe *C* (Rüssel) mit ovalem Querschnitte. In der Mitte des Deckels befindet sich das Mannloch *D*, dessen Durchmesser etwa 50 bis 60 cm beträgt, und das während der Destillation durch Deckel mit Bügel und Keilverschluß geschlossen ist.

Die Einmauerung der Blase wird in verschiedener Weise ausgeführt, die alle denselben Zweck verfolgen, bei möglichst großer Ausnutzung der Hitze die Blase selbst, im besonderen den Blasenboden, zu schonen und ihn nicht direkt dem Feuer auszusetzen. Das mit dem Feuer in Berührung kommende Mauerwerk ist der größeren Haltbarkeit wegen aus Schamottesteinen hergestellt. Das Feuer zieht vom Planroste *F* aus nach *E* unter die Blase, wird durch die Feuerzunge *z* geteilt und durch eine, 8 Schlitze *a a* bildende Brücke gebrochen. Diese Schlitze erweitern sich, um eine gleichmäßige Ausbreitung des Feuers zu ermöglichen, vom Roste aus nach hinten. Der Blasenboden ist gegen das direkte Feuer durch einen auf die Zunge gemauerten Schutz *G* verwahrt. Die Feuergase streichen von den Schlitzen aus um *G* herum, dann erst darüber hin nach dem Blasenboden und dem oberen Teile der Blase *H*.

Der beschriebene Apparat wird benutzt, wenn die Destillation bei gewöhnlichem Atmosphärendrucke ausgeführt wird. Geschieht hingegen die Destillation im luftverdünnten Raume, so kommt eine Blase zur Anwendung, wie sie Fig. 39 zeigt. Die Form *A* ist dieselbe, sie hat jedoch am Boden eine Öffnung von 80 mm lichter Weite mit äußerem Flansche, an dem ein Rohr *L* angeschraubt ist, das durch einen Hahn *H* gegen eine Rohrleitung abgeschlossen wird. *L* ist durch Ummauerung von ringförmigen Schamottesteinen gegen das

Feuer geschützt. Diese Blase ist nach den schon angeführten Grundsätzen eingemauert; das Feuer zieht vom Roste F durch Schlitze nach der Blase. Die Blase wird durch Riegelsteine gestützt, die in die Wand eingemauert sind. Die Feuergase umstreichen die Wandungen und fallen durch den Kanal J nach dem Verbindungs- kanal V, und von da entweichen sie nach dem Schornsteine. E ist das auf der Blase an- gebrachte Sicherheitsventil, das bei einem Überdrucke von etwa $^1/_2$ Atm abbläst.

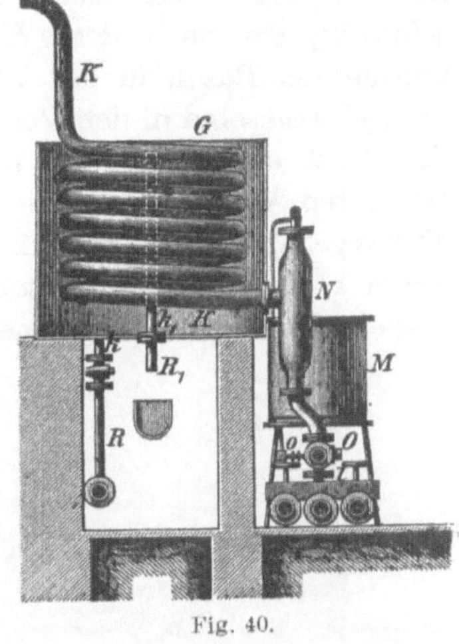

Fig. 40.

Der Rüssel C der Blase ist mit der Kühl- schlange K verbunden, wie es Fig. 40 darstellt. K ist etwa 25 m lang und besteht aus Blei- oder Eisenrohr. Die letzteren sind entweder ge- bogene Gasrohre oder gußeiserné Rohre, die in halbkreisförmigen Ringen mit Flanschen die Schlange zusammensetzen. Die Kühl- schlange ruht in einem eisernen Kühl- gefäße G. Die Kühlung geschieht mit Wasser, das unten zu- und oben abläuft. In der Abbildung ist $R\,k$ das Zulauf- und $R_1\,k_1$ das Ablaufrohr. Als Kühlfläche für eine Blase rechnet man 8 bis 9 qm.

Wenn bei Atmosphärendruck die Destillation vor sich geht, so fließt das in der Kühlschlange verdichtete Öl, wie es Fig. 41 zeigt, in einen als Gasfänger dienenden kleinen Behälter H, aus dem es durch verstellbaren Trichter in Rohrleitungen und nach den verschiedenen Sammelbehältern geführt wird. Die sich nicht verdichtenden Destillationsgase, Blasengase, entweichen durch das Ableitungsrohr r in die Luft oder werden in einem Gasometer zur weiteren Verwendung aufgefangen.

Wird die Destillation im luftverdünnten Raume vorgenommen, so ist die Einrichtung derart getroffen, daß durch einen Saugapparat, der am Ende der Kühl- schlange (Vorlage) wirkt, die Luftleere in der Blase hergestellt wird. Man nimmt hierzu entweder einen *Körting*schen Luftsauger oder eine Luftpumpe; beide haben sich im Betriebe gleich gut bewährt. Die bei dieser Destillation in Anwendung kommenden Apparate sind zwar in den einzelnen Fabriken verschieden, ohne sich jedoch in ihrer Wirkung grundsätzlich zu unter- scheiden. Es soll im nachstehenden der Apparat be- schrieben werden, wie er in der Fabrik Webau der *A. Riebeckschen Montanwerke* in Gebrauch ist. Die Fig. 40 und 42 zeigen die An- ordnung im Schnitt und in der Vorderansicht. An dem Ende der Kühl- schlange K befindet sich ein langgestrecktes, ausgebauchtes und mit dem

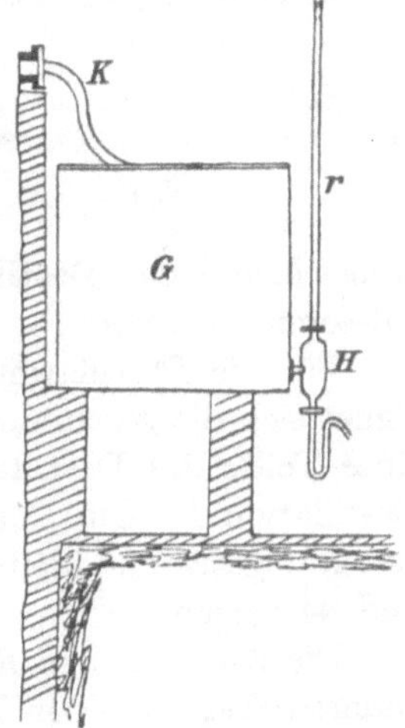

Fig. 41.

Schauglase P versehenes Gußstück N, das Fischbauch genannt wird. Dieser besitzt als Abschluß den Vierwegehahn O, der durch seitliche Rohre mit den Destillationsvorlagen M und M_1 verbunden ist. Diese Vorlagen fassen je 150 l. Am oberen Flansche des Fischbauches ist das Rohr r angeschraubt, das nach dem *Körting*schen Luftsauger führt, der den luftverdünnten Raum in der Blase und durch die Verbindungsrohre e und e_1 auch abwechselnd in den Vorlagen herstellt. Ein Quecksilbervakuummeter V, das durch ein enges Rohr mit der Blase verbunden ist, zeigt das Maß der erreichten Verdünnung an. Mit dem Haupthahne O ist noch ein kleinerer Vierwegehahn o fest verbunden, der den erwähnten Anschluß der Vorlagen durch e und e_1 zum Luftsauger herstellt oder sperrt. Ist dieser Anschluß gesperrt, so ist die Vorlage nach außen geöffnet. Befindet sich z. B. der Hahn

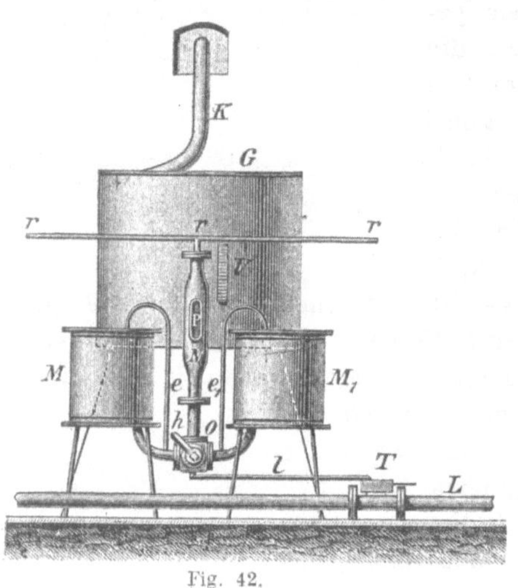

Fig. 42.

O mit seinem Hebel h in der auf Fig. 42 wiedergegebenen Stellung, so ist die Vorlage M nach dem Fischbauche zu geschlossen, während ihr Ablauf geöffnet und durch e die Verbindung mit der äußeren Luft hergestellt ist. Das Destillat läuft aus M durch das Rohr l nach dem Trichter T ab und ergießt sich in die Rohrleitung L. Zur selben Zeit ist dagegen die Vorlage M_1 mit dem Fischbauche und durch e_1 mit dem Luftsauger verbunden. Das Destillat aus der Kühlschlange läuft nach M_1.

Am Schauglase P wird beobachtet, wann eine Vorlage gefüllt ist, und es bedarf nur des Umlegens vom Hebel h, um das Destillat in die andere Vorlage zu leiten und die gefüllte entleeren zu lassen.

Für die Destillation des Braunkohlenteers und der paraffinreichen Öle eignet sich die geschilderte Vorlageeinrichtung wegen des leichten Erstarrens eines Teiles des Destillates in dem engen Fischbauche weniger als für die Destillation der Öle. Man läßt bei dem zuerst genannten Füllgute den Fischbauch wegfallen und leitet das Destillat direkt in die Vorlage, wie es die Fig. 43 und 44 zeigen.

Die Kühlschlange K mündet hier in ein Dreiwegestück W, dessen zwei anderen Wege mit den beiden Vorlagen M M verbunden sind. Auf den Vorlagen ist ein T-Stück mit den Hähnen c i angebracht. An c saugt durch Rohr r der *Körting*sche Luftsauger und durch i wird die Verbindung mit der äußeren Luft hergestellt. Die Vorlagen sind wie bei der schon geschilderten Einrichtung abwechselnd in Tätigkeit. In der einen herrscht Luftverdünnung, und das Destillat fließt durch den geöffneten Verbindungshahn ein. Aus der anderen läuft das Destillat durch b ab, nachdem c geöffnet und der Verbindungshahn nach der Kühlschlange geschlossen ist. Jede der Vorlagen hat am oberen Rande ein Schauglas a, an dessen Füllung man die der Vorlage selbst erkennen kann.

Bei der Arbeit unter Vakuum mit Wechselvorlagen kann das Destillat nicht dauernd, sondern nur beim Auslaufen der Vorlagen beobachtet und geprüft werden. Häufig ist aber zur Kontrolle eine ununterbrochene Prüfung und damit der dauernde freie Austritt der Destillate erwünscht. Dieser wird durch die von *Raschig*[1] beschriebene Vorrichtung, die in einigen Fabriken Eingang gefunden hat, erreicht, und zwar dadurch, daß der Kühler über die Destillierblase zu stehen kommt, und zwar so hoch, daß das in der Blase herrschende Vakuum durch den Flüssigkeitsdruck des vom Kühler ablaufenden Destillates überwunden wird. Die Höhe der Kühlerstellung richtet sich also

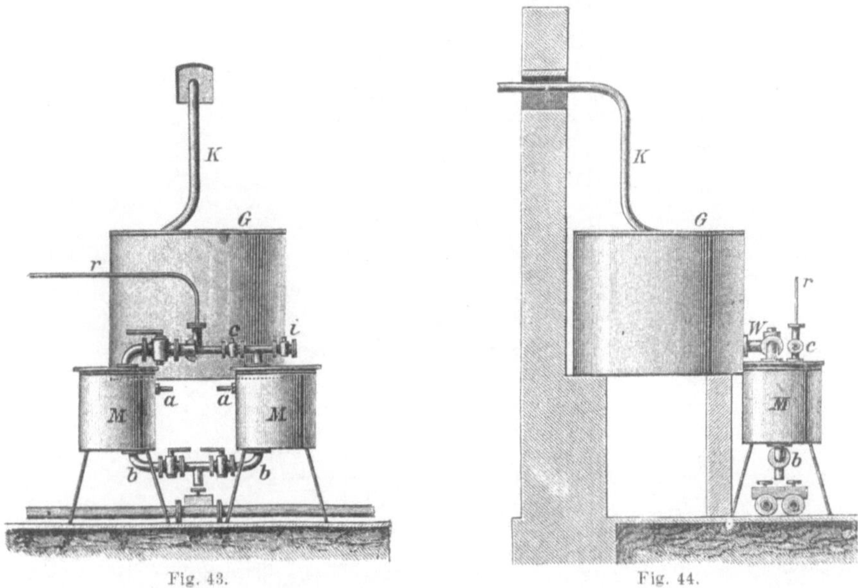

Fig. 43.Fig. 44.

nach der Höhe des benötigten Vakuums und dem spez. Gewicht des Destillates. Aus Fig. 45 ist die Anordnung ersichtlich.

Die aus der Destillierblase A kommenden Dämpfe werden durch das gut isolierte Rohr a nach dem hochstehenden Kühler b geführt. Die verdichteten Destillate gelangen aus dem Kühler zunächst nach einer Vorlage c von etwa 50 l Inhalt, von wo sie am Boden abgeführt und durch das Fallrohr h nach dem auf dem Boden stehenden Sammelgefäß f geleitet werden. Das Vakuum saugt durch das Rohr d an der Vorlage c und wird durch den dem Bedienungsmann leicht erreichbaren Hahn e geregelt. Das Sammelgefäß f, dessen Inhalt etwas größer ist als der des Fallrohres h, muß dauernd mit Öl gefüllt sein, damit bei Beginn der Destillation, wenn die Blase unter Unterdruck gesetzt wird, keine Luft eingesaugt werden kann. v_1 und v_2 sind Vakuummeter. Das

---

[1] *Raschig:* Zeitschr. f. angew. Chemie 1915, Aufsatzteil, Bd. I, S. 409.

Destillat fließt dauernd durch *g* frei aus. Die Hochstellung des Kühlers hat weiter den Vorteil der einfacheren Bedienung und einer besseren Fraktionierung durch das Steigrohr *a*, das bis zu einem gewissen Grade als Kolonne wirkt. Die Vorrichtung hat sich besonders bei Destilliergefäßen größeren Inhaltes, z. B. bei schmiedeeisernen Blasen von 80 bis 100 dz und mehr Inhalt als sehr zweckmäßig erwiesen.

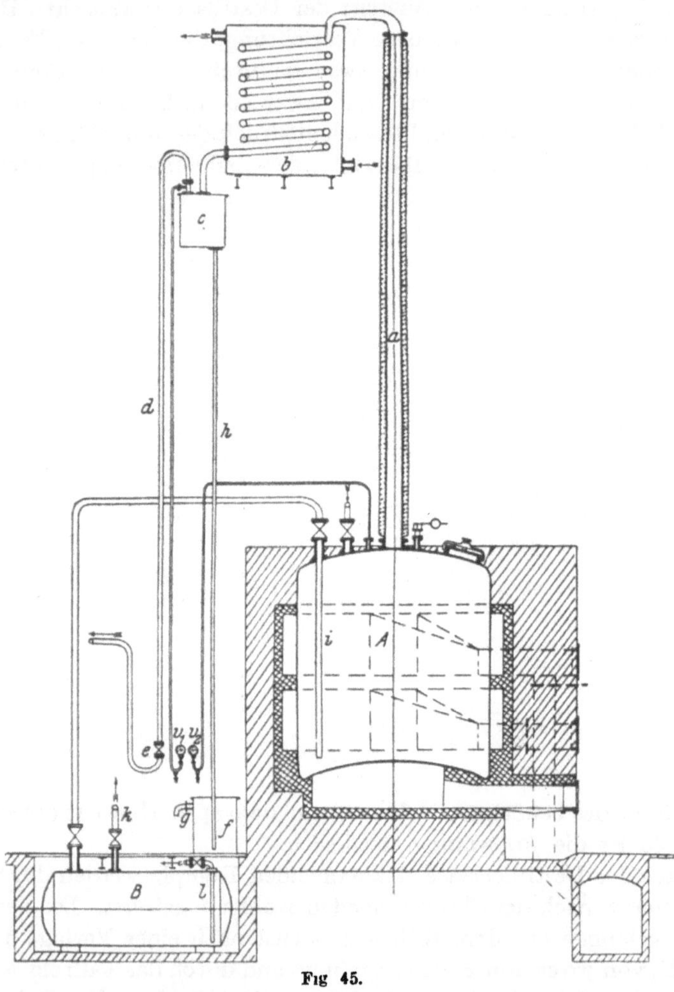

Fig 45.

Die durch die Saugeinrichtung abgesogenen Gase, Blasengase, werden durch einen Kühler geleitet und hier von den beigemischten Wasserdämpfen befreit. Dann führt man sie ihrer weiteren Verwendung zu, worüber später berichtet wird, oder läßt sie in die Luft entweichen.

Um die Trennung der einzelnen Glieder bei der Destillation von leichtsiedenden Teerölen schärfer durchzuführen, können die Blasen Aufsätze (Kolonnen) von 1 bis 2 m Höhe erhalten, die den bei der Spiritusdestillation gebräuchlichen ähnlich sind und innen siebartig durchlochte Bleche tragen.

Bei der Destillation von Generatorteeren werden auch große Blasen mit sehr gutem Erfolg verwendet. So destilliert *Schnell*[1] in Blasen mit 15 t Inhalt. Er hat auch solche von 26 t Inhalt angewandt und dabei sehr gute Ergebnisse erzielt. Die Blasen bestehen aus Schmiedeeisen und haben 500 bis 700 Chargen bis jetzt durchgesetzt, ohne unbrauchbar zu werden; es wurde dabei sowohl auf Weichpech wie auf Hartpech destilliert. Die angewandten Temperaturen betrugen im Höchstfalle 350 bis 370°. Die Böden der Blasen sind 18 mm stark, die Mäntel 14 mm. Da die Generatorteere stark wasserhaltig zu sein pflegen, so ist, um ein Überschäumen zu vermeiden, eine gute Entwässerung nötig. *Schnell* führt diese so aus, daß er in einem Destilliergefäß entwässerten Teer überhitzt und durch eine Schlange, die in diesem Teer liegt, aus einem andern Vorratsgefäß, das vorgewärmten Teer enthält, den noch wasserhaltigen Teer einsaugt. Der Teer wird dabei überhitzt, da sich die Schlange ja in einem Heizbade von überhitztem Teer befindet, und gibt beim Ausströmen aus der Schlange sofort das Wasser und Leichtöl in Dampfform ab, die im Vakuum abgesaugt und zur Kondensation gebracht werden.

Mit noch größeren Abmessungen der Destillationsgefäße arbeitet die neuentstandene Schwelgeneratorteerindustrie, die sich in ihrer Arbeitsweise direkt an die der Erdölindustrie anlehnt. Es werden Großraumblasen von 30 bis 40 cbm Inhalt verwendet, die in Batterien hintereinander geschaltet sind, so daß die Destillation des Teeres kontinuierlich vor sich geht und jede Blase immer nur ein und dieselbe Fraktion liefert. Die Blasen sind wie die Dampfkessel mit einem Wellflammrohr versehen, durch das zuerst die Heizgase gehen und dann die Blase von unten umspülen. Hierdurch wird einmal erreicht, daß die Blasen ruhig destillieren, da die über dem Wellrohr stehende Flüssigkeitsschicht natürlich nicht so hoch ist, als wenn die Blasen direkt vom Boden aus beheizt werden, ferner setzen sich Schlamm und Koks am Boden fest, wo die Temperatur nicht so hoch und die Gefahr des Durchbrennens dadurch gemindert ist. Die Blasen bestehen aus Schmiedeeisen und werden unter Hochvakuum betrieben. Auf solchen Blasen destilliert man natürlich nicht bis auf Koks, sondern nur bis auf noch schmelzenden Teerrückstand, der schließlich auf besonderen Krackblasen zur Trockne destilliert wird. Die heißen Destillatdämpfe werden gleich mit zum Vorwärmen des frischen Teers ausgenützt. — Die bis jetzt in der Industrie arbeitenden bzw. aufgestellten Anlagen, die in dieser Weise Schwelgeneratorteer destillieren, sind von der *Brünn-Königsfelder Maschinenfabrik* entworfen und ausgeführt. (Vgl. S. 118.)

Der Destillationsbetrieb.

Bei der Destillation, die ohne Luftverdünnung vorgenommen wird, geschieht die Füllung der Blase, indem das Füllgut, Teer oder Öl, aus einer Rohrleitung durch das geöffnete Mannloch in die Blase läuft. Der

---

[1] Betriebserfahrungen mit Braunkohle und Generatorteer. Privatdruck, Falkenstein 1920.

letzte Teil der Rohrleitung ist zwischen 2 Blasen beweglich an die Hauptfülleitung angeschlossen, so daß er, nachdem eine Blase gefüllt ist, nach der anderen gedreht wird. In die Hauptleitung wird das Füllgut entweder durch gepreßte Luft aus einem Druckkessel gedrückt, oder es wird gepumpt, falls es nicht, was das einfachste ist, von einem· höherstehenden Gefäße dahin läuft. Die Blase wird bis $^2/_3$ ihrer Höhe gefüllt.

Wenn der Teer vor der Destillation einer chemischen Behandlung unterworfen gewesen ist, so gibt man der Füllung einen Zuschlag von $^1/_4$ bis $^1/_2$ Proz. gelöschtem Kalk. Den Ölen setzt man in einigen Fabriken festes Ätznatron, $^1/_4$ bis $^1/_2$ Proz., oder Natronlauge vor der Destillation zu. In den früheren Jahren benutzte man noch Zuschläge anderer Art, wie Braunstein und Chlorkalk. Man bezweckt durch die Zuschläge den bei der Destillation sich entwickelnden Schwefelwasserstoff zu binden und zum andern den Kreosotgehalt der Destillate herabzudrücken[1]. Der Kreosotgehalt wird tatsächlich auch um ein geringes vermindert, auch der Geruch der Destillate etwas verbessert, der Schwefelgehalt dagegen wird nicht beeinflußt.

Man destilliert in der Regel die Blase zur Trockne, d. h. man destilliert so lange, bis ein fester Rückstand, Blasenkoks, bleibt. Zuweilen destilliert man nur $^3/_4$ der Füllung, drückt nach dem Erkalten den Rest aus verschiedenen Blasen nach einer besonderen und destilliert diese zur Trockne.

Ist die Destillation beendet, so wird nach dem Erkalten die Blase von dem Blasenkoks gereinigt, was mit besonders dazu eingerichteten spatenartigen Eisen und Schaufeln von außen durch das Mannloch geschieht. Nach jeder Destillation und vor Beginn einer neuen wird die Kühlschlange durch Einströmenlassen von Dampf gereinigt, der in die Mitte des Rüssels einmündet.

Eine Blasenfüllung von 20 bis 25 dz Teer oder Öl braucht in der Regel 10 Stunden Zeit zur Destillation und erfordert im Durchschnitt 10 hl Feuerkohle zum Beheizen. Jede Blase wird täglich früh gefüllt, und die Destillation ist abends beendet, es wird also ohne Nachtschicht in diesen Destillationsanlagen gearbeitet. Ein Feuermann bedient 8 bis 10 Blasen und ein Destillateur, der den Gang der Destillation beobachtet und für die Weiterbeförderung der erhaltenen Destillate sorgt, hat 14 bis 16 Blasen zu überwachen.

Der erste Vakuumdestillationsapparat in der Braunkohlenteerindustrie ist von *Krug* benutzt worden, nachdem schon *Wagemann*[2] bei Beginn der Industrie Versuche damit angestellt hatte. In größerem Umfange ist dieses Destillationsverfahren von *Krey* eingeführt, der im Jahre 1884 die drei Mineralölfabriken der A. Riebeckschen Montanwerke damit einrichtete. *Krey* gründete auf ihre Anwendung ein bestimmtes System der Destillationsanlage, das einmal zum Wegfall des Reinigens jeder Blase führte und zum anderen die zwei bis dreimalige Benutzung einer Blase, mit Nachtarbeit, in einer Zeit von 24 Stunden gestattete. Gereinigt werden nur regelmäßig die Rückstandsblasen, die den Rückstand der übrigen Blasen aufnehmen. Daß

---

[1] *Krug:* Hübners Zeitschr. f. d. Paraffin-, Mineralöl- u. Braunkohlenindustrie 1878, 32.

[2] Dinglers Polytechn. Journ. **139**, 43.

bei dieser Arbeitsweise, die schon vorher in der Steinkohlenteer- und Stearin-destillation Anwendung gefunden hatte, eine weit geringere Blasenzahl gebraucht wird als bei dem anderen Verfahren, liegt auf der Hand.

Die Füllung der geschlossenen Blase geschieht durch die in den Blasendeckel mündende Fülleitung (S in Fig. 39), und zu gleicher Zeit saugt der *Körting*sche Luftsauger an der Blase, um die Füllung zu beschleunigen. In etwa 10 Minuten sind etwa 10 Blasen gefüllt. Durch einen in den Blasendeckel eingefügten Meßstutzen wird die Höhe des Blaseninhaltes gemessen.

Jetzt sind die *Körting*schen Dampfstrahl-Exhaustoren, die große Dampf-fresser waren, fast überall durch Luftpumpen ersetzt worden, die mit einem Bruchteil des Dampfes auskommen, und außerdem den Vorteil haben, daß man den Auspuffdampf der Dampfmaschine für Heizzwecke benutzen kann, während man den Dampf der Dampfstrahlsauger durch besondere Kühler niederschlug, was außerdem noch einen Aufwand an dem in vielen Fabriken so kostbaren Kühlwasser erforderte. Die früher gehegten Befürchtungen, daß die stark schwefelwasserstoffhaltigen Destillationsgase die Kolben und Zylinder der Luftpumpen angreifen würden, hat sich nicht bestätigt.

Man stellt den Luftsauger während der Destillation so ein, daß bei Beginn nur ein geringes Vakuum herrscht, da man das erste Destillat zweckmäßig eine mäßige Zersetzung erleiden lassen will. Dann steigert man das Vakuum allmählich und destilliert, sobald das paraffinhaltige Destillat auftritt, in einem Vakuum, das einer Quecksilbersäule von 40 bis 50 cm entspricht. So vermeidet man die Zersetzung dieses wertvollen Bestandteiles des Teeres. Nach 6 bis 7 Stunden sind die gewünschten drei Viertel des Füllgutes destilliert. Den auf der Blase verbleibenden Rückstand läßt man etwa $1^1/_2$ Stunde abkühlen und entfernt ihn dann durch Öffnen des Hahnes H aus der Blase. Das Ablassen der Rückstände am Boden der Blase hat den Nachteil, daß bei Undichtigkeiten an der Ablaßvorrichtung die austretenden heißen Rückstände sich entzünden, wodurch der Arbeiter, der den in einem Tunnel gelegenen Hahn H öffnet, gefährdet wird; auch leidet die Sicherheit des Betriebes durch leicht entstehende Brände. Durch Absaugen der Rückstände lassen sich diese Übelstände beseitigen. Aus Fig. 45 ist die zum Absaugen benötigte Vorrichtung ersichtlich. Der Kessel B, der die heißen Rückstände aufnimmt, ist mit der Blase A durch ein Rohr i verbunden, das bis auf den Boden der Blase reicht. Durch Evakuieren des Rückstandskessels bei k, was durch die Destillations-vakuumpumpe geschehen kann, tritt der Rückstand infolge der Druckverminderung von der Blase nach dem Kessel über. l ist die Saugleitung zum Wegpumpen des Rückstandes aus dem Kessel nach den Rückstandsblasen. Bei dieser Art der Entfernung des Rückstandes aus den gußeisernen Blasen wird eine nach Art der in Fig. 37 beschriebenen Blase verwendet. Die Rückstände der Blasen werden in einem Behälter, eisernem Kessel oder Grube aus Beton, gesammelt. Diese Rückstände werden auf Blasen ohne Ablaßvorrichtung, Rückstands-blasen, gefüllt und bis zur Trockene destilliert. Aus diesen wird der verbliebene Blasenkoks in der üblichen Weise entfernt.

Die Destillationsblasen selbst werden nach Ablassen des Rückstandes wieder gefüllt und eine neue Destillation beginnt. Man kann wöchentlich, Nachtarbeit eingeschlossen, 15 bis 16 Destillationen ausführen. Nach 2 bis 3 Wochen werden die Blasen geöffnet und von der geringen Menge Koks und Ruß, die sich angesetzt hat, gesäubert.

Als Feuerungsmaterial braucht man einschließlich der Rückstandsblase für 20 dz Rohstoff 8 bis 9 hl Braunkohle, während die Bedienungsmannschaften dieselben wie bei dem anderen Destillationsverfahren sind.

Die Destillation im luftverdünnten Raume hat vor der Destillation bei gewöhnlichem Luftdrucke mancherlei Vorteile. Man erspart Brennmaterial, da man die Destillation, von kurzen Unterbrechungen abgesehen, während der Woche beständig aufrecht hält und erzielt vor allem eine größere Ausnutzung der Apparate.

Das Dampfdestillationsverfahren[1] ist gleichfalls in der sächsich-thüringischen Industrie in Gebrauch. Man läßt entweder den Wasserdampf während der Destillation im oberen Teile der Blase über dem Füllgute einmünden, so daß er die Destillationsdämpfe vor Zersetzung bewahrt und ihr Entweichen nach der Kühlschlange beschleunigt, oder leitet ihn, was weit häufiger geschieht, bis zum Boden der Blase und läßt ihn da einströmen. Nötigenfalls wird der Wasserdampf vorher überhitzt, zumal wenn kein solcher von hoher Spannung zur Verfügung steht. Immerhin ist die Dampfdestillation beschränkt und allgemein wohl nur für zwei besondere Fälle üblich. Einmal wendet man sie an, um den Entflammungspunkt der Öle zu erhöhen, indem man die leichtsiedenden Teile abdestilliert. Zum anderen benutzt man sie bei der Destillation von spezifisch leichten Ölen. Hier schaltet man die direkte Beheizung des Destillationsgefäßes aus und baut eine geschlossene Dampfleitung in das Gefäß ein. Am zweckmäßigsten nimmt man wegen der ausgedehnten Heizfläche Rippenrohre, die durch Kondenstopf abgeschlossen sind. Das Öl wird durch die Dampfleitung erhitzt, und zu gleicher Zeit läßt man auf dem Boden der Blase überhitzten Dampf einströmen.

Zur Destillation der leicht siedenden Öle mit Dampf werden zweckmäßig Kolonnenapparate verwendet. Diese gestatten einen kontinuierlichen Betrieb verbunden mit einer scharfen Fraktionierung der einzelnen Destillate, wie sie in der Blase nicht erhalten werden kann. Die Arbeitsweise der Kolonne sei an Hand der Fig. 46, die eine Kolonne ähnlich den in der Spiritusdestillation verwendeten darstellt, erläutert: Das Destilliergut tritt bei a in die Kolonne ein, fließt durch den Verteilungsteller h und passiert nacheinander die einzelnen Destillationsböden e; bei c erfolgt der Eintritt des direkten, möglichst überhitzten Dampfes, der die Destillatdämpfe nach den Rektifikationsböden f bringt, wo die eigentliche Fraktionierung erfolgt. Die am leichtesten siedenden Bestandteile entweichen, nachdem sie den wassergekühlten Deflegmator g passiert haben, bei d nach dem Kühler, wo sie verdichtet werden. In dem Deflegmator erfolgt durch Niederschlagen der schwereren Anteile, die in die Kolonne zurückfließen, eine weitere Fraktionierung. Von den einzelnen

---

[1] Vgl. S. 102.

Rektifikationsböden können durch die Hähne i Destillate verschiedenen spez. Gewichtes in flüssiger Form abgezogen werden. Die Fraktionierung erfolgt naturgemäß so, daß das spez. Gewicht der auf den Böden verflüssigten Destillate von unten nach oben geringer wird. Der Destillationsrückstand fließt bei b kontinuierlich ab. Zur besseren Ausnutzung der der Kolonne zugeführten Wärme werden der Destillationsrückstand und das zu destillierende Öl zweckmäßig im Gegenstrom durch Wärmeaustauschapparate geführt, wobei das zuströmende Öl vorgewärmt wird. Die Verwendung der Kolonnenapparate zur Destillation ist neueren Datums. Sie gestattet die Gewinnung der früh siedenden Bestandteile des Teeres, die bei der Destillation in der Blase nicht abgetrennt werden können und zum größten Teil verloren gehen. Außer der beschriebenen Kolonnenkonstruktion finden auch Kolonnen nach dem Patente *Kubierschky* Anwendung. Diese Kolonnen gestatten nur die Entnahme einer Fraktion, deren Dämpfe aber durch weitere Kolonnenapparate, die dann als Kühler dienen, geleitet werden können, wodurch eine weitergehende Fraktionierung erhalten wird. Jede Kühlkolonne scheidet dann eine besondere Fraktion aus.

Bei der Vakuumdestillation bedient man sich in seltenen Fällen der Unterstützung der Dampfdestillation.

Mit der **kontinuierlichen Destillation** sind in der sächsisch-thüringischen Industrie wiederholt Versuche angestellt worden. *C. A. Riebeck* hat zuerst in den achtziger Jahren des vorigen Jahrhunderts einige Jahre hindurch das leichte Rohöl, das erste Glied der Teerdestillation, nach einem französischen Patent mit kontinuierlicher Destillation aufgearbeitet[1], doch befriedigten die Ergebnisse so wenig, daß das Verfahren, was im wesentlichen nur für die Petroleumdestillation geeignet war, wieder aufgegeben wurde.

Seit 1907 hat *E. Wernecke*, Direktor der Sächsisch-thüringischen Aktien-Gesellschaft für Braunkohlenverwertung, sich einen Apparat für kontinuierliche Destillation patentieren lassen[2]. Fig. 47 stellt den Apparat dar. *A* ist

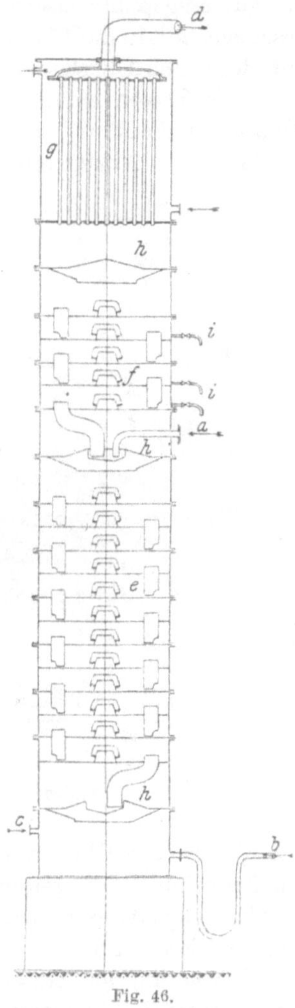

Fig. 46.

---

[1] *Scheithauer:* Die Fabrikation der Mineralöle, S. 115.

[2] D. R. P. Nr. 201 372 Kl. 12 r: Stetig arbeitender Destillationsapparat mit direkter Befeuerung und Tassen an den inneren Wänden für die zu destillierende Flüssigkeit. Der Apparat wird von der Maschinenfabrik *Hoddick & Röthe* in Weißenfels hergestellt. Zeitschrift für angew. Chemie 1910, 1969.

das kegelförmig gestaltete Destillationsgefäß, an dem oben der Helm *B* und unten das zylindrische Bodenstück *C* angeschlossen sind. Vom Roste *f* ziehen die Feuergase durch *e, e*. Der Rohstoff wird durch den Füllstutzen *a* eingeführt, nachdem er durch einen Vorwärmer geleitet ist. *t, t* sind Tassen, die gut eingepaßte eiserne Ringe darstellen oder auch, wie dies neuerdings geschieht, mit in die Blasen eingegossen sind. Die Tassen nehmen den Rohstoff auf, der durch Überlaufen von der oberen bis zur unteren Tasse geleitet wird. Sind alle Tassen gefüllt, was geschehen ist, sobald der Rohstoff durch das Ablaufrohr *d* abläuft, so beginnt die Beheizung. *b*, der Rüssel des Helmes *B*, ist das obere Abzugsrohr für die Gase und Dämpfe der niedrig siedenden Glieder, während *c* das Abzugsrohr für die Dämpfe der hochsiedenden Anteile darstellt. Das Rohr *c* trägt einen Drahtgazekern mit dem Schirme *D*, der nach Bedarf tiefer oder höher über *c* geschoben werden kann. Durch *d* wird der Rückstand abgelassen. Alle Abzugsrohre stehen mit Kühlvorrichtungen in Verbindung. Die Destillation geht im luftverdünnten Raume vor sich, der durch eine Luftpumpe erzeugt wird.

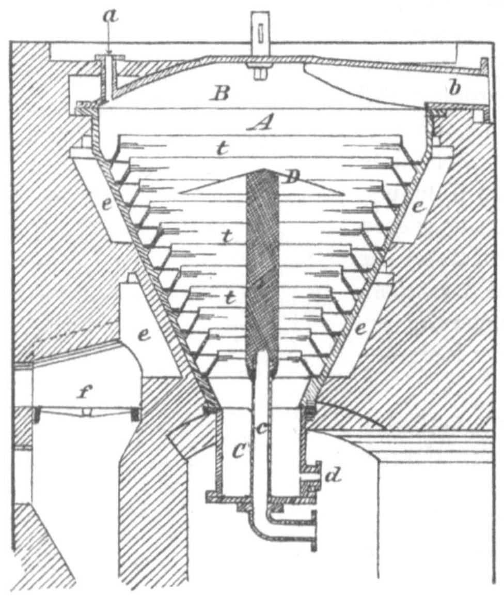

Fig. 47.

Das Destillationsgefäß braucht erst nach längerer Betriebszeit gereinigt zu werden. Die Stufenblase findet, soweit sie in der sächsisch-thüringischen Braunkohlenteerindustrie Eingang gefunden hat, nur Verwendung zur Destillation von Ölen; zur Destillation von Teer hat sie sich nicht bewährt. Zur Erreichung einer guten Paraffinqualität ist eine gewisse Zersetzung der das Paraffin begleitenden färbenden Bestandteile nötig, die bei der Stufenblase nicht erreicht wird.

Young hat als erster aus schweren Mineralölen durch Destillation unter Druck Leuchtöle gewonnen[1]. Er erhielt z. B. aus einem Öle von 0,902 spez. Gewicht 54,2 Proz. Leuchtöl und aus einem solchen von 0,918 spez. Gewicht 48,4 Proz. Unabhängig von diesen Versuchen, die in Deutschland wohl überhaupt unbekannt geblieben oder vergessen waren, gelang es *Krey* nach einer Reihe von Versuchen, die schweren Paraffinöle aus dem Braunkohlenteer in Leuchtöle überzuführen, und zwar im Jahre 1887. *Krey* wurde zu diesen Arbeiten angeregt, weil seinerzeit der Markt mit schweren Paraffinölen überfüllt und ihr Absatz außerordentlich erschwert war. Das von *Krey*

---

[1] Chem. News 1869, 182.

ausgearbeitete Verfahren der Druckdestillation wurde ihm unter D. R. P. Nr. 37 728 patentiert[1].

Das Wesentliche des Verfahrens besteht darin, daß der Dampf schwerer Öle unter einem bestimmten Drucke zersetzt wird. Als Apparat dient die sonst übliche Destillationsblase von etwas kleineren Abmessungen, die mit einem Kühler verbunden ist. Zwischen der Blase und dem Kühler ist ein Ventil eingeschaltet, das nur so lange den Abzug der bei der Destillation gebildeten Dämpfe nach dem Kühler gestattet, als der vorgeschriebene Druck im Apparat herrscht. Das Ventil wird je nach dem Drucke, bei dem die Zersetzung vor sich gehen soll, eingestellt. Ein und dasselbe schwere Öl liefert bei einem Drucke von 6 Atm. Leuchtöl von geringerem spez. Gewicht, als wenn es unter einem Drucke von 2 Atm. destilliert wird. Je stärker der Druck ist, desto stärker ist die auftretende Gasbildung und desto weitgehender ist die Zersetzung des Füllgutes. Das Destillat, Druckdestillat, enthält stets Gas in großen Mengen gelöst, und es ist nötig, das Gas vor der chemischen Behandlung des Öles durch Einblasen von Luft zu entfernen.

Die von Jahr zu Jahr stetig gesunkenen Preise für das Leuchtöl der Industrie, Solaröl, die ungefähr dem Preise für das schwere Paraffinöl gleichstehen, haben es unmöglich gemacht, daß das Verfahren in ausgedehnter Weise zur Anwendung gelangt ist. Mit Hilfe der Druckdestillation hat *Engler* den animalen Ursprung des Petroleums bewiesen und aus geringwertigen Abfällen wie Stearinpech und Erdölresiduen wurde tadelloses Leuchtpetroleum hergestellt.

Berichtet sei noch, daß zu gleicher Zeit wie *Krey* im Jahre 1887 *Benter*[2] in Amerika ein Patent auf das Verfahren erlangte, schwere Öle durch Destillation in leichte zu verwandeln. Dasselbe Verfahren wurde 1889 *Dewar* und *Redwood*[3] geschützt. Hier soll Luft oder Kohlensäure in den Destillationsapparat gepreßt und dann die Destillation unter diesem Drucke ausgeführt werden. Der Destillation unter Druck ist in den letzten Jahren erhöhte Aufmerksamkeit geschenkt worden. Von den neueren Verfahren seien nur die wichtigsten erwähnt. In Deutschland hat das Verfahren von *Graefe*[4] und *Walther,* das sich an das Verfahren von *Krey* anlehnt, besonders während des Krieges starke Beachtung gefunden. Das Verfahren liefert hohe Ausbeuten an niedrigsiedenden Kohlenwasserstoffen durch entsprechend große Bemessung des Gasraumes und dessen Erhitzung in einem Bleibad. *Bergius*[5] erhitzt schwere Mineralöle unter hohem Druck bis zu 100 Atm. in Gegenwart von

---

[1] Jahresbericht des Techniker-Vereins der sächsisch-thüringischen Mineralölindustrie 1887.

[2] Chem. Technologie, S. 205 ff.

[3] D. R. P. Nr. 53 552.

[4] D. R. P. Nr. 303 883.

[5] Berichte über Arbeiten des Kaiser-Wilhelm-Institutes für Kohlenforschung in Mülheim a. Ruhr mit Literaturzusammenstellungen über die pyrogene Zersetzungsdestillation von Mineralölen befinden sich in den von *Franz Fischer* herausgegebenen Gesammelten Abhandlungen zur Kenntnis der Kohle Bd. I, S. 155 und 211, Bd. II, S. 36 und 261, Bd. III, S. 122.

Wasserstoff, wodurch eine Spaltung in niedrigsiedende unter gleichzeitiger Hydrierung der ungesättigten Kohlenwasserstoffe erreicht wird.

In Amerika haben die Verfahren von *Snelling* und *Rittmann* Beachtung gefunden, und im größten Maßstabe wird dort das Verfahren von *Burton* zur Herstellung von Benzin durch Druckdestillation schwerer Öle ausgeübt.

Die Destillationsanlage.

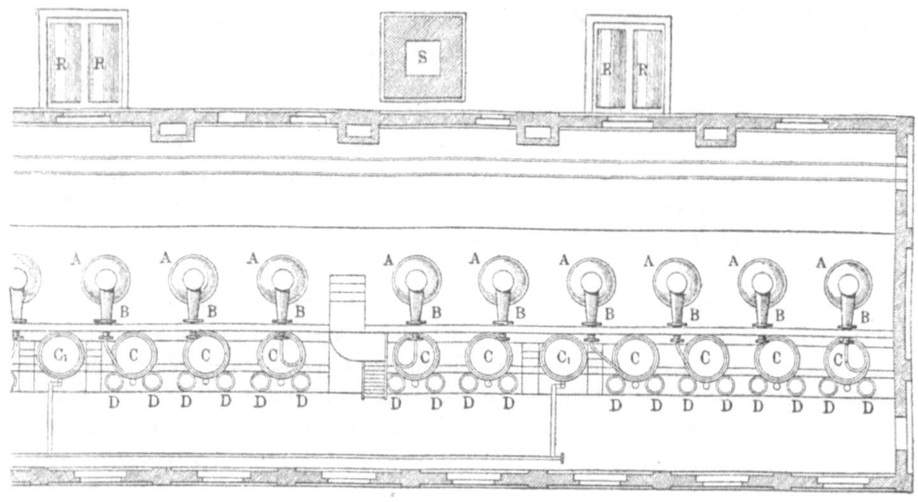

Fig. 48.

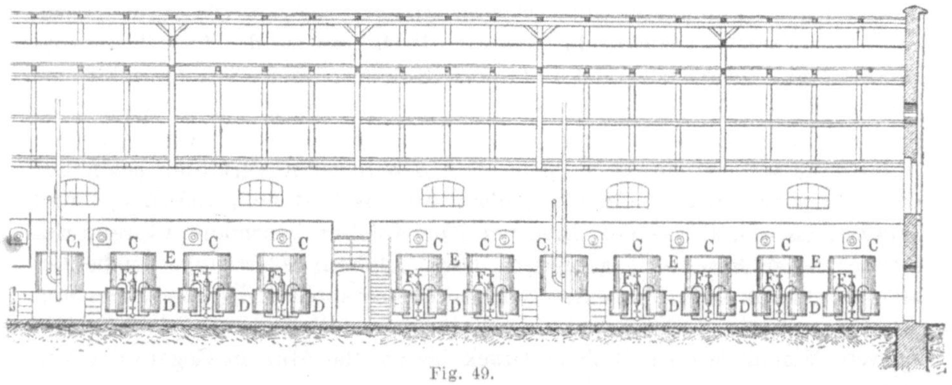

Fig. 49.

Eine Anzahl Destillationsblasen, etwa 6 bis 15 Stück, sind durch eine gemeinsame Einmauerung zu einem Blasenklotze vereinigt und haben einen gemeinsamen Heizer- und Destillateurstand. Ein größerer Blasenklotz oder einige kleinere vereinigt bilden ein Blasenhaus, das durch Umfassungsmauern und Dach abgeschlossen ist. In der sächsisch-thüringischen Industrie besitzen alle Industriegebäude im Gegensatz zur schottischen Industrie Umfassungsmauern und Dächer, die meistens mit Pappe oder Wellblech, seltener mit Ziegeln eingedeckt sind. Der Heizerstand ist in der Regel feuersicher gegen den Destillateurstand abgeschlossen. Um eine zeitgemäße Destillationsanlage zu veranschaulichen, bringen wir in den Fig. 48, 49 und 50 das Bild eines Teiles der Anlagen der Fabrik Webau der *A. Riebeckschen Montanwerke.* Fig. 48 stellt den Grundriß, Fig. 49 den Destillateurstand dar, während Fig. 50 einen Querschnitt des Destillationshauses wiedergibt. *A* ist die Blase, B deren Rüssel, *C* das Kühlgefäß, *F* der Fischbauch und *D D* sind die Vorlagen, in die das Destillat fließt, und woran der *Körting*sche Luftsauger durch das Rohr *E* angeschlossen ist. C_1 ist der Kühler für den Luftsauger, von wo aus die Gase durch die Pumpe *p* nach dem Gaskessel *K* und von da nach dem Gasometer befördert werden. An Stelle der *Körting*schen Luftpumpen finden

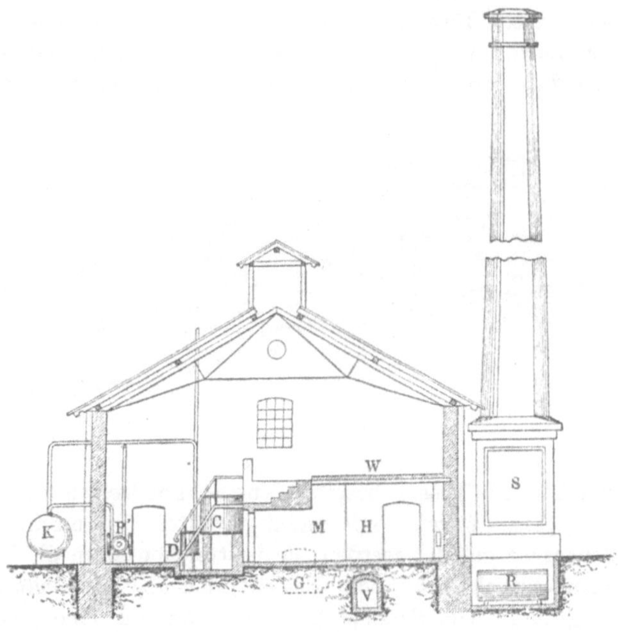

Fig. 50.

zweckmäßig Vakuumpumpen Verwendung wobei der Kühler C_1 in Wegfall kommt. *RR* sind die Kessel für den Rückstand, der von den Blasen aus durch eine Rohrleitung, die im Gewölbe *G* liegt, dahin läuft. *M* ist das Mauerwerk, in dem die Blase eingebaut ist, *H* stellt den Heizerstand dar, der durch das Wellblechdach mit Lehmbelag *W* feuersicher gegen den oberen Teil des Ofens abgeschlossen ist. Nach *W* führt von dem Destillateurstande aus eine eiserne Treppe. Die Feuergase entweichen durch *V* nach dem Schornstein *S*. Durch geeignete Dachkonstruktion ist für genügende Ventilation des Raumes gesorgt.

Bei der Destillation des in Schwelgeneratoren erzeugten Teers hat man sich die Erfahrungen der Petroleumindustrie zunutze gemacht, und arbeitet kontinuierlich in stehenden, hintereinander geschalteten Groß-Raumblasen. Es sind zwei solcher Anlagen bis jetzt dafür in Deutschland vorhanden, die der Deutschen Erdöl-Aktiengesellschaft in Rositz und die der Rütgerswerke in Lützkendorf; die erstere ist zur Zeit schon mehrere Jahre in Betrieb. Die Fig. 51 und 52 veranschaulichen eine solche Anlage. Über ihre Konstruktions- und Arbeitsweise machte Herr Direktor *Steinschneider* von der *Brünn-Königsfelder Maschinenfabrik*, die die Anlagen baute, folgende Angaben:

Eine Destillationsbatterie besteht aus 8 schmiedeeisernen Kesseln, die mit je 40 cbm beschickt werden. Die Destillierblasen arbeiten kontinuierlich dergestalt, daß der ersten Blase der vorgewärmte und entwässerte Teer zuläuft und in demselben Maße, abzüglich des destillierten, die Blase wieder verläßt und einer zweiten Blase zuströmt. Es sind in dieser Weise 8 Blasen hintereinander geschaltet, von denen jede 30 cm tiefer angeordnet ist als die vorhergehende, so daß von der ersten Blase bis zur letzten ein Gefälle von

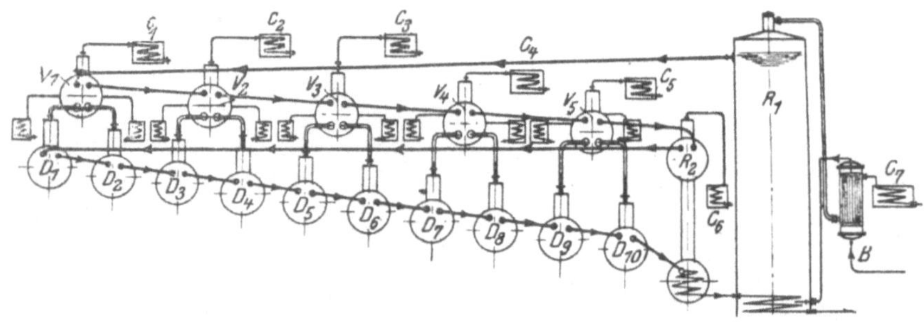

Fig. 51.

2,40 m vorhanden ist. Die Blasen bestehen aus Schmiedeeisen und sind, wie auch die Zeichnung (Fig. 52) zeigt, mit einem gewellten Flammrohr versehen, durch das die Feuergase geleitet werden, sie bestreichen dann die Seiten des Kessels und ziehen endlich unter dem Blasenboden ab. Man hat auf diese Weise eine weit größere Heizfläche, als wenn man nur eine gewöhnliche liegende Blase beheizt, die zu übertragenden Wärmemengen können deshalb mit weniger Temperaturgefälle auf den Blaseninhalt übertragen werden und außerdem ist, da die Destillation unter hohem Vakuum vor sich geht, das Flammrohr auf Innendruck beansprucht, was konstruktiv große Vorteile bietet. Der Rohteer kommt zunächst in den Vorwärmer 3, in dem ein stehender Röhrenkühler angeordnet ist, und zwar in einiger Entfernung über dem Boden, hier wird er durch die aus der Blase kommenden Öldämpfe vorgewärmt und zugleich entwässert. Die Entwässerung geschieht nicht durch Verdampfen des Wassers, sondern dadurch, daß sich das Wasser absetzt und am Boden abgezogen wird. Um ein Kochen des Wassers zu vermeiden, ist deshalb der Röhrenkühler ein Stück über dem Boden angeordnet, denn in dem Vorwärmer wird der Teer auf 180 bis 200° vorgewärmt. Hierbei destillieren schon leichte Teile des Teers ab und werden durch die Leitung 22 dem Kühler 23 zugeführt, wo sie niedergeschlagen werden. Der vorgewärmte Teer fließt dann der ersten Destillierblase zu, wo er auf etwa 200° erwärmt wird, in der nächsten Blase ist die Temperatur 215° und so weiter steigend von 15° zu 15°, daß schließlich in der letzten Blase eine Temperatur von 320° herrscht. Es sind dann von dem Teer 60 bis 70 Proz. abdestilliert. Der Rückstand fließt den Rückstandsbehältern 18 zu und wird von hier aus auf besondere Krackblasen gedrückt, wo er zur Trockne destilliert wird. Die Krackblasen bestehen aus 2 Teilen, damit beim Schadhaftwerden nur der untere Teil erneuert zu werden braucht. Sie fassen etwa 5000 kg. Die Destillate von den Teerblasen werden einmal in dem Vorwärmer 3 niedergeschlagen, zum andern in dem mit Wasser beschickten

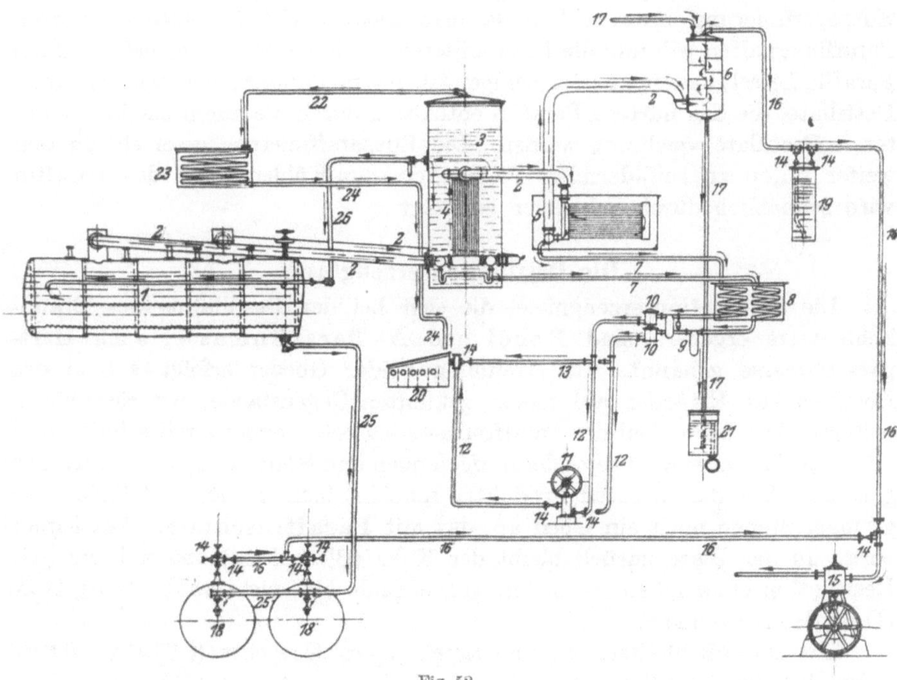

Fig. 52.

Kühler 5. Im Vorwärmer kondensieren sich die höher siedenden Anteile, in dem Wasserkühler die leichter siedenden. Jede Blase liefert also 2 Destillate, dazu kommt noch das ganz leichte Destillat aus den Vorwärmern, das schon infolge der Kondensationswärme des schweren Destillates aus dem Teer abgetrieben wird. Da die Destillate ziemlich heiß sind, werden sie in den Destillatkühlern 8 noch weiter herunter gekühlt und von der Destillationspumpe 11 dem Entgasungskasten, in dem man auch den Destillatstrom beobachten kann, zugeführt. Das Vakuum beträgt in allen hintereinander geschalteten Destillierblasen 68 cm Quecksilbersäule, und es muß darauf geachtet werden, daß in allen Blasen das Vakuum gleich ist, da sonst der Flüssigkeitslauf von einer Blase zur andern gestört wird. Damit keine Druckschwankungen auftreten können, müssen auch die Destillatdampfleitungen sehr weit vorgesehen werden. Zur Erzeugung des Vakuums dient eine Schieberluftpumpe 15, die die entstandenen Gase absaugt, zur Aufrechterhaltung des Vakuums der barometrische Kondensator 6 nebst Steigleitung 17 und Syphonverschluß 21. Die Rückstandsblasen (Krackblasen) arbeiten mit einem Vakuum von nur 40 cm. Bei der Destillation wird in die Teerblasen am Boden Wasserdampf eingeleitet. Jede Blase destilliert in der Stunde 1,5 t Teer, so daß die ganze Batterie in 24 Stunden 300 t verarbeiten kann. Es sind 2 Batterien vorgesehen, die eine destilliert den Teer, die andere redestilliert die Destillate, die von den Krackblasen geliefert werden und die Filtrate von der Paraffinfabrikation. Es werden nämlich alle paraffinhaltigen Destillate vereinigt und zusammen der Entparaffinierung unterworfen, da man nicht soviel verschiedene Sorten Paraffin erhalten will und die Krystallisation auch besser vor sich geht und ein Paraffin liefert, das sich besser reinigen läßt, wenn die stark viskosen, schweren Destillate, die das härtere Paraffin enthalten, durch die dünnflüssigen, leichteren Destillate verdünnt werden. Die Entparaffinierung geschieht in den weiter unten zu schildernden *Porges-Neumann*-Kühlern, und das Paraffin wird schließlich durch Schwitzen gereinigt.

Die Destillationserzeugnisse.

Die Destillationserzeugnisse, die sich bei der Destillation des Braunkohlenteers ergeben, sind Rohöl und A-Paraffinmasse, auch Hartparaffinmasse genannt. Die Trennung beider Glieder erfolgt, sobald das Destillat auf Eis oder auf einem gekühlten Gegenstande, wie Eisenblech, erstarrt. Der letzte Teil der Paraffinmasse ist von schmieriger Beschaffenheit und roter Farbe, er wird gesondert aufgefangen und Rotes oder rote Produkte genannt. Vor diesen roten Produkten scheidet man in einigen Fabriken in geringer Menge noch ein Glied ab, das mit Paraffinschmiere bezeichnet wird. In der Blase zurück bleibt der Koks (Blasenkoks) und während der Destillation entweichen, besonders gegen Ende hin, nicht verdichtbare Gase (Destillationsgase).

Ein Braunkohlenteer von mittlerem spez. Gewichte (0,870 bis 0,880) liefert bei der Destillation:

Geringe Mengen von Wasser,
33 Proz. Rohöl,
60   „   Paraffinmasse,
2   „   Paraffinschmiere,
1   „   rote Produkte,
2   „   Blasenkoks,
2   „   Destillationsgase.

Das erhaltene Wasser ist wertlos.

Das Rohöl zeigt ungefähr dasselbe spez. Gewicht wie der zur Destillation gelangte Teer, und hat eine dunkelbraune Farbe. Es siedet zwischen 100 und 350° C.

Die A-Paraffinmasse wird, falls der Teer nicht vor der Destillation chemisch behandelt worden ist, einer solchen Behandlung unterworfen.

Dann wird sie zur Ausscheidung des Paraffins im Kühlraume abgekühlt und durch die Pressereiarbeit erhält man daraus 15 bis 20 Proz. Hartparaffinschuppen und das A-Filteröl.

Die Paraffinschmiere enthält nur wenig Paraffin, das keine krystallinische Beschaffenheit zeigt. Sie wird als solche in den Handel gebracht.

Die roten Produkte zeigen gleichfalls nur geringen Paraffingehalt. Sie stellen, wie auch die Paraffinschmiere, zum größten Teile Zersetzungsprodukte dar. Die roten Produkte werden dem Teere vor dem Füllen wieder zugesetzt, ohne daß ihre Menge erfahrungsgemäß bei der nun folgenden Destillation zunimmt.

Der Teerkoks wird als Heizmaterial benutzt. Wenn die Destillation ohne Zuschlag erfolgt, so findet er in der elektrischen Technik Verwendung, doch muß er durch Ausglühen von den letzten Resten der in ihm enthaltenen Kohlenwasserstoffe befreit werden. Sein Heizwert beträgt 8000 bis 8500 WE.

Das Blasengas wurde früher, wenn es überhaupt aufgefangen wurde, als Leucht- und Heizgas verwendet[1]. *Krey* hat dieses Gas, wie das Schwelgas für motorische Zwecke nutzbar gemacht. Vor der Benutzung kann es von Schwefelwasserstoff gereinigt werden; doch ist die Reinigung nicht unbedingt notwendig. Der Heizwert beträgt, wenn man sämtliche bei der Destillation entstehende Gase vereinigt, etwa 3500 WE. Der Verbrauch stellt sich dabei auf etwa 1 cbm für die Pferdekraftstunde. Verwendet man nur das bei der Destillation von paraffinhaltigen Ölen (Paraffinmassen) und das bei der Destillation von paraffinhaltigen Destillationsrückständen entweichende Gas, so stellt sich der Verbrauch, entsprechend dem höheren Heizwerte des Gases von 7000 bis 8000 WE niedriger, auf 0,3 bis 0,5 cbm für die Pferdekraftstunde.

Nach *Graefe*[2] besitzt das Gas die folgende Zusammensetzung:

Dampfförmige Kohlenwasserstoffe	3,0 Proz.
Schwefelwasserstoff	3,2 „
Kohlensäure	2,4 „
Schwere Kohlenwasserstoffe	6,8 „
Sauerstoff	3,4 „
Kohlenoxyd	1,9 „
Wasserstoff	4,9 „
Methan	28,5 „
Äthan	32,2 „
Stickstoff	Rest.

Auf Seite 122 und 123 sind zwei Schemen dargestellt, die die Destillation des Teers und seiner Glieder wiedergeben. Beide weichen zwar in einigen Einzelheiten, wie Bezeichnung und Trennung der einzelnen Unterfraktionen, voneinander ab, gehen jedoch grundsätzlich von dem für die Destillation maßgebenden Gesichtspunkte aus, möglichst paraffinfreies Öl von den Paraffinmassen zu trennen und das gewinnbare Paraffin nach Möglichkeit in den Paraffinmassen einzuengen. Daneben soll noch durch die Destillation die Farbe und der Geruch der in den Handel kommenden Öle verbessert werden.

---

[1] Braunkohle **5**, 561.
[2] *Graefe:* Die Braunkohlenteer-Industrie, S. 52.

Das Rohöl wird, nachdem es der chemischen Behandlung unterworfen worden ist, durch die Destillation in eine oder zwei Fraktionen Öl und eine Paraffinmasse zerlegt. Die Trennung zwischen Öl und Masse erfolgt, sobald das Destillat auf Eis erstarrt. Bei spezifisch leichteren Teeren wird man, wie Schema II zeigt, vor der Masse zwei Ölfraktionen, nach dem spez. Gewicht getrennt, wegnehmen. Aus dem leichteren Öle gewinnt man dann das Braunkohlenteerbenzin, Solaröl und helles Paraffinöl.

Da die Destillation sich nach Schema I einfacher gestaltet, soll dieses bei der Besprechung als Unterlage dienen.

Die B - Paraffinmasse ist eine Weichparaffinmasse und gelangt entweder durch Eismaschinenarbeit oder durch die Arbeit der Winterkrystallisation zur Verwertung. Darüber wird im Kapitel Paraffinfabrikation berichtet werden.

I.

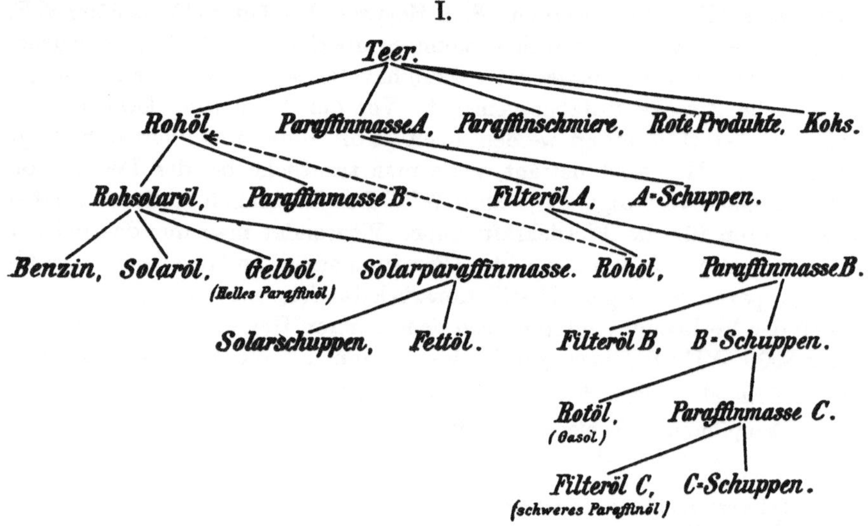

Das Rohsolaröl hat ein spez. Gewicht von 0,830 bis 0,840 und ein hellbraunes Aussehen; es wird in der Regel vor der Destillation einer chemischen Behandlung unterworfen. Durch die Destillation, die zweckmäßig in Kolonnenapparaten erfolgt, trennt man es in Braunkohlenteerbenzin, Solaröl, helles Paraffinöl und Solarparaffinmasse.

Das Benzin wird zweckmäßig in mehreren Fraktionen gewonnen. Die leichtere Fraktion vom spez. Gewicht 0,785 bis 0,800 mit einem Flammpunkt von etwa —5° siedet zwischen 90 und 150° und ist ein brauchbarer Automobilbetriebsstoff; sie kann nur bei der Destillation in der Kolonne erhalten werden. Die schwerere Fraktion vom spez. Gewicht 0,800 bis 0,810 entflammt bei 25 bis 35°, siedet zwischen 120 bis 200°; sie findet im eigenen Betrieb als Waschöl bei der Paraffinfabrikation Verwendung und kann zu diesem Zweck durch nochmalige Destillation mit Wasserdampf in weitere Fraktionen zerlegt werden.

Das Solaröl, sowie die hellen Paraffinöle (Putzöl, Gelböl) stellen Handelsware dar, über die im neunten Kapitel ausführlich berichtet werden wird.

Aus der Solarparaffinmasse erhält man bei der Pressereiarbeit Solarparaffinschuppen und Fettöl, auch dieses Öl ist eine Handelsware.

Aus der A-Paraffinmasse gewinnt man neben A-Paraffinschuppen A-Filteröl, das zuweilen vor der Destillation chemisch behandelt wird. Die Destillation dieses Öles führt man in der Regel nicht bis zur Trockene, sondern nur bis auf etwa 5 Proz. Rückstand durch. Man erhält als Destillate Rohöl, das mit dem vom Teere vereinigt wird und B-Paraffinmasse, die gemeinsam mit der vom Rohöl aufgearbeitet wird. Als Rückstand bleibt ein äußerlich

II.

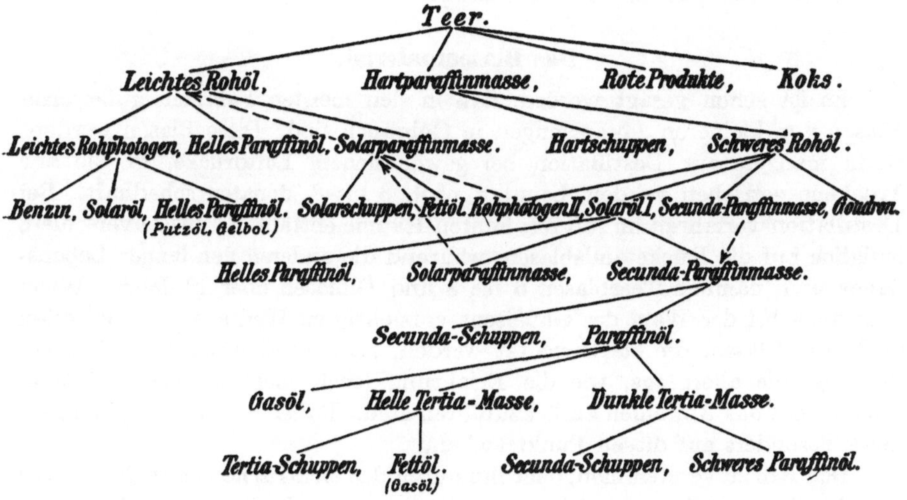

Teer.

Leichtes Rohöl,   *Hartparaffinmasse,*   *Rote Produkte,*   *Koks.*

Leichtes Rohphotogen, Helles Paraffinöl, Solarparaffinmasse.   *Hartschuppen,*   *Schweres Rohöl.*

Benzin, Solaröl, Helles Paraffinöl. *Solarschuppen, Fettöl. Rohphotogen II, Solaröl I, Secunda-Paraffinmasse, Goudron.*
(Putzöl, Gelböl)

Helles Paraffinöl,   *Solarparaffinmasse,*   *Secunda-Paraffinmasse.*

Secunda-Schuppen,   *Paraffinöl.*

Gasöl,   *Helle Tertia-Masse,*   *Dunkle Tertia-Masse.*

Tertia-Schuppen,   *Fettöl.*   *Secunda-Schuppen,*   *Schweres Paraffinöl.*
(Gasöl)

etwa einem weichen Steinkohlenpeche gleiches Produkt, das mit Goudron bezeichnet wird und als solcher in den Handel kommt.

Das bei der Verarbeitung der B-Paraffinmasse auf B-Schuppen gewonnene B-Filteröl wird durch die Destillation zerlegt in ein möglichst paraffinfreies Öl, Rotöl (Gasöl), und in eine paraffinhaltige Masse, C-Paraffinmasse. Das Rotöl ist eine Handelsware, und die C-Paraffinmasse wird nach erfolgter Abkühlung auf C-Paraffinschuppen verarbeitet, wobei man C-Filteröl gewinnt. Dieses Öl, das nur noch wenig gewinnbares Paraffin enthalten darf, gelangt als schweres Paraffinöl 0,900 bis 0,920 in den Handel.

Aus dem Schema II ersehen wir, daß die A-Paraffinmasse mit Hartparaffinmasse und die B- und C-Paraffinmasse zuweilen auch mit Sekunda- und Tertia-Paraffinmassen bezeichnet werden. Das A-Filteröl nennt man schweres Rohöl. Auf diesen Umstand, der verschiedenen Benennungen und Abgrenzungen, war schon hingewiesen worden.

Bei der Gewinnung der einzelnen Fraktionen hat man sich auch nach der Marktlage zu richten, je nachdem für die paraffinfreien Öle eine Verwendung in Aussicht genommen ist, die besondere Ansprüche an das spezifische Gewicht, den Entflammungspunkt, sowie Farbe und Geruch des Öls stellt.

Noch zu erwähnen bleibt die Destillation der Preßöle. Diese bestehen, wie die spätere Beschreibung der Paraffinfabrikation zeigen wird, aus dem leichten Braunkohlenteeröle, das als Waschmittel dient, und aus den dem Rohparaffin anhaftenden Mineralölen, die zu entfernen eben der Zweck des Preßvorganges bei der Paraffinfabrikation ist. Das Benzin wird aus dem Preßöle entweder durch die Destillation mit Unterstützung von Dampf ausgetrieben und dann die verbleibende Paraffinmasse abgekühlt oder das Preßöl gelangt direkt zur Abkühlung. Das dann aus dem Preßöle bei der Pressereiarbeit erhaltene Öl wird durch die Destillation zerlegt in Benzin oder Rohsolaröl und eine Paraffinmasse.

Das Blasenmaterial.

Es ist schon gesagt worden, daß in den meisten Fabriken gußeiserne Blasen von kleineren Abmessungen in Gebrauch sind. Diese Blasen werden, wenn man sie zur Destillation bei gewöhnlichem Luftdrucke, wo sie zur Trockene getrieben werden, benutzt, nach 6 bis 8 Monaten schadhaft. Bei Destillationsverfahren im luftverdünnten Raume entfällt der Blasenverschleiß lediglich auf die Rückstandsblasen, während die anderen von langer Lebensdauer sind, nämlich Teerblasen 6 bis 8 und Ölblasen über 10 Jahre. Wenn man auch bei der Wahl des Gußeisens vorsichtig zu Werke geht, so erhalten doch alle Blasen, die stark erhitzt werden, nach bestimmter Betriebsdauer Sprünge, die allerdings, wie die Erfahrung lehrt, nicht auf das Erhitzen, sondern auf das Abkühlen zurückzuführen sind. Daher muß man sein Augenmerk besonders auf diesen Punkt lenken.

Den Riß zu verstemmen, oder ihn durch das elektrische Schweißverfahren zu schließen, ist nicht durchführbar. Er kann nur durch einen aufgesetzten Flicken geschlossen werden. Dieser Flicken, ein gußeiserner Lappen von 27 bis 30 mm Stärke, muß bei Blasen, die gereinigt werden, außen angesetzt und gut verkittet werden. Bei sorgfältiger Arbeit und bei einem Einbau, daß der Flicken nicht vom Feuer getroffen wird, hält die Blase ausgezeichnet, sie reißt nicht wieder an dieser Stelle und der Flicken wird nicht undicht. *Graefe*[1] rechnet auf 100 kg Teer, die zu verkaufsfähigen Produkten verarbeitet werden, einen Blasenverschleiß von 0,4 kg bei Anwendung der Vakuumdestillation. Bei der Destillation bei gewöhnlichem Luftdrucke kann man einen geringeren Verschleiß, etwa 0,3 kg für 100 kg Teer, in Ansatz bringen.

Die bei der Teer- und Öldestillation als unbrauchbar ausgeschiedenen Blasen werden zur Destillation der Abfallprodukte, Säureharze, noch benutzt.

---

[1] *Graefe*: Die Braunkohlenteerindustrie, S. 56.

C. Die Destillation in der Messeler Industrie.

Die Destillationsapparate und der Destillationsbetrieb.

Der Schwelteer, das Rohöl, wird, wie üblich, möglichst von Wasser befreit, in hochstehende Behälter gepumpt und aus diesen nach den Destillationsblasen gesogen. Diese sind zweiteilig und gestatten eine Füllung von 8000 l. Die Destillation vollzieht sich in luftverdünntem Raum unter Beihilfe von Rührwerken. Der dickflüssige Rückstand wird nach Rückstandsblasen gesogen und auf Koks abdestilliert. Nur die Rückstandsblasen bedürfen weitgehenden Erkaltens zwecks Entfernung ihres festgewordenen Inhaltes unter Befahren. Die übrigen Blasen werden ununterbrochen in Gang gehalten. Als Kondensatoren dienen Röhrenkühler, von denen jeder mit zwei Vorlagen verbunden ist. Zur Aufrechterhaltung des teilweisen Vakuums sind Schieberluftpumpen in Anwendung, deren Wirksamkeit an ˉQuecksilbermanometern zur Ablesung gelangt. Die Blasen werden größtenteils unter Anwendung des Säure- und Laugeteeres aus der Mischerei beheizt.

Die Destillationserzeugnisse.

Die Destillate aus den Rückstandsblasen werden dem Teere zugeführt und mit diesem gemeinsam in eine leichte und schwere Fraktion zerlegt. Von ersterer werden 16, von letzterer 76 Proz. erhalten. Die erste Fraktion kommt nach chemischer Behandlung erneut zur Destillation und liefert einerseits Naphtha und Rohleuchtöl, andererseits Gasöl. Die schwere Fraktion stellt Paraffinmasse vor, sie wird chemisch gereinigt und einer nochmaligen Destillation unterworfen. Hierbei entfällt ein kleiner leichter Teil, der direkt zum Gasöl geht.

Eine Trennung der schweren Teile in weiche und harte Paraffinmasse findet nicht statt. Sie werden gemeinsam aufgefangen und durch Erkalten zur Krystallisation gebracht. Die abgekühlte Masse wird in Filterpressen filtriert und das Preßöl in einer besonderen Anlage auf —2° abgekühlt und nochmals filtriert. Das letztere Filtrat geht entweder direkt zum Gasöl, oder es wird, wenn auch nur in geringer Menge, auf Schmieröl verarbeitet. Das Leuchtöl kann durch weitere Behandlung in Farbe und Geruch einwandfrei hergestellt werden, zeigt jedoch trotz des niedrigen spez. Gewichts von 0,800 beim Verbrennen in Lampen zu hohe Viscosität und zu geringes Aufsteigvermögen im Docht, um heutzutage mit normalem Petroleum in Wettbewerb treten zu können.

D. Die Destillation in der schottischen Industrie.

Die Destillationsapparate und der Destillationsbetrieb.

Früher wurden in der schottischen Industrie allgemein der Schieferteer, das Rohöl (crude oil), in Blasen destilliert, die den in der sächsisch-thüringischen Industrie gebräuchlichen ähnlich waren. Die Destillation der anderen Öle wurde in Kesseln von etwa 18 cbm Fassungsraum vorgenommen[1]. Die Destillation geschah in beiden Fällen mit Unterstützung von Wasserdampf, und die einzelnen Glieder gelangten zur chemischen Behandlung.

Jetzt hingegen ist in der schottischen Industrie für den Teer allgemein die kontinuierliche Destillation nach dem *Hendersonschen* Verfahren in Gebrauch[2]. Der Apparat ist *Henderson*[3] im Jahre 1885 patentiert worden. Ein Destillationsgefäß in der Form eines Kessels mit gewelltem Boden von etwa 100 dz Fassungsraum ist mit zwei gleichartigen, seitlich von ihm angeordneten Kesseln verbunden, und an diese ist durch Rohrleitung eine Reihe von 6 kleinen Blasen (coking stills) angeschlossen, deren Form durch Fig. 53 wiedergegeben ist. Der obere Teil *A* der Blase besteht aus Stahl und der untere *B* aus Gußeisen. In den drei Kesseln geschieht die Destillation des Teers und in den 6 Blasen, von denen immer nur zwei in Betrieb sind, wird der Rückstand zur Trockene destilliert. Der Teer wird durch einen

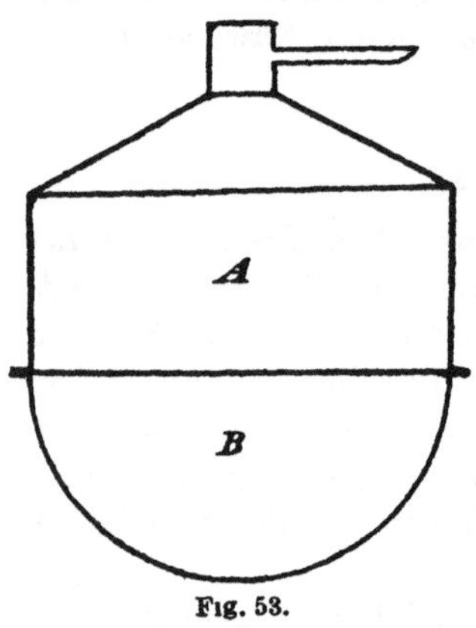

Fig. 53.

Vorwärmer, der durch die abziehenden Destillationsdämpfe erhitzt wird und also zugleich einen Kühler darstellt, geleitet und tritt dann in den mittleren Destillationskessel. Hier wird das niedrig siedende Öl (Naphtha) abdestilliert. Die Beheizung dieses Kessels ist so eingestellt, daß in ihm von dem ununterbrochen zufließenden Teere immer das genannte leichte Öl abdestilliert wird, während der schwerer siedende Teil des Teers an der Rückwand des Kessels stetig nach den zwei seitlichen Kesseln fließt. Diese Kessel sind stärker beheizt, und es destilliert aus ihnen ständig die zweite Teerfraktion, das Grünöl (Green oil) über. Der Rückstand aus diesen zwei Kesseln wird nach den Blasen geleitet und zur Trockene destilliert, während das Destillat mit dem Grünöl vereinigt wird.

Es ist ein kontinuierliches Destillationsverfahren, das in dem mittleren Kessel beginnt, wo das Zuleitungsrohr des Teers oben in das Füllgut eintaucht und in den zwei seitlichen Kesseln fortgesetzt wird, die durch ein Ableitungsrohr, das nur wenig über dem Boden des mittleren Kessels ausmündet, gespeist werden.

Die Rückstandsblasen müssen nach jeder Destillation gereinigt werden, und deswegen sind, wie schon gesagt, um den Destillationsvorgang nicht zu unterbrechen, 3 Paare davon vorgesehen.

Die Destillation soll bei sorgfältiger Innehaltung einer gleichmäßigen Beheizung Destillate von gleichmäßiger Beschaffenheit liefern und stellt gegenüber dem früheren Destillationsverfahren wesentliche Ersparnisse dar. Die Destillation geschieht mit Unterstützung von Wasserdampf.

---

[1] Vgl. *Scheithauer*: Die Fabrikation der Mineralöle, S. 118.
[2] *Steuart*: Economic Geology 3, Nr. 7; The Shale Oil Industry of Scotland, S. 584.
[3] Chemical Technology 2 (Lighting), S. 221 ff.

Jeder Destillationsapparat besitzt eine besondere Kühlvorrichtung für die Destillationsdämpfe.

Die Destillationseinrichtungen für die einzelnen Ölsorten sind in der Regel dieselben wie die für den Teer oder diesen sehr ähnlich. Fig. 54 zeigt eine solche, die *Henderson* 1883 patentiert worden ist. Sie besteht aus drei wagerecht liegenden Destillationskesseln *A*, *B* und *C*, die 10 m lang sind und einen Durchmesser von 2,5 m haben. Jeder Kessel besitzt am Boden

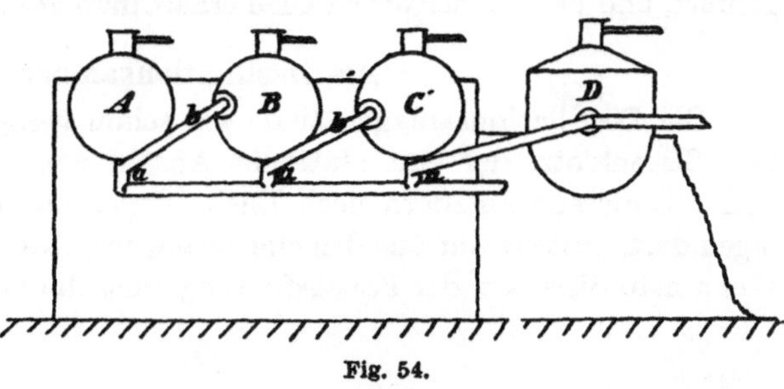

Fig. 54.

ein Ablaufrohr *a* und an derselben Stirnwand befindet sich das Einlaufrohr *b*. Während jedoch *a* durch Flansch mit der Kesselwandung verbunden ist, mündet das Rohr *b* nicht an dieser Stirnwand, sondern es setzt sich im Innern des Kessels fort bis fast zur anderen Stirnwand, so daß der Einlauf und der Auslauf des Öls möglichst weit voneinander entfernt sind. Das zu destillierende Öl wird nach *A* gefüllt, wo die leichteste Fraktion abdestilliert, dann fließt es durch *b* nach *B* über, wo die zweite Fraktion abgetrieben wird, und aus dem Reste destilliert in *C* die dritte Fraktion, während in der Blase *D* der übergeleitete Rückstand bis zur Trockene destilliert wird. Es ist also derselbe Vorgang der kontinuierlichen Destillation, wie er schon beim Teere geschildert worden ist. Das beständig in *A* zufließende Öl wird durch die abziehenden Destillationsdämpfe in dem Kühler vorgewärmt. Dieser besteht für jeden Kessel aus einer Schlange von 60 m Länge und 100 mm Durchmesser.

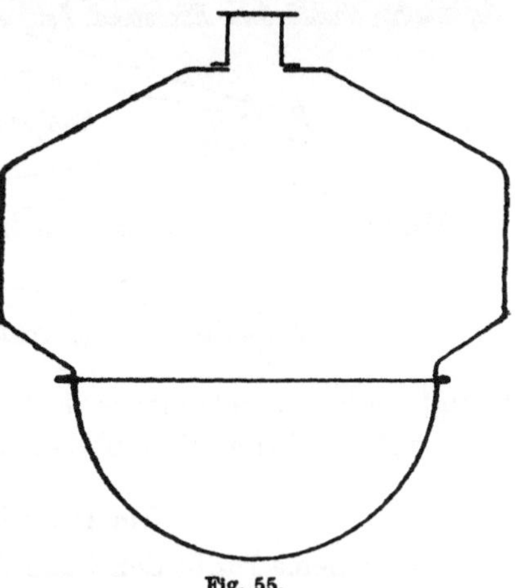

Fig. 55.

Young und *Beilby*[1] haben zur kontinuierlichen Destillation eine von der beschriebenen abweichende Einrichtung getroffen. Ein großer wagerecht liegender Kessel ist im Querschnitt durch Zwischenwände in eine Anzahl miteinander verbundene Räume geteilt, die das Öl durchläuft. Da die einzelnen Abteilungen verschieden erhitzt sind, so wird in jeder nur eine bestimmte Fraktion destilliert und in einer Kühlvorrichtung getrennt aufgefangen. Am Beginn, wo der frische Rohstoff zufließt, destilliert das leichteste Öl ab, der verbleibende Rückstand läuft nach dem zweiten Raume, wo die zweite Fraktion gewonnen wird, und so fort.

---

[1] Chemical Technology 2 (Lighting), S. 227.

Die geschilderten Destillationseinrichtungen dienen für die leichten Öle, während man zur Destillation der spezifisch schweren Öle, wie des Blauöls, Blasen benutzt, wie sie Fig. 55 zeigt.

Alle Destillationen werden mit Unterstützung von Wasserdampf ausgeführt, und bei den schweren Ölen erhält man etwa 20 Proz. Kondenswasser.

Die Destillationsanlage.

Die Destillationsanlagen sind, wie schon gesagt, von einfacher Bauart. Der Blasenklotz, der eine stattliche Anzahl von Apparaten enthält, besitzt weder Umfassungsmauern noch Dach. Sogar das Kesselhaus, wenn man so sagen darf, besteht nur aus den eingemauerten Kesseln ohne sonstigen Schutz. Wenn man diese Art der Bauausführung auch durch das milde Klima gerecht-

I.

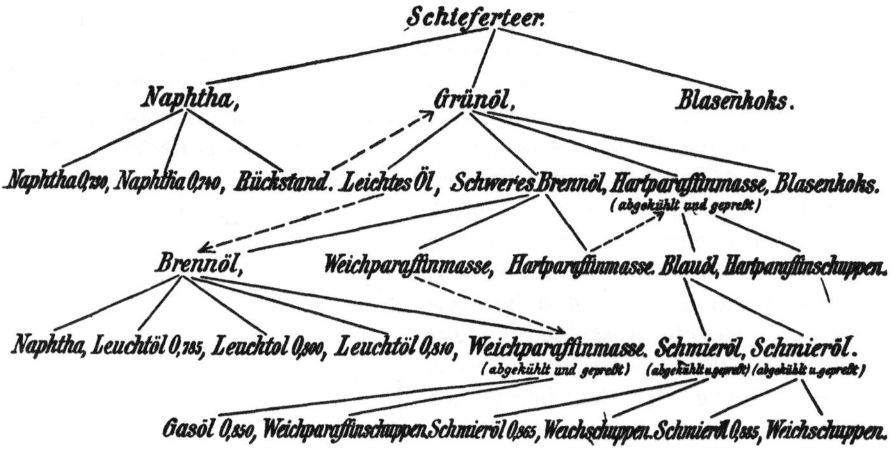

Schieferteer.

Naphtha,   *Grünöl,*   *Blasenkoks.*

Naphtha 0,730, Naphtha 0,740, Rückstand. Leichtes Öl, Schweres Brennöl, Hartparaffinmasse, Blasenkoks.
(abgekühlt und gepreßt)

Brennöl,   Weichparaffinmasse, Hartparaffinmasse. Blauöl, Hartparaffinschuppen.

Naphtha, Leuchtöl 0,785, Leuchtöl 0,800, Leuchtöl 0,810, Weichparaffinmasse. Schmieröl, Schmieröl.
(abgekühlt und gepreßt)   (abgekühlt u. gepreßt) (abgekühlt u. gepreßt)

Gasöl 0,850, Weichparaffinschuppen. Schmieröl 0,865, Wachsschuppen. Schmieröl 0,885, Weichschuppen.

fertigt findet, so scheint sie doch bei den vielen Niederschlägen Schottlands mehr auf Tradition als auf Zweckmäßigkeit zu beruhen.

Die Destillationserzeugnisse.

Das Schema I gibt den Gang der Destillation, wie er in Broxburn, eine der größten schottischen Schieferdestillationsanlagen, üblich ist, wieder. Der Schieferteer wird in zwei Hauptfraktionen, Naphtha und Grünöl, zerlegt.

Aus der Naphtha werden nach der chemischen Behandlung durch Destillation zwei leicht siedende Öle mit spez. Gewichten von 0,730 und 0,740 gewonnen, während der verbleibende Rückstand mit dem Grünöle vereinigt wird.

Das Grünöl wird zunächst der chemischen Behandlung unterworfen und dann durch Destillation in drei Fraktionen zerlegt: leichtes Öl, schweres Brennöl und Hartparaffinmasse. Das leichte Öl wird nach der chemischen Behandlung destilliert in Naphtha, Leuchtöle mit den spez. Gewichten von 0,785, 0,800 und 0,810 und eine Weichparaffinmasse. Das schwere Brennöl, die zweite Fraktion vom Grünöl, wird durch Destillation, nachdem es chemisch behandelt ist, zerlegt in Brennöl, das dem leichten Öle vor der Destillation zugesetzt wird, Weichparaffinmasse und Hartparaffinmasse.

Diese **Weichparaffinmasse** wird mit der vom leichten Öl vereinigt und weiter verarbeitet, man erhält hierbei neben den Weichparaffinschuppen Gasöl von 0,850 spez. Gewichte.

Die **Hartparaffinmasse** gelangt gleichfalls in der Paraffinfabrik zur Aufarbeitung. Man gewinnt Hartparaffin daraus, worüber später berichtet werden wird, und als Ablauföl das **Blauöl**. Dieses Öl wird nach der chemischen Behandlung destilliert und in zwei Schmierölfraktionen getrennt. Beide gelangen in die Paraffinfabrik, und man erhält außer Weichparaffinschuppen **Schmieröl** mit einem spez. Gewicht von 0,865 und solches, das 0,885 wiegt.

II.

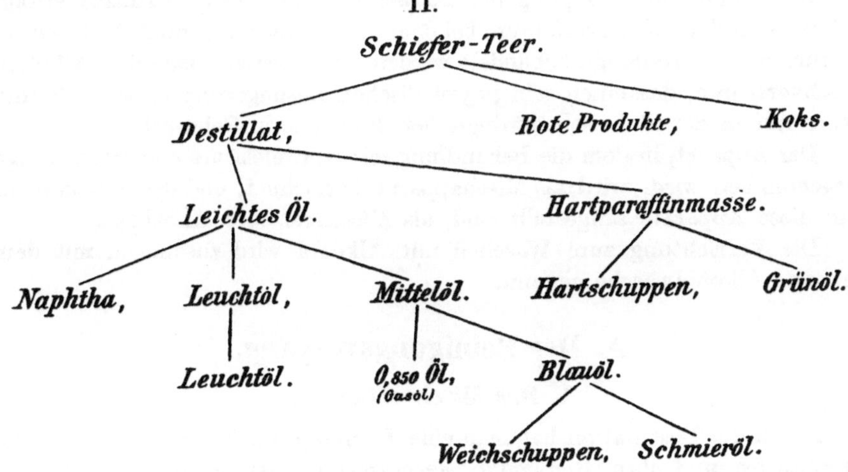

In anderen Fabriken tragen die Öle, die außer nach ihrer Verwendungsart, wie Leucht-, Gas- und Schmieröle, nach ihrer Farbe benannt sind, zum Teil andere Namen, und das Destillationsschema gestaltet sich einfacher. Ein solches ist oben als II angegeben.

Als Destillationserzeugnisse seien noch an die bisherige Aufzählung angeschlossen: **Blasenkoks** und **Blasengas**. Der Koks, der etwa 3 Proz. des Teeres darstellt, ist ein wertvolles Produkt, er wird zur Fabrikation von schwarzer Farbe benutzt und findet in der elektrischen Technik Verwendung. Das Blasengas dient zur Beleuchtung[1] und als Heizgas, Nach *Beilby*[2] hat das Blasengas die folgende Zusammensetzung:

Schwere Kohlenwasserstoffe	14,5 Proz.	Äthan	26,5 Proz.
Methan und seine Homologen	59,0 „	Wasserstoff	Spuren.

Kohlensäure, Kohlenoxyd und Sauerstoff sind nicht nachgewiesen worden.

Aus dem Blasengas kondensiert in der Kondensationsanlage ein **leichtes Benzin**, das seit wenigen Jahren als Autobenzin in den Handel gebracht wird.

---

[1] Die kleine Stadt Broxburn wird mit Blasengas der Broxburn Oil Co. beleuchtet.

[2] *Humphrys*: The Chemistry of Iluminating Gas, S. 172.

Siebentes Kapitel

I. Die chemische Behandlung des Schwelteeres und seiner Destillate.

Die chemische Reinigung der Schwelteere und ihrer Destillate erfolgt erstens nach dem Mischverfahren, bei dem die Schwelteerprodukte mit Schwefelsäure und Natronlauge behandelt werden, und zweitens nach dem Alkoholwaschverfahren, das einen rein physikalischen Lösungsvorgang darstellt und bisher nur in der sächsisch-thüringischen Industrie in Gebrauch ist.

Der Apparat, in dem die Behandlung mit Schwefelsäure und Natronlauge vorgenommen wird, wird als Mischapparat bezeichnet, und das Gebäude, in dem diese Apparate aufgestellt sind, als Mischerei oder Mischhaus.

Die Vorrichtung zum Waschen mit Alkohol wird zusammen mit dem Gebäude Alkoholwäsche genannt.

A. Der Reinigungsvorgang.

1. Das Mischverfahren.

Durch die Destillation hat man eine Trennung der einzelnen Glieder des Schwelteeres und ihre Reinigung, Verbesserung der Farbe und Geruch, erzielt unter Abscheidung von Kohlenstoff, Blasenkoks und Entweichen von nicht verdichtbaren Gasen, Blasengas. Durch die chemische Behandlung dieser Öle mit Schwefelsäure und Natronlauge oder durch Waschen mit Alkohol wird eine weitere Reinigung durchgeführt, indem die Körper entfernt werden, die entweder die Färbung und den Geruch ungünstig beeinflussen oder die Verwendungsmöglichkeit herabdrücken. Es sind dies in der Hauptsache die basischen und sauren Bestandteile sowie die hochsiedenden dunkelgefärbten Kohlenwasserstoffe.

Als Chemikalien benutzt man Schwefelsäure von 1,53 spez. Gewicht (50° Bé) zum Vorsäuren und eine solche mit einem spez. Gewicht von 1,84 (66° Bé) zur eigentlichen Behandlung. Oleum und rauchende Schwefelsäure werden nicht angewandt, da eingehende Versuche gelehrt haben, daß sie sich zur Behandlung von Schwelteerölen nicht eignen, während sie in der Petroleumraffinerie mit Vorteil Verwendung finden. Die Schwefelsäure wird in Kesselwagen, selten in Glasballons, von der Fabrik bezogen.

Die Natronlauge, das zweite Reagens, gebraucht man mit einem spez. Gewicht von 1,36 bis 1,38 (38 bis 40° Bé); sie wird entweder als solche in Kesselwagen oder eisernen Fässern bezogen oder aus festem Ätznatron durch Auflösen in Wasser in der Fabrik selbst hergestellt. Die Kohlenknappheit der letzten Jahre, die ein Eindampfen der Laugen nicht gestattete, hat durchweg zum Bezug des Ätznatrons in gelöster Form gezwungen.

Andere chemische Reinigungsmittel, wie Salzsäure und Salpetersäure[1], und andere Mischverfahren, die in reicher Zahl versucht und in der Literatur empfohlen sind, wendet man nicht an[2].

Durch das Vorsäuern, die Behandlung mit verdünnter Schwefelsäure, entfernt man aus den Ölen etwaige Reste von Wasser und einen Teil der basischen Bestandteile, wie die Pyridinbasen, die sich·in verdünnter Säure lösen. Die dann zur Anwendung kommende Schwefelsäure von 66° Bé entzieht den Ölen alle basischen Körper und einen Teil der ungesättigten Kohlenwasserstoffe, die durch Oxydation und Verharzung die Öle dunkel färben. Daneben tritt noch eine Oxydation, wie der starke Geruch nach schwefliger Säure lehrt, auf, und zugleich kann man Polymerisation und Substitution beobachten. Völlig aufgeklärt sind die chemischen Vorgänge bei der Behandlung mit Schwefelsäure, die schwer zu verfolgen sind, nicht[3]. Um weitgehende Zersetzungen zu vermeiden, läßt man die Säure, falls es das zu behandelnde Produkt, wie die Paraffinmasse oder Teer, nicht fordert, in der Kälte einwirken. Das durch die Schwefelsäurebehandlung entstandene Reaktionsprodukt, die Säureharze, setzen sich im Mischgefäß zu Boden und werden entfernt. Dann werden mit Wasser die letzten im Öle enthaltenen Säurereste ausgewaschen und das Öl mit Natronlauge behandelt. Der Teer selbst wird niemals mit Lauge gemischt, sondern nur seine Destillate. Vor der eigentlichen Behandlung mit Natronlauge wird vorgelaugt, indem eine geringe Menge von Lauge oder regenerierter Lauge (S. 145) zugesetzt wird, um die Säurereste zu neutralisieren und die Wasserteile aufzunehmen, wobei natürlich schon saure Körper in der Vorlauge sich lösen. Durch die nun folgende Einwirkung der größeren Menge Natronlauge werden den Ölen die sauren Körper, die Homologen des Phenols und andere, entzogen, die mit dem Sammelnamen Kreosot[4] bezeichnet werden. Diese Körper verleihen den Ölen einen unangenehmen Geruch und veranlassen, wie die ungesättigten Kohlenwasserstoffe, das Nachdunkeln. Nach *Graefe*[5] würden sie wegen ihrer guten Lösungsfähigkeit für das Paraffin auch nachteilig auf die Paraffinausbeute wirken. Das Reaktionsprodukt bezeichnet man mit Kreosotnatron. Nach dieser Behandlung folgt in der Regel noch ein Waschen mit Wasser, um die Laugereste zu entfernen.

Man wendet jetzt die beiden Chemikalien in der angegebenen Reihenfolge an, während man früher zuweilen erst die Behandlung mit Lauge und dann die mit Schwefelsäure vornahm. Man hielt die Folge der beiden che-

---

[1] Österreichisches Patent 1901, Nr. 10 253.
[2] *W. Scheithauer*: Die Fabrikation der Mineralöle, S. 139 u. 140.
[3] Vgl. *Pauli*: Chem.-Ztg. 1900, 969.
[4] Der Name bezieht sich auf seine desinfizierende Wirkung und wird von creas (Fleisch) und sozo (ich erhalte) abgeleitet.
[5] *Graefe*: Die Braunkohlenteerindustrie, S. 59.

mischen Einwirkungen für bedeutungslos, was falsch ist. Einmal enthalten die Schwelteeröle Körper, die sowohl in Schwefelsäure als auch in Natronlauge löslich sind, und es empfiehlt sich, auf sie das billigste Lösungsmittel, die Schwefelsäure, einwirken zu lassen. Zum anderen ist das Reaktionsprodukt der Natronlauge leichter mit Wasser auszuwaschen und auch in den Ölen weniger löslich als das der Schwefelsäure, so daß bei der darauffolgenden Destillation der behandelten Öle sekundäre Zersetzungen eher zu vermeiden sind.

2. Das Alkoholwaschverfahren.

Die Einwirkung von Schwefelsäure und Natronlauge bedeutet einen gewaltsamen, zum Teil zerstörenden Eingriff in den Chemismus der Schwelteerprodukte. Besonders ist die Behandlung mit Schwefelsäure infolge der schon erwähnten chemischen Vorgänge mit erheblichen Verlusten verbunden. Die entstehenden Reaktionsprodukte der Einwirkung beider Chemikalien sind minderwertig und bilden bei der weiteren Aufarbeitung zu verkaufsfähigen Erzeugnissen erneuten Anlaß zu Verlustquellen. Außerdem sind die in den Mischvorgang eingeführten Chemikalienmengen als verloren anzusehen. Versuche zu ihrer Regeneration haben bis heute noch zu keinem praktischen Erfolge geführt.

Das von *Graefe* gefundene und von *Krey* in die Praxis eingeführte Alkoholwaschverfahren[1] der *A. Riebeckschen Montanwerke Aktien-Gesellschaft* in Halle a. d. S. beseitigt diese Übelstände. Der Alkohol, es kann Methyl- und Äthylalkohol Verwendung finden, vereinigt in sich die reinigende Wirkung der Schwefelsäure und Natronlauge, ohne daß praktisch Verluste entstehen. Der mit Alkohol aus dem Schwelteer oder dessen Destillaten herausgelöste Extrakt stellt ein ursprüngliches Erzeugnis dar, das keinerlei chemische Veränderung bei dem Waschvorgang erleidet. Die Einwirkung des Alkohols ist eine rein physikalische; sie besteht in der Herauslösung der Kreosote, der Harze und Asphaltstoffe aus den Schwelteerprodukten. Der Verbrauch an Lösungsmittel ist gering. Der Alkohol wird zurückgewonnen bis auf einen geringen Anteil, der verloren geht. Ein weiterer Vorteil ist das Fehlen jeglicher Abwässer.

Der Waschprozeß wird so durchgeführt, daß spez. schwereres Öl mit spez. leichterem Alkohol, in Mengen, die zur vollständigen Lösung des Öles nicht ausreichen, in innige Berührung gebracht wird. Dabei entstehen zwei Lösungen; einerseits eine Auflösung von Kreosot, verharzenden Ölen und Asphaltstoffen in Alkohol, und andererseits eine Auflösung von Alkohol in dem gewaschenen Öl. Aus beiden Lösungen, die sich infolge der Verschiedenheit ihrer spez. Gewichte voneinander scheiden, wird durch Abdestillieren der Sprit wieder gewonnen. Die Menge des zum Waschen verwendeten Alkohols hängt von dem Kreosotgehalte des Öles ab, und zwar so, daß bei steigendem Kreosotgehalt die Menge des Alkohols erhöht werden muß. Das Verhältnis von Alkohol und Öl wird bei normalen Schwelteeren etwa 1 : 1 gewählt. Mit der Grädigkeit

---

[1] D. R. P. Nr. 232 657, Kl. 12r Gruppe 1; D. R. P. Nr. 302 398, Kl. 12r, Gruppe 1.

des Alkohols nimmt das Lösungsvermögen zu; verdünnter Alkohol löst in erster Linie Kreosote; Asphaltstoffe und Kohlenwasserstoffe sind darin weniger leicht löslich. Die Grädigkeit und damit das spezifische Gewicht des Alkohols muß in einem bestimmten Verhältnis zum spez. Gewichte des Öles stehen; der Unterschied in den spez. Gewichten muß so groß sein, daß eine Trennung der entsprechenden Lösungen glatt erfolgt. Bei Ölen mit geringerem spez. Gewicht empfiehlt sich deshalb die Verwendung des spez. leichteren Methylalkohols; in der Regel wird jedoch mit Äthylalkohol von 90 Vol. Proz. gewaschen. Menge und Grädigkeit des Alkohols werden für jedes Öl zweckmäßig durch einen Laboratoriumsversuch ermittelt, ehe zum Waschen im Betriebe übergegangen wird. Die Abhängigkeit des Waschvorganges vom spez. Gewicht des Öles bedingt, daß man das Öl durch Mischen entsprechender Fraktionen auf ein genügend hohes spez. Gewicht bringt.

Der Alkoholextrakt, über den im IX. Kapitel Näheres gesagt werden soll, führt den Namen Fresol. Die *A. Riebeckschen Montanwerke Aktien-Gesellschaft*, Halle a. d. S., haben sich den Namen schützen lassen.

Auf die Farbe der Öle übt der Alkohol keinen Einfluß aus. Zur Herstellung von hellen Ölen müssen die Destillate einer Nachbehandlung mit Schwefelsäure unterworfen werden.

Einen physikalischen Lösungsvorgang stellt auch das in der Petroleumindustrie zur Erzeugung von Leuchtöl ausgeübte *Edeleanusche*[1] Waschverfahren mit flüssiger schwefeliger Säure dar; doch hat dieses Verfahren in der Schwelteerindustrie bis jetzt noch keinen Eingang gefunden. Während man bei der Alkoholwäsche von Schwelteerdestillaten etwa 10 bis 12 Proz. Extrakt erhält, steigt beim Waschen mit flüssiger schwefeliger Säure die Extraktmenge auf 60 Proz. Das Lösungsvermögen der schwefeligen Säure ist also auf Schwelteerprodukte zu groß, was ihrer Verwendung zu deren Reinigung im Wege steht.

B. Die chemische Reinigung in der sächsisch-thüringischen Industrie.

Der Mischapparat.

Als Mischapparat wendet man jetzt in der Regel ein zylindrisches Gefäß mit konischem Boden an, dessen Abmessungen sich nach der Menge des zur Behandlung kommenden Öls richten, und dessen Inhalt wohl in den Grenzen von 5 bis 20 cbm schwankt. Früher waren Apparate von verschiedenen Formen[2] in Gebrauch, die meistens aus Holz bestanden, jetzt hingegen verwendet man nur solche aus Eisen, die innen mit einem Bleifutter von 4 bis 5 mm Stärke versehen sind. Dieses Futter ist nötig, um die Einwirkung der Säure, im besonderen der verdünnten, auf die Gefäßwandungen auszuschließen. Man muß hierbei das reinste Blei nehmen, da dieses am wenigsten von der Schwefelsäure angegriffen wird[3].

---

[1] D. R. P. Nr. 216 459.
[2] Vgl. *Scheithauer*: Die Fabrikation der Mineralöle, S. 131.
[3] *Lunge* u. *Schmidt*: Zeitschr. f. angew. Chemie 1892, 642 u. 664.

Die Mischgefäße sind in der Regel mit einem Deckel verschlossen, der eine Beobachtungsklappe trägt, und in manchen Fabriken sind die Gefäße mit einem Gasabzuge verbunden, der den Austritt der Mischgase in den Mischraum verhindert und diese ins Freie führt.

Das Mischen mit den Chemikalien geschah bei Beginn der Industrie mit Mischkrücken aus Holz durch Menschenhand. Später ersetzte man diese Krücken durch mechanisch angetriebene Rührwerke[1]. Schon seit Jahren wendet man an Stelle dieser einfachen Vorrichtungen das Verfahren an, Luft in die mit den Chemikalien versetzten Öle einzublasen. Die chemische Einwirkung der Luft kann hierbei, da die Mischdauer nur kurz ist, unberücksichtigt bleiben.

Fig. 56 zeigt ein Mischgefäß A. Durch die Rohrleitung a wird das Gefäß mit dem Mischgut gefüllt, durch die Leitungen b, c und d werden die Schwefelsäure, Natronlauge und das Wasser getrennt zugeführt. e ist ein Bleirohr, das auf dem Boden mündet und wodurch die Luft zum Mischen eingepreßt wird. Durch den Hahn G, der am tiefsten Punkte des Gefäßes angesetzt ist, werden die Mischprodukte und das Waschwasser abgezogen, während durch den Stutzen F das Mischgut nach der Behandlung abfließt.

Muß das Mischgut, was schon erwähnt worden ist, vor der chemischen Behandlung seiner Beschaffenheit wegen angewärmt werden, so ist in das Mischgefäß entweder eine Dampfschlange aus Blei eingebaut, oder das Gefäß ist mit einem durch Dampf heizbaren Mantel umgeben.

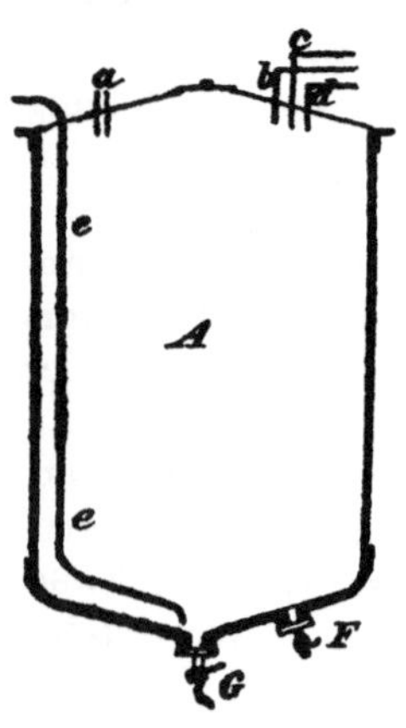

Fig. 56.

Der Mischereibetrieb.

Die Beförderung der Chemikalien, Schwefelsäure und Natronlauge, die früher durch Menschenhand, Eimer und Aufzüge, geschah, wird jetzt wohl allgemein durch Rohrleitungen auf mechanischem Wege durchgeführt. Eine zweckmäßige Einrichtung werden wir unter dem Abschnitte „Das Mischhaus" beschreiben.

Die chemische Behandlung des Teeres.

In einigen Fabriken wird jetzt noch, wie es früher allgemein geschah, der Braunkohlenteer vor der Destillation mit Schwefelsäure behandelt. Das Verfahren ist zuerst von B. *Hübner* eingeführt worden[2] und hat vor dem, den Teer roh zur Destillation zu bringen, manche Vorzüge. Während der Destillation des schon mit Schwefelsäure behandelten Teeres entwickeln sich weniger belästigende Gase, die Blasenkoksmenge ist um etwa 50 Proz. geringer und auch der Gasverlust ist erheblich niedriger, als wenn der Teer roh zur Destil-

---

¹ Vgl. *Scheithauer*: Die Fabrikation der Mineralöle, S. 131 ff.
² Berichte d. Deutsch. chem. Ges. 1868, 133.

lation gelangt, daneben werden die Blasen, weil eine geringere Hitze für die Destillation erforderlich ist, weniger angegriffen. Der Kreosotgehalt der Destillate ist geringer, und bei einigen Teerarten erzielt man nachweisbar eine höhere Paraffinausbeute. Andere Techniker sind gegenteiliger Ansicht und glauben, durch die Destillation des rohen Teeres mehr Paraffin zu gewinnen. Dieser Zwiespalt der Meinungen wird wohl darauf zurückzuführen sein, daß man nur solche Teere mit Schwefelsäure behandeln darf, die frei von Bitumen sind. Enthält der Teer noch Bitumen, so löst sich dieses zum größten Teile in der Säure auf, und damit werden Paraffinbildner zerstört, so daß der Verlust an Paraffin erklärt ist. Es ist nicht schwer, den Gang der Schwelerei so einzurichten, daß der Teer, ohne wesentliche Zersetzungen zu erleiden, bitumenfrei geliefert wird.

Wird der Teer roh destilliert, so muß die Paraffinmasse chemisch behandelt werden, was große Sorgfalt erfordert, im besonderen muß sie zum Schlusse gut ausgewaschen werden, damit die zum Filtern und Pressen benutzten Tücher nicht angegriffen werden. Die Paraffinmasse zeigt, wenn sie nicht chemisch behandelt, sondern nach der Destillation zur Krystallisation gebracht wird, ausgeprägtere Krystallbildung.

Ist der Teer durch Vorsäuern wasserfrei gemacht, was durch Mischen mit $^1/_4$ Proz. Schwefelsäure von 50 ° Bé oder mit 1 bis 2 Proz. Abfallschwefelsäure[1] geschieht, so gibt man 3 bis 4 Proz. Schwefelsäure von 66° Bé zu und mischt $^1/_4$ bis $^1/_2$ Stunde lang. Dann überläßt man zur Abscheidung des Reaktionsproduktes den Teer längere Zeit, 3 bis 4 Stunden, der Ruhe und zieht darauf die Säureharze ab. Nun wäscht man durch Überbrausen mit heißem Wasser aus und fügt zum Abstumpfen der Säurereste Kalkmilch zu, womit man etwa $^1/_4$ Stunde lang mischt. Nach beendeter Abscheidung und nach dem Abziehen des Kalkwassers ist der Teer fertig zur Destillation. Auf dieses Auswaschen des Teers, das besondere Erfahrung voraussetzt, muß große Sorgfalt verwendet werden, denn es entstehen sehr leicht Emulsionen, die Teerverluste zur Folge haben.

Aus dem Gesagten geht hervor, daß man wohl jetzt noch berechtigt ist, den Teer vor der Destillation der Behandlung mit Schwefelsäure zu unterwerfen. Wo man die Destillation ausschließlich im luftverdünnten Raume ausführt, mögen gewichtige Gründe maßgebend sein, die bedingen, dem anderen Verfahren den Vorzug zu geben.

Die chemische Behandlung der Teerprodukte.

Welchen Prozentsatz von Schwefelsäure man zur chemischen Behandlung der Teerprodukte verwendet, ist abhängig von der Beschaffenheit des Rohstoffes und in den einzelnen Fabriken verschieden. Man muß dafür Sorge tragen, daß man in Farbe und Geruch marktfähige Waren erzielt. In der Regel nimmt man 2 bis 5, höchstens 6 Proz. Wenn man mehr als 3 Proz. braucht, so fügt man die Säure nach dem Vorsäuern in zwei getrennten Misch-

---

[1] Abfallschwefelsäure ist eine aus schon gebrauchter Säure im eigenen Betriebe wiedergewonnene Säure (siehe S. 143).

prozessen zu. Wie bei dem Teere, so läßt man auch bei den Ölen dem Reaktions-produkte längere Zeit, um sich gut abzusetzen. Nach dem Ablassen der Säure-harze wäscht man zweimal hintereinander mit Wasser aus, indem man je $^1/_4$ bis $^1/_2$ Stunde lang mischt und dann etwa 2 Stunden absitzen läßt. Dem Wasch-wasser fügt man an einigen Stellen zum schnelleren und besseren Abstumpfen der Säure kohlensaures Natron, Ätznatron, Ätzbaryt, oder, wie bei der Teer-behandlung, Kalkhydrat in geringer Menge zu.

Der Schwefelsäurebehandlung schließt sich die mit Natronlauge an. Nach dem Vorlaugen mit etwa $^1/_2$ Proz. Natronlauge läßt man das entstandene Reaktionsprodukt nach etwa einer Stunde ab. Dann folgt das Laugen, was ein „Auslaugen" darstellen muß, d. h. das Öl muß von Kreosot vollständig befreit werden. Danach hat man sich mit der Zugabe von Natronlauge zu richten. Durch einen kleinen, dem Betriebe nachgeahmten Versuch im Glas-rohr (Kreosotrohr) kann man leicht die Richtigkeit der Behandlung fest-stellen[1] und prüfen, wieviel Lauge noch beizumischen ist. Man braucht, was auch in den einzelnen Fabriken schwankend ist, 4 bis 8 Proz. Natronlauge. Man mischt in der Regel unter Zugabe von 3 bis 4 Proz. je $^1/_2$ Stunde lang, läßt längere Zeit, 3 bis 4 Stunden, absitzen und bringt das Öl zur Destillation, oder, was in einigen Fabriken geschieht, man wäscht vorher mit Wasser die Laugen-reste aus.

Die durch die chemische Behandlung entstehenden Verluste (Misch-verluste) sind in den einzelnen Fabriken natürlich verschieden. Sie richten sich nach der Beschaffenheit der Öle und im wesentlichen nach dem Gehalte an Kreosot.

Von den im ersten Destillationsschema (S. 122) angeführten Teerprodukten werden, wenn wir annehmen, daß der Teer gesäuert worden ist, die folgenden der chemischen Behandlung unterworfen: Das A-Filteröl mit 2 bis 4 Proz., das Rohöl mit 3 bis 4 Proz., das Rohsolaröl mit 1 bis 2 Proz. und, wenn nötig, auch das Braunkohlenteerbenzin mit 1 bis 2 Proz. Schwefelsäure von 66° Bé. Die Mischdauer beträgt in allen Fällen $^1/_4$ bis $^1/_2$ Stunde und ist abhängig von der Menge des im Mischgefäße befindlichen Öls. Sämtliche Öle werden dann vor der Destillation von Kreosot befreit.

Nehmen wir an, der Teer gelangt roh zur Destillation nach dem Ver-fahren des zweiten Destillationsschemas (S. 123), so würden die folgenden Teerprodukte chemisch behandelt: Das leichte Rohöl mit 3 bis 6 Proz., die Hartparaffinmasse mit 3 bis 6 Proz., das leichte Rohphotogen mit 4 bis 5 Proz. und das Benzin mit 2 bis 3 Proz. Schwefelsäure von 66° Bé. Auch hier wird den genannten Produkten durch die Behandlung mit Natronlauge von 38° Bé das Kreosot vollständig entzogen.

Die Behandlung der Öle vor dem Versand.

Von den als Handelsware erscheinenden Ölen werden nur die helleren, und auch nur in einigen Fabriken, vor dem Versand chemisch behandelt.

---

[1] Vgl. S. 219.

Das Solaröl wird mit geringen Mengen Schwefelsäure behandelt und dann mit verdünnter Natronlauge oder Sodalösung gewaschen. In anderen Fabriken wird es, um den Geruch aufzubessern, mit einer Mischung von $^1/_2$ Proz. Natronlauge und $^1/_4$ Proz. Spiritus etwa 2 Stunden lang gemischt.

Die hellen Paraffinöle, Putzöl und Gelböl, sowie das Fettöl werden, wenn es nötig ist, mit 1 bis 3 Proz. Schwefelsäure und dann mit Natronlauge, auch mit verdünnter Soda- oder Wasserglaslösung, behandelt. Das Auswaschen mit Wasserglaslösung[1] hat sich bei den Ölen von hellgelber Farbe gut bewährt.

Bei der Raffination der Endprodukte, also den Handelswaren, benutzt man in der Regel, im Gegensatze zum Mischprozesse der Zwischenprodukte, für die beiden Chemikalien zwei besondere Gefäße; das Öl wird, nachdem es von der Schwefelsäurebehandlung ausgewaschen ist, in ein anderes Gefäß gepumpt.

Das Bleichen der Handelsöle durch die Sonne, um ihre Farbe aufzubessern, geschieht betriebsmäßig nicht, da es zu umständlich und langwierig ist. Ein Erfolg ist aber regelmäßig festzustellen.

Für die chemische Behandlung des Braunkohlenteers und seiner Destillate braucht man, um gute Verkaufsprodukte zu gewinnen, im Durchschnitt 6 bis 7 Proz. Schwefelsäure und 0,8 bis 1,3 Proz. Ätznatron, auf den Rohstoff berechnet. Die angegebenen Mengen werden sich nur für Teere von so guter Qualität erniedrigen, wie sie jetzt nur selten noch erzeugt werden.

Will man die Paraffinöle, ehe sie in den Handel gelangen, von ihrer blaugrünen Fluorescenz befreien, was zuweilen verlangt wird, so werden sie mit 0,25 bis 0,5 Proz. Nitronaphthalin einige Zeitlang gemischt. Überläßt man das Öl der Ruhe, so sinkt das Nitronaphthalin zu Boden und kann leicht vom Öl getrennt werden.

Hier ist noch zu berichten, daß man in früheren Jahren aus dem ersten Destillate des Teeres, Rohöl, durch Behandlung mit einer Schwefelsäure von 30° Bé die Pyridinbasen gewann. Die schwefelsaure Lösung wurde durch Absitzenlassen und Filtration durch Grudekoks von den Säureharzen gereinigt und dann durch verdünnte Natronlauge zersetzt. Die Basen wurden getrocknet und durch Destillation in die einzelnen Glieder zerlegt. Sie wurden zur Reinigung von Anthracen und zur Denaturierung von Spiritus verkauft. Ihre Darstellung ist schon seit Jahren eingestellt worden, da sie den verschärften Anforderungen, die an die zur Denaturierung zugelassenen Basen gestellt wurden, nicht mehr genügen in bezug auf Wasserlöslichkeit und Siedepunkt.

Das Mischhaus.

Die Fig. 57 und 58 zeigen ein Mischhaus im Grundriß und im Längsschnitt. *A A* sind die Mischgefäße, die auf einem gemauerten Sockel ruhen und die durch Fig. 56 dargestellte Form und Einrichtung besitzen. *B* ist

---

[1] Vorgeschlagen von *J. Zahler:* Chem.-Ztg. 1897, S. 853 u. 899.

die Luftpumpe, die das Eindrücken der Luft besorgt durch die Leitung e.
C ist der Behälter für die Schwefelsäure, aus dem diese in abgemessener
Menge durch die Leitung b dem Mischgefäße zufließt, während D den Behälter
für die Natronlauge darstellt, die durch Leitung c nach dem Mischgefäße
gelangt. Die Schwefelsäure wird vom Druckkessel E durch Preßluft nach
C befördert und die Natronlauge auf gleiche Weise vom Druckkessel F aus,

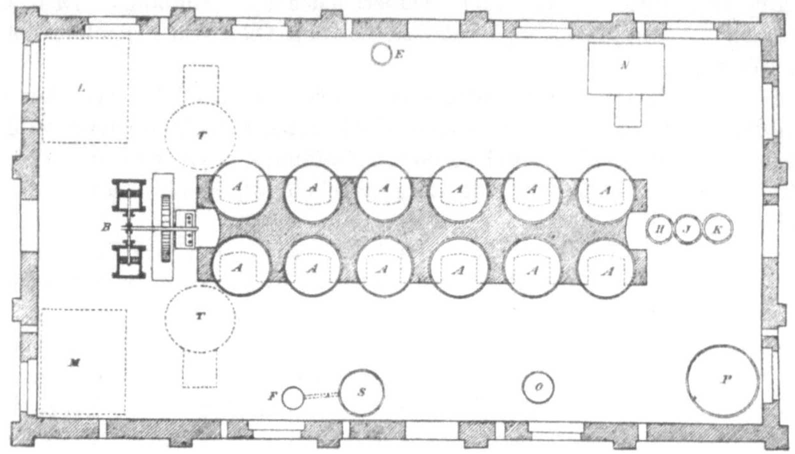

Fig. 57.

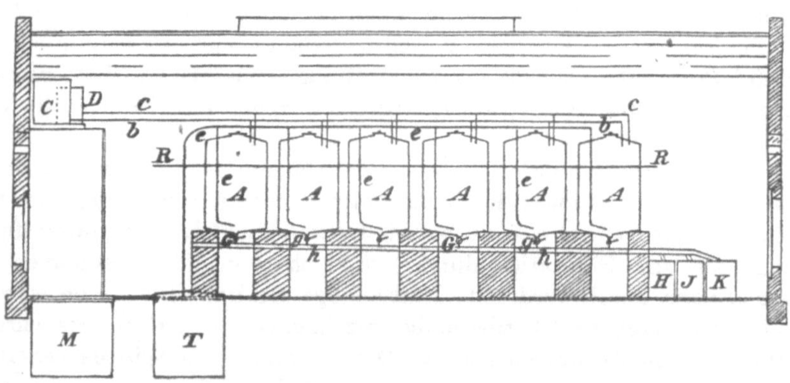

Fig. 58.

nachdem sie im Gefäße S hergestellt worden ist. Die Mischprodukte werden
durch G abgezogen und durch die Leitung g, h nach dem Gefäße H, J, K
geführt, wo sie bis zur Weiterverarbeitung angesammelt werden. An den
Seiten der Mischgefäße ist eine aus Säulen ruhende Bühne R R angebracht.
L, M, N, O, P sind Bassins, die zur Aufbewahrung von Ölen dienen, und
T T sind Druckkessel.

Nach dieser Art sind die meisten Mischhäuser eingerichtet, und ihre Abmessungen und die der Gefäße selbst richten sich nach den zu behandelnden

Ölmengen[1] und somit nach der Menge des zur Verarbeitung gelangenden Schwelteeres überhaupt.

Während man jetzt an Stelle der früher allgemein gewählten Pappdächer für industrielle Gebäude zweckmäßigerweise Wellblech- oder Pfannenblech-

dächer nimmt, muß man für das Mischhaus von dieser Bedachung absehen, weil die entstehende schweflige Säure von niedergeschlagenen Wasserdämpfen aufgenommen, die Bleche nach kurzer Zeit angreift.

Vorgang des Alkoholwaschverfahrens.

Der Arbeitsvorgang ist beim Waschverfahren ein kontinuierlicher. An Hand der Fig. 59 sei er nachstehend erläutert:

Das Waschen des Öles erfolgt in einem Kolonnenapparat, in dem das spez. schwerere Öl oben, der spez. leichtere Alkohol unten einfließt. Öl und Alkohol passieren also die Kolonne im Gegenstrom. Die Intensität des Waschens hängt, wie schon erwähnt, von der Menge und Grädigkeit des Alkohols ab, weiter aber auch von der Feinheit der Verteilung des Öles und der Länge des Weges, den es in der

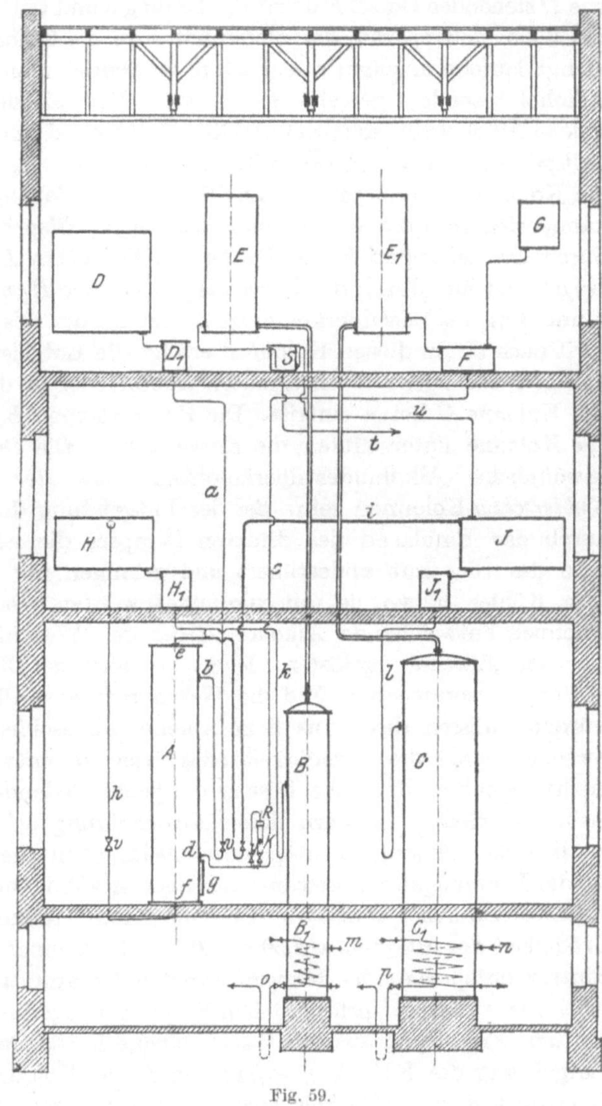

Fig. 59.

Kolonne in Berührung mit dem Alkohol zurücklegt. In der Kolonne sind deshalb Siebböden oder andere Elemente eingebaut, die das Öl tropfenförmig verteilen und nach Möglichkeit seinen Weg verlängern. Man hat mit gutem Erfolg *Kubierschky*-Kolonnen verwendet.

[1] Vgl. *Krey*: Journ. f. Gasbel. 1890, S. 408.

In der Kolonne A (Waschkolonne) erfolgt das Waschen des Öles. Das zu behandelnde rohe Öl gelangt von dem hochstehenden Behälter D durch das Druckausgleichgefäß D_1, das mit einem Schwimmer versehen ist, durch das Rohr a bei b in die Kolonne. Der Alkohol fließt von dem in gleicher Höhe wie D stehenden Gefäß F durch die Leitung c und tritt bei d in die Kolonne ein. R ist ein Meßapparat, der die stündlich in die Kolonne eintretende Alkoholmenge laufend anzeigt; zweckmäßig verwendet man Rotamesser[1], die für Alkohol besonders geeicht sein müssen. Der mit dem Extrakt (Fresol) beladene Alkohol (Fresolsprit) verläßt die Kolonne am Deckel bei e, das sprithaltige gewaschene Öl (Ölsprit), das man etwa $^1/_2$ m hoch im unteren Teil der Kolonne anstaut, und dessen Stand an dem Schauglas g beobachtet werden kann, wird bei f aus der Kolonne abgeführt. Ölsprit und Fresolsprit werden durch die Leitungen h und i nach den Behältern H und J geführt und gelangen von hier durch die Druckausgleichgefäße H_1 und J_1 und die Leitungen k und l in die Destillierkolonnen B und C, der Ölsprit nach B, der Fresolsprit nach C. In diesen Kolonnen erfolgt die Entgeistung der beiden alkoholhaltigen Lösungen durch direkten Dampf, der in die Kolonne B bei m, in die Kolonne C bei n eintritt. Die Heizschlangen B_1 und C_1 im unteren Teil der Kolonne unterstützen die Entgeistung. Die Destillierkolonnen können gewöhnliche Alkoholdestillierkolonnen aus der Spiritusindustrie oder *Kubierschky*-Kolonnen sein. Bei der Entgeistung des Ölsprites in B werden durch das Einblasen des direkten Dampfes die leicht siedenden Bestandteile des Öles mit abdestilliert und gelangen mit den Spritdämpfen nach dem Kühler E, wo sie mit verdichtet werden. Da der aus den Destillierkolonnen entweichende Alkohol wieder der Waschkolonne zugeführt wird, die im Alkohol gelösten leicht siedenden Ölbestandteile aber dort Störungen verursachen und die Waschkraft des Alkohols stark vermindern würden, müssen diese aus dem Alkohol abgeschieden werden. Zu diesem Zwecke wird die Grädigkeit des aus B entweichenden Alkohols so niedrig gehalten, daß eine Lösung der leicht siedenden Öle im Alkohol nicht mehr stattfindet, sondern deren Ausscheidung erfolgt. Das im Kühler E verdichtete Alkohol-Leichtölgemisch gelangt in die Florentiner Flasche s, wo die Trennung des Öles vom wässerigen Alkohol vor sich geht; Öl und Alkohol fließen durch t und u ab. Um eine glatte Trennung zu erhalten, wird die Grädigkeit des Alkohols auf 50 bis 60 Vol. Proz. eingestellt, was sich durch den Eintritt entsprechender Mengen direkten Dampfes in die Kolonne erreichen läßt. Der wässerige Sprit wird dem Behälter J zugeführt und gelangt zusammen mit dem Fresolsprit aus der Waschkolonne in die Destillierkolonne C, wo die Entgeistung des Extraktes erfolgt; in dieser Kolonne findet gleichzeitig die Rektifikation des Alkohols auch des der Kolonne B entstammenden statt. Die gesamten Alkoholdämpfe gelangen nach dem Kühler E_1, wo sie verdichtet dem Sammelgefäß F und dann durch c wieder der Waschkolonne zugeführt werden; der Alkohol tritt also von neuem in den Kreislauf ein. Der bei dem Arbeitsvorgang verlorengegangene Sprit, etwa 0,3 Proz. des durchgesetzten

---

[1] Der Apparat wird von den *Deutschen Rotawerken G. m. b. H.* in Aachen hergestellt.

Öles, wird aus dem Vorratsbehälter G ersetzt, wo er dem Gefäß F durch einen Schwimmer selbsttätig zugeführt wird. Bei o und p treten aus den Destillierkolonnen das gewaschene Öl, meistens zur weiteren Verarbeitung in der Destillation und der Extrakt, in der Regel als Fertigfabrikat spritfrei, aus. Das aus der Florentiner Flasche s austretende leicht siedende Öl wird durch nochmaliges Abblasen in einer Kolonne auf Automobilbetriebsstoff verarbeitet.

Die Größen der Kolonnen richten sich natürlich nach der Menge des zu verarbeitenden Öles; bei der Dimensionierung der Waschkolonne ist auch der Kreosotgehalt des Öles zu berücksichtigen. Eine Waschkolonne von 0,9 m Durchmesser und 5,5 m Höhe ist in der Lage täglich 40 t Öl mit einem Kreosotgehalt von 10 bis 15 Proz. durchzusetzen. Bei der Dimensionierung der Destillierkolonnen ist zu beachten, daß in der Fresolspritkolonne C etwa 80 bis 85 Proz. und in der Ölspritkolonne B etwa 15 bis 20 Proz. der in die Waschkolonne eingeführten Alkoholmenge verdampft werden muß. Behälter D und F müssen genügend hochstehen, damit Öl- und Alkoholstrom in Bewegung bleiben. Die beiden notwendigen Zwischenbehälter H und J dienen zur Aufspeicherung von Öl- und Fresolsprit bei etwaigen Störungen in den Kolonnen. Zur Kontrolle des Vorganges sind an zahlreichen Stellen Vorrichtungen zur Entnahme von Proben vorgesehen. Thermometer an den Destillierkolonnen lassen den Verlauf der Destillation verfolgen, was zur Erreichung der gewünschten Grädigkeit des Alkohols wichtig ist. Zur Regelung der die Waschkolonne durchströmenden Flüssigkeitsmengen dienen die Hähne v, welche dem Bedienungsmann leicht zugänglich sind. Die Temperatur in der Waschkolonne richtet sich nach dem Paraffingehalt des Öles.

Die Apparate sind in einem etwa 20 m hohen Gebäude untergebracht. Ihre Anordnung darin ist aus Fig. 59 ersichtlich.

C. Das Mischverfahren in der Messeler Industrie.

Der Schwelteer, das Rohöl, als solcher wird keiner chemischen Behandlung unterworfen. Von den Destillaten wird die erste Fraktion nacheinander mit 2 Proz. Schwefelsäure und mit 3 Proz. Natronlauge gemischt. Die rohe Masse wird derselben Behandlung unterworfen. Die Mischung erfolgt durch Einblasen von Luft. Die abgesetzten Säureharze werden mit Wasser gewaschen und, wie S. 125 erwähnt, zur Beheizung der Destillationsblasen gebraucht. Die Mischgefäße, in denen mit Säure geschüttelt wird, sind verbleit.

D. Das Mischverfahren in der schottischen Industrie.

Der Mischereibetrieb.

In der schottischen Industrie verwendet man zur chemischen Behandlung der Öle gleichfalls Schwefelsäure von 66° Bé und Natronlauge. Man läßt die Chemikalien jetzt mit wenigen Ausnahmen auch in dieser Reihenfolge im Gegensatz zu früher auf die Öle einwirken. An die Reinheit der Schwefelsäure werden hier besondere Anforderungen gestellt, sie muß frei von Arsen und Selen sein. Den größeren Mineralölwerken, wie denen in Broxburn, ist eine Schwefelsäurefabrik angeschlossen, die die Säure für den eigenen Gebrauch erzeugt.

Während man in der sächsisch-thüringischen Industrie in der Regel den gesamten Mischprozeß in einem Gefäße ausführt, nimmt man hier für jede Behandlung ein besonderes. Man verwendet hierzu zwei übereinanderliegende schmiedeeiserne Kessel. In dem oberen wird die Behandlung mit Schwefelsäure und im unteren die mit Natronlauge vorgenommen.

Das Mischen geschah früher ausschließlich durch eingebaute Rührwerke, während es jetzt in dén meisten Fabriken wie in der sächsisch-thüringischen Industrie durch Einpressen von Luft ausgeführt wird. Nur die chemische Behandlung der leichten Öle, wie der Naphtha, wird nach wie vor mit Hilfe von Rührwerken vorgenommen, um die Verluste zu vermeiden, die beim Einblasen von Luft entstehen.

Der Teer wird niemals einer chemischen Behandlung unterworfen, weil er durch Dampfdestillation erzeugt ist und daher noch größere Mengen unzersetztes Bitumen enthält, das durch die Destillation erst in Kohlenwasserstoffe umgesetzt werden muß und sich in Schwefelsäure lösen würde.

Die chemische Behandlung der Teerprodukte.

Das Teerdestillat, auch nach Schema I (S. 128) Grünöl genannt, wird mit 3 bis 4 Proz. Schwefelsäure $^1/_4$ bis $^1/_2$ Stunde lang gemischt und nach 3 bis 4 Stunden wird das Reaktionsprodukt abgezogen. In einigen Fabriken mischt man vor dieser Behandlung, wie in der sächsisch-thüringischen Industrie, zunächst mit Schwefelsäure von 34° Bé, oder man benutzt dazu solche Säure, die schon einmal zur Reinigung von Öl gedient hat. Nach der Behandlung mit Schwefelsäure läßt man das Öl nach dem unteren Mischgefäße fließen und stumpft die Säure durch Mischen mit verdünnter Natronlauge von 7° Bé (etwa $^1/_2$ Proz.) ab. Nachdem das Reaktionsprodukt sich gut abgeschieden hat, wird es abgezogen und nun das Öl mit 2 bis 3 Proz. Natronlauge von 38° Bé $^1/_2$ Stunde lang gemischt. Man läßt möglichst lange, 3 bis 6 Stunden, zuweilen über Nacht stehen und zieht dann das Kreosotnatron ab.

Das Destillat von Grünöl, das leichte Öl, wird mit $2^1/_2$ bis $3^1/_2$ Proz. Schwefelsäure von 66° Bé $^1/_4$ bis $^1/_2$ Stunde lang gemischt, nachdem es vorgesäuert worden ist. Die Säureharze werden nach 2 Stunden abgezogen, die Säure wird mit verdünnter Natronlauge in einem anderen Mischgefäße abgestumpft und dann das Öl mit $2^1/_2$ bis $3^1/_2$ Proz. Natronlauge von 38° Bé $^1/_4$ bis $^1/_2$ Stunde lang behandelt. Man läßt 2 bis 3 Stunden absitzen und zieht dann das Kreosotnatron ab.

Außer diesen Ölen werden von den auf Schema I angeführten noch die folgenden mit wechselnden Mengen Schwefelsäure behandelt und durch Mischen mit Natronlauge vom Kreosot befreit: Naphtha, schweres Brennöl, Brennöl und Blauöl.

In einigen Fabriken werden noch andere Öle und auch die **Paraffin-masse** (Heavy oil) der chemischen Behandlung unterworfen.

Eine Behandlung der **Öle vor dem Versand**, im besonderen der **Leucht-öle** und **Schmieröle**, wird in den meisten Fabriken vorgenommen. Das Öl wird mit einigen Prozenten Schwefelsäure kurze Zeit gemischt und nach dem Entfernen der Säureharze mit verdünnter Natronlauge (3 bis 5° Bé) oder Sodalösung ausgewaschen.

II. Die Verwertung der Mischprodukte.

Die Verwendung und Verarbeitung der Mischprodukte.

Die **Säureharze** sind in ihrem Aussehen dem Steinkohlenteere ähnlich und zeigen einen durchdringenden Geruch nach schwefliger Säure. In einigen Fabriken der sächsisch-thüringischen Industrie, wo man die beiden Reaktions-produkte, Säureharze und Kreosotnatron, nicht getrennt verwertet, ver-einigt man beide, und es scheiden sich hierbei Kreosot und Harze aus, während daneben eine Lösung von schwefelsaurem Natron entsteht.

Zweckmäßiger erscheint es, die Säureharze für sich durch Kochen mit Dampf, den man am Boden des Gefäßes einströmen läßt, zu zersetzen. Es scheiden sich an der Oberfläche die Harze ab, und unten hat sich eine unreine, verdünnte Schwefelsäure gebildet. Diese Säure, **Abfallschwefelsäure,** zeigt 30 bis 40° Bé, hat ein braunes Aussehen und dient, nachdem sie völlig von Harzen befreit ist, entweder im Mischprozeß zum Vorsäuern oder wird zur Zersetzung des Kreosotnatrons benutzt. Auch in den Düngerfabriken[1] findet sie Verwendung und sie kann, wie es früher in manchen Fabriken ge-schah, zur Herstellung von Metallsalzen benutzt werden. Indem man Eisen und Zink darin löste, gewann man die betreffenden Salze. Nimmt man die Abfallschwefelsäure zur Zersetzung des Kreosotnatrons, so gewinnt man Glaubersalz, das zeitweise von einigen Fabriken durch Umkrystallisieren gereinigt und in den Handel gebracht wurde.

Die Harze gelangen zur Destillation. Diese wird in Blasen vorgenommen, die den früher beschriebenen in Einrichtung und Einmauerung gleich sind. Man arbeitet nicht im luftverdünnten Raume, aber in der Regel mit Unter-stützung von überhitztem Wasserdampfe, der am Boden der Blase einströmt. Die Destillation liefert ein Öl, **Kreosotöl,** das 50 bis 70 Proz. in Natronlauge lösliche Anteile und ein spez. Gewicht von 0,940 bis 0,980 besitzt. Es riecht stark nach Schwefelwasserstoff. Man läßt, da man gewöhnlich nicht zur Trockene destilliert, als Rückstand entweder **Goudron** oder bei Abnahme einer größeren Menge von Öl **Asphalt.** Dieser Rückstand wird in einigen Fabriken durch gepreßte Luft aus der Blase gedrückt und in anderen durch geeignete Ablaßvorrichtungen oder durch Ausschöpfen entfernt.

---

[1] Vgl. Zeitschr. f. angew. Chemie 1900, 1033.

In manchen Fabriken der sächsisch-thüringischen Industrie werden die Harze, wie es in Schottland und in Messel geschieht, als Heizmaterial für Destillationsblasen und Dampfkessel benutzt und zu diesem Zwecke im Dampfstrahlzerstäuber (Forsunka) verbrannt. Ihr Heizwert beträgt etwa 8000 WE. Nachteilige Wirkungen auf das Eisen durch die hierbei entstehende schweflige Säure sind nicht beobachtet worden.

Das Kreosotnatron ist eine dickflüssige, schwarz gefärbte Flüssigkeit. Man nimmt es zum Imprägnieren von Grubenhölzern, doch ist es nötig, daß die noch darin enthaltene Natronlauge abgestumpft wird. Dieses geschieht zweckmäßig durch einen Zusatz von Rohkreosot im Überschuß.

Eine Verwertung des Kreosotnatrons stellt eine Verwendung in verdünnter Form an Stelle von Natronlauge bei der Reinigung des Kesselspeisewassers dar. Die Verdünnung mit Wasser geschieht bis zu einem Gewichte von 4 bis 5° Bé. Das bei der Verdünnung sich auf der Oberfläche abscheidende Öl, neutrales Öl genannt, muß entfernt werden. 1 cbm dieser wässerigen Lösung besitzt den Wirkungswert von 22 bis 25 kg Ätznatron. Der Dampf des damit gereinigten Kesselspeisewassers riecht schwach nach Kreosot und darf für chemische Zwecke nicht gebraucht werden.

Eine weitere Verwertung des Kreosotnatrons ist Gegenstand des D. R. P. Nr. 166 411 (Kl. 55 b) der *Werschen-Weißenfelser-Braunkohlen-Aktien-Gesellschaft* in Halle a. d. S. Das Kreosotnatron wird entweder in seinem Gewinnungszustande oder in wässeriger Verdünnung (1 : 5) zum Aufschließen pflanzlicher Stoffe aller Art, wie Stroh und Holz für die Papierfabrikation benutzt. Man erhält eine gut aufgeschlossene Cellulose, die sehr geschmeidig, äußerst fest und zähe ist. Ob sich das Verfahren in größerem Maßstabe Eingang in die Papierindustrie verschaffen wird, bleibt abzuwarten.

Das Kreosotnatron wird durch Säure zersetzt unter Abscheidung von Rohkreosot. Als Säure benutzt man Abfallsäure, oder was vorteilhafter erscheint, Kohlensäure. Die Kohlensäure stellt man in der Fabrik selbst her durch Überleiten von atmosphärischer Luft über Steinkohlen- oder Blasenkoks.

Man kann an Stelle der reinen Kohlensäure auch Rauchgase oder Schwelgase verwenden. *Höland* zerlegt das Kreosotnatron, indem er Blasengase durchleitet; er entfernt hierbei aus dem Gase die Kohlensäure und den Schwefelwasserstoff.

In der schottischen Industrie werden die Säureharze mit heißem Wasser gewaschen und die hierbei gewonnene verdünnte Säure wird im Schwelereibetriebe zur Herstellung von schwefelsaurem Ammoniak (vgl. S. 85) benutzt. Die ausgeschiedenen Harze werden mit dem Kreosotnatron gemischt und von dem sich bildenden schwefelsauren Natron sorgfältig getrennt. Die vereinigten Harze und Kreosote gelangen nun, wie schon gesagt, in der Forsunka-Feuerung zur Verbrennung und dienen zur Beheizung der Destillationsblasen und der Dampfkessel.

Die Wiedergewinnung der Chemikalien.

Die zur Reinigung der Teeröle benutzten Chemikalien so wiederzugewinnen, daß sie von neuem bei dem Mischprozesse gebraucht werden können, ist trotz zahlreicher Versuche immer noch nicht in befriedigender Weise gelungen. Man stellt daher aus den Reaktionsprodukten, wie schon berichtet worden ist, Nebenprodukte her, um die für die Chemikalien aufgebrachten Kosten zu verringern.

Eine stattliche Reihe von Patenten[1] gibt es, die den Zweck zu erfüllen glauben, aus den Säureharzen die Schwefelsäure wieder zu gewinnen oder die Abfallsäure auf Salzsäure und Salpetersäure zu verarbeiten. Die meisten genügen aber nicht den Anforderungen, die man an sie stellen muß, um das Verfahren im Betriebe einführen zu können. Entweder ist die erzeugte Säure nicht rein genug, um sie in der Technik zu verwenden, oder die Kosten der Herstellung sind so hoch, daß sich die Ausnutzung des Verfahrens von vornherein verbietet.' Es erübrigt sich daher, die Verfahren hier im einzelnen zu beschreiben. Es sei nur auf das Verfahren der Steaua Romana[2] hingewiesen, das sich im Betriebe bewährt haben soll und nach welchem 75 bis 80 Proz. der Abfallsäure in Form von reiner 97 bis 98 prozentiger Säure zurückgewonnen werden. Die Regenerierung geschieht so, daß man die von den Säureharzen abgetrennte Abfallsäure in reine, konzentrierte bis zum Siedepunkt erhitzte Schwefelsäure laufen läßt unter Einleiten eines Luftstromes. Dabei destilliert wasserhelle 60 grädige Säure ab, die auf 66° eingedampft wird.

Am vorteilhaftesten ist es, die Säureharze nach der schon geschilderten Verarbeitungsweise zu verwerten (vgl. S. 143). Es erscheint wohl nach den bisherigen Versuchen und Untersuchungen unmöglich, die Aufgabe je zu lösen, aus den Säureharzen der Schwelteerprodukte mit Nutzen reine Schwefelsäure herzustellen.

Von den beiden Chemikalien ist bekanntlich die Schwefelsäure das billigere, und es ist daher des weit höheren Preises wegen von noch größerer Bedeutung, die verbrauchte Natronlauge wiederzugewinnen oder aus dem Kreosotnatron ein dem hohen Preise des Ätznatrons entsprechendes Nebenprodukt herzustellen.

Das durch die Behandlung von leichteren Ölen entstandene Kreosotnatron kann man, da es noch Kreosot aufzunehmen imstande ist, zum Vorlaugen verwenden.

Die Zersetzung des Kreosotnatrons ist bereits S. 144 geschildert worden. Geschieht diese mit Kohlensäure, so kann man das kohlensaure Natron, wie es auch an einigen Stellen ausgeführt wird, kaustizieren. Die daraus erhaltene

---

[1] Vgl. *Scheithauer:* Die Fabrikation der Mineralöle, S. 149 ff.; *Heinrici:* Zeitschr. f. angew. Chemie 1898, 525; *Wischin:* Daselbst 1900, 507; D. R. P. Nr. 212 000 von *G. Stolzenwald:* Petroleum 4, 1238; Österreich. Patent Nr. 43 739 Kl. 75 a; von *Pfeiffer* u. *Fleischer*; Österreich. Patent Nr. 66 675 von der *Galizischen Karpathengesellschaft.*

[2] D. R. P. 221 615, Dr. *Paul Wispek:* Petroleum 6, S. 1045.

Natronlauge ist durch organische Beimengungen braun gefärbt, hat ein spez. Gew. von 1,30 (30° Bé) und wird mit Nutzen zum Vorlaugen verwendet.

Man kann auch das Kreosotnatron, nachdem es durch Verdünnen mit Wasser von dem mechanisch beigemischten Öle getrennt ist, destillieren. Dieses geschieht auf den üblichen Blasen, und um das Schäumen und Übergehen zu vermeiden unter Zusatz von Sägespänen oder Gerberlohe. Man destilliert in der Regel zur Trockene und erhält Kreosotöl als Destillat. Der Rückstand wird in Schachtöfen zur Verbrennung des Kohlenstoffs geglüht, und aus dem erhaltenen rohen Natriumcarbonat kann man einmal durch Auflösen und Umkrystallisieren reines kohlensaures Natron gewinnen, wie es *Krey* tat, der jahrelang so hergestellte gemahlene Krystallsoda in den Handel brachte, zum anderen kann man das rohe Salz auslaugen und mit Ätzkalk in bekannter Weise kaustizieren.

Achtes Kapitel

Die Paraffinfabrikation.

Durch Abkühlen der mit Paraffin angereicherten Öle, der Paraffin-massen, werden übersättigte Lösungen erhalten, aus denen dann das Paraffin sich in fester, krystallinischer Form abscheidet. Für die Gewinnung des Paraffins ist seine Ausscheidung in Krystallform Grundbedingung; sie wird erreicht durch voraufgegangene Destillation, bei der in erster Linie die die Krystallbildung hindernden und die Paraffinqualität stark beeinflussenden Asphaltstoffe zerstört werden müssen. Bei der Trennung des ausgeschiedenen Paraffins von den Ölen ist nicht allein die Krystallform, sondern auch die Beschaffenheit des Öles von Einfluß; so lassen sich zähflüssige Öle viel schwerer durch Filtration von den Paraffinkrystallen trennen als dünnflüssige; eine Schwierigkeit, die in der Messeler und der schottischen, aber nicht in der sächsisch-thüringischen Industrie besteht. In der sächsisch-thüringischen Industrie hat man früher die Paraffinmassen nur in der Ruhe auskrystallisieren lassen, um möglichst große Paraffinkrystalle zu erhalten. Die Einführung der Krystallisation in Bewegung in einigen Fabriken, die wirtschaftlich wesentliche Vorteile bietet, hat jedoch gezeigt, daß dabei wohl kleinere aber ebenso reine Krystallgefüge erhalten werden, die Trennung des Paraffins von dem Öl aber infolge der geringen Zähflüssigkeit des letzteren und die Reinigung der Paraffinschuppen keine Schwierigkeiten bereitet.

Das Paraffin wird dem Schwelteere allmählich entzogen, wie schon aus den Destillationsschemen zu ersehen ist. So gewinnt man in der sächsisch-thüringischen Industrie aus dem ersten paraffinhaltigen Destillate, der A-Paraffinmasse, nur das Hartparaffin und später aus den Weichparaffinmassen, die bei den verschiedenen sich anschließenden Destillationen abgetrennt werden, die Weichparaffine. Die Hartparaffinmassen läßt man daher bei höherer Temperatur als die Weichparaffinmassen auskrystallisieren. Bei dieser Arbeitsweise erhält man ein gutes Hartparaffin, und auch die Weichparaffine werden in reiner Beschaffenheit gewonnen; sie werden durch die Destillationen, die zur Einengung der Paraffinlösungen nötig sind, umkrystallisiert und scheiden sich beim Abkühlen in der gewünschten krystallinischen Form ab.

Versuche, das Paraffin aus den Schwelteeren ohne vorherige Destillation direkt zu gewinnen, sind schon vielfach und seit langen Jahren angestellt worden. Rolle[1] hatte sich ein dahin zielendes Verfahren patentieren lassen,

---

[1] *Schliephacke:* Zeitschr. f. d. Paraffin-, Mineralöl- u. Braunkohlenindustrie 1876, 34.

und *Anschütz*[1] hatte eingehende Versuche in dieser Richtung auf Fabrik Köpsen angestellt. In beiden Fällen wurden Paraffinschuppen erhalten, die dunkel gefärbt und nur sehr schwer zu reinigen waren, so daß dieses Arbeitsverfahren verworfen werden mußte. *Pauli*[2] und *Singer*[3] haben sich Patente erteilen lassen, die eine gleiche Arbeitsweise bezweckten und auf der längst bekannten Eigenschaft des Alkohols beruhen, daß darin Paraffin unlöslich ist, während die im Teere enthaltenen Harze, Kreosot und Öle sich lösen. Das Verfahren hat mit dem auf Seite 132 beschriebenen Verfahren der *A. Riebeckschen Montanwerke* D. R. P. 232 657 Kl. 12r nichts gemein, als nach dem letzteren durch Waschen mit Alkohol die chemische Reinigung mit Schwefelsäure und Natronlauge ersetzt wird; an die Abscheidung des Paraffins ist dabei nicht gedacht.

Neuere ähnliche Vorschläge zur Abscheidung von Paraffin aus Schwelteeren und ihren Destillaten stammen von der *Allgemeinen Gesellschaft für Chemische Industrie*, die das Paraffin mit flüssiger schwefliger Säure[4] und Pyridin[5] ausfällt. Prof. Dr. *Erdmann* benutzt zur Abscheidung Aceton[6], *Fritz Seidenschnur* ein Gemisch von Benzol und Alkohol[7] im Verhältnis 2 : 8. Auch von diesen neueren Verfahren wird zur Zeit wohl kaum eines technisch durchgeführt. Die Verwendung großer Mengen flüchtiger Lösungsmittel, die Vermeidung größerer Verluste davon, bieten bei der technischen Gestaltung der Verfahren nicht zu unterschätzende Schwierigkeiten, die man nur dann auf sich nehmen wird, wenn das Paraffin in reiner Form erhalten wird. Bei der Abscheidung aus den Teeren besteht dazu wenig Aussicht. Mehr Aussicht auf Erfolg hat die Anwendung dieser Verfahren zur Abscheidung des Paraffins aus Paraffinmassen, wo es sich schon in reinerem Zustande als im Teer befindet. Versuche, das Paraffin durch gewisse Gase aus der öligen Lösung abzuscheiden, hat *Wagemann*[8] durchgeführt. *Krey* und seine Schüler haben durch sorgfältige Untersuchungen nachgewiesen, daß eine Trennung von Paraffin und Ölen durch Dialyse unmöglich ist.

Man hat durch die Zentrifugalkraft die Gase voneinander geschieden[9], und obgleich man mit diesem Verfahren für Flüssigkeiten noch keine brauchbaren Ergebnisse erzielt hat, so ist doch die Aussicht eröffnet, daß man ein Gemisch von Körpern im gleichen Aggregatzustande bei verschiedenen spez. Gewichten und sonstigen Eigenschaften trennen kann.

Die jetzt üblichen Arbeitsverfahren zur Gewinnung des Paraffins aus den Schwelteeren sollen im nachstehenden geschildert werden.

---

[1] *Grotowsky:* Jahresber. d. Technikervereins d. sächs.-thür. Mineralölindustrie 1889.

[2] D. R. P. Nr. 123 101.

[3] D. R. P. Nr. 140 546.

[4] D. R. P. Nr. 276 994, D. R. P. Nr. 289 979, D. R. P. Nr. 310 653, D. R. P. Nr. 322 754.

[5] Patentschrift Nr. 319 656.

[6] Patentanmeldung Nr. 22 894 Kl. 23 b, Nr. 22 896 Kl. 23 c, Nr. 23 040 Kl. 23 c.

[7] Patentanmeldung Nr. 50 454 IV/23 b, Nr. 50 692 IV/23 b; Brennstoffchemie 1921, Heft 4, S. 49.

[8] Dinglers Polytechn. Journ. **139**, 303.

[9] Journ. f. Gasbel. 1904, 943.

A. Die Paraffinfabrikation in der sächsisch-thüringischen Industrie.

Die Krystallisation.

Die Krystallisation der Paraffinmassen geschieht in den einzelnen Fabriken entweder in der Ruhe oder in Bewegung. Erfolgt sie in der Ruhe, so werden Gefäße verschiedener Größen, die in verschiedenartig eingerichteten Krystallisationsräumen aufgestellt sind, benutzt. Je größer das Krystallisationsgefäß ist, desto länger Zeit braucht die Masse zur Abkühlung, zur vollständigen Ausscheidung der Paraffinkrystalle. Erfolgt die Krystallisation in Bewegung, so werden hierzu besondere aus der galizischen Petroleumindustrie übernommene Apparate verwendet.

Die Krystallisation in der Ruhe.

Die A - (Hart-) Paraffinmasse wird in der Regel in kleine handliche Gefäße zur Krystallisation gefüllt, die einen Fassungsraum von 30 bis 50 l besitzen. Diese Gefäße haben in einigen Fabriken die Form von nach unten konisch zugehenden Eimern, in anderen eine prismatische Form und werden Hülsen genannt. An einigen Stellen sind auch größere Gefäße mit etwa 100 l Inhalt im Gebrauch. Bei kleineren Gefäßen wendet man im wesentlichen Wasserkühlung, bei den größeren nur Luftkühlung an. Die kleinen Gefäße werden in der Regel in die Abteilungen eines Kühlkellers eingesetzt, wo sie vom Wasser, wie es aus der Erde kommt, umspült werden. Man benutzt, wenn mit der Paraffinfabrik ein Bergwerk verbunden ist, das Grubenwasser, sonst hat man besondere Pumpanlagen, die auch das für die Destillation nötige Kühlwasser beschaffen. Die der Luftkühlung zu überlassenden größeren Gefäße sind in kühlen, luftigen Räumen aufgestellt.

Die Paraffinmasse wird nach der Destillation oder chemischen Behandlung in warmem Zustande von 50 bis 70° durch Rohrleitungen den Gefäßen zugeführt. Es sind zweckmäßig eingerichtete Füllvorrichtungen in Gebrauch, so daß diese Arbeit flott und ohne besondere Belästigung durch die Dämpfe für den Arbeiter vonstatten geht. Auch in den kleineren Gefäßen setzt man die Masse, um im Interesse der guten Ausbildung der Krystalle eine allmähliche Abkühlung herbeizuführen, erst der Luftkühlung aus. Dann läßt man schon zur Abkühlung in anderen Kühlabteilungen gebrauchtes, daher angewärmtes Wasser zufließen, das man schließlich durch frisches Wasser ersetzt. In den größeren, nur der Luftkühlung überlassenen Gefäßen, wo die Abkühlung der Paraffinmasse langsam vor sich geht, ist die Krystallausscheidung in 10 bis 15 Tagen beendet, und die Masse ist „reif" zur Verarbeitung. In den kleineren Gefäßen währt die Krystallisationszeit der A-Paraffinmasse nur 4 bis 6 Tage. In beschränkten Grenzen sind die angegebenen Zeiten von der Jahreszeit abhängig, sie werden im Winter etwas kürzer und im Sommer etwas länger sein. Die Hartmassen zu tief abzukühlen, wäre falsch, denn man will, wie schon gesagt, nur hier das Hartparaffin gewinnen und die Weichparaffine nicht mit zur Krystallisation bringen. In der Regel verarbeitet man die Masse mit einer Temperatur von 15 bis 18°.

Die **Weichparaffinmassen** werden entweder in größeren Gefäßen, von 2,5 bis 5 cbm Fassungsraum, durch die Winterkälte zur Krystallisation gebracht, **Winterkrystallisation**, oder sie werden durch künstliche Kälte in den kleineren auch für die Hartparaffinmasse benutzten Gefäßen abgekühlt, **Eismaschinenarbeit**.

Im ersten Falle, bei dem **Winterkrystallisationsverfahren**, werden die Weichmassen während der wärmeren Jahreszeit in den Krystallisationsgefäßen aufgespeichert, es erfolgt in der kälteren Zeit eine allmähliche Bildung der Paraffinschuppen, und die Massen gelangen im Winter zur Verarbeitung. Das bei diesem Verfahren gewonnene und als „technisch paraffinfrei" angesehene Öl enthält nur noch so wenig, und zwar salbenartig sich ausscheidendes Paraffin, daß seine Gewinnung unlohnend erscheint. Bedingung für eine erfolgreiche Arbeit ist einmal, daß man genügenden Raum für die Paraffinmassen zur Verfügung hat, und daß das Krystallisationsgebäude der Winterkälte in allen Teilen leicht zugängig ist. Man muß rechnen, daß man Krystallisationsgefäße besitzt, die etwa ein Drittel der gesamten jährlich zu verarbeitenden Teermenge aufzunehmen vermögen, und muß das Gebäude, worin diese Gefäße aufgestellt sind, in leichter Bauart mit jalousieartig eingerichteten Wänden ausführen, damit man nach Bedarf die kalten Winde durchstreichen lassen und die warme Luft absperren kann.

Bei der **Eismaschinenarbeit** benutzt man in der Regel tief abgekühlte Salzlösung als Kühlflüssigkeit, und die Weichparaffinmassen werden laufend, wie sie gewonnen werden, aufgearbeitet. Zur Erzeugung von künstlicher Kälte waren früher nur Ammoniakabsorptionsmaschinen im Betriebe, während jetzt im allgemeinen mit Ammoniakkompressionsmaschinen gearbeitet wird, die weit leistungsfähiger sind und es ermöglichen, daß Paraffinmassen, bei —10° C und darunter abgekühlt, nach den Filterpressen gelangen. Diese gegen früher viel tiefere Abkühlung bedingt insofern eine Vereinfachung des Fabrikationsverfahrens, als dadurch einmal viel verdünntere Lösungen des Paraffins im Öl zur Krystallisation gebracht werden können und zum anderen die Ablauföle so entparaffiniert werden, daß sie sofort zum Versand gelangen können. Diese beiden Punkte haben noch eine wesentliche Einschränkung in der Destillation zur Folge. Es ist in einzelnen Fabriken durch geeignete Anwendung dieses Verfahrens schon jahrelang mit völliger Ausschaltung der Winterkrystallisationen, die sonst aushilfsweise benutzt wurden, gearbeitet worden.

Bei dem üblichen Arbeitsverfahren in kleinen Gefäßen (Hülsen) wird die Weichmasse erst einige Tage durch Wasserkühlung vorgekühlt und dann durch Salzlösung, tief gekühlt, zur Krystallisation gebracht.

Abweichend hiervon ist jetzt in einigen Fabriken dieser Betrieb mit anders gestalteten Gefäßen ausgerüstet. *Wernecke*[1] läßt die Paraffinmassen in

---

[1] D. R. P. Nr. 92 241.

Kühlzellen erstarren, die in ein gemeinsames Kühlgefäß eingebaut sind, worin als Kühlflüssigkeit eine durch Eismaschine tief abgekühlte Kochsalzlösung wirkt. Ist die abgekühlte Masse erstarrt, so wird sie durch Luftdruck aus den Zellen gepreßt, fällt in ein Transportelement, das die Paraffinkuchen aus dem Kühlgefäße befördert, die dann in der üblichen Weise zur weiteren Verarbeitung in die Filterpresse gelangen. — Ausschlaggebend für die Zweckmäßigkeit der Apparatur werden immer der Aufwand für die Abnutzung und die gezahlten Arbeitslöhne sein.

Eine Entscheidung zu treffen, welche Art der Aufarbeitung der Weichparaffinmassen die vorteilhaftere ist, ob die Arbeit mit Winterkrystallisation oder Eismaschine, ist unmöglich und hängt von verschiedenen Umständen ab. Zu berücksichtigen ist die Größe der zur Verarbeitung kommenden Teermenge, die Ausdehnung der vorhandenen Winterkrystallisationsanlage und die Verwendung des fertigen Weichparaffins. Für größere Fabrikanlagen, in denen die Hauptmenge des hergestellten Weichparaffins im eigenen Betriebe zur Fabrikation von Kompositionskerzen verbraucht wird, ist die Eismaschinenarbeit fraglos das gewiesene Verfahren. Mittlere Fabriken, die jährlich etwa 50 bis 60 000 dz Teer verarbeiten, eine ausgedehnte Winterkrystallisationsanlage besitzen und die Hauptmenge des gewonnenen Weichparaffins in tadelloser Beschaffenheit zum Verkauf stellen müssen, kommen anstandslos mit der Winterkrystallisationsarbeit aus.

Ein Vorzug der Winterkrystallisation ist, daß man damit ausgezeichnete Produkte erhält, da die Paraffinkrystalle infolge der langsamen Abkühlung sehr langsam wachsen können und so wenig Mutterlauge einschließen. Die dabei erhaltenen Paraffinkrystalle sind sehr groß und lassen sich nicht nur gut reinigen, sondern geben dabei auch eine vorzügliche Ware, wie sie von der Petroleumindustrie, was Farbe und Transparenz des Paraffins anlangt, nicht erreicht wird.

Die Krystallisation in der Bewegung.

Das bisher beschriebene Verfahren der Krystallisation in Ruhe ist ziemlich kostspielig. Bei der Verarbeitung der Paraffinmassen entstehen erhebliche Kosten durch Löhne, auch ist bei der Tiefkühlung der Weichmassen die Arbeit der Kühlmaschine wenig wirtschaftlich, da ein großer Teil der erzeugten Kälte infolge der Konstruktion der verwendeten Kühlapparate durch Strahlung verlorengeht. Weiter erfordert die Kühlung erhebliche Zeit, was einen umfangreichen Apparat erfordert. Diese Mängel haben in verschiedenen Fabriken dazu geführt, zur Krystallisation in Bewegung überzugehen unter Benutzung des in Figur 60 und 61 aufgezeichneten, von der *Brünn-Königsfelder-Maschinenfabrik* in Königsfeld bei Brünn nach dem Patent von *Porges* und *Neumann* gebauten Apparates.

Der Apparat besteht aus einem schmiedeeisernen Zylinder von etwa 6 m Länge und 2,5 m Durchmesser und einem Fassungsraum von etwa 30 cbm. In seinem Innern trägt er eine Anzahl Hohlscheiben a, durch die das Kühlwasser oder die Kühllauge umläuft. Die Lauge wird durch das weite Rohr b

und durch die engeren Leitungen *c* den Kühlscheiben zugeführt. Das sich auf
den Scheiben absetzende Paraffin wird laufend durch die Schaber *d*, die auf
der Welle *e* sitzen, abgekratzt, damit die Wärmeübertragung nicht abge-
schwächt wird. Die Welle wird durch den Schneckenantrieb *f* bewegt. Die
Schaber, die sich sehr langsam bewegen und in 1 Minute höchstens eine Um-
drehung machen, halten außerdem die ganze Masse, die durch die Paraffin-
ausscheidung in einen Krystallbrei übergeht, ständig in geringer Bewegung
und führen sie immer wieder an den Kühlzellen vorbei, auf diese Weise den
Kälteaustausch beschleunigend.

In den Kühlern kann die Krystallisation der Hart- und Weichmasse erfolgen, entweder unter Benutzung von Wasser zum Vorkühlen oder nur mit
gekühlter Salzlauge. Verwendet man zur Kühlung nur abgekühlte Salzlauge
als Kälteflüssigkeit, so ist die Kühlung der Hartmasse in etwa 8 bis 10 Stunden,

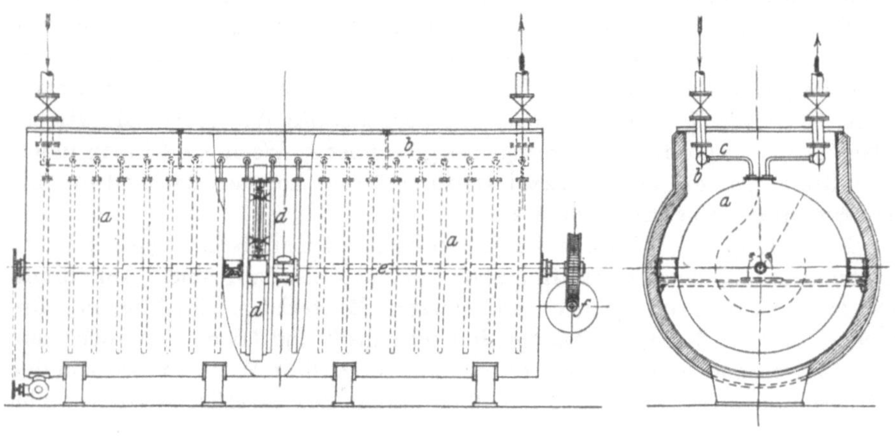

Fig. 60.   Fig. 61.

die der Weichmasse in etwa 24 Stunden beendet, bei Verwendung einer Kühlmaschine mit einer stündlichen Leistung von etwa 80 000 WE. Die Hartmasse
wird auf 10 bis 15°, die Weichmasse auf etwa —10 bis —20° abgekühlt. Die
tiefe Abkühlung der Weichmasse gestattet eine sehr gute Entparaffinierung
der Öle. Die Löhne, die durch die Bedienung des Apparates entstehen, sind
sehr gering, wärmewirtschaftlich arbeitet er sehr günstig. Um Kälteverluste
durch Strahlung zu vermeiden, wird der Apparat isoliert. Zur Aufarbeitung
einer jährlichen Teermenge von 50 bis 60 000 dz genügt ein Kühlapparat unter
Verwendung eines isolierten Zwischenbehälters, in den die gekühlte Paraffinmasse nach der Kühlung abgelassen wird, um den Kühler zur Füllung und
Kühlung einer weiteren Charge freizumachen.

Der Krystallbrei wird von der Filterpumpe direkt aus dem Kühler oder
aus dem zur Erhöhung der Kühlerleistung angeordneten Zwischengefäß abgesaugt und in die Filterpressen gedrückt. Die Filtration des Krystallbreies
bietet, wie schon erwähnt, keine Schwierigkeiten.

Die Pressereiarbeit.

Die Presserei zerfällt entweder in die Arbeit der Filterpresse, der stehenden hydraulischen Presse und der liegenden hydraulischen Presse oder auch unter Umgehung der stehenden hydraulischen Presse in die Arbeit der Hochdruckfilterpresse und der liegenden hydraulischen Presse.

Die in der Ruhe abgekühlte und krystallisierte Paraffinmasse wird aus den Krystallisationsgefäßen ausgestochen oder durch besondere Vorrichtungen, wie sie z. B. bei der Hülsenarbeit üblich ist, daraus entfernt und der Filterpresse zugeführt.

Bei der Krystallisation in Bewegung kann der gewonnene Krystallbrei ohne weiteres durch die Filterpresse gepumpt werden; der weiter unten beschriebene Maischvorgang fällt hier weg, da die Krystallisation in Bewegung einen zur sofortigen Filtration vorbereiteten Krystallbrei liefert.

Von den **Weichparaffinmassen** wird bei einzelnen in der Winterkrystallisationsarbeit die Hauptmenge des Öls am Boden der Gefäße abgelassen, und man gewinnt einen Teil des Paraffins so als Rohparaffin, ohne daß es gefiltert zu werden braucht. Bei anderen Weichparaffinmassen ist die Aufarbeitung schwieriger; die Masse wird aus den Gefäßen geschöpft oder gepumpt. Die Weiterbeförderung geschieht im ersten Falle durch Huntebahn- oder Hängebahnwagen.

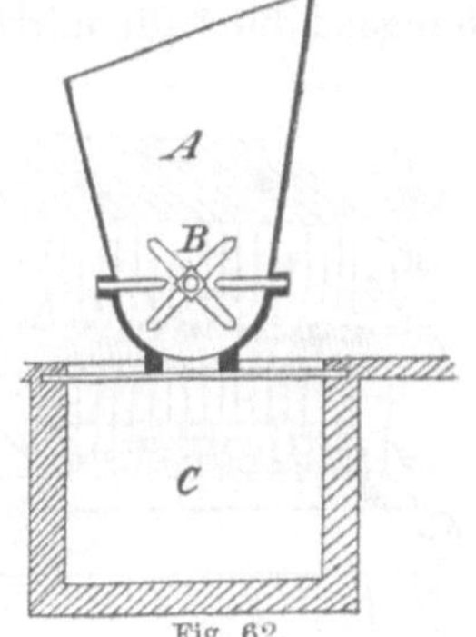

Fig. 62.

Die in Ruhe krystallisierten Paraffinmassen werden nach ihrer Entfernung aus den Krystallisationsgefäßen zunächst im Maischapparat, wie ihn Fig. 62 zeigt, und dessen Antrieb maschinell erfolgt, zerkleinert. Die nach dem Troge A gestürzte Masse fällt, durch die mit Armen versehene Welle B zerdrückt, nach dem Behälter C. Aus C saugt eine Pumpe den Brei und drückt ihn nach der Filterpresse, wo die Paraffinkrystalle von dem Öl getrennt werden.

Jetzt sind für diese Trennung ausschließlich Filterpressen[1] in Gebrauch, während man früher an deren Stelle auch Zentrifugen, wie sie in den Zuckerfabriken benutzt werden, oder Nutschapparate anwandte. Die Zentrifugen eignen sich nur für großschuppige Paraffinmassen, und die Nutschapparate können im Großbetriebe mit den Filterpressen nicht in Wettbewerb treten.

Bemerkenswert ist es, daß zur Aufarbeitung der Paraffinmassen diese Apparate meistens der Zuckerindustrie entnommen sind, die zugleich mit der Mineralölindustrie in der Provinz Sachsen in Blüte stand. Noch jetzt sind z. B. viele stehende Pressen in Gebrauch, die aus Zuckerfabriken stammen.

Die Bauart der Filterpresse wird durch Fig. 63 erklärt. Sie ist ganz aus Eisen montiert. Der Bock A trägt das feste Kopfstück B, und dieses ist durch zwei Eisenstäbe e mit dem Bocke C, der auf zwei Säulen ruht, ver-

---

[1] Dr. *Eisenlohr* u. Ing. *Busch:* Filterpressen. Zeitschr. f. angew. Chemie 1907, 1393 ff.

bunden. Diese Eisenstäbe bilden die Führung für das bewegliche Kopfstück D und die Filterplatten $E\,E$. Diese Platten ruhen mit Knaggen auf den Stäben und können herausgehoben werden. Fig. 64 stellt eine Filterplatte dar, von denen 15 bis 20 Stück in die Presse eingesetzt werden. Durch eine aus der Abbildung ersichtliche Vorrichtung mit Schraube, S, werden die Filterplatten mit den Kopfstücken zusammengedrückt und gelöst. In der Mitte der Filterplatten, deren Ränder gut gegeneinander dichten, befindet sich ein etwa 50 mm weites Loch F, und so bilden diese Öffnungen der einzelnen Platten mit der des festen Kopfstückes einen Kanal, in dem die Paraffinmasse aus dem Maischapparat durch die Pumpe gedrückt wird. Die Platten sind innen auf jeder Seite etwa 15 mm vertieft, und über diesen Vertiefungen ist je ein durchlochtes Blech geschraubt. Jede Filterplatte besitzt noch einen Abflußkanal, der durch Hahn G verschlossen werden kann. Über jede Filterplatte wird ein aus Leinwand bestehendes Tuch, Filtertuch, gespannt, das zusammenhängend durch die mittlere Öffnung greifend beide Seiten bedeckt und außen gebunden wird. Es ist leicht auszuwechseln und kann, wenn es schadhaft geworden ist, bei nur kurzer Betriebsunterbrechung durch ein neues ersetzt werden.

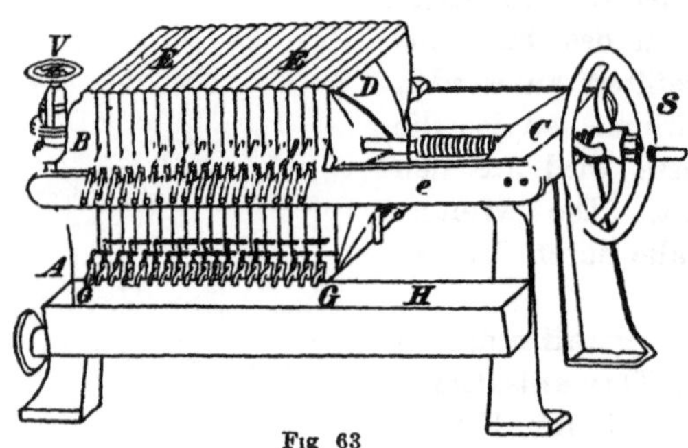

Fig 63

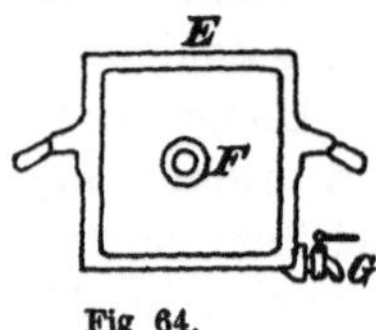

Fig 64.

Sind die Platten zusammengedrückt, so kann die Filterpresse in Betrieb genommen werden. Der Paraffinbrei wird in den durch die Öffnungen F gebildeten Kanal gepumpt. Das Öl fließt, durch das Filtertuch gepreßt, in den Abflußkanal der Platten und durch den geöffneten Hahn G nach der Rinne H, während die Paraffinschuppen zwischen den Filtertüchern zweier Platten zurückbleiben und den durch die Vertiefungen gebildeten hohlen Raum ausfüllen. Das Filteröl wird aus der Rinne H weiter geleitet. Die Pumpe arbeitet so lange nach einer Filterpresse, bis diese gefüllt ist, dann wird der Zugang durch das Ventil V abgesperrt und die Masse nach einer anderen Presse geleitet. Zwei oder drei Pressen sind in der Regel durch eine gemeinsame Druckleitung verbunden. In die Druckleitung ist ein Sicherheitsventil eingeschaltet, das auf 2 bis 3 Atm eingestellt ist und durch Ausheben den Zeitpunkt anzeigt, wann eine Presse gefüllt ist. Die gefüllte Presse wird entleert, nachdem die Schraube S gelüftet und die Filterplatten voneinander getrennt sind, indem man den Preßkuchen (die Filterpreßschuppen) mit Holzmessern von den Tüchern abstreicht. Eine Filterpresse liefert mit einmaliger Füllung etwa 75 kg Schuppen.

Die Schuppen der Filterpresse enthalten noch 25 bis 30 Proz. Öl und gelangen zur weiteren Entölung in die stehenden hydraulischen Pressen, wo sie mit einem Drucke von 100 bis 150 Atm gepreßt werden.

Fig. 65 veranschaulicht eine stehende Presse. Sie ist etwa 2 m hoch; das obere Kopfstück *A* wird von 4 Säulen getragen und durch das untere *B* ist der Preßstempel geführt, auf dem der eiserne Tisch *C* ruht. Die Filterschuppen werden in Tücher (Preßtücher) eingeschlagen, die 800 bis 950 mm im Geviert messen und als deren Stoff sich für die innere Seite am besten Wolle und für die äußere Leinwand bewährt hat. Etwa 10 Preßtücher nehmen die Schuppen einer Filterpresse auf. Die so gefüllten Tücher (mit einer Größe von 400 bis 550 mm im Geviert) werden übereinander auf den Tisch *C* gelagert und jedes mit einem schwach angewärmten Eisenbleche bedeckt. Ist die Presse belegt, so stellt man den Wasserdruck an, der Tisch mit seiner Last, zwischen den 4 Säulen geführt, hebt sich und preßt das Füllgut an das obere Kopfstück. Der Druck wird langsam gesteigert und die Preßkuchen bleiben einige Zeit unter dem höchsten erforderlichen Drucke stehen. Das Öl wird ausgepreßt, läuft ab und vereinigt sich mit dem Ablauföle der Filterpresse.

Eine Presse liefert aus den 75 kg Filterpreßschuppen etwa 55 kg Paraffinschuppen (Rohparaffin).

Versuche, die Paraffinmasse, nachdem sie stark abgekühlt ist, mit Umgehung der Filterpresse direkt in die hydraulische Presse zu bringen, mußten wegen der großen Verluste aufgegeben werden. Ein solches Verfahren verbietet sich wegen des verhältnismäßig geringen Paraffingehaltes der Massen. Doch hat der umgekehrte Weg, die hydraulische Presse auszuschalten und ihre Arbeit in die

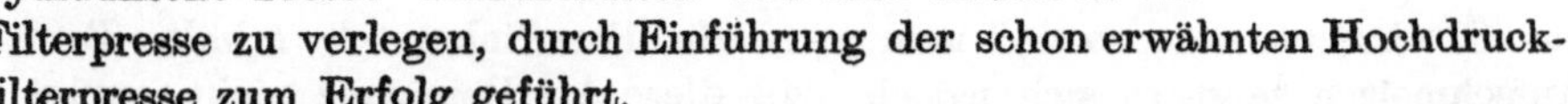

Fig 65.

Filterpresse zu verlegen, durch Einführung der schon erwähnten Hochdruckfilterpresse zum Erfolg geführt.

Diese Filterpresse läßt sich mit Vorteil bei der Filtration der Hartmasse anwenden. Dabei erfolgt die Filtration unter einem Druck von etwa 25 Atm. Die dabei erhaltenen Paraffinschuppen werden dadurch weitgehend ausgepreßt und stehen bezüglich ihres Ölgehaltes kaum hinter den Schuppen, die in den hydraulischen Pressen erhalten werden, zurück; sie lassen sich auch ohne Schwierigkeit raffinieren. Die Hochdruckfilterpressen enthalten etwa 45 Kammern und sind dem Druck entsprechend stark gebaut. Die Kammern selbst werden durch eine kleine hydraulische Presse, die an dem einen Kopfstück eingebaut ist, unter einem Druck von 200 bis 250 Atm. zusammengepreßt. Die Form der Kammern ist dieselbe wie bei den Filterpressen, die mit niedrigem Druck arbeiten, doch besitzen sie größere Abmessungen. Nach der Filtration verbleiben in der Presse 250 bis 300 kg Rohparaffin. Der Vorteil der Arbeit mit Hochdruckfilterpressen beruht in der größeren Leistungsfähigkeit, in einer erheblichen Ersparnis von Arbeitslöhnen, vor allem aber an Preßtüchern. Bei der Verarbeitung von Weichmassen hat sich die Arbeit der hydraulischen Pressen im Interesse der weiteren Reinigung der Weichparaffinschuppen noch nicht umgehen lassen.

Die einzelnen Paraffinmassen ergeben bei ihrer Verarbeitung die folgenden Mengen von Rohparaffin:

die A-Paraffinmasse	15 bis 20 Proz.	mit einem Schmelzpunkte von	50 bis 55°
die B-Paraffinmasse	10 „ 15 „	„ „ „ „	„ 40 „ 45°
die C-Paraffinmasse	10 „ 15 „	„ „ „ „	„ 38 „ 42°
die Solar-Paraffinmasse	15 „ 20 „	„ „ „ „	„ 35 „ 40°

Das Ablauföl von den Filterpressen und den stehenden Pressen wird vereinigt. Die weitere Verarbeitung der bei der Gewinnung dieser Paraffinschuppen, Rohparaffin, erhaltenen Ablauföle zeigen die Destillationsschemen S. 122 und S. 123.

In den früheren Jahren hat man viele Versuche angestellt, um das Rohparaffin zu reinigen. Man behandelte es nach Art der Raffination des Ozokerits mit Schwefelsäure und wandte noch andere Chemikalien wie Chlor und Schwefelnatrium an. Doch alle diese Verfahren wurden verdrängt durch die mechanische Reinigung, den Waschprozeß mit leichtem Braunkohlenteeröle und den Schwitzprozeß.

Die Versuche, das Ausschwitzverfahren auch auf das Braunkohlenteerparaffin anzuwenden, haben erst in den letzten Jahren zum Erfolg geführt, nachdem früher wiederholt durchgeführte Arbeiten stets ein ungünstiges Ergebnis hatten. Das Schwitzverfahren wird aber, wo es angewendet wird, mit dem Waschprozeß mit Braunkohlenteerbenzin verbunden aus Gründen, die später zu erörtern sind. In nachstehendem sind der Wasch- und Schwitzprozeß beschrieben.

Nach Versuchen von *Graefe* ist es möglich, durch Waschen der Paraffinschuppen, wie sie aus den Filterpressen erhalten werden, mit Aceton, flüssiger schwefeliger Säure unter Druck oder durch ein Gemisch von Benzol-Spiritus das Öl abzuwaschen, so daß man reinweiße Paraffinkrystalle erhält. Beim Aufschmelzen zeigt es sich jedoch, daß diese Art Reinigung nicht genügt, trotzdem die letzten Ölspuren abgewaschen sind. Das rührt daher, daß die Paraffinkrystalle, namentlich wenn sie schnell aus der Paraffinmasse abgeschieden sind, Öle als Mutterlauge eingeschlossen halten. Um auch diese Ölspuren zu beseitigen, ist es nach *Graefe* nötig, die Krystalle nochmals in einem hellgefärbten Lösungsmittel aufzulösen und das Paraffin nochmals abzuscheiden. Als solches Lösungsmittel hat sich Benzol, etwa unter Zusetzung von etwas Alkohol bei Weichparaffin, bewährt. Die vorher durch Abwaschen nach obigem Verfahren gereinigten Paraffinkrystalle werden in dem schwach erwärmten Lösungsmittel aufgelöst und dies dann tief gekühlt; es scheidet sich dann das Paraffin in Krystallen ab, die beim Aufschmelzen ein reines und lichtbeständiges Paraffin ergeben.

Die Mutterlaugen nimmt man am besten zum Lösen neuer Paraffinkrystalle, bis sie so viel Öl aufgenommen haben, daß sie durch Destillation gereinigt werden müssen. Das Verfahren ist noch nicht technisch ausgebaut worden, da inzwischen die Versuche einsetzten, das Schwitzverfahren in die Braunkohlenteerindustrie einzuführen.

Der Waschprozeß.

Die Paraffinschuppen, wie sie aus den stehenden Pressen und Hochdruck-filterpressen kommen, enthalten noch 10 bis 20 Proz. Öl, das durch Pressen nicht zu entfernen ist. Sie werden zur Entfernung dieses Öles einem Wasch-prozesse unterworfen, indem man sie mit direktem Dampfe in einem Gefäße schmilzt, mit 10 bis 12 Proz. Benzin, leichtem Braunkohlenteeröl, mit einem spez. Gewicht von 0,800 bis 0,815 mischt und diese Mischung auf Wasser gießt. Dieses Paraffin-Benzingemisch erstarrt dann zu einer ganz gleichmäßigen Masse. Die etwa 20 bis 25 mm starke Paraffinschicht wird in Stücke geschnitten und in der liegenden Presse gepreßt. Fig. 66 veranschaulicht eine liegende Presse in der Seitenansicht. Ihre Bauart und ihre Handhabung ist denen der stehenden Presse ähnlich. Der Preßstempel S bewegt sich zwischen vier eiser-nen Schienen $A\,A$. An die beiden oberen Schienen werden die Preßtücher (Preß-

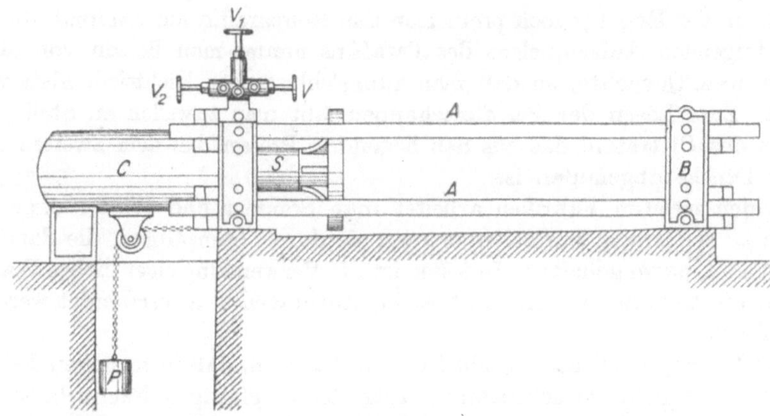

Fig. 66.

säcke) mit eisernen Stäben gehängt. Diese Tücher sind nur unten geschlossen und zwischen je zwei wird eine Blechplatte von gleicher Größe geschoben. Die Presse enthält ihrer Größe entsprechend 30 bis 60 Preßsäcke. Der Preßdruck wird, wie bei den stehenden Pressen, durch ein hydraulisches Pumpwerk erzeugt, und beträgt 200 bis 250 Atm. Durch Öffnen des Wasserventils V wird der Stempel und so das eingesetzte Preßgut gegen das Kopfstück B gepreßt. Man läßt die Presse einige Zeit unter hohem Drucke stehen, wodurch aus dem Preßgute das Öl ausgepreßt wird. Dieses Öl sammelt sich in einer unter der Presse angebrachten Rinne und wird weiter geleitet. Es wird je nach der Paraffinart als Hartpreßöl oder Weichpreßöl bezeichnet (vgl. S. 123). Um die Presse zu entleeren, wird das Wasser durch das Ventil V_2 zurück-geleitet, während der Stempel S durch das Gewicht P in seine ursprüngliche Lage zurückgezogen wird. Das Füllen der Presse, d. h. das Zusammendrücken bis auf einen Druck von 25 Atm erfolgt in einigen Fabriken durch einen Akkumulator: der durch das Ventil V_1 mit der Presse verbunden und stets mit diesem Drucke geladen ist. Der Akkumulator besitzt die gleiche Einrichtung wie die in der Zementfabrik üblichen.

Um einen Überdruck im Preßzylinder C und so einem Zerspringen dieses Gußstückes vorzubeugen, befinden sich am hydraulischen Pumpwerke Sicherheitsventile, die gegebenenfalls in Tätigkeit treten. In einigen Fabriken sind noch besondere Sicherheitsvorrichtungen[1] in die Druckleitung des Wassers eingebaut, die denselben Zweck verfolgen.

Bei der Pressung des Paraffins in den liegenden Pressen nimmt das leichte Braunkohlenteeröl die schweren, den Paraffinschuppen anhaftenden Öle mit heraus. Dieses Ablauföl, Preßöl, das sehr paraffinreich ist, fließt in einer unter der Presse angebrachten Rinne ab. Die einmal gepreßten Schuppen, der erste Druck, werden nochmals aufgeschmolzen, in gleicher Weise wie das Rohparaffin mit Benzin gemischt, auf Wasser gekühlt und gepreßt. Das so gewonnene Paraffin, der zweite Druck, wird, wenn man erstklassige Handelsware herstellen will, einer nochmaligen Pressung unterworfen. In der Regel jedoch preßt man das Rohparaffin nur zweimal. — Bei jedem folgenden Aufschmelzen des Paraffins nimmt man Benzin von niedrigerem spez. Gewichte, so daß man zum Schlusse das leichtsiedendste verwendet. Zum Lösen der Paraffinschuppen läßt man zuweilen an Stelle des Benzins das Öl treten, das aus den liegenden Pressen bei dem zweiten und dritten Drucke abgelaufen ist.

In den meisten Fabriken arbeitet man Sommer und Winter ohne die Pressen zu erwärmen, nur selten werden sie durch Dampfrohre, die daneben gelagert sind, warm gehalten. Indessen ist die Verwendung eigentlicher Warmpressen, wie sie zum Pressen von Stearin, Anthracen u. a. verwendet werden, nicht üblich.

Der Waschprozeß mit Benzin hat den Nachteil, daß in manchen Fällen, im besonderen beim Weichparaffin, trotz der sorgfältigen Nachbehandlung (Abblasen [vgl. S. 160]) ein schwacher Geruch nach dem Waschmittel verbleibt. Die Versuche, das Benzin durch ein anderes Waschmittel zu ersetzen, sind bis jetzt erfolglos gewesen. Man hat Elaïn, Amylalkohol und andere Alkohole sowie Schwefelkohlenstoff benutzt. Einmal war der hohe Preis ein Hindernis und zum anderen war ihre Anwendung im Großen nicht durchführbar. Amylalkohol kam wegen seines kopfschmerzerregenden Geruches und Schwefelkohlenstoff wegen seiner Feuergefährlichkeit nicht in Frage. Man suchte ferner ein chemisch reaktives Waschmittel zu wählen, und es hat sich gezeigt, daß die Pyridinbasen, die bei der Anthracenreinigung benutzt werden, sich hierzu sehr gut eignen. Man erhält ein schönes weißes Paraffin, das durch eine Behandlung mit verdünnter Schwefelsäure vollständig geruchlos wird, da die Säure den beim Pressen verbliebenen Rest von Basen leicht aufnimmt. Leider ist es des durchdringenden und unangenehmen Geruches wegen nicht möglich, diese Arbeitsweise im Betriebe einzuführen. Bei den Pyridinpreisen der jetzigen Zeit würde außerdem ihre Verwendung an den hohen Kosten scheitern.

---

[1] Vgl. *Scheithauer:* Die Fabrikation der Mineralöle, S. 164 ff.

Auch die Versuche, das halbraffinierte Paraffin auf chemischem Wege durch Bleichen farblos zu machen, sind gescheitert. Entweder wirkten die angewandten Reagenzien, wie Ozon oder Chlor, nachteilig ein, oder sie waren ohne jede Wirkung wie die gasförmige schweflige Säure.

Die Pressereianlage.

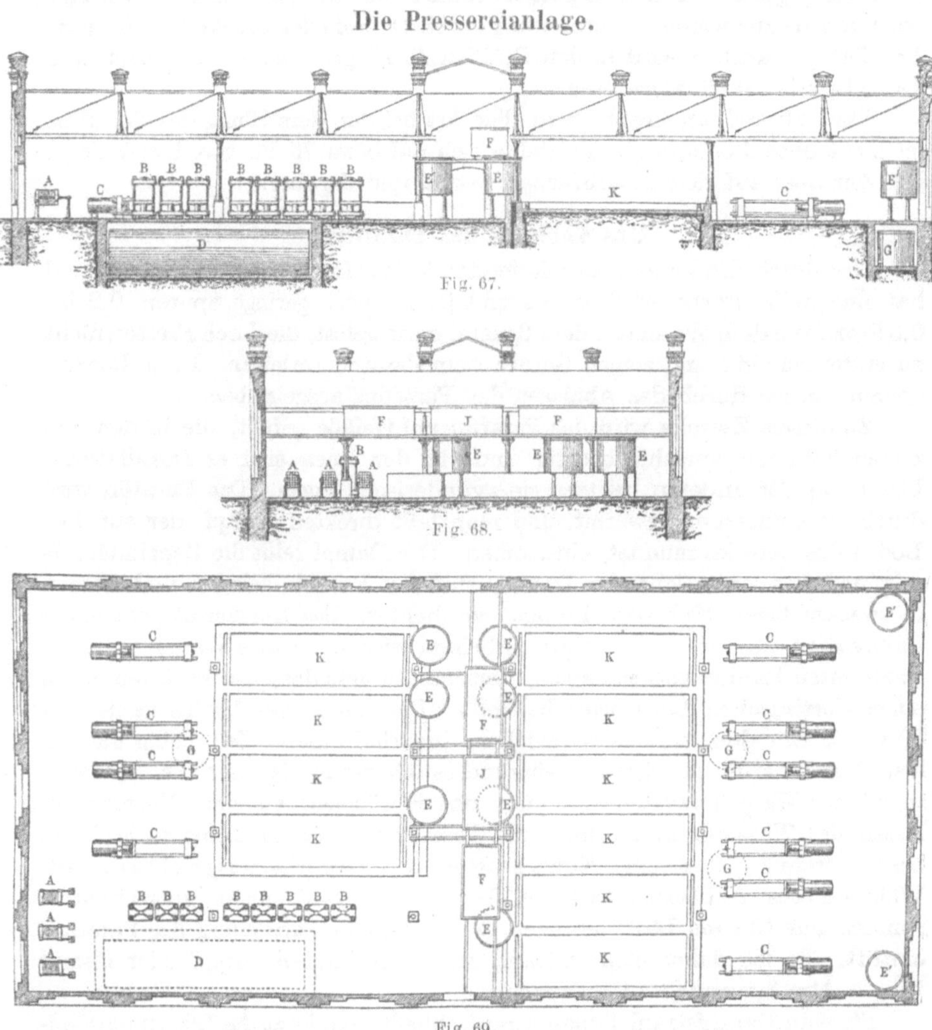

Fig. 67.

Fig. 68.

Fig. 69.

Eine Pressereianlage, und zwar eine der Fabrik Webau bei Weißenfels (*A. Riebecksche Montanwerke*) zeigen die Fig. 67, 68 und 69 im Längsschnitt, Querschnitt und Grundriß. *A A* sind die Filterpressen, *B B* die stehenden und *C C* die liegenden Pressen. Die Ablauföle der Filter- und stehenden Pressen werden im Druckkessel *D* gesammelt und von da durch Dampf oder Druckluft weiterbefördert. Das Rohparaffin wird in den anderen Gefäßen *E* geschmolzen und mit Benzin gemischt. Diese Gefäße stehen mit dem Kühler J in Verbindung, worin das aus E verdunstete Benzin verdichtet wird. Das Benzin ist in dem eisernen Kasten F aufgespeichert. In den Kühlschiffen $K\,K$, die in Zement gemauerte Behälter darstellen, befindet sich Wasser, worauf das Paraffin aus E gegossen wird. Das Preßöl sammelt sich in dem Druckkessel G und wird von da zur weiteren Verbreitung durch Dampf oder Druckluft befördert. Das fertige Paraffin wird in den Gefäßen $E^1\,E^1$ geschmolzen und nach den Druckkesseln $G^1\,G^1$ abgelassen.

Der Aufwand an Preßtüchern aller Art bei der Herstellung des Paraffins ist nicht ohne Bedeutung. Er stellte sich auf etwa 75 Pf. vor dem Kriege, zur Zeit aber auf den 10—15 fachen Betrag und darüber.

Das Abblasen des Paraffins.

Das durch die Pressereiarbeit gereinigte Paraffin ist vom Öle befreit und hat eine weiße Farbe erhalten. Es sind jedoch noch geringe Spuren, 0,2 bis 0,5 Proz., von dem Waschöle, dem Benzin, darin gelöst, die durch Pressen nicht zu entfernen sind und seinen Geruch dem Paraffin verleihen. Diese Benzinspuren werden durch das Abblasen des Paraffins ausgetrieben.

Zu diesem Zwecke wird das Paraffin auf Gefäße gefüllt, die in den einzelnen Fabriken verschiedenartig sind, in der einen sind es Destillationsblasen, in der anderen besitzen sie zylinderische Form. Das Paraffin wird durch Dampfheizung erwärmt, und man läßt direkten Dampf, der auf dem Boden des Gefäßes mündet, einströmen. Der Dampf reißt die Benzindämpfe mit, und diese entweichenden Dämpfe sind mit Paraffin beladen und werden in zweckmäßigen Kühlvorrichtungen verdichtet. Das Kondensat geht in die Fabrikation zurück. — In einigen Fabriken wird der ganze Vorgang im luftverdünnten Raume vorgenommen, den man in geschlossenen Vorlagen durch einen *Körting*schen Luftsauger herstellt. Die Dauer des Abblasens beträgt 30 bis 48 Stunden, und es ist möglich, innerhalb dieser Zeit völlig geruchloses Hartparaffin zu erhalten, während es schwieriger ist, das Weichparaffin in solcher Ware herzustellen. Durch das Erwärmen, vor dem Einströmenlassen des Wasserdampfes, muß die Temperatur des Paraffins so hoch gebracht werden, daß eine Kondensation des Dampfes ausgeschlossen ist. Während des Abblasens darf die Temperatur 140° nicht überschreiten, sondern nur 130 bis 140° betragen, weil sonst die Zersetzung des Paraffins eintritt. Es ist daher nicht ratsam, stark überhitzten Dampf oder Dampf über 4 Atm Spannung zu verwenden.

Statt an Dampfstrahl-Exhaustoren schließt man jetzt die Blasen gewöhnlich an die Zentralvakuumanlage an, die sowieso zur Erzeugung des Vakuums für die Teerdestillation nötig ist.

Das Entfärben des Paraffins.

Nachdem das Paraffin durch das Abblasen geruchlos geworden ist, zeigt es noch keine reine weiße Farbe, sondern besitzt noch einen schwach grünlichgelben Farbenton. Dieser Farbenton wird durch die Behandlung mit Ent-

färbungsmitteln entfernt, das Entfärben oder „Kohlen" des Paraffins. Als
Entfärbungsmittel benutzte man in früheren Jahren Tierkohle, jetzt wendet
man die Blutlaugensalzrückstände und ähnliche Präparate mit gutem Erfolge
an. In einigen Fabriken wurde zeitweise mit Ton[1] entfärbt, doch hat man
dieses aufgegeben. Zahlreiche Entfärber sind empfohlen worden und werden
jetzt noch angepriesen. Man muß im eigenen Betriebe durch Versuche fest-
stellen, mit welchem Mittel man die beste Wirkung erzielt. Die Erfahrung
spricht dafür, daß das Entfärben des Paraffins am besten durch ein Gemisch
von reinem Kohlenstoff mit Silicaten geschieht. Die Entfärbung ist ein rein
mechanischer Vorgang und beruht auf Oberflächenanziehung. Bemerkenswert
ist, daß sich gegenüber Entfärbern, namentlich Silicat-Entfärbern, Braunkohlenteerparaffin anders verhält als Petrolparaffin, es läßt sich schwer damit bleichen. Noch stärker zeigen dieses Verhältnis die Braunkohlenteeröle. Während
sich Petroldestillate durch Behandeln mit Fullererde oder durch Filtration
dadurch bleichen lassen, manchmal sogar bis zur Farblosigkeit, sind diese
Entfärbungsmittel gegenüber Braunkohlenteerölen fast wirkungslos.

Das Entfärbungspulver muß vor dem Gebrauche, um es vollständig
wasserfrei zur Anwendung zu bringen, gut getrocknet werden, und zwar bei
einer Temperatur von 100 bis 110°. Es geschieht dieses in Öfen von verschiedener Bauart, deren Einrichtungen aus anderen Industrien entnommen
sind.

Zum Entfärben des Paraffins braucht man 1 bis 2 Proz. des getrockneten Pulvers, eine größere Menge zu verwenden, ist in der Regel zwecklos. Als
vorteilhaft hat es sich zuweilen erwiesen, mit kleineren Mengen zweimal
hintereinander zu entfärben. Nachdem das Pulver dem geschmolzenen
Paraffin zugesetzt ist, wird es mit diesem innig gemischt. Das Mischen wird
bei einer Temperatur von 70 bis 80° in einem mit Dampf erwärmten Gefäße
durch ein Rührwerk vorgenommen, das mechanisch oder durch Menschenhand
bewegt wird. Mit Luft zu mischen, ist aus verschiedenen Gründen nicht
ratsam. Die Mischdauer beträgt etwa $^1/_2$ Stunde, dann läßt man absitzen,
wodurch das Entfärbungsmittel zu Boden sinkt. Das Paraffin wird nun
durch Filtration von dem Zusatze getrennt, wobei Filterpapier als Filtermaterial dient. Früher hatte man allgemein sehr einfache Einrichtungen
hierzu, jetzt benutzt man in den meisten Fabriken Filterpressen, die den
S. 153 geschilderten ähnlich sind und durch Dampf warm gehalten werden.

Das gebrauchte Entfärbungspulver enthält reichliche Mengen von
Paraffin, die wieder gewonnen werden müssen. Dieses geschieht durch Extraktion mit Benzin. Es sind hierzu die verschiedenen Apparate in Gebrauch,
und fast jede Fabrik hat ihren eigenen, der von den anderen in der Bauart
abweicht. Es erscheint unnötig, diese hier eingehend zu beschreiben[2]. Sie
erfüllen den gewünschten Zweck und das Entfärbungspulver verläßt paraffinfrei die Aufarbeitungsanstalt des Rohparaffins. Das einmal gebrauchte

---

[1] *Vehrigs:* Dinglers Polytechn. Journ. **270**, 182.
[2] Vgl. auch Zeitschr. f. angew. Chemie 1899, 1161; D. R. P. Nr. 106 119 von *Allen*
und *Holde.*

Entfärbungspulver hat wesentlich an entfärbender Kraft eingebüßt und kann nicht noch einmal zum Entfärben benutzt werden, eine Regeneration ist auch nicht durch Ausglühen zu erzielen.

Das Schwitzverfahren.

Beim Schwitzverfahren wird das Rohparaffin der steigenden Einwirkung von Wärme ausgesetzt. Das in dem Rohparaffin enthaltene Öl wird dadurch ausgeschwitzt, es dringt in den im Zustande des Erweichens sich befindlichen Paraffinkuchen von oben nach unten und tritt hier mit Paraffin stark angereichert aus dem Rohparaffin aus. Grundbedingung beim Schwitzen ist, daß das Rohparaffin aufgeschmolzen und dann wieder zu Kuchen erstarrt dem Schwitzprozeß unterworfen wird. Beim Erkalten krystallisiert das Paraffin in kleinen Schuppen, die, wenn das Paraffin der Einwirkung der Wärme ausgesetzt wird, in nadelförmige Krystalle übergehen. Dieser Übergang findet bei etwa 32° statt. Die Nadelform der Krystalle ist für den Schwitzprozeß von grundlegender Bedeutung, da davon der sachgemäße Verlauf der Entölung abhängt, indem die Paraffinnadeln den ungehinderten Ablauf des Öles gestatten. Ist keine ausgeprägte Nadelbildung vorhanden, so tritt das Öl nur unvollkommen aus dem Rohparaffin aus. Solches Paraffin bleibt dann gelb gefärbt, während sachgemäß geschwitztes Braunkohlenteerparaffin vollständig weiß und durchsichtig ist. Die zuerst ablaufenden Teile des Öles (I. Ablauf) sind von dunkler Farbe und enthalten etwa 40 bis 50 Proz. Paraffin, sie gehen wieder in die Destillation zurück. Die helleren Teile des Ölablaufes werden in den Schwitzprozeß zurückgeführt. Sie enthalten 70 bis 80 Proz. Paraffin. Das geschwitzte Paraffin wird in einer Ausbeute von etwa 50 Proz. berechnet auf die Füllung des Schwitzapparates erhalten. Die Menge des I. Ablaufes beträgt etwa 20 Proz., des II. Ablaufes etwa 30 Proz. von der Füllung.

Schwitzereianlage.

Das Schwitzen des Rohparaffins erfolgt nach dem Trockenschwitzverfahren und in dem in der galizischen Petroleumindustrie gebräuchlichen Apparat, der von der *Brünn-Königsfelder Maschinenfabrik* in Königsfeld bei Brünn gebaut wird. Die Schwitztassen bestehen aus Eisenblech und sind 5,7 m lang und 2,0 m breit. Der Boden der Tasse ist nach der Mitte zu geneigt. In die Tassen sind etwa in halber Höhe Drahtsiebe eingebaut, die zur Aufnahme des Rohparaffinkuchens dienen. Von den Schwitztassen werden meistens 12 Stück übereinandergelegt und in einer Schwitzkammer aufgestellt (Fig. 70 und 71). In den Fig. 70 und 71 stellen *A* die Tassen vor, *a* sind die Drahtsiebe. Die Kammer selbst wird mit indirektem Dampf geheizt, *e* sind die Heizkörper.

Der Betrieb gestaltet sich folgendermaßen:

Die Tassen werden zuerst mit Wasser gefüllt. Das Wasser tritt bei *b* in die oberste Tasse ein, gelangt dann durch Übertreten in die zweite Tasse, von hier in die dritte usw. Wenn die Tassen mit Wasser vollgelaufen sind, erfolgt die Füllung mit Rohparaffin. Das Paraffin läuft in geschmolzenem

Zustande durch die Hähne c in jeder einzelnen Tasse auf das darin befindliche Wasser, dieses nach unten verdrängend, wo es dann aus der untersten Kammer austritt. Aus jeder Tasse wird so viel Wasser verdrängt, daß bis zum Drahtsiebe Rohparaffin und darunter Wasser steht. Das Rohparaffin wird dann erkalten gelassen, was etwa 20 bis 25 Stunden in Anspruch nimmt. Nach dem vollständigen Erstarren des Rohparaffins wird das darunter noch stehende Wasser abgelassen, wodurch der Paraffinkuchen auf das Sieb zu liegen kommt. Nun beginnt die eigentliche Schwitzperiode. Die Kammer wird zu diesem Zwecke geheizt und die Temperatur langsam gesteigert, so daß die Temperatur im Raume stets etwa 1 bis 2° unter dem Schmelzpunkt des Paraffins liegt. Um in der Kammer die Temperatur überall gleichmäßig zu erhalten, wird durch eine besondere Ventilationseinrichtung die nach oben strömende warme Luft im oberen Teil der Kammer abgesaugt und unten wieder eingeblasen

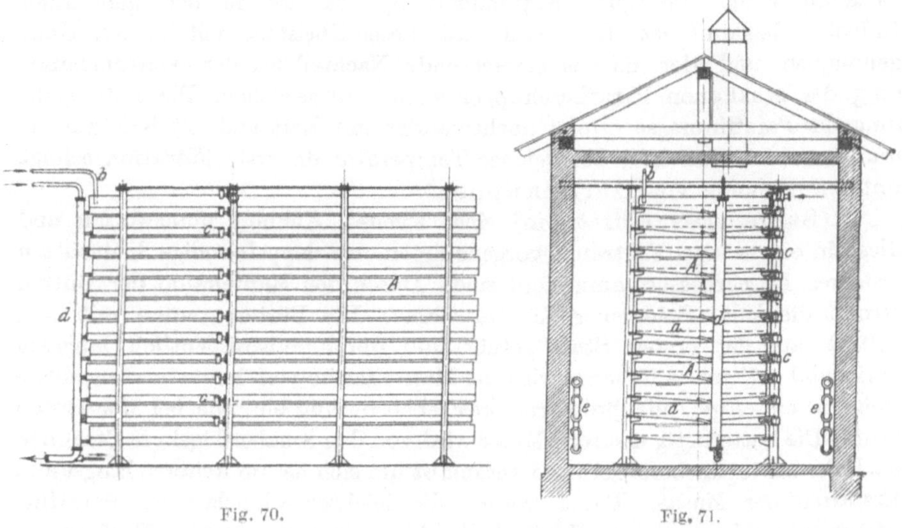

Fig. 70.   Fig. 71.

Ist das in den Tassen liegende Paraffin vollständig weiß geworden, dann ist der Schwitzvorgang beendet; er beansprucht etwa 40 Stunden. Das fertiggeschwitzte Paraffin wird dann ausgeschmolzen, indem man in die Kammer direkten Dampf einströmen läßt. Die Gesamtdauer einer Charge währt etwa 70 Stunden. Die von den Sieben abtropfenden, auf den Böden der Tassen sich sammelnden Abläufe sowie das ausgeschmolzene Paraffin werden durch geheizte Sammelrohre d in Vorlagekessel geführt, wo sie getrennt aufgefangen werden. Beim Ausschmelzen nimmt das fertiggeschwitzte Paraffin von den Wandungen der Tasse, die vorher von den öligen Abläufen bespült waren, wieder geringe Mengen Öl auf, die das Paraffin neuerdings verfärben. Zur Entfernung dieser öligen Anteile genügt ein einmaliges Pressen mit Benzin. Die Weiterbehandlung erfolgt dann, wie beim Waschprozeß, durch Abblasen und Entfärben. Der Wegfall des beim reinen Waschprozeß nötigen 2. und 3. Druckes bringt erhebliche Ersparnisse an Löhnen, Benzin und Preßtüchern.

B. Die Paraffinfabrikation in der Messeler Industrie.

Die Krystallisation.

Die Paraffinmasse wird in zwei Stufen gekühlt und zur Krystallisation gebracht.

1. Stufe. Die zylindrischen Kühlgefäße sind mit automatischer Füllung und Entleerung versehen. Zum Reinhalten und zur Beschleunigung des Abkühlens werden an den Kühlwänden sehr langsam sich bewegende Schaber senkrecht vorübergeführt. Diese bewirken keineswegs ein Aufrühren der Masse, sondern lassen nur die abgeschabten Krystalle langsam nach der Mitte des Gefäßes gleiten. Die in der Paraffinmasse enthaltenen Öle sind im Gegensatz zu den dünnflüssigen der sächsisch-thüringischen Industrie reichlich zähflüssig und geben auch beim ruhigen Erkalten nicht die gute Krystallbildung, wie sie in der genannten Industrie bekannt ist. In Messel wird dieser Übelstand mit in den Kauf genommen und der daraus erwachsende Nachteil bei der Weiterbehandlung der erhaltenen Paraffinschuppen wieder ausgeglichen. Die erste Kühlung der Paraffinmasse erfolgt nacheinander mit Luft und mit Kühlwasser, und zwar auf etwa 15°, bei welcher Temperatur die erste Filtration erfolgt unter Gewinnung von Hartschuppen.

2. Stufe. Das Filtrat wird einer zweiten Kühlung unterworfen und diese in einem sog. Kaltraum vorgenommen, wo doppelwandige Kaltbütten größeren Durchmessers aufgestellt sind. Durch den Mantelraum der Bütten strömt die kalte Sole einer Kältemaschine. Die Bütten werden mit dem Filtrat aus der ersten Stufe gefüllt und durch außerordentlich langsam horizontal rotierende Schaber wird die Mantelfläche von der erstarrten Masse freigehalten. Ein Aufrühren tritt hier ebensowenig ein, wie bei der ersten Stufe. Die butterartig erstarrte Masse wird von den Schaberflügeln in Strähnen nach der Mitte hin befördert und veranlaßt um sich herum weiteres langsames Erstarren der Masse. Dabei werden die leichter schmelzenden Paraffine wieder gelöst, indessen die Krystalle der härteren fortgesetzt an Umfang zunehmen. Sobald die Temperatur des ganzen Inhaltes der Bütten auf —3° gefallen ist, wird die Masse, die keiner Zerkleinerung mehr bedarf, in Filterpressen, die in dem Kaltraum aufgestellt sind, zur Filtration gebracht. Hierdurch wird erreicht, daß das Filtrat mit —1° abfließt und nur noch verschwindende Mengen Paraffin mit sich führt.

Die Pressereiarbeit.

Die in den beiden Stufen gewonnenen Filterkuchen werden in stehenden hydraulischen Pressen von den geringen noch vorhandenen Ölresten befreit und zur weiteren Raffination gebracht. Die Preßkuchen der ersten Stufe (Hartschuppen) besitzen einen Schmelzp. von 54 bis 57°, die der zweiten Stufe (Weichschuppen) einen solchen von 46 bis 48°.

Die weitere Verarbeitung der Schuppen geschieht in Messel auf zweierlei Art. Auf die eine wird doppeltraffinierte Ware unter Anwendung des auch in Thüringen üblichen, auf dem Aufschmelzen mit Benzin (Photogen) und nachfolgender Pressung beruhenden Verfahren gewonnen. Auf die andere wird nach dem Schwitzverfahren eine dem Semirefined der Amerikaner entsprechende Ware gewonnen. Die Schuppen, die zur Herstellung von doppeltraffinierter Ware bestimmt sind, werden vorher mit geringen Mengen von Säure und Lauge behandelt, alsdann im Vakuum mit Dampfstrom destilliert und auf dem Wege des Ausschmelzverfahrens weiter gereinigt, zum Schluß entfärbt und das farblose Paraffin in Tafeln gegossen. Kerzenfabrikation wird in Messel nicht betrieben. Das in Messel für das Semirefined in Anwendung befindliche Schwitzverfahren (vgl. S. 166) ist den anderwärts üblichen ähnlich, so daß von einer näheren Erläuterung Abstand genommen werden kann.

C. Die Paraffinfabrikation in der schottischen Industrie.

Die Krystallisation.

Die Krystallisation der Paraffinmassen wird in der schottischen Industrie in ähnlicher Weise wie in der sächsisch-thüringischen Industrie durchgeführt. Die Hartparaffinmasse wird in flachen Behältern der Luftkühlung ausgesetzt, und die Weichmassen werden mit Salzlösung abgekühlt, die durch Eismaschine auf eine niedrige Temperatur gebracht ist. Früher waren für die Krystallisation der Weichmassen kleine Apparate in Gebrauch[1], worin die Abkühlung der Massen schnell erfolgen mußte. In der Regel tauchte bei diesen Apparaten eine Trommel in die abgekühlte Masse, die sich mit Paraffinbrei überzog, der dann abgeschabt wurde. Jetzt hat man Kühlapparate gebaut, die den Nachteil der alten vermeiden, und worin die Abkühlung langsamer erfolgt und daher eine bessere Ausbildung der Krystalle zulassen. Dieser Paraffinbrei läßt sich weit leichter filtrieren als der mit kleinen unausgebildeten Krystallen durchsetzte.

Der Kühlapparat von *Henderson*[2] besteht aus einem doppelwandigen Behälter, der durch Schiede in schmale Abschnitte geteilt ist. Jeder Schied ist gleichfalls doppelwandig, und durch diese Schiede sowie durch den Mantel wird abgekühlte Salzlauge (Chlorcalciumlösung) geleitet. Die Paraffinkrystalle setzen sich an den Wänden der Schiede an und werden von hier durch Schaber abgestrichen, die sich langsam drehen. Neue Krystalle setzen sich an, auch diese werden entfernt, und der Brei sammelt sich am Boden, fällt in einen Kanal, aus dem er durch eine Transportschnecke nach einem Rohr befördert wird, das mit einer Pumpe in Verbindung steht, die den Paraffinbrei nach der Filterpresse drückt. In diesem Apparate können große Mengen von Paraffinmasse abgekühlt werden. Da er aber keine ausgesprochene Krystallisation in Ruhe bietet, sondern nur eine bestimmte kürzere Zeit hierfür zuläßt, so sind die Krystalle nicht so gut ausgebildet, wie dieses bei dem *Beilby*schen Kühlapparate der Fall ist. Hier läßt man in einer Reihe

---

[1] Vgl. *Scheithauer:* Die Fabrikation der Mineralöle, S. 176ff.
[2] Chemical Technology **2** (Lighting), 135ff.

von rechtwinkligen Zellen die Weichmassen 4 Tage lang durch Eismaschinenarbeit langsam abkühlen, wodurch sich große Krystalle bilden. Die abgekühlte Masse wird am Boden der Zelle abgeleitet und der Filterpresse zugeführt.

In einigen Paraffinfabriken leitet man die Paraffinmasse durch Rohre, die direkt durch das im Krystallisator verdunstete Ammoniak stark gekühlt werden. Durch die schnelle Abkühlung scheidet sich hier das Paraffin in wenig ausgebildeter Krystallform ab und ist schwer von dem Öle zu trennen.

Die Filterpressen sind im allgemeinen von größeren Abmessungen als die in der sächsisch-thüringischen Industrie üblichen. Sie erfüllen denselben Zweck wie in der genannten Industrie (vgl. S. 153).

Das Schwitzverfahren.

Die Schuppen der Filterpressen werden in Leinwandtücher eingeschlagen und in hydraulischen Pressen gepreßt. Hierdurch gewinnt man Rohparaffin. In einigen Fabriken gelangen auch die den Filterpressen entnommenen Paraffinschuppen direkt zur Raffination. Früher wurde das Rohparaffin allgemein nach der Art des in der sächsisch-thüringischen Industrie gebräuchlichen Verfahrens gereinigt. Es wurde geschmolzen, wiederholt mit Schieferbenzin gemischt und gepreßt. Dann wurde das Paraffin abgeblasen und entfärbt. Jetzt ist diese Reinigungsart, und zwar schon seit Jahrzehnten fast ganz aufgegeben und durch das Schwitzverfahren ersetzt worden. Die Ausführung dieses Verfahrens ist im Laufe der Jahre geändert und verbessert worden. Wir werden der Zeitfolge nach, abgesehen von den nur kurze Zeit im Betriebe gewesenen unvollkommenen Versuchseinrichtungen, einige der gebräuchlichsten Arten beschreiben.

Das Rohparaffin, Hart- und Weichschuppen gemischt, wird geschmolzen und in Form von Kuchen erstarren gelassen. Dann bringt man diese Kuchen in das Schwitzhaus (sweating house), wo sie auf gespannte Tücher gelegt werden. Die Temperatur des Raumes wird durch Dampfheizung so eingestellt, daß sie beständig 3° unter dem Schmelzpunkte des Rohparaffins liegt und so gehalten wird. Das Öl nebst den niedrig schmelzenden Paraffinteilen fließt braunrot gefärbt aus den Kuchen in eine unter dem Tuchbande angebrachte Rinne und wird, weiter geleitet, in die Fabrikation zurückgenommen. Das Schwitzen dauert in der Regel 3 bis 5 Tage[1]. Dieser Schwitzprozeß wird nochmals, seltener zweimal, wiederholt. Das geschwitzte Rohparaffin ist raffiniert, es ist von den öligen und riechenden Bestandteilen befreit und wird noch einer Behandlung mit Entfärbungspulver unterworfen.

Das Schwitzverfahren von *Tervet* und *Allison* fordert eine Anlage von einem Kühl- und einem Schwitzhause, die wiederum je in drei Teile geteilt sind, so daß zugleich drei Arten von Paraffin behandelt werden können. In dem Kühlraume sind in jeder Abteilung 20 gußeiserne emaillierte Pfannen

---

[1] Eine genaue Beschreibung des Schwitzvorganges nach *Pyhälä* befindet sich in den Zeitschriften Petroleum **4**, 1393 u. Braunkohle **8**, 421.

aufgestellt, durch die sich ein Band von leichtem Segeltuch hindurchzieht. Die Pfannen werden mit geschmolzenem Paraffin gefüllt, das allmählich erstarrt. In dem Schwitzraume sind, den Kühlpfannen in der Anordnung und Größe entsprechend, Gestelle mit gewellten Stahlplatten aufgestellt. Durch Dampfheizung wird der Raum auf die gewünschte Temperatur gebracht. Nachdem das Paraffin im Kühlraume erkaltet ist, wird es als Kuchen auf dem Segeltuche liegend durch eine Handwinde nach dem Schwitzraume gezogen. Hier wird es langsam über die gewellten Platten geführt, zerbricht, und das Öl nebst dem niedrig schmelzenden Paraffin läuft durch eine Rinne von den Platten ab, während das zurückbleibende Paraffin weiterhin auf mechanischem Wege aus dem Schwitzhause entfernt und nach einem Schmelzgefäße befördert wird.

Ein anderes Schwitzverfahren, das sich von den bisher beschriebenen durch Einfachheit auszeichnet, ist von *M. Henderson*[1] ausgearbeitet worden. In dem Schwitzhause, das 17 m lang, 4 m breit und 3 m hoch ist, stehen auf eisernen Gestellen Tröge, die mit doppeltem Boden, der obere aus feiner Drahtgaze, versehen sind. Diese Tröge, die 7 m lang und 15 cm tief sind, werden zunächst durch eine Zuleitung so weit mit kaltem Wasser gefüllt, bis dieses den doppelten Boden, die Gaze, bedeckt, dann fließt das außerhalb des Raumes geschmolzene Rohparaffin zu und füllt die Tröge, auf dem Wasser schwimmend, an. Der Raum wirkt als Kühlraum, indem man seine weiten Tore öffnet und Ventilatoren wirken läßt. Ist das Paraffin erstarrt, so läßt man das Wasser ablaufen, und die Paraffinkuchen ruhen auf den Gazesieben. Nachdem der Schwitzraum dicht geschlossen und die Dampfheizung angestellt ist, geht der Schwitzprozeß vor sich. Der Ablauf fließt durch die Gaze nach dem Boden der Tröge, wo er weitergeleitet wird. Ist das Ausschwitzen beendet und der Ablauf entfernt, so steigert man die Temperatur im Raume so, daß auch das raffinierte Paraffin schmilzt und im flüssigen Zustande weiterbefördert werden kann. Ist das Paraffin noch nicht genügend raffiniert, so muß es nochmals dem Schwitzverfahren unterworfen werden.

Den neuesten Schwitzapparat, wie er *M. Henderson* patentiert ist, zeigt Fig. 72. Als Aufnahmegefäße für das Paraffin dienen nicht Tröge, sondern stehende hohe Zellen *A* von rundem Querschnitte, in denen noch ein mit Drahtgaze überzogener Zylinder *b* eingesetzt ist. Der Boden *a* der Zelle besteht gleichfalls aus Drahtgaze. Der innere Zylinder aus Gaze soll wie ein Docht wirken und beim Schwitzprozesse, der in der schon beschriebenen Weise durchgeführt wird, den Abfluß des Ablauföles erleichtern. *B* stellt in der Fig. 72 den Längsschnitt der Schwitzzelle dar und *C* zeigt die innere Einrichtung. Durch die Rohrleitung *c* werden die einzelnen Zellen gefüllt und durch *d* entleert. *e* sind Heizrohre.

Diese Apparate sind nach Angabe der Betriebsleitung in Broxburn weit leistungsfähiger als die alten, da das Paraffin darin weit schneller erstarrt und der Schwitzvorgang kürzere Zeit beansprucht.

---

[1] Oil Shales of the Lothians, S. 179.

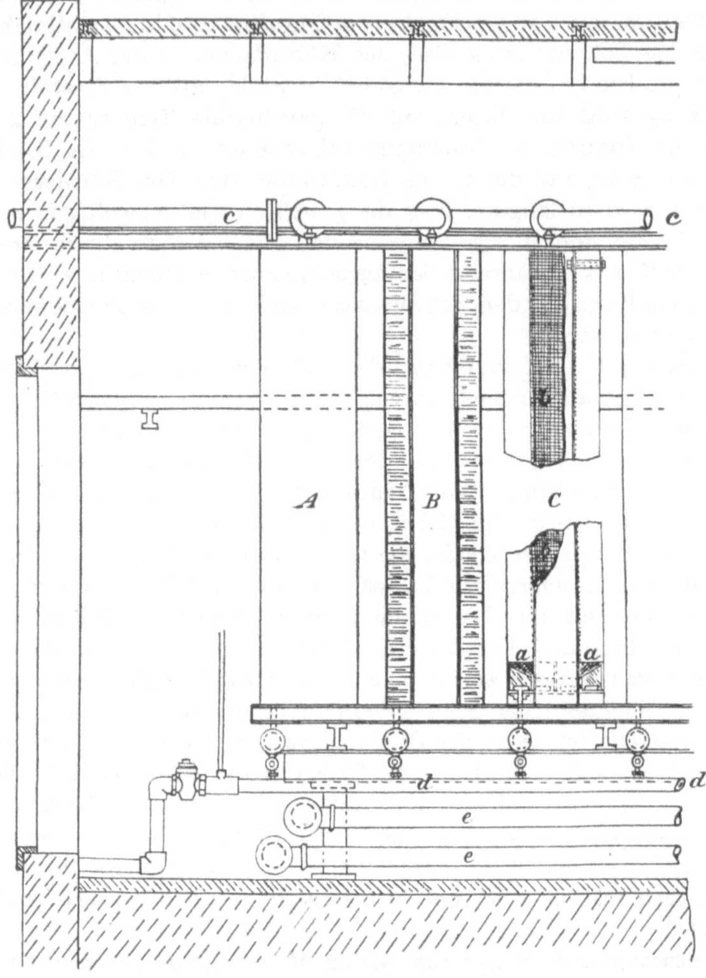

Fig. 72.

Ursprünglich war nur Luftkühlung für das geschmolzene Paraffin nach der Füllung der Zellen vorgesehen, später ist das Patent dahin erweitert worden, daß die Schwitzzellen in ein Gefäß mit Wasser eingehängt und so gekühlt werden[1].

---

[1] Unseres Wissens wird das jetzt in mehreren Paraffinfabriken der galizischen Industrie gebräuchliche nasse Schwitzverfahren in der schottischen Industrie nicht angewandt. Hierbei bleibt das Kühlwasser während des Schwitzvorganges in den Schwitzzellen, die mit durchlässigen Wänden versehen sind. Das ausgeschwitzte Öl sammelt sich auf dem Wasser und wird mit diesem, das beständig ab- und zuläuft, abgeleitet und dann getrennt. — Es sei auch auf das in Mähr.-Schönberg benutzte Preß-Schwitzrohrverfahren (Patent *Weiser*) hingewiesen. Petroleum 5, 636.

Selbst durch das wiederholt ausgeführte Schwitzverfahren wird zuweilen kein gutes Paraffin erzielt, sondern solches von gelber Farbe, die sich auch durch weiteres Ausschwitzen nicht beseitigen läßt.

Das abgelaufene Gemisch von Öl und Weichparaffin wird in der Regel zur Gewinnung von Weichparaffin dem Schwitzverfahren, natürlich mit Innehaltung einer niedriger liegenden Temperatur, ausgesetzt.

Das Entfärben des Paraffins.

Jedes Paraffin wird, nachdem es das Schwitzverfahren durchgemacht hat, mit Entfärbungspulver behandelt. Das geschieht in ganz ähnlicher Weise wie in der sächsisch-thüringischen Industrie. Zur Filtration des mit Entfärbungspulver gemischten Paraffins braucht man verschiedenartig eingerichtete Filter, so besteht das Filter von *Young* aus einem mit Mantel versehenen und durch Dampf erwärmten zylindrischen Gefäße, worin sich ein Zylinder aus Drahtnetz befindet, der mit Flanell und Filterpapier ausgelegt ist.

Neuntes Kapitel.

Die Schwelteererzeugnisse.

A. Die Erzeugnisse der sächsisch-thüringischen Industrie.

Die Ausbeute aus dem Schwelteere.

Der jetzt zur Verarbeitung gelangende Braunkohlenteer liefert im Durchschnitt die folgenden Erzeugnisse:

Automobilbetriebsstoff	0,5 bis	1	Proz.
Leichtes Braunkohlenteeröl (Benzin)	2 „	3	„
Solaröl	2 „	3	„
Helles Paraffinöl	10 „	12	„
Gasöl	30 „	35	„
Schweres Paraffinöl	10 „	15	„
Hartparaffin	8 „	12	„
Weichparaffin	3 „	6	„
Nebenprodukte	4 „	6	„
Wasser, Gas und Verlust	20 „	25	„

Die Öle.

Die durch die Destillation und Raffination versandfertig hergestellten Öle werden nach eisernen Behältern befördert, die offene Kasten darstellen und 10 bis 30 t zu fassen vermögen. Hier läßt man die Öle gut absitzen, damit sich etwa darin enthaltene Wasserreste abscheiden bis sie „blank" werden, d. h. hell und durchsichtig, ohne jede Trübung aussehen. Die Behälter, die spezifisch schweres Öl aufnehmen sollen, sind mit einer Heizvorrichtung versehen. Auf dem Boden liegen Schlangen oder Rippenrohre, die durch gespannten Dampf erwärmt werden und durch einen Kondenstopf abgeschlossen sind.

Oft hält aber der Versand mit der Fabrikation nicht gleichen Schritt, und man gewinnt auch zeitweise größere Mengen von besonderen Ölsorten. Aus diesen Gründen muß jede Fabrik mit genügenden Aufbewahrungsbehältern ausgerüstet sein. Hierzu dienten früher Gruben, die gemauert und mit Zement geputzt waren oder aus Stampfbeton bestanden. Jetzt werden solche Gruben nur noch in beschränktem Maße benutzt, in der Regel sind diese Behälter aus Eisen hergestellt. Ihre Größe ist ganz verschieden[1], und ihre Form ist

---

[1] Auf Fabrik Webau der *A. Riebeckschen Montanwerke* steht wohl der größte Behälter, nämlich ein solcher von 2500 cbm Inhalt.

gewöhnlich die zylindrische, sie ruhen, falls sie nicht in eine gemauerte Grube eingelassen sind, auf einem Fundamente, das entweder gemauert ist oder aus einer Sandschicht besteht, die durch eine Asphaltdecke abgeschlossen ist. Außer den zylindrischen Behältern sind noch, und zwar von den *A. Riebeckschen Montanwerken*, solche nach dem Patent *Intze*[1] gebaut worden. Fig. 73 zeigt einen solchen Behälter. Sein oberer und unterer Teil verläuft konisch, und durch die Mitte geht ein zylindrischer Schlot *a* zum Besteigen des Inneren, er ist auf ein ringförmiges Fundament gelagert, der Boden bleibt daher sichtbar,

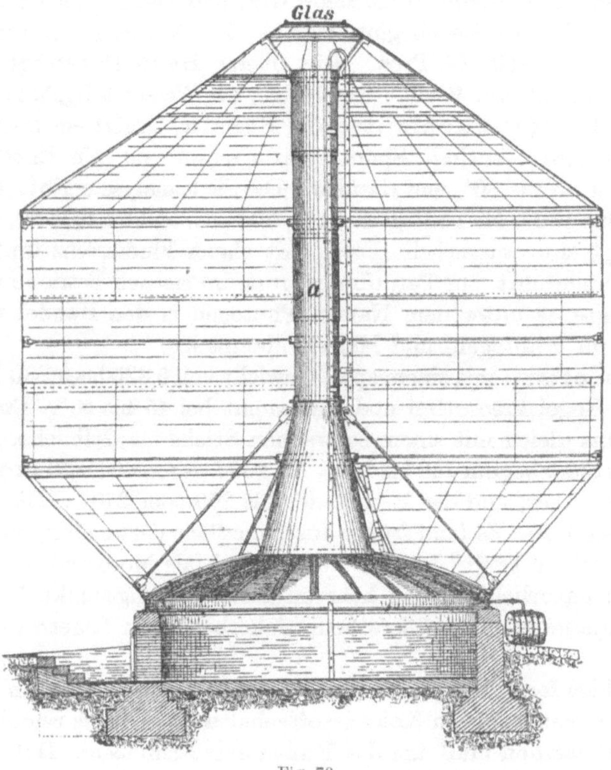

Fig. 73.

und der Raum unter dem Boden kann noch ausgenützt werden. Als Vorzug dieser Bauart vor der anderen gilt einmal, daß das gemauerte Fundament weniger Raum beansprucht und billiger herzustellen ist, und zum anderen, daß die gesamte Oberfläche sichtbar und so jedes etwaige Leck leicht zu erkennen ist.

Das Abfüllen der Öle geschieht entweder von diesen großen Behältern oder von den eisernen Kasten. Fässer werden nur noch zum Kleinversand benutzt. Das Verkaufs-Syndikat für Paraffinöle in Halle a. d. Saale verschickt nur noch etwa 2 Proz. seines gesamten Absatzes in Fässern.

---

[1] D. R. P. Nr. 24951. Journ. f. Gasbel. 1884, 705.

Während früher zum Faßversand Holzfässer, und zwar amerikanische Barrels verwendet wurden, werden seit einigen Jahren nur noch Eisenfässer, die die Ölabnehmer stellen müssen, benutzt.

Glasballons von etwa 50 l Inhalt, die in den früheren Jahren zum Versand der Öle benutzt wurden, werden jetzt nicht mehr hierzu verwendet.

Im nachstehenden sollen die erzeugten Öle nach Eigenschaft und Verwendung näher beschrieben werden.

Der Automobilbetriebsstoff ist wasserhell und hat ein spezifisches Gewicht von 0,780 bis 0,800; er ist kreosotfrei und besitzt einen Flammpunkt von —2 bis —6°. Der Siedebeginn liegt bei 80—90°, es gehen über bis 125° 50—60 Proz., bis 150° 95 Proz. Sein oberer Heizwert beträgt 10 600 bis 10 700 WE., sein unterer 9900—10 000 WE., der Wasserstoffgehalt 12,4 Proz.

Das leichte Braunkohlenteeröl, Benzin, besitzt ein spez. Gewicht von 0,800 bis 0,815, enthält Spuren von Kreosot und sein Entflammungspunkt liegt bei 25 bis 30° und darüber. Die Siedeanalyse ergibt: Anfang des Siedens: 100 bis 130°, bis 150° gehen 15—20 Proz. und bis 200° 80— 100 Proz. über. Es zeigt eine wasserhelle Farbe mit blauer Fluorescenz und wird, wie schon S. 157 angeführt, zur Paraffinreinigung im eigenen Betriebe verwendet. Früher gelangte es unter dem Namen Photogen in den Handel und diente als Leuchtöl für Photogen- und Mineralöllampen.

Das Solaröl wird mit einem spez. Gewicht von 0,825 bis 0,830 hergestellt. Es ist in der Regel kreosotfrei und entflammt bei 45 bis 50°. Die Farbe ist der des Benzins gleich mit einem schwachen Stiche ins Gelbliche. Die Siedeanalyse zeigt: Siedebeginn 150 bis 170°, bis 200° gehen 40 bis 50 Proz., bis 250° 80 bis 90 Proz. über, und der Rest siedet bis 260 oder 270°. Die Viscosität[1] beträgt 1,05 bis 1,10. Es fand früher ausschließlich Verwendung als Leuchtöl, während es jetzt an Stelle des Petroleums auch als Motorenöl benutzt wird. Es ist hierbei natürlich auf den höheren Entflammungspunkt Rücksicht zu nehmen, der zugleich eine größere Feuersicherheit beim Lagern des Motorenöls bietet.

Als Leuchtöl fordert das Solaröl einen anderen Brenner als den Petroleumbrenner, da ihm seines hohen Kohlenstoffgehaltes wegen eine reichliche Menge Luft zugeführt werden muß, um das Rußen auszuschließen[2]. Daß das Solaröl ein gutes Leuchtöl darstellt, ist von *Grotowsky*[3] und anderen analytisch nachgewiesen worden.

Die Gewinnung von Solaröl ist gegenüber der der früheren Jahrzehnte der Industrie gering. Diese Menge findet zu den angeführten Zwecken Absatz.

Nach Versuchen von *Graefe* brauchte Solaröl in geeigneten Lampen gebrannt für 1 Hefner Kerze und Stunde nur 2,72 g und war noch etwas besser als gutes russisches Leuchtöl. Der ziemlich hohe Schwefelgehalt des Solaröls beeinträchtigt nicht, wie von mancher Seite geglaubt wurde[4], die Leuchtkraft, wohl

---

[1] Im *Engler*schen Viscosimeter für Petroleum bestimmt.
[2] Vgl. *Scheithauer:* Die Fabrikation der Mineralöle, S. 186.
[3] Zeitschr. f. Berg-, Hütten- u. Salinenwesen 24.
[4] Petroleum 1906, Seite 606.

aber macht er sich störend bemerkbar, wenn in einem abgeschlossenen Raume eine Solaröllampe mehrere Stunden brennt. Man merkt dann die beim Brennen entstandene schwefelige Säure. Aus diesem Grunde verwendet man es trotz seiner sonstigen guten Eigenschaften nicht gern als Leuchtöl.

Bemerkt sei noch der Vollständigkeit halber, daß man das Solaröl zu anderen Verwendungsarten, die für Petroleum gelten, auch brauchen kann. Es gibt in der Rußfabrikation einen sehr guten Lampenruß und wird als Vertilgungsmittel gegen die Reblaus angewendet.

Unter den hellen Paraffinölen faßt man die unter den Namen Putzöl, Gelböl und Rotöl ·in den Handel gebrachten Öle zusammen. Das spez. Gewicht des Putzöls stellt sich auf 0,848 bis 0,850, das des Gelböls auf 0,860 bis 0,870 und das des Rotöls auf 0,870 bis 0,880, während die Farbe von Gelblich über Strohgelb zum Rot übergeht. Der Kreosotgehalt beträgt 0,1 bis 1 Proz. Nach ihrer Siedeanalyse enthalten diese Öle keine oder nur wenig unter 200° siedende Anteile, das Rotöl ist frei davon. Der Siedebeginn dieser hellen Paraffinöle liegt in der Regel bei 200 bis 210, bis 250° gehen 20 bis 70 Proz. und bis 300° 90 bis 100 Proz. über. Die Viscosität, in dem *Engler*schen Viscosimeter für Schmieröle bestimmt, schwankt zwischen 1,2 und 1,5, und der Entflammungspunkt liegt bei 70 bis 110°. Diese Öle erstarren bei —10 bis —15° und enthalten, im besonderen das Rotöl, noch geringe Mengen von nicht gewinnbarem Paraffin ($1/_4$ bis $1/_2$ Proz.) gelöst. Sie sind im Gegensatze vom Solaröl frei von Naphthalin.

Das Putzöl findet, wie schon der Name sagt, Verwendung als Putzmittel, zuweilen wird es auch als Extraktionsöl, seltener als Gasöl benutzt. Die Öle mit höherem spez. Gewichte, Gelböl und Rotöl, dienen zur Herstellung von feineren Wagenfetten, zuweilen auch als Zusatz zu Schmierölen aus der Petroleumindustrie. Als Denaturierungsmittel für Steinsalz haben sie gleichfalls, wenn auch in geringer Menge, an Stelle des Petroleums Verwendung gefunden.

Das dunkle Paraffinöl, Gasöl, besitzt ein spez. Gewicht von 0,880 bis 0,900 und eine rotbraune Farbe mit blauer Fluorescenz. Es enthält 1 bis 2 Proz. Kreosot und seine Viscosität beträgt 1,5 bis 2,5. Die Siedeanalyse ist folgende: Siedebeginn 200 bis 250°, bis 250° gehen 5 bis 15 Proz. und bis 300° 40 bis 60 Proz. über. Der Entflammungspunkt liegt bei 80 bis 120° und der Erstarrungspunkt bei 0° bis —5°. Sein oberer Heizwert stellt sich auf etwa 10300 WE., sein unterer Heizwert auf 9700—9800 WE., die Elementaranalyse ergibt:

$$C = 86,8 \text{ Proz.}$$
$$H = 11,6 \quad „$$
$$S = 1,0 \quad „$$
$$O + N = 0,6 \quad „$$

Das Gasöl bildet, wie schon der Name andeutet, den Rohstoff für die Erzeugung von Ölgas. Die Herstellung von Ölgas hat der Verfasser dieser Schrift an anderer Stelle ausführlich geschildert[1].

---

[1] *Scheithauer:* Die Fabrikation der Mineralöle, Kap. XII (Braunschweig 1895); *Scheithauer:* Die Braunkohlenteerprodukte und das Ölgas, Kap. VIII (Hannover 1906).

Das dunkle Paraffinöl hat Jahrzehnte lang zur Erzeugung von Ölgas gedient. Während des Krieges mußte es für andere Zwecke, hauptsächlich als Treiböl für die Dieselmotore der U-Boote freigemacht werden. Die Hauptverbraucher für Ölgas, die Eisenbahnen, waren dadurch gezwungen, sich nach Ersatz umzusehen; sie sind auch alle, mit Ausnahme der bayrischen Eisenbahnen, dazu übergegangen, zur Beleuchtung der Eisenbahnwagen Steinkohlengas zu verwenden. Das dunkle Paraffinöl entspricht allen Anforderungen, die an ein gutes Gasöl gestellt werden. Die Gasausbeute beträgt aus 100 kg 50 bis 55 cbm bei einer Leuchtkraft von 12—16 HE. und einem oberen Heizwert von 8700—9500 WE. und einem unteren von 7600—8300 WE. Bedingung ist, daß man bei der Ölgasfabrikation einen brauchbaren Apparat benutzt und diesen sachgemäß bedient, dann sind erfahrungsgemäß Mißerfolge, geringe Ausbeute usw. ausgeschlossen, die mit Unrecht zuweilen auf den Rohstoff zurückgeführt werden. Beim Verbrennen von reinem Ölgas im Auerbrenner, also ohne Zusatz von Acetylen, ist es nicht nötig, stark leuchtendes Gas zu erzeugen, sondern man stellt solches von geringer Leuchtkraft her und erzielt hierbei hohe Ausbeuten. Eingehende Versuche hierüber sind von *Walter Hempel*[1] angestellt worden.

Auch die Karburation des Wassergases, die große Mengen des Gasöles aufnahm und die in anderen ölreichen Ländern noch im größten Maßstabe ausgeübt wird, hat man in Deutschland aus wirtschaftlichen Gründen, veranlaßt mit durch die hohen Ölpreise, aufgegeben, dafür ist aber ein mehr als zureichender Ersatz gefunden worden in der stetig sich ausbreitenden Anwendung der Dieselmotoren, die fast die ganze Erzeugung aufnehmen.

Das Wassergas[2] wird bekanntlich durch Überleiten von Wasserdampf über glühenden Koks erzeugt und besteht im wesentlichen aus Kohlenoxyd und Wasserstoff. Durch einen Zusatz von Ölgas wird es leuchtend gemacht. Die Fabrikation von Wassergas geschieht in einem zylindrischen eisernen Gefäße, Generator, das mit feuerfestem Material ausgefüttert ist. Von da wird es nach dem Carburator geleitet, wo eine genau abgemessene Menge Öl, vorgewärmt, eingespritzt wird. Der Carburator ist ein dem Generator ähnliches Gefäß und innen mit kreuzweise übereinandergelegten Schamottesteinen ausgefüllt. Das Gas muß daher, beim Durchstreichen des Apparates an diese Steine stoßend, seinen Weg beständig ändern, und das Öl wird an den glühenden Steinen verdampft. Dann gelangt das mit Öldämpfen beladene Wassergas nach dem Überhitzer, dessen Einrichtung der des Carburators ähnlich ist. Er ist, wie der Carburator auch, während der Gaserzeugung bis zur gleichmäßigen kirschroten Farbe erhitzt. In dem Überhitzer werden die Öldämpfe in Ölgas umgesetzt, und das carburierte Wassergas wird dann zum Wäscher

---

[1] Gutachten über die Gewinnung von Ölgas aus dem Gasöl der sächsisch-thüringischen Mineralölindustrie. Verhandlungen des Vereins zur Beförderung des Gewerbefleißes 1903, 39.

[2] Vgl. *Ferd. Fischer:* Kraftgas 2. Aufl. S. 146ff. (Leipzig 1921, O. Spamer).

und Skrubber und von da zum Kondensator geleitet, von wo es, vom Teere befreit und gekühlt, in den Gasbehälter gelangt[1].

Die Herstellung des carburierten Wassergases bietet gegen die des Steinkohlengases mancherlei Vorteile. Die Anlagekosten stellen sich auf ungefähr $2/5$ von denen einer Steinkohlengasanstalt mit gleicher Gasproduktion. Man braucht nur eine geringe Bodenfläche, etwa ein Drittel von dem Raume einer Steinkohlengasanstalt, was ja für die Großstädte von wesentlicher Bedeutung ist. Die Inbetriebsetzung erfordert nur wenig Zeit und kann durch Bedienung weniger Arbeiter geschehen, was bei einem etwaigen Streik von großer Wichtigkeit ist. Die Wassergasanstalt ist außerdem die gegebene Verwertungsanstalt des Koks der Steinkohlengasanstalten, und diese haben es daher in der Hand, den Preis für ihren Koks zu regulieren. Wassergasanstalten werden im wesentlichen nur als Hilfsanstalten für bestehende Steinkohlengasanstalten errichtet werden, wie sie zurzeit schon die Städte Bremen, Hamburg, Magdeburg, Flensburg, Königsberg, Charlottenburg und andere besitzen.

Seine wichtigste und ausgedehnteste Verwendung hat das dunkle Paraffinöl, nachdem die Eisenbahnen während des Krieges von der Ölgasbeleuchtung abgegangen waren, wie schon gesagt, als Treiböl für den Dieselmotor gefunden, der sich wesentlich von anderen Motoren, die Mineralöle, wie Benzin, Petroleum und Solaröl verbrauchen, unterscheidet. Diese Motoren sind Explosionsmaschinen, und sie arbeiten, indem der flüssige Brennstoff verdampft, dann mit Luft vermischt und hierauf das Gemisch durch ein Glührohr oder elektrische Zündung zur Explosion gebracht wird. Beim Dieselmotor hingegen wird der Brennstoff, der aus höher siedenden Ölen als Petroleum und Solaröl bestehen kann, verbrannt.

Der Dieselmotor ist einseitig wirkend und arbeitet im Viertakt oder auch im Zweitakt. Beim Kolbenhube des Viertakt-Motors wird Luft eingesaugt, die beim Kolbenrückgange komprimiert wird; nun wird in die stark komprimierte, daher heiße Luft, der flüssige, aber fein zerstäubte Brennstoff eingeblasen; er verbrennt, und die Verbrennungsprodukte treiben den Kolben ruhig, aber mit großer Kraft vorwärts. Diese Bewegung des Kolbens wird als treibende Kraft durch eine Pleuelstange auf die Kurbelachse übertragen und von dieser durch Riemenantrieb oder direkte Kupplung entnommen. Bei dem dann folgenden Rückgange des Kolbens werden die Verbrennungsprodukte ausgestoßen. Bemerkt sei hierbei, daß der Motor die ersten Hübe, ehe also der Brennstoff in der glühenden Luft verbrennt, als Luftmotor arbeitet. Mit dem Motor werden daher zwei Gefäße, mit gepreßter Luft gefüllt, geliefert für die erste Inbetriebsetzung, dann schafft eine am Motor angeschlossene Luftpumpe den Vorrat an Preßluft selbst. Diese Luftpumpe besorgt auch das Einblasen des Öls in den Zylinder, während eine andere Pumpe das Öl zuführt. — Der Zweitaktmotor arbeitet in der Weise, daß nach jeder Explosion am Ende des

---

[1] Ausführlich ist dieses Verfahren, carburiertes Wassergas nach dem System *Humphreys*-Glasgow zu fabrizieren, in einer Schrift der Firma *Julius Pintsch*, Berlin, beschrieben. (Mitteilungen über carburiertes Wassergas.) Die genannte Firma ist Erbauerin solcher Gasanstalten.

Arbeitshubes durch die Luftpumpe frische Luft durch den Zylinder geblasen wird, die einmal die Verbrennungsprodukte ausspült und zugleich den Zylinder mit frischer Verbrennungsluft versorgt, die komprimiert wird und in die dann das Öl eingespritzt wird, während beim Viertaktmotor, also auf 4 Takte oder 2 Umdrehungen, nur 1 Arbeitshub kommt, leistet der Zweitaktmotor im gleichen Zeitraum 2 Arbeitshübe. Man hat deshalb in neuerer Zeit oft, namentlich im Schiffsbetrieb, Zweitaktmotore verwendet. Auf den U-Booten wurden viele solcher Motore gebraucht mit Leistungen weit über 1000 PS für die Maschine.

Die Bedeutung des Dieselmotors hat in den beiden letzten Jahrzehnten stark zugenommen. Der deutsche U-Boot-Krieg hätte während des Weltkrieges nicht die große Ausdehnung annehmen können, wenn nicht im Dieselmotor die gegebene Antriebsmaschine schon vorhanden gewesen wäre. Eine Reihe von Überseeschiffen, hauptsächlich Tankschiffen, läuft zur Zeit mit Dieselmaschinen; letztere werden mit Leistungen von 20—3000 PS gebaut. Kleinere Motore arbeiten mit Gasölen aus Schwelteeren oder aus Erdöl als Triebstoff, größere Motore mit Steinkohlenteeröl als Treiböl. Da Steinkohlenteeröle im Motore schwer entflammen, muß bei ihrer Verwendung die Verbrennung mit Gasöl eingeleitet werden. Der Zusatz von Gasöl (Zündöl) beträgt je nach der Größe der Motore bis zu 10 Proz.

Die Motorschiffahrt führt sich überhaupt immer mehr ein, infolge des Wegfalles der Kessel, der teuern Heizer und des infolge des Wegfalles der Kessel und der Kohlenlager vergrößerten Laderaumes.

Einen nach denselben Grundsätzen wie der Dieselmotor konstruierten Motor baut die Firma *Gebr. Körting, A.-G.* in Körtingsdorf bei Hannover. Er wird Öleinspritzmotor System Trinkler genannt und ist mit einem Einspritzapparat ausgestattet, der ohne Ventile und ohne besondere Druckbehälter arbeitet.

Die großen Vorzüge, die diese Ölmotoren neben den niedrigen Betriebskosten gegenüber anderen Betriebskräften besitzen, sind augenscheinlich, und sie bieten vor anderen mit Öl als Betriebskraft arbeitenden Motoren im besonderen noch den Vorteil, daß ihr Brennstoff nicht feuergefährlich ist, denn der Entzündungspunkt der dazu benutzten Gasöle liegt, wie schon angeführt, bei etwa 100° und darüber.

Das Gasöl wird ferner bei der Fabrikation von Wagenfett und als Heizöl benutzt. Sein oberer Heizwert beträgt, wie schon erwähnt, etwa 10300 WE., sein unterer 9700—9800 WE. Für diese beiden Verwendungsarten ist das spezifisch schwerere Öl aus dem Braunkohlenteer, schweres Paraffinöl genannt, ebenso geeignet. Dieses Öl zeigt ein spez. Gewicht von 0,905 bis 0,920, enthält 1 bis 3 Proz. Kreosot, und seine Viscosität liegt bei 2,0 bis 2,66. Es entflammt bei 115 bis 125° und seine Farbe ist dunkelbraun mit grünem Schimmer. Die Siedeanalyse ergibt: Siedebeginn 220 bis 250°, bis 250° gehen 5 bis 10 Proz. bis 300° 10 bis 20 Proz. über.

Als Heizöl wurde es in der Mitte der neunziger Jahre in umfangreichem Maße von der deutschen Marine bezogen. Doch sind die bei dieser Verwendungsart erzielten Preise so niedrig, daß man es nach Möglichkeit vorzieht, das Öl vorteilhafter zu anderen Zwecken zu verkaufen. Die Ölfeuerung selbst bietet große Vorzüge[1] und ist als Masutfeuerung bekannt. Sie ist seit Jahrzehnten für Dampfschiffe und Lokomotiven in Rußland eingeführt und für die Kriegsschiffe von besonderer Bedeutung. Man speichert in demselben Volumen und demselben Gewichte den doppelten Heizwert als bei Kohle auf und spart so an Raum und Transportkosten. Als weitere Vorzüge der Ölfeuerung sind der Wegfall des Rauches und der Asche anzuführen und die bedeutende Ersparnis an Kesselwärterlöhnen und die im Feuerungsraume stets herrschende Sauberkeit hervorzuheben. Das Öl wird durch Dampfstrahlapparate zerstäubt zur Verbrennung gebracht (*Forsunka*).

In geringen Mengen wird ein dem schweren Paraffinöle nach spez. Gewichte und Siedeanalyse ähnliches Öl von roter oder rotbrauner Farbe gewonnen, das als Fettöl bezeichnet wird. Es kommt entweder roh in den Handel oder nach vorgenommener chemischer Behandlung als raffiniertes Fettöl. Dieses zeigt eine gelbe Farbe, ist frei von Kreosot und sein spez. Gewicht stellt sich auf 0,890 bis 0,905.

Die Fettöle werden bei der Herstellung von feineren Schmiermitteln benutzt und finden zuweilen auch als Gasöle Verwendung.

Alle Paraffinöle, auch das Fettöl, können zur Erzeugung von Ruß verwendet werden, doch ist gegen früher ihr Verschleiß zu diesem Zwecke zur Zeit nur gering.

Alle Paraffinöle, die ein spez. Gewicht über 0,880 haben, enthalten noch, mit dem spez. Gewichte steigend, geringe Mengen von Paraffin. Das Paraffin scheidet sich jedoch erst bei tieferem Abkühlen aus, und zwar in salbenartiger, nicht krystallinischer Form. Dieses Paraffin muß in der Regel als nicht gewinnbar angesehen werden.

Die Schmierölknappheit während des Krieges hat dazu geführt, das schwere Paraffinöl als Rohstoff zur Herstellung von Schmierölen zu verwenden.

So werden durch Kochen mit etwa 2,5 Proz. wasserfreiem Chlorzink und darauffolgendem Abblasen der unverändert gebliebenen leichteren Öle aus dem schweren Paraffinöl brauchbare dunkle Lagerschmieröle hergestellt. Die Ausbeute an Schmieröl sinkt mit steigender Viscosität und schwankt von 30 Proz. bei schwerem Lagerschmieröl bis 50 Proz. beim leichten Lagerschmieröl (Dynamoöl).

Es lassen sich aus dem schweren Paraffinöle auch Zylinderöle gewinnen, die aber nur für Sattdampf, und zwar für Dampftemperaturen bis zu 160° verwendbar sind; bei höheren Wärmegraden ist das Öl nicht beständig und neigt zu Asphaltbildung.

Der bei der Alkoholbehandlung der Öle gewonnene Extrakt — Fresol — hat ein spezifisches Gewicht von 1,00 bis 1,03. Der Kreosotgehalt beträgt

---

[1] Ausführlich: The Petroleum Review **20**, Nr. 450, S. 275.

60 bis 80 Proz., der Flammpunkt 90 bis 110°, der Stockpunkt —5 bis —10°. Die Siedeanalyse ergibt: Siedebeginn 200 bis 210°; es gehen über bis 250° 25 bis 35 Proz., bis 300° 60 bis 70 Proz. Die Viscosität bei 20° beträgt 4 bis 6. Durch Abblasen von etwa 30 Proz. leichterem Öl wird ein brauchbares Wagenachsenöl erhalten, das besonders im Braunkohlenbergbau ausgedehnte Verwendung gefunden hat. Fresol wird weiter im wesentlichen zur Herstellung von konsistenten Fetten, zur Holztränkung und zu Desinfektionszwecken benutzt; es kann selbstverständlich auch als Treiböl für Dieselmotore und als Heizöl Verwendung finden; sein oberer Heizwert beträgt 8900 bis 9000 WE., sein unterer 8400 bis 8500 WE. Nach dem Patent von *Bube*[1] können aus Fresol durch Behandeln mit Salpetersäure trocknende Öle, die sich zur Herstellung von Firnissen eignen, hergestellt werden.

Die Nebenprodukte.

Das Kreosotöl, dessen spez. Gewicht 0,940 bis 0,980 beträgt, enthält 40 bis 60 Proz. Kreosot und ist zum größten Teile in Schwefelsäure von 66° Bé löslich. Es zeigt folgende Siedeanalyse: Anfang 150 bis 170°, bis 200° gehen 5 bis 10 Proz., bis 250° 30 bis 40 Proz. und bis 300° 60 bis 70 Proz. über.

Das Kreosotöl wird zu Desinfektionszwecken oder seltener zum Imprägnieren von Holz benutzt. Sein Desinfektionswert ist dem der entsprechenden Öle der Steinkohlendestillation gleich. Sein widriger Geruch rührt von den in ihm enthaltenen Schwefelverbindungen her. — Das Öl kann ferner zur Gewinnung von Ruß und als Heizöl Verwendung finden.

Die Paraffinschmiere wird bei der Herstellung von Asphaltprodukten und Schmiermitteln als Zusatz benutzt; ihre in den Handel gebrachte Menge ist nur gering.

Das Kreosotnatron, das unverdünnt annähernd zur Hälfte aus Kreosot besteht, wird in den Braunkohlenbergwerken zum Imprägnieren von Grubenhölzern benutzt (vgl. S. 144), wozu das Kreosotöl seines niedrigen Flammpunktes wegen nicht verwendet werden darf. Das „Kreosotieren", wie man kurz das Imprägnieren der Grubenhölzer mit Kreosotnatron bezeichnet, geschieht in geschlossenen Kesseln und ist ausführlich von *Vollert* beschrieben[2].

Das Kreosot enthält bis 30 Proz. Wasser, wenig Öl und ist fast vollständig in Natronlauge von 38° Bé löslich. Es wird in diesem Zustande von den Fabriken in den Handel gebracht und dient entweder als gewöhnliches Desinfektionsmittel oder wird zur weiteren Reinigung an andere Fabriken abgegeben.

Der Asphalt, Braunkohlenpech, kommt in der Regel in losen Blöcken, seltener in offenen Fässern und Blechhülsen oder zerkleinert in Säcke gepackt zum Versand. Er ist spröde, zeigt muschelartigen Bruch und glänzendes, tiefschwarzes Aussehen. Sein Erweichungspunkt liegt bei 60 bis 70° und sein Schmelzp. bei 90 bis 100° und darüber. Er findet Verwendung als Zusatz

---

[1] Patentanmeldung B. 88 217 IV/22h (Patent ist erteilt).
[2] Der Braunkohlenbergbau im Oberbergamtsbezirk Halle a. S., S. 161ff.

zum natürlichen Asphalt als Brikettierpech bei der Herstellung von Steinkohlengrusbriketts, und wenn er in Terpentinöl, Benzol und Benzin löslich ist, dient er auch zur Herstellung von Lacken.

Der Goudron zeigt gleichfalls ein schwarzes Aussehen, ist aber von weicherer Beschaffenheit als der Asphalt und seine Festigkeit wird mit Recht mit der des weichen Brotes verglichen. Er läßt sich zwischen den Fingern kneten. Man unterscheidet im Handel zwei Arten von Goudron. Der bei der Öldestillation erhaltene ist von weit besserer Beschaffenheit, als der aus den Mischereiprodukten gewonnene und steht daher auch höher im Preise. Als Ölgoudron bezeichnet man eine Sorte von höherem Ölgehalte und von weicherer Beschaffenheit.

Der Goudron kommt in geschlossenen Fässern zum Versande und wird als Zusatz bei der Herstellung von Asphaltpflaster und Holzzement benutzt. Auch dient er zu Isolierzwecken bei Bauten.

Über die Verwendung des bei der Destillation erhaltenen Koks, Blasenkoks oder Destillationskoks genannt, ist schon S. 121 berichtet worden.

Die Herstellung reiner Braunkohlenteerkreosote ist bis jetzt in fabrikativem Maße nicht geschehen, und es erscheint dieses Gebiet wenig aussichtsvoll.

Die Gewinnung gereinigter Stickstoffbasen dagegen ist von mehreren Fabriken betrieben worden (vgl. S. 137). Anlaß dazu gab die Verwendung der Pyridinbasen zum Denaturieren von Spiritus nach dem Reichsgesetze vom 24. Juni 1887. Infolge der verschärften Bedingungen, denen sie wegen ihres geringen Gehaltes an Pyridin nicht mehr genügen konnten, denn die Reihe der Basen beginnt im wesentlichen mit den beiden Picolinen, verloren die aus dem Braunkohlenteer hergestellten Basen sehr bald diesen Teil des Marktes. Da sonst nur wenig Anwendung von ihnen gemacht wird — erwähnt sei die zur Reinigung des Anthracens (D. R. P. Nr. 42 053) — hat auch die Fabrikation der Stickstoffbasen in der Mineralölindustrie große Ausdehnung nicht gefunden. Als Handelsartikel kamen nur die bis 200° und die von 200° bis 250° siedenden in Betracht; die ihrer Menge nach überwiegenden höher siedenden Basen sind überhaupt noch nicht isoliert worden.

Das Paraffin.

Die festen Kohlenwasserstoffe der Fettreihe, die aus den Schwelteeren gewonnen werden, bezeichnet man im Handel und in der Technik als Paraffin.

Das Paraffin ist das wertvollste Verkaufsprodukt, und der Wert eines Schwelteeres hängt wesentlich von seinem Gehalt an Paraffin ab (vgl. S. 181). Das Paraffin aus dem Braunkohlenteere ist im gereinigten Zustande farblos, von krystallinischer Struktur und durchscheinend mit einem bläulichen Farbentone. Es ist nicht milchig, sondern transparent und daher im Handel beliebt[1]. Es fühlt sich nicht fettig, sondern trocken an. Die härteren Sorten sind klingend und auf der Oberfläche glänzend, die weicheren sind klanglos

---

[1] Chem.-Ztg. 1906, 61.

und stumpf. Doch sind die Paraffine, die in der sog. Winterkrystallisation gewonnen werden, und die ihrer Durchsichtigkeit wegen aus ziemlich einheitlichen Kohlenwasserstoffen zu bestehen scheinen, und die recht groß krystallinisch sind, wieder klingend und trotz ihres niederen Schmelzpunktes von etwa 38 bis 42° recht hart, was mit ihrer krystallinischen Struktur zusammenhängt. Das Paraffin löst sich in Braunkohlenteerölen, Benzol, Chloroform, Äther, Schwefelkohlenstoff und Tetrachlorkohlenstoff, sowie in allen flüchtigen und fetten Ölen. Im Amylalkohol und heißem Äthylalkohol ist es nur teilweise löslich, in reinem, kaltem Äthylalkohol dagegen fast unlöslich. Mit Walrat, Wachs, Stearin, Harzen, tierischen und vegetabilischen Fetten läßt es sich zusammenschmelzen.

Gegen Säuren und Basen ist das Paraffin bis zu einem gewissen Grade widerstandsfähig, es wird von der Flußsäure nicht angegriffen, dagegen von Salpetersäure und Chromsäure.

Der Schmelzpunkt des Paraffins, wie es zur Zeit hergestellt wird, schwankt zwischen 35 und 62°. Früher wurden noch weichere Paraffine bis zu 27° Schmelzp. herab gewonnen. Die Paraffine mit einem Schmelzpunkte von unter 50° heißen Weichparaffine und die mit höherem Schmelzpunkte nennt man Hartparaffine.

Das Paraffin hat je nach seinem Schmelzpunkte einen Flammenpunkt von 190 bis 220° und verflüchtigt sich bei 350 bis 400°. Das spez. Gewicht des Paraffins steigt mit dem Schmelzpunkt und beträgt bei 20° für solches von 45° 0,883, von 51° 0,908, von 58° 0,915. Die spez. Wärme des Paraffins stellt sich nach *Bolley* auf 0,683. Die Schmelzwärme wurde von *Graefe* zu 39 Kalorien ermittelt, die Kontraktion beim Erstarren bei Braunkohlenweichparaffin etwa zu 11 Proz., beim Hartparaffin etwa zu 14 Proz. Es leitet weder die Wärme noch die Elektrizität. Sein Isolierungswiderstand beträgt nach *Edison* 110 Millionen Megohmzentimeter. Während die Luft unter dem Einflusse der Röntgenstrahlen zum Leiter der Elektrizität wird, ist dieses beim Paraffin nicht der Fall.

Das Hartparaffin wird, wenn es zum Versand gelangen soll, in flache schalenartige Formen gegossen, die etwa 1 kg fassen. Diese Formen schwimmen auf dem Kühlwasser und werden untergetaucht, sobald die Oberfläche der Paraffinschicht soweit erkaltet ist, daß kein Wasser einzudringen vermag. Das Weichparaffin gießt man häufig, da es schwer aus den Formen zu entfernen ist, nicht in solche, sondern läßt es in einer etwa 3 cm starken Schicht auf dem Kühlwasser erkalten und schneidet dann Tafeln in beliebiger Größe.

Das niedrig schmelzende Paraffin kommt auch als Rohparaffin, Paraffinschuppen, in den Handel. Es hat einen Schmelzpunkt von 35 bis 40° und dient der Hauptsache nach für die Zwecke der Zündholzfabrikation. Diese Industrie kauft jährlich zum Imprägnieren 80 bis 100 Wagenladungen Paraffin. Welche gewaltige Industrie es sein muß, erhellt der Umstand, daß sie nur 5 bis 8 Proz. Paraffin, auf ihr Fabrikat berechnet, verwendet[1]! Zum Zerkleinern

---

[1] Infolge der neuen Steuer scheint dieser niedrige Satz noch weiter herabgedrückt zu werden.

des Rohparaffins benutzt man einfache Mühlen oder Schleudermühlen, aus denen es als weißes Pulver in Fässer gefüllt und darin festgestampft wird.

Die Hauptverwendung für das Paraffin ist die zum Kerzengusse, worüber ausführlich im folgenden Kapitel berichtet werden wird. Kerzenfabriken sind mehreren Mineralöl- und Paraffinfabriken der sächsisch-thüringischen Industrie angegliedert, und über den Umfang dieses Fabrikationszweiges sind in der Statistik im XIII. Kapitel S. 248 Zahlen angegeben.

Das Paraffin wird noch mannigfaltigen Verwendungsarten zugeführt. So dient es als Imprägniermittel für Papier, Leinwand und Leder, als Appreturmittel für Gewebe und gedrehte Gegenstände aus vegetabilischer und tierischer Faser. Als Isolator ist es geschätzt, und es wird als Ersatz für Ölbäder im chemischen Laboratorium gebraucht. In der pharmazeutischen Industrie wird es als Bindemittel für Salben und zu Verschlüssen von Gefäßen benutzt. In der Spielwarenfabrikation nimmt man es zu dem wachsartigen Überzuge der Puppenköpfe, in der Glasbläserei zur Beschickung der Lampen und in der Hartglasfabrikation zu Kühlbädern. Man überzieht die Innenseite von Gefäßen, Fässern usw. mit Paraffin, um zu verhindern, daß die Füllung den Holzgeschmack annimmt. Auch in Brauereien wird Paraffin als Imprägniermittel benutzt[1], doch wird für alle Zwecke, bei denen das Paraffin mit Nahrungsmitteln zusammen kommt, auch für pharmazeutische Zwecke, anstelle des Braunkohlenteerparaffins gewöhnlich Petrolparaffin genommen, da dem Braunkohlenteerparaffin immer noch ein schwacher Geruch von Braunkohlenteeröl, von der Reinigung des Paraffins herrührend, anhaftet. Die Säbelscheiden werden sehr haltbar „brüniert", indem man den glühenden Stahl in ein Paraffinbad taucht.

Der Mangel an Fetten während des Krieges hat zu Versuchen geführt, Fettsäuren durch Oxydation des Paraffins mit Sauerstoff oder Luft herzustellen. Technisch ist diese Fabrikation während des Krieges von der Firma *David Fanto & Cie.* in Wien[2] durchgeführt worden. Weitere Arbeiten über die Paraffinoxydation stammen von *M. Bergmann*[3], *L. Ubbelohde* und *S. Eisenstein*[4], *H. H. Franck*[5], *F. Fischer* und *W. Schneider*[6], *C. Kelber*[7], *Löffl*[8], *W. Schrauth* und *P. Friesenhahn*[9], *Grün*, *Ulbrich* und *Wirth*[10]. *C. Harries* und *Fonrobert*[11] oxydieren Braunkohlenteeröl mit Ozon. Inwieweit sich die Oxydation der Braunkohlenteeröle, besonders aber des Paraffins, wirtschaftlich durchführen läßt, bleibt abzuwarten.

[1] Chem. Zentralbl. 1908, Nr. 6.
[2] Zeitschr. f. angew. Chemie 1918, Bd. 31, S. 115 u. 252.
[3] Zeitschr. f. angew. Chemie 1918, Bd. 31, S. 69.
[4] Chem. Zentralbl. 1920, Bd. II, S. 22.
[5] Chem.-Ztg. 1920, S. 309.
[6] Berichte der chem. Gesellschaft 1920, Bd. 53, S. 922; Gesammelte Abhandlungen zur Kenntnis der Kohle, Bd. 4, S. 8 bis 163.
[7] Berichte der chem. Gesellschaft 1920, Bd. 53, S. 66, 1567.
[8] Chem.-Ztg. 1920, S. 561.
[9] Chem.-Ztg. 1921, S. 177.
[10] Berichte der chem. Gesellschaft 1920, Bd. 53, S. 987.
[11] Chem.-Ztg. 1917, S. 117.

B. Die Erzeugnisse der Messeler Industrie.

Die Ausbeute aus dem Schwelteere.

Aus dem Messeler Schwelteére (Rohöl) werden gewonnen:

Naphtha	4,0 Proz.
Gasöl	63,0 „
Rohparaffin	7,5 „
Gas-, Koks- und Mischverlust	25,5 „

Die Öle.

Von den Ölen kommen in Betracht: Gasöl, Motorkraftöl, Putzöl, Fett- und Spindelöl und Schmieröl.

Wie S. 50 angegeben, ist bei der Verschwelung der Messeler Kohle nicht auf das Zerstören von die Raffinierung des Rohöls erschwerendem Bitumen Bedacht zu nehmen. Die Schwelung kann im Dampfstrom unter weitgehender Schonung des reinen Fettcharakters der Öle erfolgen. Als Resultat dieses Umstandes zeichnet sich das Messeler Gasöl durch hohen Vergasungswert aus. Sein spez. Gewicht ist ein niedriges und bewegt sich zwischen 0,865 bis 0,872.

Das Motorkraftöl besitzt ein spez. Gewicht von 0,800 und findet in Petroleummotoren ausgedehnte Verwendung.

Als Putzöle werden solche von 0,825 und von 0,835 spez. Gewichte gewonnen und für die bekannte Verwendungsweise abgesetzt.

Das Fettöl hat ein spez. Gewicht von 0,860. Das Schmieröl zeigt ein spez. Gewicht von 0,890 bis 0,892 und findet Absatz als solches für leichte Maschinen.

Das Paraffin.

Das Paraffin zeichnet sich durch seinen wachsartigen Charakter aus, seine nur ganz klein krystallinische Struktur und ist nicht zerreiblich.

Auf eine Reihe kleinerer Produkte, wie Tumenol, Brenzcatechin (S. 83) usw. braucht hier nicht näher eingegangen zu werden.

C. Die Erzeugnisse der schottischen Industrie.

Die Ausbeute aus dem Schwelteere.

Der Schwelteer (Rohöl) ergibt zur Zeit bei der Aufarbeitung die folgenden Erzeugnisse:

Naphtha	3 bis	5	Proz.
Leuchtöl	20 „	25	„
Mittelöl (Gasöl)	15 „	20	„
Schmieröl	15 „	20	„
Hartparaffin	7 „	9	„
Weichparaffin	3 „	5	„
Nebenprodukte	2 „	3	„
Wasser, Gas und Verlust	25 „	30	„

Die Öle.

Um die Öle, die zum Verkauf gelangen sollen, versandfertig zu machen, werden sie in flache, schmiedeeiserne Kasten gebracht, die etwa 4 m lang, 1 m breit und 60 cm hoch sind. Unter diesen Gefäßen befindet sich eine Dampfschlange, die aber nicht an dem Boden liegen darf, da die Öle, wenn sie mit heißen Flächen in Berührung kommen, ihre Farbe ändern und dunkel werden. Man läßt das Öl bei einer Temperatur von 35 bis 40° stehen, bis es blank geworden ist, dann wird es durch einen Hahn, der in einer Entfernung von dem Boden angebracht ist, auf Fässer gefüllt. Das aus dem Öle abgeschiedene Wasser wird am Boden abgezogen. Die Füllung der Fässer geschieht mit automatisch arbeitenden Füllapparaten.

Es werden mehrere Arten Benzin in den Handel gebracht, von denen die spezifisch leichtesten (vgl. S. 129) 0,600 bis 0,690 zur Erzeugung von Luftgas und als Autobenzin benutzt werden. Das gewöhnliche Naphtha mit 0,725 bis 0,745 spez. Gewichte wird als Leuchtöl in besonderen Lampen verbrannt, die zur Beleuchtung von Werkstätten, Höfen usw. dienen. Auch als Lösungsmittel für verschiedene Stoffe, wie Fette, Gummi, Harz usw. findet dieses Benzin Verwendung. Die Benzine besitzen niedrige Siedepunkte und sind farblos.

Als Leuchtöle werden die Öle mit den spez. Gewichten von 0,785 bis 0,830 benutzt und in verschiedenartig eingerichteten Lampen verbrannt[1]. Die Öle sind farblos, und nur die schwereren zeigen einen gelblichen Schein. Der Entflammungspunkt liegt bei 52 bis 53°, und die Öle sind daher sehr feuersicher. Mit Vorliebe wird das Leuchtöl zur Beleuchtung von Leuchtbojen verwendet, die wochen-, ja monatelang ohne Aufsicht brennen müssen, da es sich gezeigt hat, daß die Schieferteerbrennöle den Docht nicht verkrusten, was bei Leuchtpetroleum, namentlich wenn es noch geringe Mengen Sulfosäuren enthält, der Fall ist.

Das leichteste Öl — Water-white oil — mit dem spez. Gewicht von 0,785 dient zur dauernden Beleuchtung von Bojen und Leuchtschiffen; auch als Motorenöl findet es Verwendung. Ein anderes Leuchtöl — Lighthouse oil — wird, wie schon der Name sagt, zur Beleuchtung von Leuchttürmen genommen.

Die Mittelöle, die den hellen und dunklen Paraffinölen der sächsisch-thüringischen Industrie entsprechen, sind gelb bis dunkelrot gefärbt mit stark grünem Schimmer und zeigen ein spez. Gewicht von 0,840 bis 0,870. Der Entflammungspunkt liegt über 68°. Die leichter siedenden werden als Putzöle benutzt, doch ihre Hauptverwendung ist die als Gasöl zur Herstellung von Ölgas. Wie dieselben Öle der sächsisch-thüringischen Industrie können sie zur Carburation von Wassergas und als Treiböle und Heizöle[2] verwendet

---

[1] Ausführlich geschildert in Chemical Technology, S. 243 ff.

[2] Die von der englischen Marine angestellten Versuche sind, wie zu erwarten war, günstig ausgefallen. *Graefe:* Die schottische Schieferteerindustrie. Petroleum **6**, 79.

werden. Die Bezeichnungen Intermediate I und II sowie Blue oil gelten für diese Ölgruppe.

Als Schmieröle stellt man Öle mit spez. Gewichten von 0,865 bis 0,910 her. Sie sind von gelber oder dunkler Farbe und können nach ihrer Beschaffenheit als Schmieröle mittlerer Qualität angesehen werden. Sie werden teils unvermischt und teils mit pflanzlichen oder tierischen Ölen gemischt in den Handel gebracht. — Die leichteren Schmieröle werden gern in den Wollspinnereien als Schmelzöle genommen, da die mit ihnen eingefettete Wolle nicht, wie es bei manchen Mineralölen oder fetten Ölen der Fall ist, zu Selbstentzündung neigt.

Die Nebenprodukte.

Die Paraffinschmiere gewinnt man wie in der sächsisch-thüringischen Industrie in einigen Fabriken bei der Destillation des Teers oder der schweren Öle. Sie wird zur Herstellung von Wagenfett benutzt.

Über die Verwendung der Reaktionsprodukte des Mischvorganges als Heizmaterial ist schon S. 143 berichtet worden. Man benutzt das Gemisch von Säureharzen und Kreosotnatron, nachdem es durch Aufkochen geläutert ist, auch zum Imprägnieren von Holz, als Zusatz zum Asphalt und als Anstrichmasse für eiserne Gegenstände.

Das Paraffin.

Das Paraffin ist infolge seiner Herstellungsweise von etwas anderer Beschaffenheit als das in der sächsisch-thüringischen Industrie gewonnene. Es wird mit den Schmelzpunkten 43 bis 59° gewonnen. Auch niedrig schmelzenderes, 39°, wird in geringen Mengen in den Handel gebracht. Das Paraffin zeigt kein ausgesprochenes krystallinisches Gefüge, ist nicht durchscheinend und besitzt nicht den bläulichen Farbenton. Es ist klebrig und läßt sich leicht erwärmt ausziehen, „Zugparaffin", ist aber vollkommen geruchlos.

Es wird im wesentlichen zum Kerzengusse benutzt, doch löst es sich hierbei seiner geschilderten Eigenschaften wegen schwerer aus den Formen, worauf Rücksicht genommen werden muß. Im übrigen dient es für alle die Zwecke, zu denen man das Paraffin der sächsisch-thüringischen Industrie benutzt. Die Weichparaffine gelangen entweder in die Zündholzfabriken oder dienen als Leuchtmittel für Bergwerks- und Schiffslampen.

Zehntes Kapitel.

Die Kerzenfabrikation.

Die Geschichte.

In keinem Zweige des gewerblichen Lebens sind wohl die im Laufe der Jahre gemachten Fortschritte so groß und die Gegensätze zwischen einst und jetzt so schroff wie in der Beleuchtungstechnik. Eine Stufe in der Geschichte dieser Technik stellt die Kerze dar, die von der einfachsten Art zu dem jetzigen tadellos brennenden Beleuchtungsmittel mit seinen zahlreichen Formen sich entwickelt hat.

Das erste Beleuchtungsmittel in der Urzeit bildete das Lagerfeuer, das aus Holzstücken bestand, die aufeinander geschichtet waren. Später, als der Mensch das unstete Nomadenleben aufgab, seßhaft wurde und Hütten baute, wurde das Lagerfeuer durch das Hüttenfeuer ersetzt. Um dieses Herdfeuer versammelte sich abends die Familie, wie es *Homer* beschreibt[1], der auch das lästige des sich entwickelnden Qualmes hervorhebt. Neben dem Lager- und Herdfeuer benutzte man die Fackel als Beleuchtungsmittel, sie war die einzige tragbare Leuchte. Über die Fackelhalter finden wir anschauliche Beschreibungen bei *Homer*. Die erste Fackel bestand aus Kienspänen, und später nahm man dazu zusammengebundene Reiser oder Weinreben, die mit Fett oder Pech getränkt waren. Im Hause wurde an Stelle dieser stark qualmenden Fackel das Fett der erlegten Tiere gebrannt, indem man es in ausgehöhlte Steine oder in Muscheln goß und als Docht Moos oder Binsenmark benutzte, wie es heute noch die Aleuten und die Eskimos tun.

Aus den Fackeln und diesen einfachen Lampen haben sich dann die Kerzen entwickelt, die zuerst mit Talg getränkte Hanffäden oder Pflanzenmarkstücke darstellten. Später wurden die Kerzen erzeugt durch „Ziehen" oder „Tauchen"[2]. — Man unterschied schon im alten Rom 2 Arten von Kerzen (cerei und sebacei), von denen die ersten aus Wachs, die zweiten aus Talg hergestellt waren.

Man benutzte für die Kerzen die verschiedenartigsten Leuchter aus Holz, Ton, Bronze und Blei. Man hat in Kreta einen solchen aus der mykenischen Epoche gefunden, der, wie die jetzt noch gebrauchten älteren Kirchenleuchter, einen Schutzteller besitzt und zur Aufnahme der Kerze mit einem spitzen Dorn versehen ist. Sollten die Kerzen im Freien gebrannt werden, so wurden

---

[1] Odyssee 6, 305 bis 310.
[2] Vgl. S. 194 u. *Scheithauer:* Die Fabrikation der Mineralöle, S. 243.

sie in Tonlaternen gestellt, die seitliche, wahrscheinlich mit Schweinsblase überzogene Öffnungen besaßen. Solche Laternen sind in Griechenland an verschiedenen Stellen gefunden worden. Glasscheiben werden erst spät, 400 n. Chr., von *Isidorus*[1] erwähnt, sie werden aber wohl schon früher in Gebrauch gewesen sein.

Die Fortschritte der Beleuchtungstechnik im Mittelalter waren keine besonderen. Auf dem Lande benutzte man die Kienspanfackeln, und in den Städten brannte man Kerzen, die Reichen solche aus Wachs, die anderen solche aus Talg oder Unschlitt. Der Kirchenbeleuchtung ist die große Ausdehnung der Wachskerzenfabrikation zu danken.

Welch großer Kerzenverschleiß in den Kirchen herrschte, erhellen die Angaben, daß in der Wittenberger Hofkirche vor der Reformation jährlich 35 750 Pfund Wachskerzen verbraucht wurden, und daß sich in dem Lateran[2] 174 Leuchter mit 8730 Kerzen befanden, die alle bei festlichen Gelegenheiten brannten, doch mußten ausschließlich Wachskerzen gebraucht werden, denn die strenge Vorschrift lautete: Nulla lumina nisi cera adhibeantur, und zwar Cera ex apibus parata. Dieser starke Verbrauch von Kerzen ließ eine blühende Kerzenindustrie erstehen, die allerdings mit den einfachsten Mitteln arbeitete. Neben dem Ziehen der Kerzen kannte man noch das Angießen[3], besonders für die Herstellung von Wachskerzen. Man goß an die zunächst dünne Kerze nach dem Erkalten immer neues Material an. Die großen starken Kerzen wurden durch Auswalzen von Wachs, das man dann um den Docht rollte, hergestellt. Gußformen in einfachster Ausführung wurden, wenn auch selten, schon gebraucht. Seit der Mitte des 15. Jahrhunderts werden Kerzen gegossen, und zwar wie schon erwähnt, zuerst aus Talg, später aus Wachs. 1484 wurde in England die *Wax Chandlers Company* gegründet, die Wachskerzen herstellte[4].

Die Kerzenindustrie war von Einfluß auf das Kunsthandwerk, das die verschiedenartigsten Leuchter, teilweise von großem Kunstwerte, anfertigte. Wundervolle Kronleuchter sind uns erhalten, so der aus der Zeit des Bischofs *Hezilon* (1044 bis 1055) im Dom zu Hildesheim und der vom Kaiser *Friedrich Barbarossa* für den Aachener Münster gestiftete.

Vom 17. Jahrhundert ab sehen wir allmählich die Kienspanbeleuchtung verschwinden, während die Fackel- und Kerzenbeleuchtung weitere Ausdehnung nimmt. Nur in entlegenen Gebirgstälern hat sich die Kienspanbeleuchtung bis auf den heutigen Tag erhalten, was wir unter anderen in *Roseggers* Erzählungen hören. Als Docht benutzte man gedrehtes Werg und später Baumwolle. Der Docht blieb in der Mitte der Kerze stehen und verbrannte nicht in gleichem Maße wie die Kerze selbst, daher mußte er, wenn die Kerze immer hell brennen sollte, öfter abgeschnitten und „geschneuzt" werden. Dieses geschah mit der Lichtputzschere.

---

[1] *Isidorus:* 20, 10, 7; Journ. f. Gasbel. 1907, 1128.
[2] Journ. f. Gasbel. 1908, 347.
[3] *Scheithauer:* Die Fabrikation der Mineralöle, S. 243 u. 244.
[4] Chemical Technology, S. 69.

Goethe[1] verleiht seinem Unmut über diese Belästigung Ausdruck in den Worten:

> „Wüßt nicht, was sie Besseres erfinden könnten,
> Als daß die Lichter ohne Putzen brennten."

Erst als man geflochtene Kerzendochte herstellte und diese mit Chemikalien zu präparieren verstand (vgl. S. 192), wurde eine gleichmäßige Flamme, die das „Schneuzen" unnötig machte, erzielt, denn ein solcher Docht krümmt sich, und verbrennt an dem Rand der Flamme mit derselben Regelmäßigkeit wie das Kerzenmaterial. Dieser Vorteil kam aber nur den Kerzen aus Wachs, Walrat und Stearin, das seit 1820 durch *Chevreul* bekannt geworden war, zugute, während die mit geflochtenen Dochten versehenen Talgkerzen wegen des niedrigen Schmelzpunktes des Talges schief brannten und abliefen.

Die Herstellung der Kerzen gehörte bis zu den dreißiger Jahren des vorigen Jahrhunderts mit Ausnahme einiger kleinen Fabriken der Hausindustrie an. Erst später entstand die erste große Kerzenfabrik von *de Milly* in Paris auf Anregung von *Chevreul* .Um dieselbe Zeit wurde das Paraffin von *Reichenbach* (vgl. S. 2) entdeckt, auf dessen Bedeutung als Kerzenmaterial der Entdecker schon hingewiesen hat. Das Paraffin hat an Bedeutung für den Kerzenguß im Laufe der Jahrzehnte die anderen erwähnten Materialien weit überholt, zu denen noch das besonders in Österreich aus Ozokerit gewonnene Ceresin gehört. Ehe die Technik soweit vorgeschritten war, das Paraffin in rein weißer Farbe zu fabrizieren, versetzte man es in der Regel mit Wachs oder Stearin, färbte dieses Gemisch und stellte daraus Kerzen her. Anfang der sechziger Jahre konnte man von dieser Hilfe absehen und das Paraffin ungefärbt zu Kerzen verwenden.

Anfangs nahm man in der sächsisch-thüringischen Industrie weichere Paraffine zum Kerzenguß, wie es in der schottischen Industrie zur Herstellung von geringeren Kerzensorten heute noch geschieht. Außerdem brachte man zuerst eine schwache Form der Kerze in den Handel, die natürlich zum Biegen und Ablaufen neigte. Diese Umstände, die einen entschiedenen Mißgriff bedeuten, tragen die Schuld, daß die Paraffinkerze in ihrer engeren Heimat nicht die ihr zukommende Wertschätzung genießt. Seit Ende der sechziger Jahre wird, einer Anregung von *C. A. Riebeck* folgend, nur hartes Paraffin zum Kerzengusse verwendet. Von welcher Bedeutung die Kerzenfabrikation für die sächsisch-thüringische Mineralölindustrie ist, sehen wir aus der Statistik (XIII. Kapitel).

Neben dem guten Rohstoffe, Stearin und Paraffin, hat die verbesserte Herstellung der Dochte und die sorgfältige Präparation wesentlich dazu beigetragen, gut brennende Kerzen, wie sie jetzt von der genannten Industrie Deutschlands in den Handel gebracht werden, zu fabrizieren.

Außer den Kerzenfabriken der sächsisch-thüringischen Industrie werden noch von zahlreichen kleineren Fabriken Deutschlands Paraffin- und Kompositionskerzen hergestellt, die ausländisches Paraffin hierzu kaufen.

---

[1] Gedichte, Bd. I (sprichwörtlich).

Die Rohstoffe:

a) Das Kerzenmaterial.

Wohl der größte Teil des in der Braunkohlenteerindustrie erzeugten Paraffins erscheint nicht als solches auf dem Markt, sondern in Form von Kerzen, und für die meisten der Fabriken ist die Kerzenfabrikation nur ein Weg, um Absatz für den Rohstoff, Paraffin, zu finden. Nicht alles Paraffin kann so, wie es gewonnen wird, zur Kerze verarbeitet werden. Einmal erfordert die Paraffinkerze einen genügend hohen Schmelzpunkt, um widerstandsfähig gegen das Verbiegen in der Wärme zu sein, und nur ein Teil des Paraffins wird mit dem gewünschten Schmelzpunkt von über 53° gewonnen. Ein großer Teil schmilzt niedriger und muß entweder durch Verschneiden mit härterem Paraffin oder dadurch, daß man ihm durch einen großen Zusatz von Stearin genügend Festigkeit verleiht, in geeigneten Zustand übergeführt werden. Die aus letzterem Material hergestellten Kerzen sind die sog. Kompositionskerzen, und hierfür kann man auch niedriger schmelzendes Paraffin, etwa von 48 bis 52°, verwenden, bei hohem Stearingehalt sogar noch weichere Sorten.

Mit härterem Paraffin lassen sich, wie schon erwähnt, auch weichere Sorten auf einen hohen Schmelzpunkt bringen, und zwar läßt sich der gewünschte Schmelzpunkt nach der Mischungsregel aus den Mengen und einzelnen Schmelzpunkten der Komponenten berechnen. So wird z. B. ein Gemisch von gleichen Teilen Paraffin von 55 und 49° ein solches vom Schmelzpunkt 52° ergeben. Ganz reine Paraffinkerzen kommen nur selten auf den Markt, da das Paraffin die Eigenschaft zeigt, an den Kerzenformen nach dem Erstarren haften zu bleiben und sich schwer aus der Gußform entfernen zu lassen. Durch Zusatz von geringen Mengen Stearin, etwa $\frac{1}{2}$ bis 2 Proz. kann man diesen Übelstand vermeiden. Nur wenn einem sehr kaltes Kühlwasser zur Verfügung steht, kann man auch Paraffinkerzen mit geringerem oder gar keinem Stearingehalt erzeugen.

Zur Kerzenfabrikation dienen jetzt nicht allein die Schwelteerparaffine, sondern auch Petrolparaffine, die in großen Mengen bei der Fabrikation der Schmieröle nebenbei gewonnen werden. Die Petrolparaffine zeigen aber in noch höherem Maße als die Braunkohlenteerparaffine die Neigung, sich in der Wärme zu biegen, und man muß, um gleiche Stabilität zu erzielen, entweder höher schmelzendes Paraffin verwenden, oder den Stearinzusatz steigern.

Man trifft im Handel etwa Kerzensorten aus Paraffin von folgenden Schmelzpunkten:

1. Paraffinkerzen vom Schmelzp. 52 bis 53°
2. Brillantkerzen   „   „   53 „ 54°
3. Krystallkerzen   „   „   über 54°
4. Kompositionskerzen, zu denen Paraffin von etwa 50° Schmelzp. verwendet wird.

Die Paraffinkerzen unterscheiden sich von den Kompositionskerzen durch ihr mehr durchscheinendes Äußere, während die Kompositionskerzen milchweiß aussehen, etwa wie die reinen Stearinkerzen.

Ein Teil der Kerzen wird auch gefärbt, namentlich solche, die für den Export berechnet sind, ebenso ein großer Teil der Christbaumkerzen.

Das nächstbedeutende, wenn auch nicht von der Industrie selbst erzeugte Material ist das Stearin, ein Gemisch von Stearinsäure, Palmitinsäure und etwas Ölsäure. Das Stearin ist ein aus Fetten durch Spaltung gewonnenes Produkt. Durch Verseifen der Fette in hier nicht zu schildernder Weise wird das aus Fettsäuren und Glycerin bestehende Fett in Glycerin und Fettsäuren zerlegt, die Fettsäuren werden dann durch Pressen und Destillation gereinigt, und die höher schmelzenden Anteile, Stearin- und Palmitinsäure, kommen dann als Stearin in den Handel. Dem Stearin ist stets mehr oder weniger Ölsäure beigemischt, die an sich flüssig ist und den Schmelzpunkt des Stearins herabdrückt. Zur Fabrikation der Paraffin- und Kompositionskerzen verwendet man nur die besseren Sorten, im Schmelzpunkt etwa von 50 bis 55° schwankend. Die niedrigschmelzenden sind reich an Ölsäure, die hochschmelzenden arm. Manche der niedrigschmelzenden enthalten 25 bis 30 Proz. Ölsäure, die hochschmelzenden etwa nur 2 bis 3 Proz. Die Ölsäure hat nicht allein den Nachteil, daß sie den Schmelzpunkt des Stearins herabdrückt, und es weicher macht, sie wird auch leicht ranzig und verleiht den damit versetzten Kerzen einen unangenehmen Geruch, der namentlich beim Lagern hervortritt. Sie wirkt auch dadurch, daß sie als ungesättigte Verbindung zur Sauerstoffaufnahme neigt, bleichend auf die den Kerzen etwa beigefügten Farbstoffe. Eine der wichtigsten Aufgaben ist deshalb auch bei der Kontrolle der Rohmaterialien die Auswahl geeigneter ölsäurearmer Stearine.

An sich gibt eine Kerze um so mehr Licht, je mehr sie aus Paraffin und je weniger sie aus Stearin besteht, da der in der Stearinsäure enthaltene Sauerstoff nur einen Ballast darstellt, der für die Leuchtkraft keine Bedeutung hat. Paraffinkerzen geben etwa die Hälfte mehr Licht, auf den gleichen Materialverbrauch berechnet, als Stearinkerzen; Kompositionskerzen stehen je nach ihrem Stearingehalt in der Mitte zwischen beiden. — Als im Krieg die Fettstoffe knapp wurden, ging man von allein dazu über, den Stearingehalt der Kompositionskerzen immer mehr zu verringern und schließlich auf die Fabrikation der Kompositionskerzen zu verzichten. Man hat damit einem volkswirtschaftlich nicht zu verantwortenden Luxus ein Ende gemacht, denn das Stearin, das als solches oder als Fett zum größten Teile vom Ausland bezogen werden muß, bietet als Lichterzeugungsmittel vor dem Paraffin keine Vorteile, es gibt, wie erwähnt, sogar weniger Licht und die Eigenschaft, die Kerze stabiler zu machen, kommt auch nicht mehr so viel in Betracht, seit man durch Anwendung hochschmelzenden Paraffins den Paraffinkerzen schon an sich genügend Stabilität verliehen hat.

Zu erwähnen ist noch, daß Gemische von Stearin und Paraffin stets einen geringeren Schmelzpunkt zeigen als ihre Komponenten, und zwar erfolgt die Schmelzpunkterniedrigung ziemlich regelmäßig nach dem Gefrierpunktgesetz von *Raoult*, wie Verfasser nachgewiesen hat[1] (Fig. 74). Die maximale Erniedrigung beträgt etwa 6 bis 9°, je nach der Art der verwandten Stearine

---

[1] *Graefe:* Braunkohle 1904, Nr. 9, S. 111.

und Paraffine, und findet etwa bei einem Gemisch von gleichen Teilen der
Materialien statt. Trotz dieses niedrigen Schmelzpunktes haben aber die
Gemische von Stearin mit Paraffin stets eine höhere Festigkeit gegenüber
den Einflüssen der Wärme als das reine Paraffin. Dies ist der eigentliche
Grund, warum man den Kerzen das Stearin zusetzt, die weiße Farbe wird
nur nebenbei mit erzielt. Von manchen Seiten, denen dies Verhältnis aber
anscheinend nicht bekannt war, hält man aber die weiße Farbe für die Hauptsache und versucht sie künstlich nachzuahmen, indem man entweder das
teure Stearin durch billigere Materialien ersetzt, oder aber durch solche,
von denen wenig nötig ist, um die Masse weiß und undurchsichtig zu machen.
Solche Materialien sind mehrfach vorgeschlagen worden, so z. B. Alkohol,
β-Naphthol, Paraffinöl und eine ganze Reihe anderer organischer Produkte.
Alle aber zeigen gewisse Nachteile, außer dem hauptsächlichsten natürlich,
daß sie der Kerze keine Festigkeit verleihen. So verdunstet Alkohol beim

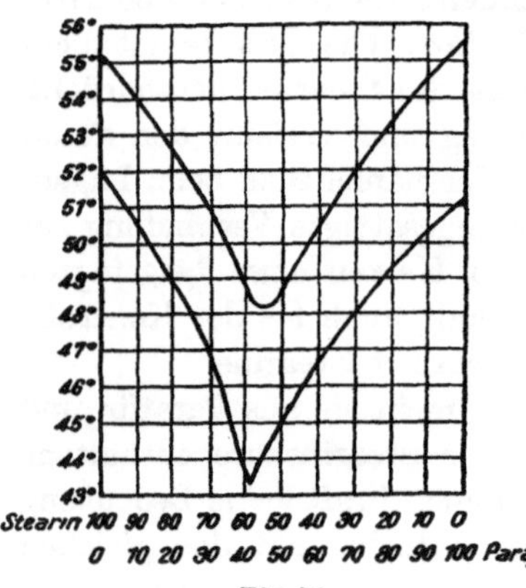

Fig. 74.

Lagern, β-Naphthol riecht stark und macht
die Kerze nach einiger Zeit mißfarbig,
Paraffinöl verleiht den Kerzen einen
fettigen Griff und macht auf Unterlagen
und in der Umhüllung Flecke. Man hat
auch vorgeschlagen, an Stelle des Stearins
raffiniertes Montanwachs oder Stearinsäure-
anilid und Stearinsäureamid zu benutzen.
Diese Materialien sind zwar an sich teurer
als Stearin, man braucht aber verhältnismäßig wenig dazu, um den Kerzen eine
weiße Farbe zu verleihen. Man glaubte
damit auch einen besonders glücklichen
Griff getan zu haben, weil manche Schmelz-
punktbestimmungsmethoden, die auf einem
Trübe- oder Undurchsichtigwerden des zu untersuchenden Materials
beim Erstarren beruhen, einen scheinbar hohen Schmelzpunkt der
Gemische vortäuschten. Wie erwähnt, war dieser hohe Schmelzpunkt
nur ein scheinbarer und wurde dadurch hervorgerufen, daß die Zusatz-
materialien beim Erkalten des Paraffins auskrystallisierten und so den
Anschein erweckten, als sei die Masse wirklich erstarrt. In Wirklichkeit aber
ist die anscheinend feste Masse noch kurz über dem Schmelzpunkt des Paraffins
breiartig, und das flüssige Paraffin läßt sich aus ihr herauspressen. Verfasser
hat vor einigen Jahren diese Verhältnisse eingehend untersucht[1], und man
findet jetzt kaum Kerzen auf dem Markte, die mit solchen Mitteln hergestellt sind.

Ein originelles und auch wirksames Verfahren, den Kerzen eine milchweiße Farbe zu verleihen, wird in Amerika angewandt, während es sich in
Deutschland noch nicht hat einführen können, trotz mancher Vorzüge. Es
handelt sich um die Herstellung der sog. aereted candles, die, wie schon ihr

____
[1] Chem.-Ztg. 1904, Nr. 95.

Name sagt, durch Zusatz von Luft hergestellt sind. Wie man weiß, wird eine Flüssigkeit, die man zu Schaum schlägt, undurchsichtig und weiß und dieses Verfahren wird beim Kerzenguß im Großen angewandt. Man schlägt nämlich die Kerzenmasse kurz vor dem Gießen, und zwar bei möglichst niederer Temperatur mit rotierenden Rührwerken und gießt die schaumige Masse dann schnell in die Kerzenmaschinen, wo sie schnell erstarrt. Die ganze Masse der Kerze ist dann mit feinen Luftbläschen durchsetzt, die die Kerze undurchsichtig machen und ihr auch eine sehr weiße Farbe verleihen, selbst wenn das Paraffin nicht sehr hell war. Die Kerzen erkennt man sofort an ihrem geringen spez. Gewicht. Die weiße Farbe bleibt auch bestehen und verliert sich nicht, wie bei der Anwendung mancher der oben aufgeführten Mittel. Sie haben außerdem noch den Vorteil, daß sie weniger laufen als die gewöhnlichen Kerzen, denn die kleinen Lufträume bilden gewissermaßen Behälter, in die die überschüssige aufgeschmolzene Kerzenmasse eindringt. Bei uns hat sich das Verfahren trotz seiner Billigkeit und Wirksamkeit nicht eingeführt, vielleicht auch deshalb, weil die Kerzen natürlich infolge ihres etwas wechselnden Luftgehaltes nicht gleichmäßig schwer sind und die Pakete dann nicht immer das vorgeschriebene Gewicht haben. Wenn man die Kerzen aber nach dem Gewicht, also lose, verkauft, kann dieser kleine Nachteil nicht in Betracht kommen.

Zur Steigerung der Leuchtkraft hat sich *Bube*[1] ein Verfahren patentieren lassen, nach dem die Kerze mit einem Glühkörper versehen wird. Dadurch wird eine dem Gasglühlicht ähnliche Lichtwirkung erhalten.

b) Der Docht.

Wichtig ist für die Kerzenfabrikation eine gute Beschaffenheit des Dochtes. Zu Dochten verwendet man fast ausschließlich solche, die aus Baumwollgarn geflochten sind. Der Mangel an Baumwollgarn hat während des Weltkrieges dazu geführt, die Dochte aus einem Gemisch von Baumwoll- und Papiergarn herzustellen. Solche Dochte, die Baumwoll- und Papiergarn im Verhältnis 1 : 3 enthalten, liefern noch verhältnismäßig gut brennende Kerzen, die aber die Qualität der nur mit Baumwolldocht hergestellten Kerzen nicht erreichen. Man geht deshalb jetzt wieder zur alleinigen Verwendung von Baumwollgarn über. Dochte aus Kunstseide haben sich nicht bewährt. Das Gewicht des Dochtes muß stets in einem bestimmten Verhältnis zu dem der Kerze stehen. Ist der Docht zu dünn, so vermag er das aufgeschmolzene Material nicht aufzusaugen, und die Kerze beginnt zu laufen, ist der Docht zu stark, so rußt die Flamme. Man kann rechnen, daß das Dochtgewicht etwa 0,35 bis 0,45 Proz. des Gewichtes der Kerze ausmacht. Es kommt nicht so sehr darauf an, aus wieviel Fäden der Docht geflochten ist; so kann ein Docht, der aus wenig und stärkeren Fäden geflochten ist, genau so gut brennen, wie einer, der aus vielen und dünnen erzeugt wurde, vorausgesetzt, daß sein Gewicht in einem bestimmten Verhältnis zu dem der Kerze steht. Runde Dochte trifft man kaum mehr an, die Dochte sind alle jetzt flach und aus 3 bis 4

---

[1] D. R. P. 196445.

Strähnen, die wieder aus mehreren einzelnen Fäden bestehen, geflochten. Die flachen Dochte haben den Vorteil, daß sie sich beim Abbrennen aus der Flamme herausbiegen und verbrennen, und daß das in früheren Zeiten so lästige Putzen der Lichter nicht mehr nötig ist.

Das Garn der Dochte kann entweder gebleicht oder ungebleicht sein, das ungebleichte ist billiger als das gebleichte. Gebleichte Dochte nimmt man hauptsächlich für dünne oder durchsichtige (Paraffin-) Kerzen. Die Farbe der ungebleichten Dochte würde hier das Aussehen der Kerze beeinträchtigen. Kompositions- und Stearinkerzen kann man auch mit ungebleichten Dochten versehen. Der Docht kann nicht gleich in der Form, wie er von den Flechtmaschinen geliefert wird, zur Fabrikation der Kerzen benutzt werden. Oft haben die Fäden noch zuviel Spannung (sog. Drall), und solche frische Dochte zeigen manchmal die Eigenschaft, daß sich der Docht schneller biegt, als er aus der Kerzenflamme herausragt. Er ringelt sich innerhalb der Flamme spiralartig zusammen, und die Kerze beginnt zu rußen und zu laufen. Es hat sich erfahrungsgemäß gezeigt, daß sehr oft solcher Docht nach längerem Lagern gut brennt, weil die Fäden ihre Spannung verloren haben. Außerdem bedarf jeder Docht noch der Präparation, d. h. er wird mit gewissen Chemikalien behandelt. Solche zur Präparation dienende Chemikalien sind phosphorsaures Ammonium, schwefelsaures Ammonium und Borsäure. Außerdem findet man noch andere, wie Salmiak, Chlorkalium, Salpeter, Borax, salpetersaures Ammonium usw. empfohlen.

Ein gutes Verfahren ist, die Dochte vor der eigentlichen Präparation mit etwa $^1/_2$ Proz. Schwefelsäure anzubeizen, dann bringt man sie in eine Lösung (1 bis 2 proz.) der Präpariersalze, schleudert oder preßt sie ab, nachdem man sie eine Zeitlang damit gekocht hat und läßt sie trocknen. Die Behandlung mit den Präpariersalzen hat folgenden Zweck:

Die Salze des Ammoniums verhindern ein zu schnelles Abbrennen des Dochtes, und die dabei zurückbleibende Phosphorsäure und Borsäure schmilzt zu einer Perle zusammen. Diese Perle nimmt die geringen Aschenbestandteile des Dochtes auf und verhindert so, daß sie in den Kelch der Kerze fallen. Sie würden sich sonst beim Abbrennen am Dochte ansetzen, gleichsam wie Hilfsdochte wirken und das Material schnell ansaugen, wodurch ein Ablaufen oder Rußen der Kerze herbeigeführt würde. Ein Nachteil der Dochte ist, daß sie beim Anbrennen einer frischen Kerze immer erst Zeit erfordern, bis sie so weit abgebrannt sind, daß sie das Kerzenmaterial erreichen, und eine frische Kerze braucht deshalb immer einige Zeit, um sich zu erholen. Man hat versucht, diesen Übelstand zu umgehen, einmal, indem man durch Ausbohrungen in dem Piston der Kerzenform das Dochtende gleichfalls mit einer dünnen Schicht Kerzenmaterial überziehen wollte, oder, wie es im englischen Patent Nr. 3438 von 1905 vorgeschlagen wird, indem man die Dochtenden mit einer Lösung von Celluloid tränkt, der den Docht dann leicht entflammbar macht. In der Praxis hat man jedoch wenig von der Einführung dieser Erfindung gehört.

Nachdem die Dochte präpariert und getrocknet sind, werden sie auf Knäuel oder Rollen gewickelt. Dabei werden auch zu gleicher Zeit fehlerhafte Stellen, die etwa bei der Fabrikation übersehen wurden, mit ausgemerzt. Die fertigen Knäuel oder Rollen werden an einem trockenen Ort aufbewahrt, denn das Dochtgarn ist ziemlich hygroskopisch und zieht allein an der Luft beim Lagern über 5 Proz. Wasser je nach dem Feuchtigkeitsgehalt der Luft an, was natürlich auf das Brennen nicht günstig wirkt.

c) Die Farben.

Außer den eigentlichen Kerzenmaterialien, Paraffin, Stearin und Docht, werden noch verschiedene Farbstoffe verwendet; es sind dies meist organische Farbstoffe. In früheren Zeiten wurden auch wohl anorganische Farben dazu gebraucht, wie Schweinfurtergrün, Zinnober, Chromgelb und andere mehr. Von allen diesen hat sich bis jetzt nur der Grünspan oder das essigsaure Kupfer teilweise zum Grünfärben von Kerzen erhalten, doch ist auch diese Farbe durch gute Anilinfarben ersetzt worden. Ein Gehalt an Grünspan in Kerzen verrät sich schon durch die kupferrote Färbung des verbrannten Endes am Docht, wie man es manchmal bei Christbaumkerzen beobachtet.

Früher sind außer den anorganischen Farbstoffen auch organische Farbstoffe, die dem Pflanzenreich entstammen, verwendet worden, doch auch sie sind durch die besseren Anilinfarbstoffe ersetzt worden. Meist gehören die organischen Farbstoffe der Triphenylmethanreihe und den Phthaleinen an, so z. B. das Viktoriablau, Methylviolett, Brillantgrün und Malachitgrün, Rhodamin 6 G und Rhodamin 6 B. Zum Gelbfärben dient gewöhnlich das äußerst lichtbeständige Chinolingelb. Die wesentlichste Eigenschaft, die man von dem Farbstoff verlangt, ist, daß er lichtecht ist und sich auch beim Lagern nicht verwirft. Letztere Eigenschaft ist beinahe noch wichtiger als die Lichtechtheit, denn die Kerzen werden ja nur in den seltensten Fällen dem direkten Sonnenlicht ausgesetzt. Dagegen kommt es häufig vor, daß Kerzen ein oder mehrere Jahre lagern müssen, und hierfür ist es sehr wesentlich, daß sich die Farbe nicht oder nur sehr wenig abschwächt. An dem Ausbleichen beim Lagern braucht nicht allein die Eigenschaft des Farbstoffes schuld zu sein, in vielen Fällen ist es auch die Beschaffenheit des verwandten Stearins. Wie schon früher erwähnt, wirkt in dieser Beziehung ölsäurereiches Stearin sehr nachteilig. Namentlich war es die grüne Farbe, die sehr unter dem Ausbleichen litt, und es gehört gerade hierfür eine sorgfältige Auswahl des Farbstoffes sowie auch des Stearins dazu, um den Übelstand zu vermeiden, ganz beseitigen läßt er sich nicht. Man verwendet deshalb für die grüne Farbe auch am besten ein hochschmelzendes, ölsäurearmes Stearin, dessen Eigenschaften man vorher ausprobiert hat. — Im Handel trifft man auch Kerzen, die nicht in der ganzen Masse durchgefärbt sind, sondern die einen weißen Kern mit einer gefärbten Umkleidung tragen. Solche Kerzen sind dadurch hergestellt, daß man weiße Kerzen in ein Bad von gefärbtem Kerzenmaterial eintaucht und schnell wieder herauszieht. Abziehbilder und ähnliche

Verzierungen, mit denen manche Kerzen versehen sind, werden nachträglich nach dem Gießen darauf angebracht.

Im allgemeinen sind die Mengen Farbstoff, die man zum Färben des Kerzenmaterials verwendet, sehr gering und betragen nur hundertstel Prozente. Die Farbstoffe werden entweder im Stearin aufgelöst und dann dem Paraffin zugesetzt, da das reine Paraffin nur sehr wenig Farbstoffe direkt löst (wie z. B. Sudanrot), oder man stellt eine Lösung in Alkohol oder ähnlichen Lösungsmitteln her, die man erst in Stearin und dann in das Paraffin einrührt. Immerhin genügen diese geringen Mengen von Farbstoffen schon, um das Brennen der Kerze zu beeinflussen. Ungefärbte Kerzen brennen stets besser als gefärbte. Man hat ferner versucht, außer Farbstoff den Kerzen auch Riechstoffe zuzusetzen, teils solche, die angenehm riechen, teils solche, die beim Verbrennen der Kerze desinfizierend in dem Raum, wo die Kerze gebrannt wird, wirken sollen, doch trifft man nur selten solche Kerzen an. Jedenfalls werden sie in den großen Fabriken nicht fabrikmäßig erzeugt.

Der Betrieb.

a) Der Kerzenguß.

Es sei nun nachstehend der Arbeitsgang bei der Fabrikation der Kerzen geschildert. In früheren Jahren, als es hauptsächlich Wachs- und Talgkerzen gab, wurden die Kerzen getaucht, d. h. durch Einsenken des Dochtes in das Kerzenmaterial, wieder Herausziehen, Erstarrenlassen und abermaliges Eintauchen und so durch schichtenweises Auftragen von Material die Kerzen so lange verstärkt, bis sie den gewünschten Durchmesser und die gewünschte Größe erreicht hatten. Sobald aber mit dem Auftreten der neuen Rohstoffe, Stearin und Paraffin, die Kerzenfabrikation aus einer Klein- zu einer Großindustrie wurde, genügte diese Arbeitsweise nicht mehr. Die Kerzen wurden in Formen gegossen, die anfänglich aus Blech bestanden. An ihre Stelle traten dann gegossene Formen aus leichtschmelzendem Metall, die anfangs einzeln gebraucht wurden und mit einem Eingußtrichter versehen waren. Dann wurde mit fortschreitender Verbesserung der Apparatur eine Anzahl dieser Formen zu sog. Parks vereinigt, die mit einem gemeinschaftlichen Trichter oder einer Pfanne versehen waren, in die das Kerzenmaterial gegossen wurde, und nach und nach vereinigte man wieder mehrere solcher Parks zu einer größeren Kerzenmaschine, die mit einer besonderen Vorrichtung zum Entfernen der gegossenen Kerzen versehen waren. Schematisch zeigt Fig. 75 die Einrichtung einer solchen Maschine. In der Form gleitet ein Kolben auf und ab, der auf einem röhrenförmigen Träger sitzt. In der Tiefstellung verschließt der Kolben die Form, so daß das flüssige Kerzenmaterial hineingegossen werden kann.

Durch Kühlen mit Wasser wird nun das Material zum Erstarren gebracht. Nachdem es erstarrt ist, wird der Kolben hochgestoßen, dabei schiebt er die Kerze vor sich her, die durch die Klemmen am oberen Ende der Maschine, wie sie die Abbildung zeigt, festgehalten wird, dann läßt man den Kolben wieder herunter und die Maschine ist fertig zum neuen Guß.

Der Docht ruht unterhalb der Maschine in einem Kasten, in dem die Rollen oder die Blechbüchsen für die Knäuel sich befinden. Der Docht geht durch den hohlen Träger des Kolbens und durch eine Durchbohrung des Kolbens hindurch. Um zu vermeiden, daß durch diese Durchbohrung des Kolbens auch Kerzenmaterial hindurchläuft, ist sie durch ein Stück Gummi verschlossen. Der Gummi ist wohl so elastisch, daß er gestattet, daß der Docht an ihm vorbeigleitet, er preßt ihn aber andererseits so stark an die Wand, daß kein Kerzenmaterial dazwischen hindurch kann.

Die Kerze vom vorherigen Guß, die in der Klemme oberhalb der Maschine eingeklemmt ist, sorgt dafür, daß der Docht stets zentrisch in der Kerzenform sich befindet, was für das gute Brennen der Kerzen von großer Wichtigkeit ist. Das Hochheben oder Hochstoßen der Kolben erfordert ziemliche Kraft, und da in den Kerzenmaschinen 100 bis 400 Formen sich befinden, so muß es durch eine große Übersetzung mittels Zahn und Trieb oder durch eine Schneckenübertragung erfolgen.

Die Kerzenformen sind aus einem Gemisch von Zinn und Blei mit Zusatz von etwas Wismut und Antimon hergestellt und werden über einen hochpolierten Dorn gegossen, damit sie eine spiegelglatte Oberfläche im Innern erhalten. Es ist wichtig, daß die Legierung nicht von der Stearinsäure des Kerzenmaterials angegriffen wird, da Kerzenformen, die im Innern rauh geworden sind, nur sehr schwer ein Herausstoßen der Kerzen gestatten. Man hat versucht, die Kerzenformen aus anderem Material herzustellen, und zwar aus Glas und Porzellan. Solche Formen haben im Innern einen hohen Glanz und geben schöne Kerzen von spiegelglatter Oberfläche. Leider lassen sich aber die Formen nicht so gleichmäßig herstellen, daß sie ohne Zwang in die üblichen Kerzenmaschinen hineinpassen, sie laufen auch manchmal am oberen Ende etwas sich verengend zu, so daß die Kerze sich nicht herausstoßen läßt. Wenn es gelingen würde, solche Kerzenformen gleichmäßig herzustellen, so wäre damit ein großer Fortschritt erreicht, da das Porzellan natürlich sehr widerstandsfähig gegen chemische Angriffe ist. Andererseits haben freilich die Metallformen den Vorteil, daß sie, wenn sie unbrauchbar geworden sind, einfach umgegossen werden können, während unbrauchbar gewordene oder zerbrochene Porzellanformen fast wertlos sind. Es gibt eine ganze Reihe von Patenten auf andere Konstruktionen von Kerzenmaschinen, von

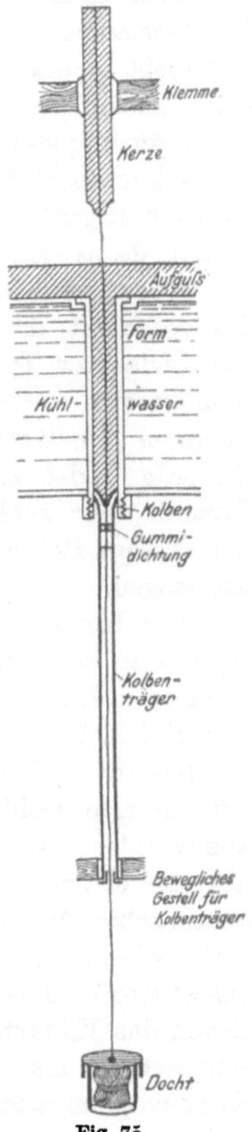

Fig. 75

denen sich aber wohl keine in größerem Ausmaße in der Industrie einführen konnte.

Die Arbeit mit Kerzenmaschinen gestaltet sich folgendermaßen:

Das im Betrieb der Schwelteerfabrik erzeugte Paraffin wird in flüssigem Zustand der Kerzenfabrik zugeführt, gekauftes Paraffin, das in festem Zustand in die Fabrikation eintritt, wird aufgeschmolzen. Zum Aufschmelzen des Materials dient fast überall direkter Dampf; das sich beim Aufschmelzen kondensierende Wasser wird vor dem Kerzenguß abgezogen. Das Aufschmelzen geschieht in eisernen Gefäßen, zweckmäßig in glasierten Gefäßen aus Stahl oder Eisenblech. Behälter, die längere Zeit mit stearinhaltigen Materialien in Berührung stehen, werden teils aus Ton, teils aus Zinn hergestellt, die sich am widerstandsfähigsten erwiesen haben. Im allgemeinen vermeidet man aber, stearinhaltiges Material im geschmolzenen Zustand längere Zeit stehen zu lassen, da es sich dabei in der Farbe verwirft.

Bevor man das Material zum Gießen verwendet, wird es noch geklärt. Es geschieht das durch Zusetzen von etwas Oxalsäure oder auch von schwefelsaurer Tonerde. Es hat den Zweck, Kalksalze, die sich sonst mit dem Stearin vereinigen würden und die aus dem Wasser stammen und das Brennen der Kerze beeinträchtigen könnten, zu entfernen. Schwefelsaure Tonerde bildet mit solchen Salzen einen Niederschlag von fein verteilter Tonerde, der zugleich mechanische Verunreinigungen mit niederreißt. Die bei diesem Reinigungsprozeß entstehenden Salze werden mit dem Wasser abgezogen.

Der Kerzengießer holt nun mit einer Gießkanne, die mit ein oder zwei Ausgüssen versehen ist, das Kerzenmaterial und trägt es zur Kerzenmaschine. In einigen Fabriken ist mit Erfolg versucht worden, das geschmolzene Kerzenmaterial in Rohren direkt zu den Kerzenmaschinen zu leiten. Hauptsächlich ist dies in Verwendung gekommen bei stearinarmem Kerzenmaterial, doch würden sich wohl auch Versuche lohnen, dies Verfahren für stearinreiche anzuwenden. Hierfür müßten natürlich die Rohre widerstandsfähig gegenüber der Einwirkung der Stearinsäure sein, entweder aus einem unangreifbaren keramischen Material oder einem widerstandsfähigen Metall bestehen. Versuche, die in geringerem Ausmaße mit Crotoginorohren, das sind mit Hartholz ausgefütterte Eisenrohre, durchgeführt wurden, waren von gutem Erfolg. Gegen das Erstarren des Materials in der Leitung werden die Rohre heizbar eingerichtet, am einfachsten mit einem dünnen dampfgeheizten Blei- oder Kupferrohr umwunden. Bevor der Gießer das Material in die Kerzenmaschine gießt, rührt er erst noch einmal um. Das Stearin ist nämlich wesentlich schwerer als das Paraffin und würde sich, falls man es kurz vorher dem Paraffin zusetzt, zu Boden setzen und muß daher gründlich gemischt werden. Ist es einmal gut durchgemischt, so kann es sich natürlich nicht wieder absetzen, da es sich wie ein Salz in der Lösung verhält.

Die Mischung wird nun in die Gießpfanne der Kerzenmaschine eingegossen, nachdem die Maschine vorher durch Einleiten von Dampf um die Kerzenformen erwärmt worden ist. Das hat folgenden Zweck:

Würde man das Kerzenmaterial hineingießen während die Formen kalt sind, so würde es gleich an den kalten Wandungen zu erstarren beginnen. Luftblasen, die mit in die Formen gerissen werden, könnten deshalb nicht wieder in die Höhe steigen, und die Kerze würde ein unansehnliches löcheriges Äußere zeigen. Man muß stets etwas mehr Kerzenmaterial, als nötig ist, die Formen zu füllen, eingießen, so daß es etwa 1 bis 2 cm hoch in der Gießpfanne steht. Es ist das aus folgendem Grunde nötig:

Die Kerzenmaterialien haben im flüssigen Zustande ein viel geringeres spez. Gewicht als im festen, zeigen also beim Erstarren eine starke Kontraktion, die nach Versuchen des Verfassers etwa 11 bis 14 Proz.[1] beträgt. Würde man nur soviel Kerzenmaterial eingießen, als zum Füllen der Formen nötig ist, so würden Hohlräume im Innern der Kerze entstehen und sie eventuell unbrauchbar machen, so aber kann die Kerze beim Erstarren flüssiges Material aus dem Überschuß in der Gießpfanne nachsaugen. Nachdem das Kerzenmaterial eingefüllt ist, läßt man erst warmes, schon einmal gebrauchtes Wasser durch die Maschine hindurch, um die Formen vorzukühlen und kühlt dann mit kaltem Wasser nach. Nach $^1/_4$ bis $^3/_4$ Stunden, je nach der Stärke der Kerze, ist das Material erstarrt und soweit abgekühlt, daß es sich aus der Form herausstoßen läßt.

Mit einem dreieckigen Messer werden nun die Dochte der vom vorherigen Gusse noch in den über der Maschine angebrachten Manschetten oder Klemmen befindlichen Kerzen zerschnitten, die Manschetten hochgeklappt und die darin noch enthaltenen Kerzen herausgenommen. Dann wird diese Klemme wieder heruntergeklappt, nachdem vorher die in der Gießpfanne noch befindliche Kerzenmasse entfernt worden ist, und nun werden durch Hochwinden des Kolbenträgers die Kerzen aus den Formen herausgeschoben, so daß sie sich in den Öffnungen der Kerzenklemme befinden.

Durch Umlegen von exzentrischen Hebeln wird dann die Klemme geschlossen, so daß sie die Kerze fest umschließt. Um dabei die Kerzen nicht durch Druck zu beschädigen, ist die Kerzenklemme oder Kerzenmanschette inwendig mit Plüsch überzogen. Nun werden die Kolben durch Herablassen des Kolbenträgers wieder in ihre tiefste Stellung gebracht, wobei sich der Docht, dessen freies Ende in den Kerzen der Manschette gewissermaßen verankert ist, straff spannt und genau zentrisch einstellt, und die Maschine ist fertig zum neuen Guß.

Es werden mit jedem Guß je nach der Größe der Maschine 100 bis 400 Stück Kerzen hergestellt. In manchen Ländern, wie z. B. Amerika, hat man sogar Maschinen, die bis 800 Stück auf einmal erzeugen können. Solche große Maschinen sind nicht zu empfehlen, weil sie sehr unübersichtlich und bei Reparaturen, z. B. Auswechseln von Kerzenformen oder Kolben und Kolbenträgern, sehr schwer zugänglich sind. Nicht alle Größen von Kerzenformen wird man zu Maschinen vereinigen. Bei sehr großen Kerzen, wie z. B. großen Altarkerzen, ist es praktischer, die Kerzen einzeln zu gießen, da man sonst zu monströse Maschinen erhält. Es sind allerdings auch solche gebaut worden, doch sind sie dann so groß, daß sie beinahe durch zwei Stockwerke reichen.

---

[1] *Graefe*: Die Volumenverminderung des Paraffins beim Erstarren und Auskrystallisieren. Chem. Revue 1910. 1.

Besonderes Augenmerk ist auf gute **Kühlung** zu richten. Es hat sich nämlich gezeigt, daß bei langsamer Kühlung sich stearinreiche Kerzenmassen entmischen, dergestalt, daß die zuerst erstarrenden Anteile reicher an Stearin sind, als die später erstarrenden. Außerdem lassen sich bei guter Kühlung die Kerzen viel leichter aus den Formen entfernen, was mit einer Schonung der Apparatur und einer Ersparnis an Arbeitskraft verbunden ist. Öfter hat man große Schwierigkeiten, genügend Kühlwasser zu beschaffen, und manche Kerzenfabriken sind hier übel dran. Man ist deswegen schon teilweise dazu übergegangen, das zum Kühlen der Kerzenmaschinen dienende Wasser mit Hilfe von Kühlmaschinen künstlich kälter zu machen, und hat damit sehr gute Resultate erzielt. Man kühlt hierbei natürlich mit gewöhnlichem Wasser vor und läßt nur zum Schluß eine Füllung künstlich gekühlten Wassers in die Maschine laufen, um das Ablösen der Kerzen von den Kerzenformen zu erleichtern. Sonst muß man sich in der warmen Jahreszeit damit helfen, den Stearinzusatz zu den Paraffinkerzen, die besonders widerspenstig beim Herausheben sind, etwas zu erhöhen, was natürlich wegen der Preisdifferenz zwischen Paraffin und Stearin mit erhöhten Kosten verbunden ist. Ist es trotz dieser Hilfsmittel einmal nicht möglich, einen Guß aus der Kerzenmaschine zu entfernen, so muß man entweder jede einzelne Kerze einmal mit einem Holzkeil anschlagen und sie dadurch in der Form lockern, oder, wenn auch das nicht hilft, durch Anwärmen der Maschine mit Dampf den Guß wieder herausschmelzen. Es geht so aber auch der darauffolgende Guß verloren, weil ja dann der Docht nicht zentrisch gespannt ist. Wichtig dafür, daß die Kerzen sich gut aus den Formen herauslösen lassen, ist auch eine genaue Einhaltung der Gießtemperatur, die am besten etwa 65 bis 75° beträgt. In vielen Fabriken enthalten die Kerzenmaschinen eine Form, die besonders gekennzeichnet ist. z. B. einen Ring am Fuße der Kerze. Diese Kerze muß am Schlusse der Arbeitszeit abgeliefert werden und dient als Grundlage der Bezahlung. Soviel solcher Kerzen hergestellt sind, soviel Güsse sind geleistet worden.

Was die Formen der hergestellten Kerzen anlangt, so gibt es hierin große Unterschiede. Im allgemeinen unterscheidet man zwischen glatten Kerzen, gereiften Kerzen, die mit einer Art Kannelierung versehen sind, und gewundene Kerzen (sog. Renaissancekerzen). Als besondere Form seien noch die sog. Self-Fitting-End-Kerzen erwähnt, die mit einer konischen Verdickung am Fuße der Kerze versehen sind, damit sie besser in den Leuchter passen. Die Form ist jedoch in Deutschland nicht sehr gebräuchlich, sehr dagegen in England, wie schon ihr englischer Name zeigt. Die Größe der Kerzen differiert wesentlich mehr als die Form. Es gibt Kerzen, von denen das Stück 1 kg wiegt und solche, von denen über 300 auf 1 kg gehen, besonders kleine Formen werden nicht extra gegossen, sondern durch Abschneiden aus größeren erzeugt.

b) Die Bearbeitung der Kerzen.

Die gegossenen Kerzen sind noch nicht fertig für den Versand und Verbrauch. Zunächst werden sie **gestutzt**, d. h. sie werden mit einem Messer am Fuße geglättet, indem man ein kleines Stück abschneidet. Beim Entfernen des Eingusses aus den Gießpfannen verschieben sich nämlich die untersten Enden des Dochtes etwas in der noch weichen Kerzenmasse, und die Kerzen sehen unansehnlich aus. Dieses unterste Stück wird abgeschnitten, manchmal jedoch noch weit mehr, wenn nämlich Kerzen auf ein bestimmtes Gewicht gebracht werden sollen, für das keine Form in den Kerzenmaschinen vorhanden ist. Es fällt dann manchmal bis zur Hälfte und noch mehr der Kerze ab, was natürlich ein Verlust an Arbeitskraft und Docht und eine Verschlechterung des Materials bedeutet, denn beim Aufschmelzen des abfallenden Materials verfärbt es sich immer etwas. Das Stutzen wird teilweise mit Maschinen, teilweise mit der Hand vorgenommen. Die Kerzen kommen in eine Art Mulde, die am unteren Ende mit einem verstellbaren Brett versehen ist, das je nach der Länge der gewünschten Kerze eingestellt wird. Durch einen gleitenden Schnitt mit einem scharfen Messer wird dann das aus der Mulde herausragende Stück der Kerze abgeschnitten. Man hat zwar versucht, die Kerzen gleich auf den Maschinen zu stutzen, indem man die Pistons oder Kolben etwas hoch hebt, so daß gerade nur der Teil, der entfernt werden muß, aus den Kerzenformen herausragt. Es sind dafür verschiedene Vorrichtungen und Messer konstruiert worden, doch hat sich bis jetzt keine richtig in der Praxis bewährt, vor allem aus dem Grunde, weil durch das Messer infolge ungenügend gleitenden Schnittes etwas an der Peripherie der Kerze herausgebrochen wird. Kerzen von stärkerem Durchmesser spitzt man nach dem Stutzen am Fuße noch etwas konisch zu, damit sie besser in die Leuchter hineinpassen; es dienen dazu schnell rotierende Messer nach Art der Bleistiftspitzer, die entweder von einer Maschine angetrieben werden oder auch direkt auf der Achse von Elektromotoren sitzen. Ein Polieren der Kerzen, um ihren Glanz zu erhöhen, findet bei Paraffin- und Kompositionskerzen in der Regel nicht statt. In manchen Fabriken werden die Stearinkerzen poliert; es geschieht das dadurch, daß die Kerzen zwischen mechanisch bewegten wollenen Tüchern hindurchgeführt werden. Ebenso selten findet man, daß die Kerzen mit Aufdruck versehen werden. Es hat das den Zweck, um z. B. Kerzen als Eigentum einer bestimmten Firma zu kennzeichnen und den Diebstahl zu erschweren. Dieser Aufdruck wird dergestalt angebracht, daß man die Kerzen gegen ein Stück mit Dampf geheiztes Messing andrückt, in das hoch oder vertieft die Firma oder der Name eingraviert ist. Dabei schmilzt ein gewisses Quantum des Kerzenmaterials ab, und die Kerze wiegt nicht mehr soviel wie die ungestempelte.

c) Das Verpacken der Kerzen.

Dann werden die Kerzen in Kartons verpackt; es existieren 3 Größen von Packungen, solche, die mit den Kerzen zusammen 250, 330 und 500 g wiegen. Dabei muß das reine Gewicht der in den Packungen enthaltenen Kerzen mindestens 225, 305 oder 470 g betragen, der Rest entfällt auf die Verpackung. Zur Verpackung gehören Seidenpapier, Karton und Etiketten. Die Kerzen werden in einer Anzahl, die dem oben angegebenen Reingewicht entsprechen, zusammen erst in blaues billiges Seidenpapier eingeschlagen und dann in die Kartons gepackt. Die Kartons tragen Etiketten, die entweder irgend ein Bild (wie z. B. bei Weihnachtskerzen) oder auch irgendwelchen Phantasienamen, der zur Bezeichnung der Kerzen dient, eventuell mit oder ohne Firma des Fabrikanten oder Zwischenhändlers zeigen. Manchmal werden die Kerzen auch ohne jede Zwischenpackung direkt in Holzkisten verpackt.

Die Kisten werden vielfach im eigenen Betriebe der Kerzenfabriken angefertigt, wozu allerhand Zwischenmaschinen, wie Kreissägen, Nagelmaschinen, Druckmaschinen zum Aufdrucken von Qualitätsbezeichnungen auf die Kistengiebel dienen. Für Seetransport oder schwierigen Landtransport wird der Inhalt der Kisten vorher noch in ölgetränktes Tuch eingeschlagen und der Kiste durch Eisenreifen erhöhte Stabilität verliehen.

d) Die Abfälle der Kerzenfabrikation.

Mit der Kerzenfabrikation ist gewöhnlich noch ein kleiner Nebenbetrieb verbunden, der dazu bestimmt ist, die Abfälle der Kerzenfabrik aufzuarbeiten. Als solche Abfälle kommen in Betracht das Material, das auf dem Boden verspritzt wird, das in den Ständern und Aufschmelzgefäßen vor dem Reinigen verbleibt, Material, das etwa lange gelegen hat und umgearbeitet werden muß und dergleichen mehr. Davon zu trennen sind die Abfälle, die vom Stutzen herrühren, sowie die Angüsse aus den Pfannen der Gießmaschinen. Die letzteren werden einfach aufgeschmolzen und gehen in den Betrieb zurück. Sie sind fast genau so farblos und brauchbar wie das reine Material. Davon zu unterscheiden sind die sog. Schmutzabfälle der ersten Sorte. Sie werden zunächst aufgeschmolzen und mit etwas Säure aufgekocht, wodurch sich mechanische Verunreinigungen leichter absetzen. Das so behandelte Material zeigt dann eine bräunliche Farbe, herrührend von Schmutz, Farbstoffen und Eisensalzen, die durch Berührung mit den Eisenteilen der Kerzenmaschinen oder mit dem meist mit Eisenplatten belegten Fußboden der Kerzengießereien entstanden sind. Die Abfälle werden mit Natronlauge gekocht, wodurch das Stearin entfernt wird, und die dadurch entstehende Seife nimmt den größten Teil der färbenden Bestandteile mit. Die meisten der organischen Farbstoffe werden auch dadurch zerstört. Der Rückstand, aus reinem Paraffin bestehend, sieht dann immer noch etwas gelb aus, vor allem, weil das sehr beständige Chinolingelb durch die Behandlung nicht entfernt wurde. Er wird noch mit Entfärbungspulver gereinigt, wie das rohe Paraffin und ist dann genügend farblos, um in den Betrieb der Kerzenfabrik zurückwandern zu können. Die durch das Verseifen entstandene Stearinseife wird mit Schwefelsäure zerlegt, wobei sich ein braun gefärbtes, noch etwas Paraffin enthaltendes Stearin abscheidet, das für manche Zwecke der chemischen Industrie Verwendung finden kann. Es ist nicht allzuviel und macht vielleicht $^1/_{10}$ Proz. der gesamten erzeugten Kerzen aus, so daß seine Unterbringung keine Schwierigkeiten weiter bereitet.

Elftes Kapitel.

Die chemische Zusammensetzung der Schwelteere und ihrer Destillate.

A. Der Braunkohlenteer.

Der Braunkohlenteer verdankt seinen Ursprung der trockenen Destillation der Kohle. In welcher Weise die einzelnen Bestandteile der Kohle an der Teerbildung quantitativ und qualitativ beteiligt sind, ist durch neuere Arbeiten von *W. Schneider*[1] und *E. Erdmann*[2] untersucht worden. Durch Zerlegen der Kohle in Bitumen, Huminsäuren und Restkohle und durch Schwelen dieser einzelnen Bestandteile wurde festgestellt, daß der Hauptteerbildner das Bitumen ist, an zweiter Stelle steht die Restkohle, die Huminsäuren geben nur wenig Teer.

Nach *Erdmann* besteht die trockne Kohle (zur Untersuchung wurde gute Schwelkohle verwendet) aus:

Bitumen	16,8 Proz.
Huminsäuren	39,9 „
Restkohle	43,3 „
	100,0 Proz.

die aschefreie Kohle

Bitumen	18,1 Proz.
Huminsäuren	43,3 „
Restkohle	38,6 „
	100,0 Proz.

Beim Schwelen liefern die einzelnen Bestandteile nachstehende Teermengen:

Bitumen	66,1 Proz. Teer,	enthaltend	47,0 Proz. Paraffin	und	2,8 Proz. Kreosot
Huminsäuren	8,2 „	„	„ 13,1 „	„	„ 16,8 „	„
Restkohle	33,2 „	„	„ 16,4 „	„	„ 6,1 „	„

Auf die trockne und wasserfreie Ausgangskohle umgerechnet ergeben sich folgende Zahlen:

Bitumen	11,96 Proz. Teer
Huminsäuren	3,55 „ „
Restkohle	12,80 „ „

[1] Gesammelte Abhandlungen zur Kenntnis der Kohle, Bd. 3, S. 325.
[2] Zeitschr. f. angew. Chemie 1921, Nr. 53, S. 309.

Die Hauptmenge des Paraffins entsteht also aus dem Bitumen, doch geben auch die Restkohle und die Huminsäuren Paraffin, was auf einen, wenn auch niedrigen Gehalt an Bitumen zurückzuführen ist, der bei der Extraktion mit Benzol nicht vollständig entfernt wurde und dann zum Teil in kolloidaler Form bei der Gewinnung der Huminsäuren mit Alkali in Lösung ging, zum Teil aber in der Restkohle verblieb. Die sauren Bestandteile des Teeres entstehen in erster Linie aus den Huminsäuren; der aus diesen gebildete Teer enthält 16,8 Proz. Kreosot, der Teer aus Restkohle 6,1 Proz. und aus Bitumen nur 2,8 Proz. Ob und in welchem Maße die Aschenbestandteile der Kohle auf die Qualität des Teers einwirken, ist noch nicht ganz geklärt, doch nach Versuchen im Laboratorium ist wohl anzunehmen, daß namentlich die darin (als Salze?) enthaltenen Erdalkalien durch Entziehung von Kohlensäure spaltend auf die Säuren des Montanwachses und der Huminsäure einwirken. Wenn man z. B. reines Montanwachs destilliert, erhält man ein ganz anderes Produkt, als wenn das Montanwachs unter Zusatz von etwas Kalk destilliert wird.[1] Im ersteren Falle enthält das Destillat noch einen wesentlichen Anteil an sauren Produkten und erstarrt beim Behandeln mit Alkalien zu einem steifen Brei, während das Destillat, das unter Zusatz von Kalk erhalten wurde, flüssig bleibt und fast frei von sauren Produkten ist.

Eine nebensächliche Rolle spielen die stickstoffhaltigen Bestandteile im Braunkohlenteer, die nur etwa zu $^1/_4$ bis $^1/_2$ Proz. darin enthalten sind. Es wäre vorteilhaft, wenn es gelänge, den geringen Stickstoffgehalt der Braunkohle, der etwa 0,3 Proz. beträgt, in höherem Maße zur Bildung von technisch verwertbaren Produkten auszunutzen, wie z. B. Ammoniak oder Pyridinbasen. Zur Zeit gehen nach Untersuchungen von *Wohmann* nur etwa 10 Proz. des in der Braunkohle enthaltenen Stickstoffes in den Teer über, weitere 10 Proz. in das Schwelwasser, 66 Proz. in den Koks und 12 Proz. in das Gas. — Eine bessere Ausnutzung des Stickstoffes gestattet der Generator, da beim Vergasen die beim Schwelen im Koks verbleibende Hauptmenge des Stickstoffs als Ammoniak in das Generatorgas übergeht.

Bei der Vergasung der Kohle im Generator ist es zwar möglich, den Stickstoffgehalt der Kohle bis 75 Proz. in Ammoniak überzuführen, doch sind in neuerer Zeit die Verfahren zur Gewinnung von Stickstoff aus Luft, namentlich durch die Arbeiten *Habers* so fortgeschritten, daß es fraglich ist, ob auch bei dieser hohen Ausbeute die Gewinnung von Ammoniak aus Braunkohle sich gegenüber den Luftstickstoffverfahren wird halten können.

Der Gehalt des Braunkohlenteers an den oben erwähnten Destillationsprodukten hängt sowohl von der Art der Kohle, wie auch von der Führung des Destillationsprozesses ab. Je höher die Temperatur beim Schwelen ist, um so reicher an Kohlenstoff und um so ärmer an Wasserstoff, d. h. um so reicher an ungesättigten und aromatischen Verbindungen wird der Braunkohlenteer sein, und um so größer der Anteil, der in das Gas übergeht.

---

[1] Vgl. *Graefe:* Der Harzgehalt des Montanwachses. Zeitschr. f. Braunkohlen- u. Brikettindustrie 1921, Nr. 29.

Was die gesättigten Kohlenwasserstoffe anlangt, so ist in den Destillationsprodukten eine lückenlose Reihe vom Methan ab bis zu den hohen Gliedern der Methanreihe, die 30 und mehr·Atome Kohlenstoff im Molekül besitzen, enthalten. Die niederen Glieder befinden sich hauptsächlich im Schwelgas, die hohen etwa vom Hexan ab im Teer. Durch Ausfrieren des Schwelgases bei sehr tiefen Temperaturen gelingt es, die dampfförmigen Kohlenwasserstoffe etwa vom Propan ab niederzuschlagen und durch fraktionierte Verdampfung bis zu einem gewissen Grad zu isolieren. Um die gesättigten Kohlenwasserstoffe des Braunkohlenteers darzustellen, entfernt man erst durch Ausschütteln mit verdünnter Säure die basischen Bestandteile, dann durch Behandlung mit Alkali die Phenole und schließlich durch öfteres Ausschütteln mit konz. Schwefelsäure die ungesättigten Verbindungen, doch ist das letzte Verfahren insofern nicht ganz einwandfrei, als einmal ein gewisser Teil der ungesättigten Verbindungen und auch der aromatischen Kohlenwasserstoffe sich der Reaktion entzieht, zum anderen aber auch in der Wärme die gesättigten Kohlenwasserstoffe angegriffen werden. Das sieht man daran, daß die Reaktion unter teilweiser Abspaltung von schwefliger Säure vor sich geht, die nur durch Oxydation von Wasserstoff entstanden sein kann, da zur Oxydation von Kohlenstoff einmal die Temperatur nicht ausreicht und zum anderen auch die damit verbundene Kohlensäureentwicklung ausbleibt. Nach der Behandlung mit Schwefelsäure wäscht man gut mit Wasser und verdünnter Sodalösung aus und erwärmt die übrigbleibende Flüssigkeit unter Zusatz von Pikrinsäure, wodurch die aromatischen Kohlenwasserstoffe, die sich der Behandlung mit Schwefelsäure entzogen haben, noch zum größten Teil entfernt werden. Die zurückbleibenden Kohlenwasserstoffe stellen in ihren niederen Gliedern eine farblose, nicht unangenehm riechende Flüssigkeit dar, in ihren höheren eine weiße, durchscheinende Masse, die man mit dem Sammelnamen Paraffin bezeichnet, und die eigentlich ein Gemisch verschiedener Paraffine ist. In dem festen Paraffin sind die Kohlenwasserstoffe von C_{17} bis C_{32} enthalten. Die ungesättigten Kohlenwasserstoffe im Braunkohlenteer gehören verschiedenen Reihen an, sowohl der Äthylenreihe sowie auch der Acetylenreihe und voraussichtlich auch noch wasserstoffärmeren Reihen. Diese Körper rein darzustellen, ist bis jetzt noch nicht gelungen. Es ist ja möglich, die beim Ausschütteln der Braunkohlenteerdestillate mit Schwefelsäure gewonnenen Anteile wieder zu gewinnen, dadurch, daß man die gebrauchte Säure mit Wasser versetzt und mehrmals aufkocht. Man erhält dabei eine schwarze, nach Pfefferminz riechende Flüssigkeit, die sich durch Fraktionieren reinigen läßt, doch ist nicht anzunehmen, daß sie die ungesättigten Kohlenwasserstoffe in ihrer ursprünglichen Form darstellt, wie sie im Braunkohlenteer enthalten sind, denn durch die Einwirkung der Schwefelsäure findet sowohl eine Oxydation wie eine Polymerisation statt. Jedenfalls sind aber die so gewonnenen Kohlenwasserstoffe im höchsten Grade ungesättigt; das zeigt einmal ihre energische Reaktion mit Schwefelsäure, ihre hohe Jodzahl, die bis über 100 beträgt, und ihr starkes Reaktionsvermögen gegen Kaliumpermanganat. Beim Versetzen der Kohlenwasserstoffe mit einer Lösung von übermangansaurem Kali erhitzten sie sich stark bis zum Umherschleudern der Masse. Die Oxydation geht unter Säurebildung vor sich, doch sind diese Säuren bis jetzt noch nicht weiter untersucht worden. Setzt man sie durch Ansäuern ihrer Salze in Freiheit, so zeigen sie einen widerwärtigen, an Capron-, Capryl- oder Caprinsäure erinnernden Geruch.

Auch das gereinigte Paraffin ist nicht ganz frei von ungesättigten Kohlenwasserstoffen, wie man schon daraus sieht, daß es immer noch eine Jodzahl zeigt, wenn diese auch gering ist (von etwa 2 bis 5 je nach der Reinigung des Paraffins). Im allgemeinen wird ein Teer um so besser sein, je weniger er von den ungesättigten Verbindungen enthält, für viele Zwecke ist ihre Gegenwart nachteilig. So brennen z. B. die an ungesättigten Verbindungen reichen und an Wasserstoff armen Braunkohlenteeröle rußender als z. B. die wasserstoffreichen Petrolöle und erfordern deshalb besonders starke Luftzuführung beim Brennen.

Für die Ölgasbereitung sind die ungesättigten Kohlenwasserstoffe gleichfalls nicht viel wert, da sie viel Teer und wenig Gas geben, ebenfalls infolge ihres geringen Wasserstoffgehaltes. Für den Betrieb in Motoren sind sie weniger störend und äußern sich nur dadurch, daß sie infolge ihres geringen Wasserstoffgehaltes den Heizwert des Öles etwas herabdrücken. Ob sie im Paraffin schädlich sind, läßt sich noch nicht entscheiden; es ist sogar denkbar, daß die hohe Stabilität der Braunkohlenteerparaffine gegenüber den Petrolparaffinen zum Teil den ungesättigten Kohlenwasserstoffen seine Entstehung verdankt. Es ist möglich, den ungesättigten Kohlenwasserstoffen Wasserstoff anzulagern und sie in gesättigte überzuführen, wie die Versuche von *Sabatier* und *Senderens* sowie von *Erdmann* gezeigt haben. Diese Anlagerung geschieht dadurch, daß man die Kohlenwasserstoffe in Dampfform mit Wasserstoff über eine Kontaktsubstanz, z. B. fein verteiltes Nickel, leitet. Der Durchführung dieses Verfahrens steht der Schwefelgehalt der Öle im Wege, der als Kontaktgift nach kurzer Zeit die Kontaktsubstanzen unwirksam macht.

Wenn man ohne Kontaktsubstanz arbeitet, wie es *Bergius* tut. so hat man natürlich auch keine Vergiftung eines Katalysators zu befürchten, doch ist die Apparatur zur Hydrierung der Kohlenwasserstoffe sehr kompliziert und kostspielig, da mit sehr hohen Drucken, von über 100 Atmosphären, und bei sehr hoher Temperatur (über 300°) gearbeitet wird. Wenn *Bergius* sein Verfahren auch auf Braunkohlenteerprodukte erstreckt, so benutzt er im wesentlichen doch Petrolöle, die der Behandlung auch leichter zugänglich sind.

Auch **aromatische Kohlenwasserstoffe** sind im Braunkohlenteer enthalten. Sie rühren im wesentlichen von sekundärer Zersetzung der Kohlenwasserstoffe der Fettreihe her infolge Berührung mit dem heißen Gemäuer und den Eisenteilen der Schwelöfen. Ihre Menge ist aber nicht sehr groß, ihr Hauptvertreter ist das Naphthalin, das sich vor allem in den leichtsiedenden Teilen des Braunkohlenteers wiederfindet, wie z. B. im Solaröl, seine Menge darin beträgt etwa 1 bis 2 Proz. Es wird dadurch isoliert, daß man das Öl mit Pikrinsäure erwärmt und in der Kälte das gebildete Pikrat auskrystallisieren läßt. Es wird abgesaugt und mit leicht siedendem Benzin (aus Petroleum)

ausgewaschen; den getrockneten Niederschlag bringt man dann in einen
Kolben mit etwas verdünnter Natronlauge und erhitzt den Inhalt zum Sieden.
Das Naphthalin geht dann über und setzt sich in der Kühlröhre an. Der
Naphthalingehalt, der an sich beim Brennen nicht weiter stört, macht sich
jedoch bei mancher Verwertung des Öls unangenehm bemerkbar. So ist
Braunkohlenteeröl zum Waschen von Salzsäuregas verwendet worden, um
es von Chlorverbindungen des Arsens zu befreien. Es hat sich nun gezeigt,
daß in den Apparaten dabei Verstopfungen auftraten, die ausgeschiedene
Masse erwies sich bei der Untersuchung als Hexachlorbenzol, das aus dem
Naphthalin durch Chlorierung und Aufspaltung anscheinend unter Mitwirkung
des Chlorarsens als Chlorüberträger entstanden war. Andere aromatische
Kohlenwasserstoffe, wie die Abkömmlinge des Benzols, sind nur in geringer
Menge im Braunkohlenteer nachgewiesen worden. Größere Mengen von
hochmolekularen aromatischen Kohlenwasserstoffen entstehen gegen Ende
der Destillation des Teers. Es setzen sich dabei in den Kühlschlangen rotbraune feste Massen ab, die zum großen Teil aus Picen und auch aus Chrysen
bestehen. Es ist aber anzunehmen, daß diese Kohlenwasserstoffe nicht schon
von vornherein im Teer enthalten waren, sondern erst später durch Zersetzung
der Teerdämpfe an den heißen Wänden der Destillationsblase entstanden sind.
Man kann das Picen in ziemlicher Reinheit gewinnen, wenn man das mit
Benzin gewaschene Rohpicen aus Pyridin oder Cumol umkrystallisiert. Es
scheidet sich dabei in Form von weißen Krystallen ab, die bei etwa 340°
schmelzen. Eine Verwertung für das Picen hat sich noch nicht gefunden.

Außer den eigentlichen aromatischen Kohlenwasserstoffen sind auch
noch **hydroaromatische** Kohlenwasserstoffe im Teer enthalten, ähnlich
den Naphthenen aus dem russischen Erdöl, doch ist ihre Menge nicht groß.
Eine Gattung aromatischer Verbindungen ist in großer Menge im Braunkohlenteer enthalten, das sind die **Phenole.** Ihre Gegenwart ist sehr un-
erwünscht, da sie mit großem Aufwand an Chemikalien (Natronlauge) aus
dem Teer entfernt oder aus den Destillationsprodukten mit Alkohol ausgewaschen werden müssen[1]. Ihre Menge beträgt 10 bis 15 Proz. Sie haben
ein hohes spez. Gewicht und verraten sich deswegen schon dadurch
in kreosotreichen Teeren. Zu ihrer Isolierung verfährt man in folgender Weise:
Der Teer oder das Teerdestillat wird mit verdünnter Natronlauge ausgeschüttelt,
die Lösung abgezogen und nun mehrmals mit Benzin oder Äther durchgemischt, so lange, bis das zugesetzte Lösungsmittel fast farblos abgezogen
werden kann. Es hat dies den Zweck, die sog. neutralen Öle, über deren Natur
später gesprochen wird, und die teilweise in der Kreosotnatronlauge löslich
sind, zu entfernen. Die so gereinigte Lösung von Kreosotnatron wird nun
mit verdünnter Schwefelsäure oder Salzsäure zersetzt, die sich abscheidenden
Kreosote abgezogen und durch Erhitzen über 100° entwässert und dann
fraktioniert. Sie bestehen zum größten Teil aus Kresolen. Das Anfangsglied
der Phenolreihe, die Carbolsäure, ist nur in geringen Mengen im Teer enthalten und daraus von *Rosenthal* isoliert worden. Die so gewonnenen Kreosote

---

[1] Vgl. S. 132.

sind nicht rein, sondern enthalten noch einen wesentlichen Anteil an schwefelhaltigen Verbindungen saurer Natur. Ob der Schwefel hierbei an Stelle des Sauerstoffes tritt, oder in welcher Weise er sonst in das Molekül eintritt, ist noch nicht festgestellt. Jedenfalls kann der Gehalt an schwefelhaltigen Verbindungen nicht gering sein, da der Schwefelgehalt allein etwa 1 bis 2 Proz. beträgt, was auf eine Menge von 5 bis 10 Proz. an Schwefelverbindungen hindeutet. Der Schwefel läßt sich auch nicht durch Behandeln der Kreosote mit schwefelabspaltenden Mitteln entfernen; so enthalten die Kreosote, die mehrfach über Bleiglätte destilliert worden sind, immer noch Schwefel. Diese Schwefelverbindungen mögen auch an dem unangenehmen Geruch der Braunkohlenteerkreosote schuld sein, der eine medizinische Verwendung bisher ausschloß. Frisch destilliert stellen die Kreosote ein farbloses, stark lichtbrechendes Öl dar, sie färben sich jedoch schnell an der Luft dunkel. Sie enthalten anscheinend auch mehrwertige Phenole, und es sind schon Abkömmlinge von diesen, wie z. B. Guajacol, darin nachgewiesen worden. Ihr Vorkommen ist schon deswegen wahrscheinlich, weil sie auch aus dem Schwelwasser isoliert worden sind. So gelingt es, aus dem Schwelwasser namentlich im konzentrierten Zustande durch Zufügen von Bleiacetat Brenzcatechin auszufällen, das von *Rosenthal* sogar in größeren Mengen daraus gewonnen wurde. Woraus die hochsiedenden Kreosote des Braunkohlenteers bestehen, die teilweise bis 400° sieden, ist noch nicht ermittelt, sie stellen frisch destilliert hell- bis dunkelbraune zähflüssige Öle dar.

Wie schon früher erwähnt, geht ein Teil des Stickstoffes in den Teer über, ein gewisser Anteil auch in Form von Ammoniak in das Schwelwasser. Die stickstoffhaltigen Anteile des Teers bestehen zum größten Teil aus Pyridin und seinen Homologen. Das Pyridin ist bekanntlich leicht im Wasser löslich, und es verteilt sich deshalb zwischen Schwelwasser und Teer. Die Menge der Pyridinbasen im Teer beträgt etwa $^1/_4$ Proz. Sie sind früher auch technisch gewonnen worden und wurden zur Reinigung des Anthracens und zur Denaturierung des Alkohols gebraucht. Die Vorschriften für solche Denaturierungsbasen sind aber verschärft worden, sie müssen fast ganz bis 140° destillieren und außerdem wasserlöslich sein. Die aus Braunkohlenteer gewonnenen Basen sieden jedoch höher und sind nur unvollkommen im Wasser löslich. Man hat deshalb die Gewinnung wieder aufgegeben, und die Basen gehen beim Mischprozeß in Form ihrer schwefelsauren Salze mit den Abwässern fort.

Auch Chinolin ist aus dem Teer isoliert worden, ebenso Anilin, doch in verschwindenden Mengen. Nitrile sind gleichfalls vorhanden, sie verraten ihre Anwesenheit dadurch, daß beim Destillieren mancher Öle über Ätznatron Ammoniak infolge Aufspaltung der Nitrile auftritt, trotzdem die Öle vorher gesäuert wurden und kein freies Ammoniak mehr enthalten können.

Größere Mengen von Basen sind in anderen Schwelteeren enthalten, z. B. dem der schottischen Industrie, der ja aus dem verhältnismäßig stickstoffreichen Schiefer gewonnen wird. Diese Basen gehören auch meistens den niederen Gliedern der Pyridinreihe an und gehen wegen ihrer leichten

Wasserlöslichkeit in das Ammoniakwasser über. Es ist beabsichtigt, diese Pyridinbasen dort technisch zu gewinnen.

Eine wichtige, wenn auch unerwünschte Rolle spielen die Schwefelverbindungen im Braunkohlenteer. Sie verdanken ihren Ursprung den schon in der Kohle enthaltenen organischen Schwefelverbindungen, denn sowohl das Montanwachs wie auch die Huminsäuren und die Cellulosesubstanz der Kohle sind schwefelhaltig. Das in den Kohlen manchmal enthaltene Doppelschwefeleisen (Markasit) ist unschuldig an diesem Schwefelgehalt, denn auch Kohlen, deren Asche so gut wie eisenfrei ist, geben schwefelhaltige Teere. Der Schwefelgehalt im Teer beträgt etwa $1/2$ bis $1^1/2$ Proz., und er ist auch bis jetzt auf praktische Weise nicht daraus zu entfernen gewesen, trotzdem es nicht an Vorschlägen zur Entschweflung des Teers gefehlt hat. So ist die Behandlung mit konzentrierter und auch mit rauchender Schwefelsäure, mit Aluminiumchlorid, mit Kupfervitriol und mit Natrium empfohlen worden, doch keines dieser Verfahren hat Anwendung in der Praxis gefunden.

Die Menge der Schwefelverbindungen kann nicht gering sein, denn der Schwefel macht doch nur einen Teil im Molekül der Schwefelverbindungen aus und ihre Menge muß mindestens 5 Proz. betragen. Nur wenige sind wirklich isoliert worden.

Die bekannteste Schwefelverbindung ist der Schwefelwasserstoff, dessen Anwesenheit sich schon im Schwelgas sowie im Destillationsgas des Teers verrät. Schwefelkohlenstoff findet sich in den Vorläufen des Teers, doch ist seine Menge nur sehr gering, ebenso die des Thiophens, dessen Anwesenheit von *Erdmann* nachgewiesen wurde. Beim Schütteln mit Quecksilberchloridlösung geben die Teeröle einen weißen Niederschlag, was auf die Gegenwart von Mercaptanen hindeutet, die wohl mit schuld sind an dem schlechten Geruch des Braunkohlenteers und seiner Destillationsprodukte.

Beim Ausschütteln des Teers mit konz. Natronlauge, wie es zur Entfernung der Kreosote ausgeführt wird, geht noch eine Körperklasse mit in Lösung, die sog. neutralen Öle, über deren Natur noch nichts bekannt ist. Man kann sie isolieren, wenn man die Kreosotnatronlauge, die durch Mischen der Teeröle mit Natronlauge von 38° erhalten wurde, nach dem Abziehen mehrere Tage stehen läßt und die sich absetzende Ölschicht abhebt, bis sich keine neue mehr bildet. Dann verdünnt man die Kreosotnatronlauge mit dem mehrfachen Volumen Wasser, worauf es sich abermals in zwei Teile scheidet, einen oberen öligen und einen unteren, aus Kreosotnatronlösung bestehend. Die obere Ölschicht wird abgehoben, mehrfach mit verdünnter Natronlauge ausgeschüttelt und dann fraktioniert. Man erhält hierbei ein eigentümlich riechendes, stark lichtbrechendes Öl von hohem spez. Gewicht, das an der Luft schnell nachdunkelt. Das Öl enthält Sauerstoff und auch Schwefel, ist aber nicht in Lauge löslich und kann deshalb keine Säure und kein Phenol sein. Es reagiert heftig mit Oxydationsmitteln, namentlich Permanganat gleichfalls unter Bildung von Säuren, deren Natur schon vorher beschrieben worden ist. Möglicherweise hat man es hier teilweise mit Ketonen zu tun, doch steht eine genaue Untersuchung dieser Produkte vorläufig noch aus. Auf den Gehalt an Sauerstoff deutet auch der niedrige Verbrennungswert der Öle hin, der nach *Graefe* etwa 9100 WE. betrug. Die eben erwähnte Möglichkeit der Vorkommen von Ketonen im Braunkohlenteer wurde von *Marcusson* und *Picard* nachgewiesen[1]. Darnach beträgt der Gehalt an Ketonen im festen Anteile des Schwelteers allein 27 Proz.; Generatorteer enthält weniger davon. Außerdem wiesen die beiden Forscher noch Oxysäuren im Braunkohlenteer nach, sowie Fettsäuren, deren Vorkommen ja schon aus der unvollkommenen Zersetzung des Montanwachses beim Schwelen geschlossen werden muß. Nach *Marcusson* und *Picard* war die Zusammensetzung zweier Braunkohlenteere folgende:

Art des Teeres	Benzin-unlösliche Stoffe Proz.	Benzinlösliche Bestandteile					
		Unverseifbares		Verseifbares			
		feste Anteile Proz.	flüssige Anteile Proz.	Oxysäuren Äther-unlösl. Proz.	Oxysäuren Äther-lösl. Proz.	Fett-säuren Proz.	Phenole Proz.
Normaler Schwelteer	2,6 (Bitumen)	30	60	0	2,4	3	2
Generatorteer (Urteer)	4,7 (Montan-saurer Kalk)	16	65,3	0,5	4	4,5	5

Im Braunkohlenteer sind nach *Erdmann*[2] folgende Körper enthalten:

Bestandteile des Braunkohlenteers.
1. Kohlenwasserstoffe der Paraffinreihe.

	Formel	Schmelz-punkt	Siedepunkt bei 760 mm
Heptan[3]	C_7H_{16}	—	98°
Normales Nonan[4]	C_9H_{20}	—51°	149,5°
Normales Decan[5]	$C_{10}H_{22}$	—30 bis 32°	173°
Undecan[5]	$C_{11}H_{24}$	—26,5°	194,5°
Heptadecan[6]	$C_{17}H_{36}$	22,5°	303°
Oktadecan[6]	$C_{18}H_{38}$	28°	307°
Nonadecan[6]	$C_{19}H_{40}$	32°	330°
			bei 15 mm
Eikosan[6]	$C_{20}H_{42}$	36,7°	205°
Heneikosan[6]	$C_{21}H_{44}$	40,4°	215°
Dokosan[6]	$C_{22}H_{46}$	44,4°	224,5°
Trikosan[6]	$C_{23}H_{48}$	47,7°	234°

[1] Zeitschr. f. angew. Chemie 1921, Nr. 41, S. 202.

[2] Die Chemie der Braunkohle. S. 92 ff.

[3] *Rosenthal:* Zeitschr. f. angew. Chemie 1893, 109.

[4] *Heusler:* Berichte d. Deutsch. chem. Ges. 25, 1665 [1892]; *Oehler:* Zeitschr. f. angew. Chemie 1899, 561.

[5] *Oehler:* Zeitschr. f. angew. Chemie 1899, 561.

[6] *Krafft:* Berichte d. Deutsch. chem. Ges. 21, 2256 [1888]; 29, 1323 [1896].

2. Kohlenwasserstoffe der Äthylenreihe.

	Formel	Schmelz-punkt	Siedepunkt bei 760 mm
Decylen[1]	$C_{10}H_{20}$	—	—

3. Aromatische Kohlenwasserstoffe.

	Formel	Schmelz-punkt	Siedepunkt bei 760 mm
Benzol[2]	C_6H_6	6,4°	80,4°
Toluol[3].	$C_6H_5(CH_3)$	—93°	111°
m-Xylol[4]	$C_6H_4(CH_3)_2$	—54 bis —53°	139,2°
Mesitylen[5]	$C_6H_3(CH_3)_3$	—	163°
Naphthalin[6]	$C_{10}H_8$	80°	218°
Chrysen[7]	$C_{18}H_{12}$	250°	448°
Picen[8]	$C_{22}H_{14}$	350°	518 bis 520°
Kohlenwasserstoff[9]	$C_{16}H_{18}$	117°	300 bis 303°

4. Naphthene in geringer Menge[10].

5. Basen.

	Formel	Siedepunkt
Pyridin[11]	C_5H_5N	114,5°
α-Picolin[12].	$C_5H_4(CH_3)N$	129°
β-Picolin[13].	$C_5H_4(CH_3)N$	143 bis 144°
γ-Picolin[14].	$C_5H_4(CH_3)N$	ca. 145°
2, 6-Dimethylpyridin[15] (Lutidin)	$C_5H_3(CH_3)_2N$	142 bis 144°
3, 4-Dimethylpyridin[16]	$C_5H_3(CH_3)_2N$	162 bis 164°
2. 4-Dimethylpyridin[17]	$C_5H_3(CH_3)_2N$	150°
2, 5-Dimethylpyridin[17]	$C_5H_3(CH_3)_2N$	154°
2, 4, 7-Trimethylpyridin[18] (Collidin).	$C_5H_2(CH_3)_3N$	170 bis 171°
Chinolin[19]	C_9H_7N	238°
Anilin[20]	$C_6H_5(NH_2)$	184,5°
Nitrile[21].	—	—

[1] *Heusler:* Berichte d. Deutsch. chem. Ges. **28**, 500 [1895].

[2] *Heusler:* Berichte d. Deutsch. chem. Ges. **25**, 1672 [1892]; *Rosenthal:* Zeitschr. f. angew. Chemie 1893, 108; *Krey:* Daselbst 109.

[3] *Heusler:* Berichte d. Deutsch. chem. Ges. **25**, 1673 [1892]; *Oehler:* Zeitschr. f. angew. Chemie 1899, 561.

[4] *Heusler:* Berichte d. Deutsch. chem. Ges. **25**, 1674 [1892]; *Oehler:* Zeitschr. f. angew. Chemie 1899, 561.

[5] *Heusler:* Berichte d. Deutsch. chem. Ges. **25**, 1674.

[6] *Heusler:* Berichte d. Deutsch. chem. Ges. **25**, 1677; *Oehler:* Zeitschr. f. angew. Chemie 1899, 562.

[7] *Adler:* Berichte d. Deutsch. chem. Ges. **12**, 1889 [1879].

[8] *Burg:* Berichte d. Deutsch. chem. Ges. **13**, 1834 ([1880]; *Boyen:* Chem.-Ztg. 1889, 29, 64, 93.

[9] *Oehler:* Zeitschr. f. angew. Chemie 1899, 563.

[10] *Heusler:* Berichte d. Deutsch. chem. Ges. **28**, 488 [1895].

[11] *Rosenthal:* Jahresbericht des Techniker-Vereins der sächs.-thüring. Mineralöl-industrie 1890/91, 7; Chem.-Ztg. **14**, 870.

[12] *Krey:* Berichte d. Deutsch. chem. Ges. **28**, 106 [1895]; *Frese:* Zeitschr. f. angew. Chemie 1903, 12; *Rosenthal:* Daselbst 1903, 221; *Ihlder:* Daselbst 1904, 524.

[13] *Krey:* Berichte d. Deutsch. chem. Ges. **28**, 106; *Ihlder:* Braunkohle **3**, 59 [1904].

[14] *Ihlder:* Braunkohle **3**, 60 [1904].

6. Sauerstoffhaltige Körper.

	Formel	Siedepunkt
Homologe des Acetons[1]	—	—
Phenol[2]	$C_6H_5(OH)$	180 bis 180,5°
o-Kresol[3]	$C_6H_4(CH_3)OH$	190,8°
m-Kresol[3]	$C_6H_4(CH_3)OH$	202,8°
p-Kresol[3]	$C_6H_4(CH_3)OH$	201,8°
Guajacol[4]	$OH \cdot C_6H_4 \cdot OCH_3$	205,1°
Kreosol[5]	$OCH_3 \cdot C_6H_3(CH_3)OH$	221 bis 222°

7. Schwefelhaltige Körper.

	Formel	Siedepunkt
Schwefelkohlenstoff[6]	CS_2	46°
Thiophen[7]	C_4H_4S	84°

B. Der Schieferteer.

Der Schieferteer von Schottland besitzt annähernd die gleiche Zusammensetzung wie der Braunkohlenteer, nur sein Gehalt an stickstoffhaltigen Körpern ist, wie schon erwähnt, größer. Der Teer besteht aus gesättigten und ungesättigten Kohlenwasserstoffen, enthält aromatische Verbindungen und geringe Mengen von Naphthenen.

In dem Teere, der in den siebziger Jahren mit den alten Retorten hergestellt wurde, waren selten aromatische Kohlenwasserstoffe enthalten[8],weil die Schweltemperatur eine niedrige war. In dem Teere aus den neuzeitlichen Retorten hingegen, wo durch die höhere Schweltemperatur Zersetzungen auftreten, können regelmäßig Benzolbestandteile nachgewiesen werden. So fanden sich im Naphtha vom Broxburn, das ein spez. Gewicht von 0,735 besitzt, in der von 55° bis 75° siedenden Fraktion 2,6 Proz. Benzol und in der Fraktion von 100° bis 105° 2,5 Toluol. Naphthalin, Methyltetramethylen, Pentamethylen und Hexamethylen wurden in wechselnden Mengen aus den entsprechenden Teerfraktionen erhalten[9]. Auch Picen und

---

[15] *Ihlder:* Braunkohle **3**, 59 [1904].

[16] *Ihlder:* Zeitschr. f. angew. Chemie 1904, 1670.

[17] *Ihlder:* Braunkohle **3**, 60 [1904]; Zeitschr. f. angew. Chemie 1904, 524.

[18] *Krey:* Berichte d. Deutsch. chem. Ges. **28**, 106 [1895]; *Ihlder:* Braunkohle **3**, 61 [1904]; Zeitschr. f. angew. Chemie 1904, 525.

[19] *Döbner:* Berichte d. Deutsch. chem. Ges. **28**, 106 (1895].

[20] *Oehler:* Zeitschr. f. angew. Chemie 1899, 562.

[21] *Heusler:* Berichte d. Deutsch. chem. Ges. **28**, 488 [1895].

[1] *Heusler:* Berichte d. Deutsch. chem. Ges. **28**, 496 [1895].

[2] *Rosenthal:* Jahresbericht des Techniker-Vereins der sächs.-thür. Mineralölindustrie 1890/91, 6; Zeitschr. f. angew. Chemie 1892, 402.

[3] *Riehm:* D. R. P. Nr. 53 307.

[4] *Vehrigs:* nach *Scheithauer:* Fabrikation der Mineralöle 1895, 222.

[5] *v. Boyen:* Chem.-Ztg. 1889, 357.

[6] *Rosenthal:* Zeitschr. f. angew. Chemie 1893, 109.

[7] *Heusler:* Berichte d. Deutsch. chem. Ges. **28**, 493 [1895].

[8] The Oil Shales of the Lothians, S. 184.

[9] *R. Steuart:* Journ. of the Society of Chem. Ind. **19**, 986.

Chrysen sind nachgewiesen worden[1]. Phenole und Kresole sind gleichfalls Bestandteile des Schieferteers[2].

Ferner enthält er Pyridin- und Chinolinbasen. *Robinson* und *Goodwin*[3] stellten die Chinolinbasen fest und *Garret* und *Smythe*[4] die Glieder der Pyridinreihe. Naphtha enthält $1^1/_2$ Proz. Pyridinbasen. Schwefelhaltige Bestandteile, an ihrem knoblauchartigen Geruche kenntlich, sind auch im Schieferteer enthalten.

Friedrich Heusler[5] fand in der unter 110° siedenden Fraktion des schottischen Schieferteers 42 Proz. Paraffine, 10 Proz. Naphthene, 7,3 Proz. aromatische Kohlenwasserstoffe und 39 Proz. Olefine.

---

[1] The Oil Shales of the Lothians, S. 183.

[2] *Thomas Gray* untersuchte die Phenole im Naphtha. Journ. of the Society of Chem. Ind. 21, 845.

[3] Trans. Roy. Soc. Edin. 28, 561; 29, 265 u. 273.

[4] Trans. Chem. Soc. 1902, 1903.

[5] The Oil Shales of the Lothians, S. 185.

Zwölftes Kapitel.

Die Laboratoriumsarbeit.

Die Laboratoriumsarbeit in den Schwelteerindustrien war in den früheren Jahren, als die wirtschaftliche Lage noch nicht so sehr zur intensiven Ausnutzung aller Produkte zwang, mehr vernachlässigt worden; wir finden aber, daß sie in der neueren Zeit zu einem wesentlichen Faktor in der Industrie herangewachsen ist.

Fast allen Fabriken, die sich mit der Aufarbeitung der Schwelteere beschäftigen, ist ein gut ausgestattetes Laboratorium angegliedert, das verschiedene Funktionen zu erfüllen hat. Einmal handelt es sich darum, durch Auswahl des geeigneten Rohstoffes die Teerausbeute qualitativ und quantitativ zu erhöhen. Ferner durch scharfe Kontrolle der Zwischen- und Endprodukte im Betrieb stets für gleichmäßiges Material zu sorgen und den Ansprüchen der Kundschaft zu genügen. Endlich bei der Auswahl der Hilfsprodukte, die gekauft werden müssen, den Kaufmann in seiner Tätigkeit zu unterstützen, dem ja außer den Preisen keine weiteren Unterlagen beim Einkauf gegeben sind.

Einen wesentlichen Teil der Laboratoriumsarbeit bildet ferner die Ausarbeitung neuer Verfahren, denn die Konkurrenz des Auslandes, der ja Mineralöle in reicher Fülle zur Verfügung stehen im Gegensatz zu dem ölarmen Deutschland, treibt immer mehr durch Vereinfachung der Arbeitsmethoden im Betriebe, sei es durch Ersparnis an Arbeitskraft und Material, sei es durch Verbesserung der Endprodukte, die Stellung der Industrie im wirtschaftlichen Kampf zu stärken. Für die letztere Tätigkeit läßt sich natürlich keine besondere Vorschrift geben, da die hier zu beantwortenden Fragen nicht einheitlicher Natur sind und die ganze Arbeit schon mehr auf das Gebiet des Erfindens hinüberspielt. Im wesentlichen sind die Fragen, die hierbei zu beantworten sind:

Erhöhung der Teerausbeute durch schonendere Destillation des Bitumens.

Vereinfachte Aufarbeitung des Teers, möglichst unter Umgehung der teuren Chemikalien.

Billige Raffination des Paraffins unter gleichzeitiger Hebung der Qualität.

Dazu kommen noch die Arbeiten, die mit der Gewinnung und Verwertung des Montanwachses zusammenhängen, also: Erhöhung der Ausbeute, Verminderung des Verbrauchs an Lösungsmitteln, Ausarbeitung neuer Verfahren zur Verwertung des Wachses, seien es Verfahren zur Raffination des Wachses, seien es Methoden, neue Absatzgebiete für Verwertung des Rohwachses zu erschließen.

Eher lassen sich Vorschriften geben bezüglich der eigentlichen Laboratoriumsarbeit, die sich ja fast Tag für Tag in derselben Weise wiederholt. Meist liegt die Kontrolle der Ausgangs- und Endprodukte geübten Laboranten ob, natürlich unter Oberaufsicht eines Chemikers.

Die Untersuchung der Rohstoffe.

Zunächst kommt hier in Betracht die Prüfung der Rohstoffe, d. i. Prüfung der Schwel- und Feuerkohlen. Man könnte sagen, wichtiger als die ganze Untersuchung der Kohle an sich ist die Probenahme, denn meistens rühren Differenzen nur von der Verschiedenheit der Proben her, die ja bei einem Material von so verschiedener Zusammensetzung, wie die Kohle und die noch dazu in so großen Quantitäten gebraucht wird, besonders schwierig ist. Man verfährt am besten so, daß man von der zu verarbeitenden Kohle von einer möglichst großen Anzahl Wagen an der Mitte und an den Seiten beim Ausstürzen eine Schaufel voll entnimmt und diese Proben dann vereinigt. Durch Zertreten oder Zerstampfen wird diese Probe, die etwa 50 bis 100 kg betragen mag, zerkleinert und in Form eines großen Vierecks gebracht und durch 2 Diagonale in vier Teile geteilt (Fig. 76). Zwei der gegenüberliegenden Dreiecke werden nun vereinigt, gut durchgemischt und abermals in Viereckform gebracht und demselben Verfahren unterworfen usw., bis etwa noch 100 bis 200 g übrigbleiben. Diese 200 g werden in eine gut verschlossene Büchse gefüllt und an

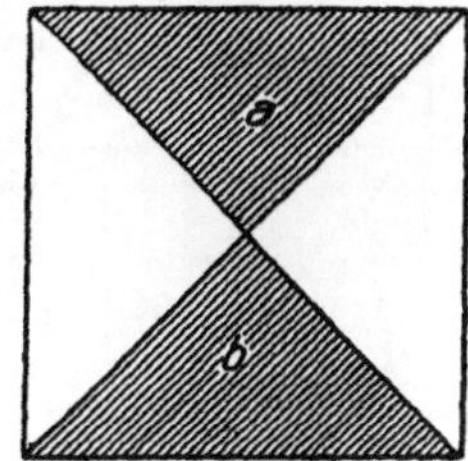

Fig. 76.

das Laboratorium als Probe eingeschickt. Zum Versand dienen entweder Glasbüchsen oder Blechbüchsen; ein Zulöten der Blechbüchsen ist nicht nötig, besonders wenn das Laboratorium nicht weit davon entfernt ist. Den Rand des Deckels kann man, wenn man ein übriges tun will, mit etwas Isolierband, wie es die Elektrotechniker benutzen, verkleben.

Im Laboratorium wird die Probe dann weiter zerkleinert und von ihr dann ausgeführt.

Wasserbestimmung,
Aschebestimmung,
Schwelen,
Heizwert,
Schwelanalyse,
Bitumengehaltsbestimmung.

Je nach den Anforderungen kann man natürlich die eine oder andere Bestimmung weglassen.

Die Wasserbestimmung geschieht dadurch, daß man 10 g der Kohle in einem Trockenschrank, in dem eine Temperatur von 105 bis 110° herrscht, so lange erhitzt, bis keine Gewichtsabnahme mehr stattfindet. Bei sehr genauen Untersuchungen ist es gut, diese Trocknung entweder im Vakuum oder in einem indifferenten Gasstrom, wie z. B. Kohlensäure, vorzunehmen, da die Braunkohle leicht an der Luft oxydiert und sowohl Kohlensäure abgibt, wie auch Sauerstoff aufnimmt.

Die wichtigste Untersuchung, die die Schwelkohle betrifft, ist die auf **Teerausbeute**. Dazu dient ein Apparat, wie er schematisch in Fig. 77 dargestellt ist. Eine Retorte von etwa 200 ccm Inhalt, eine gläserne Vorlage, in die mittels eines Korkes die Retorte hineingepaßt ist und aus der durch ein Gasentbindungsrohr die bei der Destillation entstehenden Gase entweichen. Die Retorte muß von schwer schmelzbarem Glas sein, da sie sonst bei der hohen Temperatur schmilzt, und wird am besten gegen die äußere Abkühlung durch einen übergestülpten Kasten aus Blech oder Asbest geschützt. Die Vorlage taucht in Wasser ein, um die Teerdämpfe möglichst niederzuschlagen, da bei der geringen angewandten Menge schon ein kleiner Verlust sich merklich äußern kann. Zum Schwelen nimmt man 20 bis 50 g der grubenfeuchten Schwelkohle, die man in die Retorte bringt. Der Hals der Retorte wird sauber ausgewischt, damit nichts darin hängen bleibt. Man heizt zunächst die Retorte

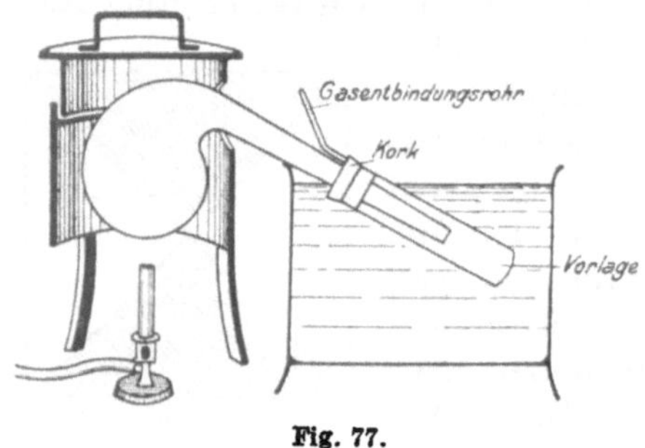

Fig. 77.

mit kleiner rußender Flamme an und verstärkt nach etwa $^1/_2$ Stunde die Hitze, um schließlich, nachdem 1 Stunde lang die größte Hitze gegeben ist, die Flamme wieder klein zu drehen. Die ganze Analyse soll 4 bis 6 Stunden dauern, ein schnelleres Arbeiten ist zu vermeiden, da hierbei die Teerausbeute verringert und der Verlust durch Gasbildung vergrößert wird.

Die Retorte wie die Vorlage sind vor dem Schwelen gewogen worden, und zwar stellt man fest:

Gewicht der leeren Retorte,

     „   „   mit Kohlen gefüllten Retorte,

     „   „   leeren Vorlage,

     „   „   Vorlage nach dem Schwelen,

     „   „   Retorte nach dem Schwelen.

Nach dem Schwelen wird man finden, daß der Inhalt der Vorlage aus 2 Schichten besteht, aus Wasser und aus Teer. Sollte im Hals der Retorte noch etwas Teer sitzen, so wird er durch Erwärmen mit der Flamme flüssig gemacht und zu dem Inhalt der Vorlage hinzugegeben. Die Teertröpfchen kann man schwer vom Wasser trennen, man verfährt deshalb folgendermaßen: Nachdem die Vorlage mit dem Inhalt gewogen worden ist, füllt man sie mit heißem Wasser ziemlich an, der Teer schmilzt dadurch zusammen, und das Ganze wird dann in ein Gefäß mit kaltem Wasser oder Eis gestellt, wodurch der flüssige Teer zu einem Kuchen erstarrt. Der Teerkuchen wird abgehoben, mit Fließpapier getrocknet und gewogen.

Die Differenz im Gewicht der Retorte nach dem Schwelen und der leeren Retorte gibt die Koksausbeute. Die Menge des Schwelwassers erfährt man, wenn man vom Gewicht der Vorlage nach dem Schwelen das Gewicht des Teerkuchens und der leeren Vorlage abzieht. Was schließlich noch bei der Summe Koks, Teer und Schwelwasser im Vergleich zur angewandten Kohlenmenge fehlt, ist der Verlust durch Vergasung.

Franz Fischer hat einen Schwelapparat gebaut, der fast unbegrenzt haltbar ist und der gestattet, die Schweltemperatur besser zu regulieren als es die Glasretorte erlaubt. Er besteht (Fig. 78) aus einem Aluminiumklotz, in den ein Deckel eingeschliffen ist[1]. Die Einrichtung·ist aus der Abbildung leicht zu erkennen.

Die bei der Schwelanalyse erhaltenen Zahlen sind nicht gleich auf den Großbetrieb übertragbar, da man hier mit weit höheren Verlusten infolge Zersetzung zu rechnen hat, denn die Schwelöfen sind nicht so dicht, wie eine Glasretorte und lassen sowohl Teerdämpfe nach außen in die Feuerung, wie Luft ins Innere des Schwelofens dringen. In beiden Fällen hat man dann Verlust durch Verbrennung von Teerdämpfen. Diesen Verlust hat man erfahrungsgemäß mit 30 bis 40 Proz. zu veranschlagen und darf deswegen nur 60 bis 70 Proz. der Teermenge als im Betriebe wirklich gewinnbar einsetzen. In der Braunkohlenteerindustrie pflegt man ferner die Teerausbeute nicht in Prozenten, sondern in Kilo Teer pro Hektoliter Kohle anzugeben.

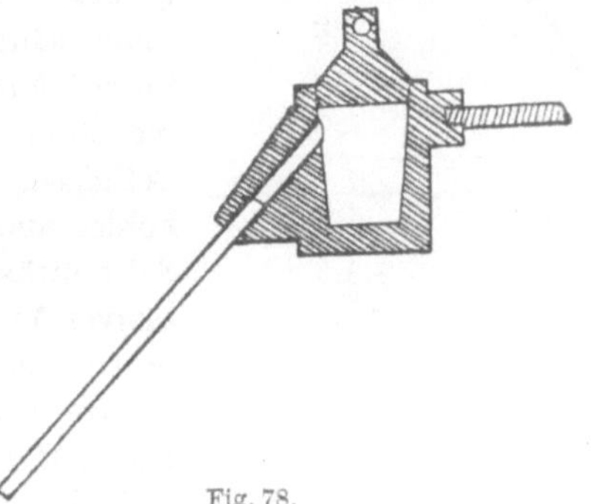

Fig. 78.

Da nun 1 hl Kohle rund 75 kg wiegt, so muß man die erhaltenen Prozente noch mit 75/100 multiplizieren.

Die Angabe der Teerausbeute auf Hektoliter berechnet, sowie die gleichzeitige Berücksichtigung des Verlustes im Schwelofen ist aber eigentlich jetzt veraltet und sollte am besten zu gunsten der Angabe der Ausbeute einfach in Prozenten verlassen - werden. Einmal sind neue Verarbeitungsverfahren, wie die Generator-Schwelerei in Gebrauch, bei denen der Verlust im Schwelofen natürlich nicht mehr in Betracht kommt, zum anderen werden Materialien verarbeitet, auf die die Zahl von 75 kg pro hl nicht mehr zutrifft, wie zum Beispiel bei der Vergasung von Briketts im Generator und schließlich sind in der letzten Zeit verschiedene Fortschritte im Bau von Schwelöfen gemacht worden, die den Verlust im Schwelofen herabgedrückt haben. Es empfiehlt sich daher die Angabe der Teerausbeute in Prozenten. Nötig ist allerdings die Umrechnung der Teerausbeute auf den Wassergehalt des grubenfeuchten Materials, sobald man Kohle zu untersuchen hat, die vielleicht durch den Versand schon an Grubenfeuchtigkeit verloren hat.

Hat man ferner aus irgendeinem Grunde ein trockenes Material zum Schwelen verwendet, so muß man, um praktisch brauchbare Ergebnisse zu erhalten, die Resultate auf das grubenfeuchte umrechnen. Bei Braunkohle rechnet man im allgemeinen mit 50 bis 55 Proz. Grubenfeuchtigkeit.

---

[1] Zeitschr. f. angew. Chemie **33**, S. 172 [1920]; Brennstoffchemie **2**, 106 [1921].

Wenn, wie schon erwähnt, in der Praxis beim Schwelen infolge der hohen Verluste auch die Ausbeute eine andere ist, so hat es keinen Zweck, den in der Glasretorte gewonnenen Teer analytisch weiter zu untersuchen, was wegen der geringen Menge auch Schwierigkeiten haben würde.

Will man den Teer auch prüfen, so muß man schon einen größeren Schwelversuch mit mehreren Kilo des Rohstoffes (d. i. Kohle oder Schiefer) vornehmen, so daß man wenigstens 100 g des Teers erhält. Auch dieser Teer ist noch nicht maßgebend für den Großbetrieb, doch kommt er ihm wenigstens wesentlich näher als der in Glasretorten gewonnene Teer.

Für solche Zwecke hat *Franz Fischer* eine rotierende Schweltrommel konstruiert, bei der man mehrere Kilogramm der Kohle auf einmal in Arbeit nehmen kann[1].

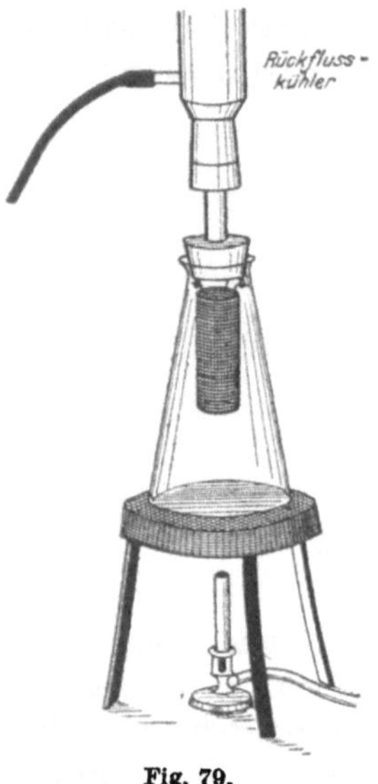

Fig. 79.

Außer dem Teer kann man noch das Schwelwasser prüfen. Es ist dies zweckmäßig bei neuen Materialien, in denen man einen hohen Stickstoffgehalt vermutet. Man prüft das Wasser auf seine saure oder alkalische Reaktion. Geologisch junges Material, wie Torf und Lignit, geben sauer reagierende Schwelwässer infolge Zersetzung der Cellulose, älteres Material, wie Braunkohle und Steinkohle, auch bituminöser Schiefer, dagegen alkalische Schwelwässer. Diese Prüfung ist natürlich nur qualitativer Art. Will man die Menge des Stickstoffes genau bestimmen, um sich etwa ein Bild über die Ammoniakausbeute zu machen, so muß man direkt mit dem Rohstoff die Stickstoffbestimmung vornehmen, was am einfachsten nach der Methode von *Kjeldahl* geschieht.

Einigen Anhalt über die Güte einer Schwelkohle gibt auch die Bestimmung des Bitumens. Je reicher eine Kohle an Bitumen ist, um so mehr und um so wertvolleren Teer wird sie im allgemeinen geben. Unter Bitumen ist hierbei die durch Lösungsmittel extrahierbare Substanz der Braunkohle zu verstehen. Was hier von der Braunkohle gesagt wird, ist nicht ohne weiteres auf den bituminösen Schiefer übertragbar, da z. B. schottische Schiefer, die sehr viel Teer (20 bis 50 Proz.) geben, doch nichts in organischen Lösungsmitteln Lösliches enthalten[2].

Die Bestimmung des Bitumens wird am besten mit der feuchten Kohle vorgenommen, da die Extraktion der trockenen Kohle zu niedrige Ausbeuten[3] liefert. Das haben auch *Franz Fischer* und *W. Schneider* festgestellt. Zur Extraktion verwendet man irgendeinen beliebigen Extraktionsapparat, wie

---

[1] Veröffentlichung des Kohlenforschungs-Instituts, gesammelte Abhandlungen zur Kenntnis der Kohle, Bd. I, S. 122.

[2] Vgl. S. 24.

[3] *Franz Fischer* und *Wilh. Schneider:* Gesammelte Abhandlungen zur Kenntnis der Kohle, Bd. 3, S. 315.

z. B. den *Soxhlet*schen oder den vom Verfasser[1] konstruierten (Fig. 79). Man gibt 10 g der getrockneten Kohle in eine Hülse aus Filterpapier und überdeckt sie mit etwas Baumwolle. Man bringt den Rückflußkühler so an, daß das kondensierte Lösungsmittel durch die Patrone hindurchsickert. In den Extraktionskolben gibt man etwa 100 ccm Benzol und fügt zur Vermeidung des Stoßens beim Sieden einige Steinchen oder einige Stückchen von Tonteller hinzu. Dann erhitzt man das Benzol zum Sieden und erhält es 2 Stunden lang dabei. Darauf gießt man den Inhalt des Kolbens, der sich durch das gelöste Bitumen braun gefärbt haben wird, in eine tarierte Schale und verdampft das Lösungsmittel auf dem Wasserbade. Die letzten Reste des Lösungsmittels gehen sehr schwer fort, und es empfiehlt sich deshalb, die Schale auf der direkten Flamme vor dem Wägen auf etwa 150° zu erwärmen. Dann läßt man erkalten und wiegt die Schale samt Inhalt zurück. Will man das Bitumen nicht weiter untersuchen, sondern nur seine Menge feststellen, so kann man die Analyse abkürzen, indem man die Bitumenlösung in einem Glaskolben mit Benzol auffüllt, davon eine gewisse Menge abpipettiert und auf einem gewogenen Uhrglas eindampft. Die Menge des so erhaltenen Bitumens entspricht natürlich nur der, die man im Betriebe mit dem zur Untersuchung angewendeten Lösungsmittel erhält, es sei aber erwähnt, daß man nach *Franz Fischer* durch Extraktion der Kohle mit Benzol unter Druck oder durch Anwendung von Lösungsmittelgemischen (D. R. P. der *A. Riebeck*schen Montanwerke A.-G. Nr. 305 349) wesentlich höhere Ausbeuten erhält als durch Anwendung von Benzol allein und bei gewöhnlichem Druck[2]. Gute Kohlen enthalten etwa 10 bis 20 Proz. Bitumen auf trockene Kohle berechnet. Besonders wichtig ist die Bitumenbestimmung bei der Bewertung von Kohlen, die zur Extraktion des Bitumens bestimmt sind. So sind neuerdings verschiedene Fabriken entstanden, die sich ausschließlich mit der Extraktion beschäftigen. Das Bitumen stellt eine schwarzbraune spröde Masse von etwa 80 bis 85° Schmelzpunkt dar, die im großen Maßstabe zur Fabrikation von Phonographenwalzen und Schuhcreme benutzt wird. Über die Untersuchung des Bitumens wird später berichtet werden.

Die Untersuchung des Schwelteers und der anderen Schwelerzeugnisse.

Die Untersuchung des Teers hat vor allem den Zweck, festzustellen, wieviel Paraffin in ihm enthalten ist, da das Paraffin den wertvollsten Anteil des Teers darstellt. Angenähert kann man schon durch die Bestimmung des spez. Gewichts und des Erstarrungspunktes darüber Aufschluß erhalten. Je leichter ein Teer ist, um so mehr pflegt er im allgemeinen Paraffin zu enthalten, je ärmer er daran ist, um so schwerer ist er. Das spez. Gewicht wird nicht allein durch einen Mindergehalt an Paraffin erhöht, sondern auch durch den Gehalt an Kreosot. Das Kreosot ist ein Bestandteil, der nur wenig wert

---

[1] Dr. *Edm. Graefe.*
[2] Vergl. S. 100.

ist und mit großen Kosten aus dem Teer entfernt werden muß. Also auch aus diesem Grunde wird man einen leichteren Teer dem schwereren vorziehen.

Die Ermittlung des spez. Gewichts muß in der Wärme erfolgen, da der Teer bei gewöhnlicher Temperatur fest ist. Die jetzt in der Industrie verwandten Teere wiegen bei 40° etwa 0,880 bis 0,910, Abweichungen nach oben und unten kommen natürlich vor. Wie schon erwähnt, ist auch ein hoher Erstarrungspunkt des Teers ein Zeichen von hohem Paraffingehalt, doch ist dieses Kennzeichen nicht untrüglich, da z. B. manche Generatorteere, die noch unzersetztes Bitumen enthalten, dadurch einen hohen Schmelzpunkt aufweisen, trotzdem ihr Paraffingehalt niedrig ist. Gute Braunkohlenteere erstarren etwa zwischen 20 und 30°.

Ein einwandfreies Bild über die Güte eines Teers erhält man nur durch die Destillation mit nachfolgender Untersuchung der Produkte. Zur Destillation des Teers verwendet man etwa 300 g. Die Destillation erfolgt entweder aus einem Glaskolben oder aus einer kleinen Destillationsblase aus Metall. Man erwärmt im Anfang den Teer vorsichtig, namentlich wenn er etwas Wasser enthält, da er sonst leicht überschäumt. Als Vorlagen dienen tarierte Bechergläser. Arbeitet man mit Hilfe eines Wasserkühlers zur Kondensation der Teerdämpfe, so. muß man beachten, daß man nach dem Auftreten des Paraffins im Destillat entweder den Wasserzufluß abstellt, oder den Kühler mit warmem Wasser speist, da er sich sonst durch festes Paraffin verstopft. Man destilliert so schnell, daß in der Sekunde etwa 3 bis 4 Tropfen vom Kühler fallen. Ein Stück Eis dient dazu, um zu prüfen, wann ein Tropfen des Destillats auf dem Eis erstarrt. Es ist das ein Zeichen, daß Paraffin auftritt, und man wechselt dann die Vorlage. Das erste paraffinfreie Destillat wird als Rohöl bezeichnet. Von der Paraffinmasse wird so viel heruntergenommen, daß sie mit dem Rohöl zusammen 93 Proz. des angewandten Teers ausmacht, den Rückstand rechnet man als sog. rote Produkte und als Koks.

Sehr rohe Teere, namentlich solche, die noch feste Bestandteile, wie Kohlenstaub, enthalten, geben nicht ganz 93 Proz. Destillat, sondern dafür mehr Rückstand. Hier destilliert man bis zur Trockene. Bei solchen Teeren bestimmt man auch die Koksmenge, indem man aus einer Metallblase den Koks herauskratzt und wiegt, oder, falls man einen Glaskolben angewandt hat, indem man den Glaskolben einschließlich Destillationsrückstand wiegt.

Wichtig ist die Bestimmung des Wassergehaltes des Teers. Zwar kommt sie nicht so sehr für Schwelteere in Betracht, die sich ja im allgemeinen gut vom Wasser trennen und die auch kaum Gegenstand des Handels sind, da sie von den Braunkohlenteerschwelereien direkt in den meist angegliederten Fabriken verarbeitet werden; sie ist aber um so wichtiger bei der Prüfung der Handelsbraunkohlenteere, die meist aus Generatoren stammen. Diese sind ziemlich dickflüssig und besitzen ein so hohes spezifisches Gewicht, daß sich das beigemengte Wasser nicht absetzt. Es kommen solche Teere in den Handel, die bis 50 Proz. freies Wasser enthalten. Da die über 5 Proz. betragende Menge gewöhnlich vom Preis abgesetzt wird, ist die Wasserbestimmung sehr wichtig. Sie geschieht dadurch, daß man 50 oder 100 g einer guten Durchschnittsprobe mit toluolhaltigem Benzol im Verhältnis 1 : 1 destilliert und in einem graduierten Gefäß die Destillate auffängt. Man kann dann das Wasser direkt durch Messung bestimmen. Man könnte natürlich auch den Teer ohne Zusatz von Benzol destillieren, doch neigt solcher Teer sehr zum Übergehen und explosionsartigem Aufschäumen, so daß man in der angegebenen Weise verfährt. Wenn die Temperatur des Teers 150° beträgt, kann man annehmen, daß alles Wasser übergegangen ist. — Generatorteere enthalten auch oft viel Kohlenstaub oder Asche, die den Teer verschlechtern und auch das Absetzen des Wassers erschweren. Man bestimmt den Schmutz derart, daß man 20 g des Teers in 100 ccm Benzol löst, durch ein gewogenes Filter filtriert bis aller Teer ausgewaschen ist. Vor dem letzten Auswaschen wäscht man noch einmal mit etwas absolutem Alkohol, um etwa noch zurückgebliebenes Wasser auszuwaschen, wäscht dann mit Benzol nach, trocknet dann und wiegt das Filter, die Gewichtsdifferenz entspricht dem beigemengten Schmutz.

Von dem destillierten Rohöl und der Paraffinmasse ermittelt man zunächst den Kreosotgehalt. Es geschieht das dadurch, daß man in einem graduierten Zylinder (am besten die in der Industrie verwandten Kreosotrohre, wie sie die Fig. 80 zeigt) 50 T. des zu behandelnden Öls mit 20 bis 30 Volumenteilen Natronlauge von 38° gut schüttelt, in warmem Wasser absetzen und dann abkühlen läßt.

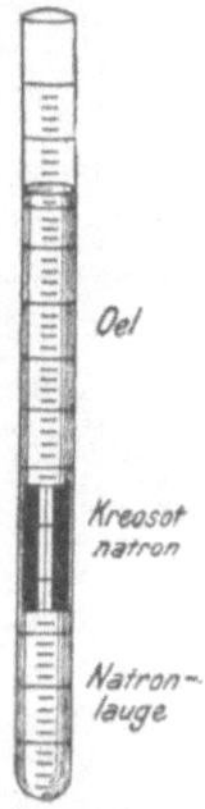

Es werden sich dann drei Schichten gebildet haben. Eine untere, die aus Natronlauge, eine mittlere, die aus Kreosotnatronlösung und eine obere, die aus kreosotfreiem Öl besteht. Man nimmt an, daß die Kreosotnatronlösung zur Hälfte aus Kreosot, zur Hälfte aus Natronlösung besteht; es gibt also dann die Anzahl der Teilstriche der mittelsten Schicht die Prozente Kreosot an (bei Anwendung von 50 ccm Öl). Die Bestimmungsmethode beruht auf Erfahrungsgrundsätzen, sie ist nicht ganz genau, doch leistet sie für Vergleichszwecke gute Dienste. Will man genau die Menge Kreosot bestimmen, so muß man so verfahren, daß man das Öl etwa mit der gleichen Menge verdünnter Lauge von 12° ausschüttelt und dann die Volumenabnahme des Öls ermittelt[1].

Fig. 80.

Braunkohlenteere, wie sie jetzt verwandt werden, enthalten etwa 12 bis 25 Proz. Kreosot im Rohöl und 6 bis 10 Proz. in der Paraffinmasse, wobei Abweichungen nach oben und unten vorkommen. Hierbei ist das Kreosot mit 38° Bé-Lauge ermittelt worden, es sind hierbei die sogenannten neutralen Öle mit herausgelöst, der Gehalt an reinen Phenolen ist niedriger und beträgt etwa $^1/_3$ bis $^2/_3$ der mit konzentrierter Lauge erhaltenen[2].

Die wichtigste Bestimmung ist jedoch die Ermittlung des Paraffingehaltes. Sie wird nur mit der Paraffinmasse ausgeführt und kann auf zweierlei Weise erfolgen. Einmal durch Pressen, zum anderen nach den Ausfällungs-

---

[1] Vgl. *Graefe:* Zur Kreosotbestimmung in Braunkohlenteerprodukten. Braunkohle 1907, Nr. 17.

[2] Vgl. Braunkohle 1907, Nr. 17.

verfahren von *Holde* und *Zaloziecki*. Beim Preßverfahren werden etwa 200 g
der Paraffinmasse, wie sie durch die Destillation erhalten wurde, 4 Stunden
lang in einem Eisschrank auf —5 bis —10°abgekühlt, dann wird der so erhaltene
Paraffinkuchen schnell zerschnitten, in Filterpapier und in ein gleichfalls abgekühltes Tuch eingepackt. Das Paket wird in einer großen Schraubenpresse,
zur Not auch einer Kopierpresse, scharf ausgedrückt und der im Tuch bleibende
Paraffinkuchen gewogen. Er enthält noch einige Prozent Öl, doch stimmen
die auf diese Weise erhaltenen Paraffinausbeuten mit denen des Großbetriebs
im allgemeinen gut überein, da beim Pressen und infolge sonstiger Erwärmung
immer wieder etwas Paraffin in Lösung geht. Mit kleineren Mengen arbeitet
man bei den Paraffinbestimmungsmethoden nach *Zaloziecki* und *Holde*.

Nach *Zaloziecki*[1] löst man 5 g der Masse in der zehnfachen Menge Amylalkohol und setzt das gleiche Volumen Äthylalkohol hinzu, kühlt dann
3 Stunden in einem Eisschrank auf —5° ab und
bringt das Ganze gleichfalls im Eisschrank auf
ein Filter und wäscht mit stark abgekühltem
Äthylalkohol nach, bis der Filterinhalt weiß
aussieht. Den Rückstand bringt man dann in
eine tarierte Schale und verjagt auf dem Dampfbade den noch anhaftenden Alkohol.

Beim Verfahren nach *Holde*[2] wird an Stelle
des Amylalkohols Äthyläther genommen; 5 g
der Substanz werden bei gewöhnlicher Temperatur in soviel eines Gemisches von Äthyläther
und Alkohol zu gleichen Teilen gelöst, bis eine
klare Lösung entsteht. Nun kühlt man auf
—20° in einer Kältemischung ab und fügt
soviel Ätheralkohol hinzu, bis alle öligen Teile
verschwunden sind. Dieses Gemisch wird dann
durch ein gleichfalls vorher stark abgekühltes
Filter filtriert. Je schneller man arbeitet, um so

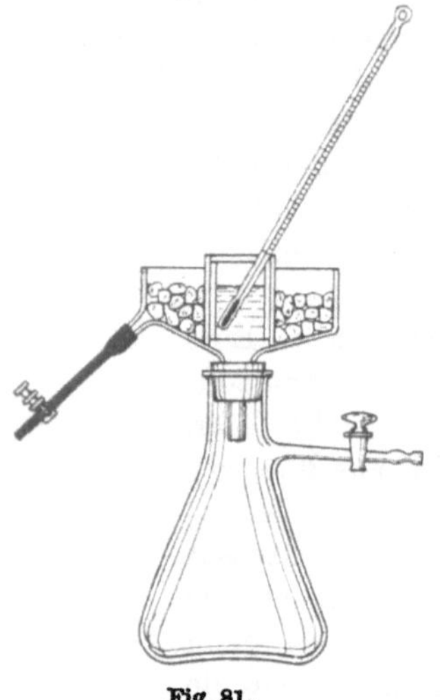

Fig. 81.

weniger hat man Verlust infolge Erwärmung der Lösung. Aus diesem Grunde
eignet sich sehr gut ein Absaugapparat, wie er von *Fleischer* konstruiert worden ist
(Fig. 81 [Chem.-Ztg. 1905, 389]), der etwa eine Art doppelwandigen Büchner-
trichter vorstellt, bei dem die Wandung durch Einfüllen von Kältemischung
abgekühlt werden kann. Der Filterrückstand wird nach dem Absaugen mit
etwas gekühltem Ätheralkohol nachgewaschen und behandelt, wie bei der
Zaloziecki-Methode beschrieben wurde.

Die beiden Verfahren von *Zaloziecki* und *Holde* haben den Vorteil, daß
man sie auch für Öle, die nur wenig Paraffin enthalten, anwenden kann,
während das Preßverfahren nur für Paraffinmasse zu gebrauchen ist.

---

[1] Dinglers Polytechn. Journ. **270**, 274; Zeitschr. f. angew. Chemie 1888, 221.
[2] Mitteil. aus d. königl. techn. Versuchsanstalten 1898; Zeitschr. f. angew. Chemie
1897, 116.

Von dem so erhaltenen Paraffin bestimmt man noch den Schmelzpunkt, entweder nach der in den organischen Laboratorien üblichen Methode im Capillarrohre, oder indem man einen Tropfen an einem Thermometer erstarren läßt, das gedreht wird und dessen Kugel man vorher anwärmte. Sobald der Tropfen erstarrt und von der gedrehten Quecksilberkugel mitgenommen wird, ist der Erstarrungspunkt des Paraffins erreicht. Die Teere, wie sie jetzt verarbeitet werden, enthalten etwa 10 bis 15 Proz. Paraffin auf den Teer berechnet und vom Schmelzpunkt 47 bis 53°.

Was die Untersuchung der übrigen Schwelprodukte, Grudekoks, Schwelgas und Schwelwasser anlangt, so gibt dieselbe zu keinen weiteren Bemerkungen Anlaß. Den Grudekoks prüft man auf Brennbarkeit, Wassergehalt, Aschengehalt und Heizwert.

Die Brennbarkeit kann nur im größeren Maßstabe ermittelt werden, und zwar in einem sog. Versuchsgrudeofen, der ähnlich konstruiert ist wie die in den Haushaltungen verbreiteten Grudeöfen (vgl. S. 91).

Der Wassergehalt wird bestimmt durch Trocknen eines gewogenen Quantums Koks bis zur Gewichtskonstanz.

Der Aschegehalt wird durch Veraschen eines Grammes Grudekoks im Tiegel bestimmt. Zu vermeiden ist hierbei ein zu heftiges Glühen, da sonst ein Teil der Kohlensäure aus den Carbonaten der Asche ausgetrieben werden kann und der Aschegehalt dadurch zu niedrig gefunden wird.

Den Heizwert kann man entweder durch direkte Verbrennung des Koks in der calorimetrischen Bombe bestimmen, oder auch mit ziemlicher Genauigkeit nach folgender Formel:

$$\frac{8140\,(100 - a - w) - 600\,w}{100}$$

worin bedeutet a den Aschengehalt, w den Wassergehalt des Koks in Prozenten, da der Grudekoks, wenn er gut durchgeschwelt ist, fast nur aus Kohlenstoff und Asche besteht. Das Wasser gelangt durch das Ablöschen hinein.

Sollte ein Koks schlecht brennen, so kann man sich noch durch Ermittlung des Salzgehaltes von den Gründen der schlechten Brennbarkeit überzeugen. Salzhaltiger Grudekoks brennt nämlich schlecht, da die Salzteilchen in der Hitze schmelzen, den Koks gewissermaßen glasieren und so vor dem Verbrennen schützen. Das Salz ist schon in der Kohle enthalten, und es läßt sich nicht viel gegen diesen Übelstand tun; etwas Besserung bringt das Auslaugen des ausgeschwelten Koks mit Wasser. — In neuerer Zeit hat man die Prüfung des Grudekokses noch dadurch ergänzt, daß man 1 g des Kokses in einer kleinen Eisenretorte im elektrisch geheizten Tiegelofen erhitzt und die Menge Gas mißt, die dabei entbunden wird. Eine große Gasausbeute, etwa über 150 ccm zeigt an, daß der Koks nicht genügend ausgeschwelt ist, eine geringe, von unter 90 ccm, daß der Koks totgeschwelt worden ist, das heißt, zu sehr seiner Gasbestandteile beraubt, was sich im schlechten Glimmen des Kokses im Grudeofen zeigen wird.

Das Schwelgas, das zum größten Teil noch zum Heizen der Schwelöfen verwandt wird. kann auf seine Heizkraft untersucht werden, was mit Hilfe des *Junkers*schen Calorimeters oder mit Hilfe des kleinen, vom Verfasser[1] konstruierten, tragbaren Calorimeters geschieht. Es ist auch möglich, den Heizwert nach einer der bekannten Formeln aus der analytischen Zusammensetzung des Gases zu berechnen. Sollte das Gas zum Motorenbetrieb verwendet und vorher gereinigt werden, so kommt noch die Prüfung auf Schwefelwasserstoff hinzu, die qualitativ im gereinigten Gase mit Hilfe von Bleireagenspapier, quantitativ im ungereinigten durch Titration des Gases mit Jodlösung und Thiosulfat erfolgt.

Das **Schwelwasser** besitzt etwa 0,1 Proz. Stickstoff. Den Stickstoffgehalt ermittelt man dadurch, daß man ein größeres Quantum des Schwelwassers ansäuert, auf ein kleines Volumen eindampft und dann mit Natronlauge das Ammoniak frei macht, das in normaler Salzsäure aufgefangen wird. Durch Rücktitration der Säure mit normaler Lauge findet man die Menge des freigemachten Ammoniaks. Einen genauen Gang der Untersuchung des Schwelwassers findet man im Laboratoriumsbuch für die Braunkohlenteerindustrie des Verfassers, S. 54.

Die Untersuchung der Schwelteeröle.

Im Laufe der Teerverarbeitung sind zu untersuchen die einzelnen Destillationsprodukte des Teers, die Hilfsmittel, wie Schwefelsäure, Ätznatron und Entfärbungspulver sowie das erzeugte Paraffin.

Hinsichtlich der Untersuchung der Öle und Paraffinmassen sei auf das vorher bei der Untersuchung des Teers Gesagte verwiesen, wenigstens soweit als es Kreosot- und Paraffinbestimmungen als die wichtigsten Ermittlungen anlangt. Bei der Untersuchung der Endprodukte ist von den Ölen noch zu bestimmen das spez. Gewicht, die Siedeanalyse, der Flammpunkt, Viscosität, der Erstarrungspunkt, der Schwefelgehalt, der Heizwert.

Das **spez. Gewicht** wird mit Hilfe von Aräometern ermittelt, wie sie in der Mineralölindustrie üblich sind. Berücksichtigt muß hierbei werden, daß die Öle in der Wärme ein niedrigeres spez. Gewicht zeigen, und man muß deshalb alle Angaben auf eine Einheitstemperatur (15 oder 20° je nach den Vorschriften) umrechnen. Jeder Grad mehr bei der Bestimmungstemperatur erniedrigt das spez. Gewicht um 6 bis 8 Stellen der vierten Dezimale.

Die **Siedeanalyse** wird in dem in der Petroleumindustrie üblichen Destillierapparat von *Engler* ausgeführt. Dieser Apparat ist allgemein in der Schwelteerindustrie üblich und wird sowohl in Deutschland wie in Schottland gebraucht. Zur Bestimmung werden 100 ccm genommen und in Intervallen von 50 zu 50° die Menge des Destillats abgelesen. Die Destillation soll so schnell erfolgen, daß 1 bis 2 Tropfen in der Sekunde vom Ende des Kühlers abfallen. Man geht mit der Feststellung der Siedetemperatur nicht über 300° hinaus, da dann schon Zersetzungen eintreten. Bei paraffinhaltigen Ölen bestimmt man noch, bei welchem Punkt der Destillation Paraffin auf-

---

[1] Dr. *Edm. Graefe:* Laboratoriumsbuch für die Braunkohlenteerindustrie, S. 49.

tritt, indem man einen Tropfen des Destillats vom Kühler auf Eis bringt. Sollte dieser Punkt der Erstarrung über 300° liegen, so entfernt man vorher das Thermometer vom Kolben, den man nur mit einem einfachen Kork verschließt.

Der Flammpunkt wird in einem der in der Industrie üblichen Apparate ermittelt, und zwar bei niedrig flammenden Ölen mit Hilfe des *Abel*-Apparates, bei hoch entflammenden im Apparat von *Pensky* oder im Porzellantiegel. In Schottland ist gleichfalls der *Abel*sche Apparat im Gebrauch.

Nötig ist ferner, die Viscosität der Öle zu ermitteln. An sich ist diese Bestimmung nicht von Bedeutung, da die meisten Braunkohlenteeröle so dünnflüssig sind, daß sie nicht direkt als Schmiermittel verwendet werden können, doch dienen einige hoch siedende Öle zum Verschneiden von solchen. Die Bestimmung hat vor allem den Zweck, zu verhüten, daß Öle mit einer Viscosität von mehr als 2,66 aus der Fabrikation herausgehen, da solche Öle bei der Beförderung einem höheren Tarifsatz unterliegen. Die Bestimmung der Viscosität geschieht mit Hilfe des bekannten *Engler*schen Viscosimeters, über dessen Gebrauch wohl hier keine besondere Anleitung gegeben zu werden braucht.

In neuerer Zeit werden allerdings auch große Mengen Schmieröle aus Braunkohlenteer hergestellt, und zwar entweder durch direkte Destillation oder durch nachträgliche Behandlung an sich dünner Braunkohlenteeröle mit Kondensationsmitteln: In diesen Fällen ist natürlich die Bestimmung der Viscosität wichtig. — Oft erhält man zur Prüfung im Laboratorium nur geringe Mengen Öle, die eine Ermittlung der Viscosität im *Engler*-Apparat nicht gestatten. Hier hilft man sich so, daß man sich eine 5 ccm-Pipette durch Ausfließenlassen von Ölen von bekannter Viscosität eicht und mit dieser Pipette dann das zu prüfende Öl auf seine Viscosität untersucht. Hierbei muß man natürlich genau die Temperatur einhalten, bei der die Pipette geeicht war, gewöhnlich 20°.

In der schottischen Industrie benutzt man zur Bestimmung der Viscosität das Viscosimeter von *Redwood*[1].

Der Erstarrungspunkt der Öle wird dadurch ermittelt, daß man etwas von dem Öl in ein Reagensglas füllt und ein Thermometer einsenkt. Das Ganze wird dann in Kältemischung gebracht und von Zeit zu Zeit durch Herausnehmen und Neigen des Reagensglases festgestellt, wann das Öl nicht mehr fließt. Diese Bestimmung wird vor allem bei den Ölen ausgeführt, die zum Verschneiden von Schmierölen dienen sollen, und bei denen es vor allen Dingen darauf ankommt, daß sie nicht zu hoch erstarren. Solche Öle erstarren etwa bei —5 bis —10°.

Der Schwefelgehalt wird durch Verbrennen des Öls in einer mit Sauerstoff gefüllten Flasche und Absorption mit nachfolgender Oxydation der Verbrennungsprodukte durch eine Lösung Natriumsuperoxyd bestimmt (Fig. 82). Die Ermittlung des Schwefels hat mehr informatorischen Wert, da der Schwefel eine gegebene Größe in den Braunkohlenteeren ist, die man nicht im Laufe-

---

[1] *Scheithauer:* Die Fabrikation der Mineralöle, S. 201.

der Fabrikation beeinflussen kann. Im allgemeinen wird man schwefelärmere
Öle lieber als Gasöle verwenden, da dadurch die Reinigung weniger belastet
wird. Im allgemeinen aber ist es gleichgültig für die Qualität des erzeugten
Gases, ob es aus schwefelarmem oder schwefelreichem Braunkohlenteeröl er-
halten wurde, da die schwefelhaltigen Produkte fast alle in den Teer gehen
oder von der Reinigung zurückgehalten werden. Über die genaue Ausführung
der Schwefelbestimmung finden sich· Angaben im Laboratoriumsbuch des
Verfassers über die Braunkohlenteerindustrie, S. 6, bzw. Zeitschr. f. angew.
Chemie 1904, 610. Die Braunkohlenteere enthalten etwa 0,5 bis 1,5 Proz.
Schwefel in organisch gebundener Form.

Der Heizwert der Öle ist eine wichtige Größe, da sich nach dem Heizwert die Verwertbarkeit im Dieselmotor richtet. Gewisse Anhalte kann man
auch daran haben für die Brauchbarkeit als Gasöle, da wasserstoffhaltige
Öle einen etwas höheren Heizwert haben als wasserstoffarme und nach den
neueren Anschauungen sich solche Öle besser zur Herstellung von Ölgas und
Carburation von Wassergas eignen, doch wächst diese Eigenschaft nicht streng proportional dem Wasserstoffgehalt. Man
hat zu unterscheiden zwischen oberem Heizwert und unterem
Heizwert. Der obere Heizwert wird auch Verbrennungswert
genannt. Er bezieht sich auf die Verbrennung des Öls
unter gleichzeitiger Kondensation des Verbrennungswassers,
herrührend vom Wasserstoffgehalt des Öls. Der untere
Heizwert dagegen bezieht sich auf die Verbrennung des
Öls zu dampfförmigem Verbrennungswasser, beide Werte
sind also um die Verdampfungswärme des Verbrennungswassers verschieden. Dieser Unterschied beträgt etwa 7 Proz.
der Verbrennungswärme. Die augenblicklich in der Industrie
entfallenden Öle haben einen Heizwert von 9800 bis 10000 WE
und eine Verbrennungswärme von 10400 bis 10700 WE.
Sauerstoffreiche Abfallöle, wie die Kreosotöle, erreichen diesen

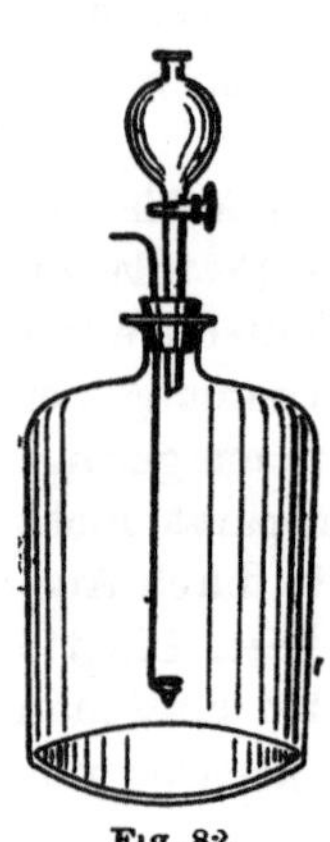

Fig. 82.

Wert nicht und besitzen nur etwa 9000 WE Verbrennungswärme.

Die Untersuchung der Paraffinmassen beschränkt sich im allgemeinen nur auf die Ermittlung des Kreosotgehaltes und des Paraffingehalts.
Die Ausführungsform der beiden Bestimmungsmethoden ist schon früher an-
läßlich der Untersuchung des Teers geschildert worden. Wichtig ist die
Prüfung der durch Krystallisieren und Abpressen der Paraffinmassen erhaltenen Paraffinschuppen. Sie werden geprüft auf Schmelzpunkt,
Paraffingehalt, Wasser- und Schmutzgehalt und Raffinierbarkeit.

Der Schmelzpunkt wird entweder nach den schon früher beschriebenen
Methoden in der Capillare oder am rotierenden Thermometer bestimmt. Für
genaue Ermittlungen dient das später unter der Rubrik „Kerzenfabrikation“
zu schildernde Verfahren von *Shukoff*. Die Paraffinbestimmung wird nach den
schon geschilderten Methoden von *Zaloziecki* oder *Holde* ausgeführt, nur
nimmt man wegen des größeren Paraffingehaltes nur 1 bis 2 g zur
Untersuchung.

Der **Wassergehalt**[1] wird entweder durch direktes Erhitzen des Paraffins auf etwa 150° in einem Kolben und darauffolgende Ermittlung der Gewichtsdifferenz bestimmt, oder man läßt das geschmolzene Paraffin längere Zeit absetzen und dann erstarren. Der Paraffinkuchen wird dann abgehoben, das abgesetzte Wasser mit einer gewogenen Menge Filterpapier aufgesaugt und durch Wägung bestimmt.

Um den **Schmutzgehalt**[1] zu ermitteln, nimmt man den Paraffinkuchen von der Wasserbestimmung, sehmilzt ihn abermals auf und filtriert ihn durch ein gewogenes trockenes Filter, wäscht schließlich mit heißem Benzol das anhaftende Paraffin ab und wiegt das Filter zurück. Handelt es sich um fremde Paraffinschuppen, deren-Eigenschaften man noch nicht kennt, so muß man auch einen Versuch hinsichtlich der Raffinierbarkeit des Paraffins ausführen. Man schmilzt das Material auf, setzt 15 Proz. Benzin hinzu, wie es zur Raffination des Paraffins dient, und gießt auf Wasser in kleine Tafeln. Diese Tafeln werden dann in Filterpapier und Filterleinwand eingeschlagen und in einer Schraubenpresse gepreßt. Die Preßlinge werden abermals aufgeschmolzen und wieder mit Benzin vermischt und behandelt wie vorher. Nachdem der Versuch dreimal wiederholt ist, befreit man das Paraffin durch Einblasen von Dampf von überschüssigem Benzin und behandelt es dann mit 2 Proz. Entfärbungspulver. Nach der abermaligen Filtration durch Filterpapier gießt man das so gereinigte Material in Tafeln und vergleicht es mit dem sonst im Betrieb erhaltenen Paraffin. Die Ausbeute aus den Rohschuppen an fertigem Paraffin beträgt auf diese Weise etwa 60 bis 75 Proz., je nach dem Schmelzpunkt des angewandten Materials.

Die Untersuchung der zur Raffination der Öle und des Paraffins dienenden Materialien.

Zur Raffination der Öle wird Schwefelsäure und Natronlauge verwendet. Die Natronlauge wird, wenn sie nicht als solche bezogen wird, was jetzt durchweg üblich ist, im eigenen Betrieb hergestellt und aus Ätznatron durch Ausblasen der Natronhülsen mit Wasserdampf gewonnen. Die **Schwefelsäure** wird untersucht auf ihre Stärke entweder durch Titrieren oder einfacher durch Wiegen mit dem Aräometer. Der Arsengehalt der Schwefelsäure schadet in der Regel nicht und braucht nicht besonders bestimmt zu werden, es sei denn, daß die Schwefelsäure auch anderweit im Betrieb zum Löten der Bleimäntel in den Mischgefäßen und zu sonstigen Bleiarbeiten verwendet wird. Das Schweißen geschieht mit Hilfe von Knallgas, und wenn der Wasserstoff dazu mit Hilfe von Schwefelsäure und Zink erzeugt wird, so muß man stets mit Arsenwasserstoffvergiftungen rechnen. Es sind in der Industrie schon mehrfach Fälle von solchen Vergiftungen mit tödlichem Ausgang vorgekommen, und es sei deshalb hier nochmals darauf hingewiesen,

---

[1] Die in Schottland üblichen Verfahren zur Prüfung der Schuppen sind eingehend beschrieben von *Scheithauer:* Die Fabrikation der Mineralöle, S. 206ff.

daß dazu nur arsenfreie Schwefelsäure benutzt wird, wenn man nicht den Wasserstoff in komprimiertem Zustande bezieht.

Wichtig ist ferner, daß die Schwefelsäure möglichst frei von nitrosen Verbindungen ist, da eine Säure, die daran reich ist, leicht das Bleifutter der Mischgefäße angreift und zerstört.

Das Ätznatron oder die Natronlauge untersucht man auf den Gehalt an freiem Ätznatron. Gewöhnlich wird von den Fabriken ein Minimalgehalt garantiert, der aber auf Soda bezogen ist. Ein Ätznatron von 125 Proz. würde danach ein solches bedeuten, das an Ätznatron (auf Soda umgerechnet) und Soda zusammen 125 Proz. ergibt. Diese Berechnung ist jedoch für die Mineralölfabrikation wertlos, da die Soda überhaupt nicht zur Wirkung kommt, weil sie nicht die Fähigkeit hat, mit Kreosoten eine Verbindung einzugehen. Man fällt daher aus der normalen Lösung des zu prüfenden Ätznatrons (hergestellt aus 40 g Ätznatron und aufgefüllt auf 1 l) vor dem Auffüllen erst durch 50 ccm 10 proz. Chlorbariumlösung die Soda aus, füllt dann auf 1 l auf und titriert nun mit normaler Salzsäure. Ätznatron, das mit 125 Proz. bezeichnet war, enthält in der Regel je nach dem Sodagehalt 92 bis 94 Proz. freies Ätznatron.

Zum Raffinieren des Paraffins dienen Benzin und Entfärbungspulver. Das Benzin wird in der Regel im eigenen Betriebe gewonnen. Man prüft es, wie die anderen Öle auch, auf Siedepunkt und Flammpunkt. Der Siedepunkt ist deswegen von Wichtigkeit, weil er Aufschluß gibt, ob sich das Material durch Ausblasen mit Wasserdampf leicht aus dem Paraffin entfernen läßt. Ein Benzin, das reich ist an hochsiedenden Anteilen, verwirft man für die Raffination oder zerlegt es wenigstens vorher erst in einen leicht siedenden und schwer siedenden Anteil, weil man sonst kein transparentes und geruchloses Paraffin erhält. Ein zu niedriger Flammpunkt ist auch zu vermeiden, da sonst die Feuersgefahr beim Pressen und beim Aufschmelzen erhöht wird. Im allgemeinen ist das zum Raffinieren verwendete Benzin nicht besonders feuergefährlich und entflammt etwa zwischen 20 und 30°.

Als Entfärbungspulver (vgl. S. 161) dienen die Rückstände aus der Blutlaugensalzfabrikation, und neuerdings auch andere schwarze Entfärber, die ihnen ähnlich sind. Sie werden in Mengen von 0,5 bis 2 Proz., auf das Paraffin berechnet, angewandt. Die viel angebotenen mineralischen Entfärber, die den Silicaten und Hydrosilicaten des Aluminiums und Magnesiums angehören und in ausgedehntem Maße in der Petroleumindustrie verwendet werden, konnten sich in der Braunkohlenteerindustrie noch nicht einbürgern. Man prüft die Entfärbungspulver praktisch, indem man etwas gereinigtes aber noch nicht entfärbtes Paraffin $^1/_4$ Stunde auf dem Dampfbade mit etwa 2 Proz. des Materials innig mischt, filtriert und aus dem entfärbten Material Tafeln gießt, die man mit den im Betriebe gewonnenen vergleicht. Damit ist die Prüfung aber noch nicht zu Ende, sondern man setzt auch einige Tage lang die entfärbten Tafeln dem Lichte aus. Viele Entfärber nämlich, wie z. B. manche Fullererden, haben zwar im Moment ein ausgezeichnetes Entfärbungsvermögen, doch zeigt sich das mit ihnen behandelte Paraffin nicht als lichtbeständig, sondern verwirft sich nach einiger Zeit in der Farbe und färbt sich

gelb bis braun. Man unterlasse deshalb nie die Prüfung auf Lichtbeständigkeit.
Auch den gebrauchten Entfärber, sowohl der zu prüfenden Muster, als auch
das regelmäßig im Betriebe entfallende Material prüft man, und zwar auf die
Menge des in ihm zurückbleibenden Paraffins. Das Paraffin muß durch ein
besonderes Verfahren wiedergewonnen werden, und je weniger ein Entfärber
nach dem Gebrauch davon enthält, um so angenehmer wird sich mit ihm unter
sonst gleichen Umständen arbeiten lassen.

Die Prüfung geschieht in folgender Weise: Man wiegt 1 bis 5 g
des gebrauchten Pulvers ab und extrahiert es in einem Extraktionsapparat mit einem leicht siedenden Lösungsmittel (z. B. Äther,
Chloroform, Tetrachlorkohlenstoff oder Benzol), gießt das Extrakt in
eine gewogene Schale und verjagt das Lösungsmittel.

Die Untersuchung des Paraffins.

Das im Betrieb gewonnene Paraffin wird größtenteils in
Kerzenfabriken, die den Teerdestillationen angegliedert sind, weiter
auf Kerzen verarbeitet, teilweise gelangt es auch als Paraffin in
den Handel. Es unterliegt einer Prüfung auf Farbe, Lichtbeständigkeit und Geruch, für die sich natürlich keine besonderen
Verfahren angeben lassen, namentlich da zur Bewertung nach
diesen Merkmalen ein gut Teil Erfahrung gehört.

Die wichtigste Prüfung außer diesen ist die hinsichtlich des
Schmelzpunktes. Sie hatte früher noch mehr Wert als jetzt,
als das Paraffin direkt nach seinem Schmelzpunkt gehandelt wurde,
dergestalt, daß jeder Grad mehr im Schmelzpunkt den je nach der
Marktlage schwankenden Grundpreis um 1 Mk. erhöhte. Im allgemeinen kann man natürlich auch jetzt noch sagen, daß immer
ein höher schmelzendes Paraffin unter sonst gleichen Umständen
mehr wert sein wird als ein niedrig schmelzendes. Es existieren
eine große Reihe von Schmelzpunktsmethoden[1], die alle hier auf-
zuzählen zu weit führen würde, und es sei nur hier die beste und

Fig. 83.

von den meisten Paraffinindustriellen angewandte und vom Verband
für Materialprüfung empfohlene Methode von *Shukoff* empfohlen. Sie
beruht darauf, daß man etwa 20 bis 30 g Paraffin in ein doppelwandiges
und wenn möglich evakuiertes Gefäß, wie es Fig. 83 zeigt, füllt, ein
Thermometer, das in Fünftelgrade eingeteilt ist, einsenkt und nun wartet,
bis die Temperatur auf etwa 3 bis 5° über den zu erwartenden Schmelzpunkt gefallen ist. Dann wird das Gefäß stark geschüttelt, bis sich sein
Inhalt trübt, man stellt es dann hin und beobachtet den Punkt, bei dem der
Quecksilberfaden des Thermometers konstant bleibt, er gibt den Schmelzpunkt bzw. Erstarrungspunkt des Materials an. Als schnell auszuführende
Proben von etwas geringerer Genauigkeit seien die früher beschriebenen der

---

[1] *Scheithauer:* Die Fabrikation der Mineralöle, S. 208 ff.

15*

Bestimmung des Schmelzpunktes am rotierenden Thermometer und in der Capillare empfohlen.

Ein besonderes Verfahren zur Prüfung des Paraffins auf einen Gehalt an schweren Ölen erübrigt sich, da sich ein solcher in der Regel schon durch Mangel an Transparenz (Auftreten von trüben und milchigen Flecken), durch Geruch oder durch geringe Lichtbeständigkeit verrät. Eine direkte Bestimmung, und zwar beruhend auf der Differenz bei der Paraffinbestimmung nach *Holde* oder *Zaloziecki* gibt keine genauen Resultate, namentlich wenn das Paraffin von einem niedrigen Schmelzpunkt ist, da weichere Paraffine immerhin teilweise in den Fällungsmitteln löslich sind. Zeigt ein Paraffin genügende Transparenz, Lichtbeständigkeit und Geruchlosigkeit, so kann man es als ölfrei betrachten, besonders wenn es beim längeren Liegen keine Ölflecke auf der Unterlage oder der Einhüllung hinterläßt.

Die Untersuchungen im Betriebe der Kerzenfabrik.

In der Kerzenfabrik sind zunächst die Ausgangsmaterialien, d. i. Paraffin, Stearin, Docht und Farbstoff, zu untersuchen. Über die Prüfung des Paraffins ist schon ein großer Teil in dem vorhergehenden Abschnitte gesagt worden. Hier sei noch zu erwähnen die Prüfung für Paraffine, die im besonderen den Forderungen der Kerzengießerei entsprechen müssen. Es ist dies zunächst die Prüfung auf Stabilität. Der Schmelzpunkt allein ist hierfür nicht maßgebend, wenn man auch im allgemeinen sagen kann, daß die Stabilität mit wachsendem Schmelzpunkte des Paraffins zunimmt. Es kommen jedoch auch Paraffine in den Handel, die trotz hohem Schmelzpunkt keine diesem Schmelzpunkt entsprechende Stabilität aufweisen. Es rührt dies daher, daß die Komponenten des Paraffins, das ja ein Gemisch von verschiedenen Kohlenwasserstoffen ist, in ihren einzelnen Schmelzpunkten sehr weit auseinanderliegen, und solche Materialien · sind erfahrungsgemäß nur wenig beständig gegen das Verbiegen, eine Eigenschaft, die sich nachher in den Kerzen unliebsam bemerkbar macht. Man prüft die Paraffine auf Stabilität, indem man es in Form der gewünschten Kerzen (meistens verwendet man zum Versuch geriefte Paraffinkerzen von 16 bis 18 mm Durchmesser und etwa 20 bis 25 cm lang) gießt, erstarren läßt und nach mehrstündigem Liegen (zwecks Temperaturausgleichs) am Fuße in horizontaler Lage einspannt. Man bringt die Kerze dann in einen Raum von 25° Wärme und überläßt sie dann 1 Stunde sich selbst. Hat sich die Kerze merklich gebogen, so ist das Paraffin an sich ungeeignet zum Kerzenguß und muß entweder durch Zusetzen von härterem Paraffin geeignet gemacht werden oder auch im Gemisch mit Stearin zu sog. Kompositionskerzen verwendet werden.

Bevor man ein Paraffin (namentlich fremde Paraffine, deren Eigenschaften man noch nicht kennt) zum Kerzenguß verwendet, gießt man auch Probekerzen und brennt sie. Es hat sich gezeigt, daß manche Paraffinsorten beim Brennen sich ungünstig verhalten. Sie laufen ab oder rußen; in vielen Fällen trägt nicht allein das Paraffin daran schuld, sondern die Kombination mit einem bestimmten Docht. Ein Paraffin, das z. B. als Paraffinkerze schlecht brannte, kann im Gemisch mit anderen oder zu Kompositionskerzen verarbeitet, die ja anders präparierten Docht haben, ganz gut brennende Kerzen liefern.

Ein wichtiges Hilfsprodukt für die Kerzenfabrikation ist das Stearin, von dem große Mengen gebraucht werden, einmal zur Darstellung der Kompositionskerzen, die $1/_4$ bis $1/_3$ ihres Gewichts davon enthalten, zum anderen als Zusatz zu Paraffinkerzen (0,5 bis 2 Proz.), um ein leichteres Herauslösen der Kerzen aus den Formen zu ermöglichen. Das Stearin wird nicht im Betriebe der Braunkohlenteerfabriken erzeugt, sondern von Fettspaltereien und Seifenfabriken gekauft. Da es teurer ist als das Paraffin, so muß man natürlich auf seine Prüfung und Bewertung besonderes Augenmerk verwenden. Es kommen zwei Sorten davon in den Handel, das Saponifikatstearin und das Destillatstearin. Ersteres pflegt besser in Farbe und Geruch sowie Lichtbeständigkeit zu sein und wird dementsprechend auch höher bewertet. Es enthält weniger Ölsäure als das Destillatstearin.

Man prüft das Stearin auf Schmelzpunkt mittels der schon unter Paraffin beschriebenen *Shukoff*schen Schmelzpunktbestimmungsmethode. Je niedriger der Schmelzpunkt ist, um so höher ist der Ölsäuregehalt, doch gibt die Ermittlung des Schmelzpunktes nur einen angenäherten Anhalt darüber.

Genau ermittelt man den Ölsäuregehalt durch die Jodzahl entweder mittels der Methode von *Hübl* oder nach der schneller arbeitenden von *Wijs*[1]. Die Bekanntschaft mit der Methode der Jodzahlbestimmung kann wohl vorausgesetzt werden, so daß sie nicht näher geschildert zu werden braucht. Die Jodzahl multipliziert mit 1,11 gibt den Ölsäuregehalt des Stearins in Prozenten an. Ölsäurereiche Stearine verwendet man nicht gern zur Fabrikation von Kompositionskerzen, da die Kerzen einen starken Geruch zeigen, der namentlich beim Lagern hervortritt. Auch bleichen die Farbstoffe in Kerzen, die mit ölsäurereichem Stearin hergestellt sind, viel schneller aus als bei ölsäurearmem. Nie verfehlen darf man, von jeder Sendung des Stearins Brennproben in der Kerze anzustellen. Es hat sich gezeigt, daß manche Stearine beim Verbrennen im Dochte ein langes Skelett hinterlassen, das nach und nach bis in den Kelch der Kerze reicht und sie schnell zum Ablaufen bringt, weil es dann gleichfalls Kerzenmaterial aufsaugt und wie ein zweiter Docht wirkt. Es rührt dies daher, daß in manchen Stearinen, sei es durch Fabrikationsfehler oder sonstige Umstände, geringe Mengen Kalk enthalten sind. Man kann von dem Stearin eine größere Menge veraschen und den Kalk in der Asche ermitteln, doch ist das immerhin ein ziemlich langwieriges Verfahren, und viel einfacher ist der praktische Weg, sich durch einen Versuch vom guten Brennen des Stearins zu überzeugen, worauf es ja schließlich bei der Fabrikation allein ankommt.

Die Dochte, die zur Fabrikation der Kerzen nötig sind, werden fertig bezogen, manche Fabriken stellen sie auch im eigenen Betriebe her. Auch hier ist an Stelle der analytischen Untersuchungen die einfachste und aus-

---

[1] *Graefe:* Laboratoriumsbuch für die Braunkohlenteerindustrie, S. 125 ff.

schlaggebendste Probe der praktische Versuch des Brennens. Manchmal handelt es sich darum, zu entscheiden, ob ein Docht schon präpariert ist oder nicht. In diesem Falle hängt man etwa 20 bis 30 cm des Dochtes an einer Nadel auf und zündet ihn unten an. Der Docht brennt dann schnell ab; hinterläßt er nur einen dünnen grauen Aschefaden, so war er nicht präpariert; ist der Rückstand dagegen ziemlich dick und von schwarzer Farbe, so kann man annehmen, daß der Docht schon präpariert war.

Das letzte der Hilfsmittel in der Kerzenfabrikation sind die Farben. Zum Färben der Kerzen dienen jetzt fast ausschließlich nur organische Farbstoffe; an manchen Stellen wird jedoch noch teilweise zum Grünfärben der Kerzen essigsaures Kupfer verwendet. Die Farben prüft man auf ihre Reinheit und Lichtbeständigkeit.

Hinsichtlich der Reinheit kann man jetzt, wo die Farbstoffe wohl nur von großen und renommierten Fabriken bezogen werden, unbesorgt sein. Manchmal jedoch findet man störende Beimischungen, die nicht zum Zweck der Fälschung zugesetzt sind, sondern noch von der Fabrikation herrühren. Es sind das meistens anorganische Salze, wie Chlornatrium und schwefelsaures Natron, die vom Aussalzen der Farbstoffe aus der Lösung herrühren. Sie können insofern störend wirken, als sie beim direkten Zusetzen des Farbstoffes zu der Kerzenmasse das Brennen der Kerzen verschlechtern, da ja der Docht schon für kleine Mengen mancher Salze sehr empfindlich ist; zum anderen aber, wenn man die Farbe vorher in Lösungsmitteln löst, erschweren sie das Arbeiten, da der Rückstand hartnäckig Farbstoff zurückhält. Es kommen auch Farbstoffe in den Handel, die große Mengen Dextrin enthalten. Hier ist das Dextrin zugesetzt, um den Farbstoff auf einen bestimmten Stärkegrad zu bringen. Solche Farben sind natürlich unbrauchbar für die Kerzenfabrikation. Man prüft die Farbstoffe auf einen Gehalt an anorganischen Salzen und Dextrin durch Extrahieren mit Alkohol oder einem anderen für den Farbstoff geeigneten Lösungsmittel in einem Extraktionsapparat und Zurückwiegen des Extraktionsrückstandes.

Die Lichtbeständigkeit der Farbstoffe ermittelt man derart, daß man Kerzen in dem gewünschten Stärkegrad anfärbt, die untere Hälfte mit undurchsichtigem Papier umhüllt und die Kerze dem Licht mehrere Tage oder Wochen aussetzt. Es zeigt sich dann, daß der unumhüllte Teil mehr oder weniger ausgebleicht ist, und durch Vergleichung des gebleichten und ungebleichten Anteils gewinnt man ein Bild über die Lichtbeständigkeit des Farbstoffes.

Zur Laboratoriumsarbeit gehört ferner noch die Kontrolle des Betriebes der Kerzengießerei. Sie besteht im wesentlichen darin, den Schmelzpunkt der hergestellten Kerzen zu prüfen, die Güte des Brennens zu beurteilen und den Stearingehalt zu ermitteln. Wegen des hohen Wertes des Stearins hält man den Stearingehalt so niedrig wie möglich. Bei Kompositionskerzen darf er freilich nicht so niedrig werden, daß die Kerze ein durchscheinendes Äußere erhält. Die Bestimmung der Stearinsäure geschieht durch Titration. Es werden 10 g des Kerzenmaterials mit 50 bis 100 ccm heißem Alkohol auf-

geschmolzen und mit alkoholischer Lauge titriert. Man stellt die Lauge zweckmäßig so ein, daß 1 ccm gerade 0,1 g Stearin entspricht. Dann gibt die Anzahl
der verbrauchten Kubikzentimeter bei 10 g Einwage von Kerzenmaterial
direkt den Prozentgehalt an Stearin an. Eine solche Lauge enthält in 1 ccm
21,2 mg Ätzkali. Zur Herstellung dieser Lösung löst man 25 bis 30 g Ätzkali
in 50 ccm Wasser und verdünnt mit 96 proz. Alkohol auf etwa 1 l. Man wiegt
nun 1 g des Stearins, wie es meistens zur Verwendung kommt, in fein-
geschabtem Zustand auf der analytischen Wage ab und titriert nun mit der
Lauge unter Anwendung von Phenolphthalein als Indicator bis zur Rotfärbung. Braucht man dazu vielleicht 9,7 ccm, so muß man dann 970 ccm
auf 1 l verdünnen, um den richtigen Stärkegrad zu erhalten. Bei Untersuchung
von fremden Kerzen ist es zuweilen erwünscht, auch das Stearin und Paraffin
weiter zu untersuchen und auch die Lichtausbeute aus einer gegebenen
Menge Kerzenmaterials zu ermitteln. Es geschieht das in folgender
Weise:

10 g des Kerzenmaterials werden mit 25 ccm 96 proz. Alkohol und 25 ccm
Wasser aufgeschmolzen und titriert, um den Stearingehalt zu ermitteln.
Dann gibt man noch einige Kubikzentimeter Lauge zu und läßt das Ganze
abkühlen. Das auf der Oberfläche sich abscheidende Paraffin erstarrt, wird
abgehoben und mit Wasser gewaschen. Die rotgefärbte zurückbleibende
Lösung wird mit Wasser verdünnt, mit Salzsäure übersättigt und das ausgeschiedene Stearin abfiltriert. Es wird mehrmals mit Wasser gewaschen,
aufgeschmolzen und gewogen. Man kann hiervon dann Schmelzpunkt und
die Jodzahl ermitteln.

Bei dem Paraffin handelt es sich in der Regel darum, zu ermitteln, welcher
Herkunft es ist. Es geschieht dadurch, daß man etwa 1 g des Paraffins in
einem Reagensglas mit etwa 1 ccm konz. Schwefelsäure auf dem Wasserbade
aufschmilzt. Petrolparaffine bleiben hierbei in der Regel farblos und färben
höchstens die Säure etwas an, während sich Braunkohlenteerparaffine gelb
bis braun färben.

Um die Lichtausbeute aus einer gegebenen Menge Kerzenmaterial zu
ermitteln, brennt man im Dunkelzimmer ein gewogenes Stück der Kerze und
stellt etwa aller 10 Minuten die Lichtstärke gegenüber einer Hefnerlampe oder
einer Vergleichskerze ein. Nach 1 oder 2 Stunden wird der Verbrauch der
Kerze durch Zurückwiegen ermittelt und die Lichtstärke auf die Menge von
1 g Kerzenmaterial berechnet.

Vielfach sind an Stelle des teueren Stearins verschiedene andere Zusatzmittel (vgl. S. 190) zum Paraffin empfohlen worden, die zwar der Kerze
das milchweiße Aussehen verleihen, wie es Kompositionskerzen eigen ist,
jedoch nicht die erhöhte Stabilität in der Wärme haben, die den Vorzug
der Kompositionskerzen gegenüber den Paraffinkerzen bildet. Diese Zusätze
sind Spiritus, β-Naphthol und Paraffinöl. Neuerdings wird benzoesaures
β-Naphthol unter dem Namen Lintrin angeboten.

Die mit Zusatz von Spiritus gegossenen Kerzen haben die Eigentümlich-
keit, nach und nach beim Lagern den Alkoholgehalt zu verlieren, und sie

werden, wenigstens im Äußeren, wieder transparent. Genau kann man einen Zusatz an solchen flüchtigen Mitteln nachweisen, wenn man etwas von dem Kerzenmaterial in einem gewogenen Reagensglas aufschmilzt, einige Minuten lang einen Strom trockner Luft hindurchleitet und dann wieder wiegt. Sollte hierbei eine wesentliche (über 1 Proz. hinausgehende) Gewichtsverminderung eintreten, so liegt der Verdacht vor, daß flüchtige Zusatzmittel vorhanden sind, die durch ein besonderes Verfahren, wobei die flüchtigen Stoffe durch starke Abkühlung niedergeschlagen werden, näher gekennzeichnet werden können.

Ein Zusatz von β-Naphthol verrät sich einmal schon durch den aromatischen fruchtähnlichen Geruch, zum anderen kann man ihn genau nachweisen, wenn man das Material mit etwas verdünnter Lauge ausschüttelt und mit einem Tropfen Diazobenzolchloridlösung versetzt, es entsteht dann eine Rotfärbung oder bei einem höheren Gehalt an β-Naphthol ein roter Niederschlag.

Ein Zusatz von Paraffinöl kennzeichnet sich schon durch den fettigen Griff der Kerzen und die Ölflecke in der Umhüllung. Dieses Mittel dürfte wohl in der Praxis kaum angewandt werden, sondern nur deswegen vorgeschlagen worden sein, weil erfahrungsgemäß öliges Paraffin stets ein milchiges Äußere hat.

Untersuchung der Nebenprodukte der Schwelteerdestillation.

Solche Nebenprodukte sind das Kreosotöl, der Goudron und der Asphalt.

Das Kreosotöl prüft man auf seinen, wenigstens für manche Zwecke, wertvollsten Bestandteil (z. B. für Holzimprägnationen), das Kreosot. Ein Ausschütteln mit konz. Natronlauge gibt hier keine richtigen Werte, da die neutralen Öle des Kreosotöls wesentlich in konz. Kreosotnatronlauge löslich sind. Man verwendet deshalb zum Ausschütteln Natronlauge von 12°, die so oft erneuert wird, bis keine Volumenabnahme mehr stattfindet. Die Differenz zwischen dem angewandten und dem wieder gefundenen Öl entspricht der Kreosotmenge.

Der Goudron ist eine schwarze Masse von brotteigähnlicher Konsistenz. Man prüft ihn auf seine Löslichkeit in Lösungsmitteln, wobei kein Rückstand hinterbleiben darf (z. B. bei Extraktionen mit Benzol), und seinen Schmelzpunkt. Der Schmelzpunkt wird nach der Methode von *Krämer & Sarnow* ermittelt, die darauf beruht, daß eine etwa 5 mm hohe Goudronschicht, mit der ein 5 bis 6 mm weites Glasrohr verschlossen ist, durch eine Quecksilbermenge von rund 5 g durchbrochen wird (Fig. 84). Die Erwärmung dieses kleinen Apparates erfolgt in einem Wasserbade, dessen Temperatur man durch allmähliches Erhitzen steigert. Der Punkt, bei dem die Quecksilbersäule die Goudronschicht durchbricht, ist der Schmelzpunkt oder Erweichungspunkt des Materials.

Die gleiche Methode findet auch Anwendung bei der Schmelzpunktermittlung von **Asphalt**, d. i. der harte, glänzend schwarze Rückstand von der Destillation der Säureharze, über deren Entstehung schon im technischen Teil dieses Werkes gesprochen wurde. Der Asphalt soll, wenigstens zum größten Teil, in Benzol löslich sein; die Löslichkeit in Benzol entspricht aber nicht einer Löslichkeit in anderen Lösungsmitteln (wie Terpentinöl und Benzin). Manche davon lösen viel, manche wenig vom Asphalt. Für so ein Abfallprodukt lassen sich natürlich auch keine Garantien bezüglich der Qualität geben, und es ist deshalb besser, ihn nur nach Muster zu handeln, sofern seine Löslichkeit in Betracht kommt, wie es z. B. bei der Lackfabrikation der Fall ist.

Ein neues Handelsprodukt der Braunkohlenverwertungsindustrie, das erst seit einigen Jahren gewonnen wird, ist das **Bitumen der Braunkohle** oder das **Montanwachs.** Von diesem Material ermittelt man den Schmelzpunkt nach der Methode von *Krämer & Sarnow*, die Löslichkeit in Benzol (es soll sich darin möglichst alles lösen), die Säure-[1] und Ätherzahl[1], die durch Titration eines Gramms feingepulverten Materials, das mit Alkohol aufgekocht wird, mit alkoholischer Kalilauge erfolgt (die Bekanntschaft mit der Methode kann wohl hier gleichfalls vorausgesetzt werden), ferner den Aschengehalt. Bei der Bestimmung der Säure- und Esterzahl, die bekanntlich in alkoholischer Lösung vorgenommen wird, unterstützt man die Lösungsfähigkeit des Alkohols durch einen Zusatz von etwa 25 Proz. reinem Benzol oder Toluol, da bei geringer Löslichkeit des Montanwachses in Alkohol sich sonst ein Teil der Lösung entzieht, zusammensintert und nur unvollkommen mit der zugesetzten Lauge in Reaktion tritt. Wichtig ist in manchen Fällen die Prüfung der Asche auf Zusätze wie Alka

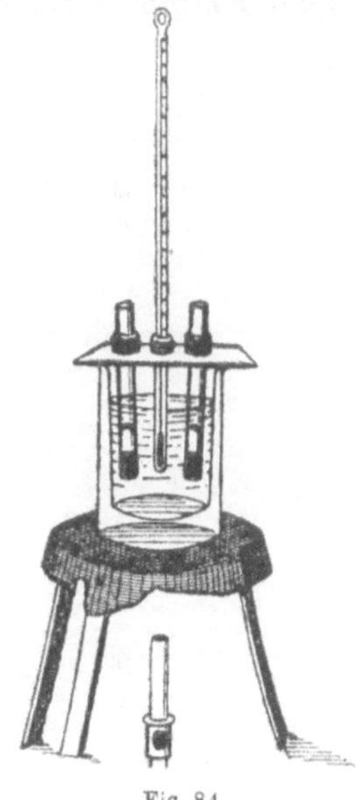

Fig. 84.

lien, Schwerspat, Baryt, die schon in manchen Fällen in dem Material gefunden worden sind. Eine Prüfung auf solche Zusätze wird aber nur dann erforderlich sein, wenn der Aschengehalt wesentlich 1 Proz. überschreitet, da dann der Verdacht gerechtfertigt ist, daß fremde Zusätze erfolgt sind. Für manche Zwecke, z. B. für die Erzeugung von raffiniertem Montanwchs, ist es auch wichtig, den Gehalt an harzartigen Stoffen im Montanwachs zu ermitteln. Die Bestimmung kann entweder dadurch geschehen, daß man 1 g sehr fein gepulvertes Montanwachs zweimal hintereinander mit 5 ccm Äther ausschüttelt und das Filtrat eindampft, oder daß man 5 g fein gepulvertes Wachs zweimal mit 50 bis 100 ccm heißem Alkohol auskocht, den Auszug abkühlen läßt, das ausgeschiedene Wachs abfiltriert und das gelb bis braun gefärbte Extrakt nun eindampft. Je ärmer ein Material

---

[1] *Graefe:* Laboratoriumsbuch für die Braunkohlenteerindustrie, S. 152.

an solchen harzartigen Körpern ist, um so wertvoller wird es unter
sonst gleichen Umständen für die Fabrikation von raffiniertem Montanwachs sein.

Mit dieser kurzen Schilderung der Tätigkeit in einem Laboratorium der
Schwelteerindustrie ist natürlich nur ein Überblick über die laufenden all-
gemeinen Arbeiten gegeben worden. Manchmal sind die hier angeführten
Untersuchungsmethoden noch durch Sonderuntersuchungen zu erweitern,
doch konnten wegen des hier beschränkten Raumes solche Sonderunter-
suchungen oder Erweiterungen der Untersuchungsmethoden nicht mit an-
geführt werden. Eine eingehende Schilderung der Laboratoriumsarbeit der
Braunkohlenteerindustrie findet sich im **Laboratoriumsbuch für die
Braunkohlenteerindustrie** von **Dr.** *Ed. Graefe*, erschienen im Verlag von
Wilh. Knapp in Halle a. S.

Dreizehntes Kapitel.

Die Statistik.

A. Die sächsisch-thüringische Industrie.

Die Geschichte der wirtschaftlichen Entwicklung der sächsisch-thüringischen Schwelteerindustrie zeigt ein sehr wechselvolles Bild. Bald stehen die Erzeugnisse hoch im Preise und die Erträgnisse sind befriedigend, bald ist die Lage, durch sinkende Preise bedingt, eine gedrückte. Wir werden im folgenden die Umstände besprechen, die von Einfluß auf den Geschäftsgang der Industrie gewesen sind.

Bei Beginn der Industrie, in der Mitte des vorigen Jahrhunderts, versuchten viele Unberufene ihr Glück in der Herstellung und Verarbeitung des Schwelteers, da sie glaubten, hier mühelos große Gewinne zu erzielen. Sie besaßen weder Sachkenntnis in der Wahl des Rohstoffes, noch war ihnen die Technik der Apparatur geläufig. So kam es, daß die Industrie anfangs schwere Enttäuschungen brachte und manche kleine Unternehmungen ihren Betrieb mit Verlusten wieder aufgeben mußten. Andere Techniker, die den brauchbaren Rohstoff aussuchten und geeignete Apparate benutzten, hatten Erfolg und arbeiteten mit Gewinn. Das Ausgangsmaterial, die Schwelkohle, wurde vielfach in so vorzüglicher Beschaffenheit gefunden, wie sie heute auch nicht annähernd mehr vorhanden ist. Die Reinigungskosten der Erzeugnisse waren gering, da an die Reinheit der anfangs konkurrenzlosen Fabrikate nur geringe Ansprüche gestellt wurden. So gestaltete sich für den Fabrikanten die Herstellung des Schwelteers und seine Verarbeitung wesentlich leichter als jetzt.

Man begann bald zweckmäßigerweise, wie es noch heutigentags der Fall ist, die Förderung der Schwelkohle und die Gewinnung des Schwelteers sowie seine Weiterverarbeitung in eine Hand zu legen. Der Bergwerksbesitzer errichtete Schwelereien und baute eine Mineralöl- und Paraffinfabrik, die als Rohstoff den Braunkohlenteer aufnahm.

Die Preise der Fabrikate von damals waren im Verhältnis zu den vor dem Weltkriege erzielten hoch. So kostete im Jahre 1858:

1 dz Leuchtöl (Solaröl)	. .	54 bis 57 Mk.,	im Jahre	1914	14 Mk.
1 „ Paraffin (53°)	. . . .	270 „	„ „	1914	57 „
1 „ Braunkohlenteer	. . .	30 bis 35 „	„ „	1914	3 bis 5 Mk.

Diese erste, die Sturm- und Drangperiode der Industrie machte bald einer gleichmäßigeren und ruhigeren Entwicklung Platz. Das Leuchtöl war zu dieser Zeit im Gegensatz zu jetzt neben dem Paraffin das Hauptprodukt der Industrie. Es fand schlanken Absatz, der gegen Beginn der sechziger Jahre durch die immer stärker werdende Einfuhr von amerikanischem Petroleum gefördert wurde. Das Petroleum wurde bald zum mächtigen Konkurrenten des heimischen Leuchtöls, und von seinem Preise war der des Solaröls dauernd abhängig. Um diese Zeit fanden die Braunkohlenteeröle mit höherem spez. Gewichte Verwendung als Gasöle. Der Bedarf an diesen Ölen stieg von Jahr zu Jahr, und es war für die Industrie von großer Bedeutung, daß die Ölgasbeleuchtung in den sechziger Jahren wesentlich an Umfang zunahm. Industrielle Anlagen bedienten sich dieser angenehmen und bequemen Beleuchtung, kleinere Städte richteten sie ein und das wichtigste Ereignis für diese Zeit: die deutschen Eisenbahnen nahmen diese Beleuchtung auf. Die sächsisch-thüringische Industrie ist seit jener Zeit vorwiegend Ölproduzentin und war, solange das Ölgaswesen Bedeutung hatte, lebhaft daran interessiert.

Ende der sechziger Jahre waren die ertragreichen Schwelkohlen schon in so hohem Maße zum Abbaue gelangt, daß man auch nach weniger bitumenreichen greifen mußte, um die vorhandenen Schwelapparate auszunutzen. Der Braunkohlenteer von geringerer Qualität lieferte nicht die Produkte in der früheren Weise. Die Menge des Leuchtöls nahm ab, und die Gasölproduktion stieg. Diese erhöhte Gasölmenge fand schlanken Absatz. Um den Ausfall an den wertvollsten Fabrikaten Leuchtöl und Paraffin, der durch die sinkenden Preise noch erhöht wurde, wenn auch nicht zu decken, denn das war unmöglich, so doch zu vermindern, wurden Verbesserungen in den Fabrikationseinrichtungen getroffen. *Rolles* stehender Schwelzylinder, der zuerst in Gerstewitz mit Erfolg benutzt wurde, fand weiteren Eingang in die Industrie. Auf seine Vorzüge ist S. 34 hingewiesen worden. *Grotowsky* und *Schliephacke* trafen Verbesserungen im Destillations- und Mischverfahren, die die Betriebskosten erniedrigten.

Die Preise der Handelsprodukte waren gesunken und betrugen im Jahre 1869 für

1 dz Leuchtöl	30 Mk.
1 „ Paraffin	120 „
1 „ Braunkohlenteer	15 bis 19 Mk.

Im Jahre 1868 schlossen sich die Mineralölfabriken zur Verfolgung von gemeinsamen wirtschaftlichen Interessen enger zusammen und gründeten den Verein für Mineralöl - Industrie, der noch heute unter der Leitung von *Krey* seine Aufgabe zum Nutzen der Industrie erfüllt. Das Paraffin war seit Anfang der sechziger Jahre in Kerzenfabriken, die an verschiedenen Stellen den Mineralölfabriken angegliedert worden waren, verarbeitet worden. In Deutschland wird die Paraffinkerze der Hauptsache nach im Osten und Süden gebrannt. Ende der sechziger Jahre wurde neben der Fabrikation von Paraffinkerzen die von Kompositions- und Baumkerzen aufgenommen.

Anfang der siebziger Jahre, nachdem der *Rolle*sche Schwelofen weite Verbreitung gefunden hatte und man geringwertigere Schwelkohle verarbeitete, brachte die Industrie eine neue Ware auf den Markt, den Koks. Diesen Schwelrückstand hatte man bisher als lästiges Abfallprodukt betrachtet, was er auch war, solange man liegende Retorten benutzte und sehr bitumenreiche Schwelkohle destillierte. Jetzt wurde er ein wichtiger Handelsartikel, der für die großen Massen der ärmeren Bevölkerung einen preiswerten Brennstoff darstellte. In wirtschaftlicher Hinsicht ist er für die Industrie von Jahr zu Jahr von steigender Bedeutung geworden. In Zeiten niedriger Preise für die Fabrikate aus dem Braunkohlenteer würden die meisten Schwelereien wohl kaum bestehen können, wenn sie nicht durch vorteilhafte Verwertung des Grudekokses einen Ausgleich schaffen könnten. Die Grudekoksproduktion beträgt zur Zeit 38 bis 40 000 Wagenladungen zu je 10 t.

Bis zum Jahre 1870 war die Braunkohle der sächsisch-thüringischen Industrie im wesentlichen nur durch chemische Aufbereitung, Schwelen, verwertet worden. Geringe Mengen Förderkohle hatten wohl als solche Verwendung zum Verfeuern gefunden, und ein anderer Teil war durch Handarbeit in Form von Ziegelsteinen gedrückt und dann getrocknet worden. Sie wurden als „Torfsteine" zum Hausbrande benutzt. Erst seit Mitte der sechziger Jahre wurde der mechanischen Aufarbeitung der Braunkohle mehr Beachtung geschenkt. Nach langjährigen Versuchen glückte es, in der *Hertel-Schmelzer*schen Naßpresse eine maschinelle Einrichtung zur fabrikativen Herstellung von Naßpreßsteinen in großem Maßstabe zu finden.

Auch die Versuche, Braunkohlenbriketts herzustellen, wurden Anfang der siebziger Jahre in großem Umfange ausgeführt. Nach den Versuchen der *Sächsisch-Thüringischen Aktiengesellschaft für Braunkohlenverwertung* auf ihrer Grube v. d. Heydt bei Halle nahm *Riebeck* im großen Maßstabe Mitte der siebziger Jahre die Fabrikation auf. Seiner Energie und Tatkraft ist es zu danken, daß sich die mechanische Verarbeitung der Braunkohle schnell ausdehnte, daß sie in kurzer Zeit dieselbe Kohlenmenge wie die chemische Aufarbeitung erforderte und diese bald an Umfang übertraf. Von nun an richteten die Unternehmungen des sächsisch-thüringischen Braunkohlengebietes neben ihren Schwelereien und Mineralölfabriken ausgedehnte Naßpreßstein- und Brikettfabriken ein. Neben dem Verkauf von geformter Kohle stieg auch wesentlich der Absatz an Rohkohle, was mit der Entwicklung anderer Industriezweige, wie der Zucker- und der Kaliindustrie, eng zusammenhängt. So war ein Ausgleich gegen die von Jahr zu Jahr sich fühlbarer machenden Mindererträgnisse der Mineralölindustrie geschaffen.

Dem fortgesetzten Sinken der Preise in dieser Industrie suchte man durch Fortschritte in der Technik zu begegnen. Man steigerte die in den einzelnen Fabriken zu verarbeitende Teermenge und verbilligte so die Kosten. An Stelle der teueren Tierkohle wurde wohlfeileres Entfärbungspulver benutzt; und die großen Fabriken führten für die Verarbeitung der Weichparaffinmassen künstliche Kühlung mit Eismaschinen ein. Das Solaröl hatte seine frühere Bedeutung für die Industrie fast ganz verloren und kam als Leuchtöl dem

Petroleum gegenüber nur in geringem Maße in Betracht. Um es gegen diese mächtige Konkurrenz zu schützen, wurde im Jahre 1879 das Petroleum mit einem Eingangszoll von 6 Mk. für den Doppelzentner belegt, doch ohne Erfolg, denn die Petroleumpreise sanken weiter und mit ihnen der des Solaröls. Aber auch die spezifisch schwereren Öle, die Gasöle, jetzt das Hauptfabrikat, wurden durch die ausländischen Öle schwer bedrängt, und so war es für die Industrie von großer Bedeutung, daß im Jahre 1885 auf Mineralöle aller Art, also auch auf Gasöle, ein Eingangszoll von 6 Mk. pro Doppelzentner gelegt wurde. Der Zoll für Schmieröle wurde auf 10 Mk. festgesetzt. Das Paraffin, das gleichfalls dringend des Schutzes gegen die ausländische Ware bedurfte, wurde, wie alle festen Leuchtstoffe (Stearin, Walrat usw.) mit einem Eingangszoll von 10 Mk. belegt. Ein Segen der Bismarckschen großzügigen Handelspolitik!

Um auch in sich geschlossener auf dem Gasölmarkte gegen die Konkurrenz auftreten zu können, vereinigten sich im Jahre 1885 die Mineralölfabriken zu einem Syndikat unter dem Namen: Verkaufssyndikat für Paraffinöle in Halle a. S. Diese Einrichtung, die später alle Braunkohlenteeröle umschloß, besteht heute noch und hat der Industrie allezeit zum großen Segen gereicht. Das Syndikat feierte im Dezember 1910 sein 25jähriges Jubiläum, ein seltenes Ereignis im deutschen Wirtschaftsleben!

Zur selben Zeit wurde der Deutsche Braunkohlen - Industrie - Verein begründet, der die wirtschaftlichen Interessen des Braunkohlenbergbaues vertritt. Seine Tätigkeit ist von großer Wichtigkeit für die Industrie, und es sollen nur seine Arbeiten auf dem Gebiete der Eisenbahntarife und auf dem Gebiete der Polizeiverordnungen und Gesetzgebungen rühmend hervorgehoben werden. Seit 1901 besteht innerhalb dieses Vereins ein Arbeitgeberverband, der seit der Revolution erheblich erweitert und als „Arbeitgeberverband für den Braunkohlenbergbau" der Vereinigung deutscher Arbeitgeberverbände in Berlin angeschlossen ist. Angestellten- und Arbeitertarifverträge werden für den mitteldeutschen Braunkohlenbergbau zwischen den beiderseitigen Organisationen abgeschlossen; Streitigkeiten in Arbeitnehmerangelegenheiten werden durch die Reichsarbeitsgemeinschaft für den Bergbau, Gruppe Braunkohlenbergbau, deren Sitz sich in Halle befindet, beseitigt.

Mitte der achtziger Jahre nahm die sozialpolitische Gesetzgebung des Deutschen Reiches ihren Anfang mit dem Krankenversicherungsgesetz der Arbeiter (1883), dann folgten das Unfallversicherungsgesetz und das Gesetz über die Alters- und Invaliditätsversicherung nebst den später erlassenen Novellen dazu. Für die Arbeiter des mitteldeutschen Braunkohlenbergbaues und der sächsisch-thüringischen Mineralölindustrie ist durch die Knappschaftsvereine und durch die Krankenkassen, die einzelne Mineralöl- und Paraffinfabriken besitzen, gesorgt. Die Versicherungsanstalten gegen Unfälle sind die Knappschaftsberufsgenossenschaft, Sektion IV, und die chemische Berufsgenossenschaft, Sektion V. Als Anstalten für die Alters- und Invaliditätsversicherung kommen in Frage: die Norddeutsche Knappschaftspensionskasse in Halle a. S. für die Angehörigen der Knappschaftsvereine und die Landesversicherungsanstalt Sachsen-Anhalt für die Angehörigen der Fabrikkranken-kassen.

In der zweiten Hälfte der achtziger Jahre fanden die Gasöle flotten Absatz. Im Gegensatz hierzu war die Zeit des Anfanges der neunziger Jahre wieder ungünstig infolge des allgemeinen wirtschaftlichen Niederganges. Die wirtschaftliche Lage der Gasölverbraucher, wie Webereien, Spinnereien und Zuckerfabriken machte sich natürlich in der sächsisch-thüringischen Mineralöl-industrie jederzeit bemerkbar. Mitte der neunziger Jahre besserte sich die Geschäftslage wieder, und die Öle fanden, wenn auch zu herabgesetzten Preisen, Abnehmer.

Bei Beginn des neuen Jahrhunderts stockte im beständigen Wechsel abermals der Absatz von Ölen, und die Lagerbestände nahmen von Jahr zu Jahr zu. Dann trat wieder flotter Abzug ein, der bis zum Ausbruch des Welt-krieges anhielt. Welchen Einfluß auf den Absatz die neuen Verwendungs-arten, wie Wassergascarburation und der Dieselmotor gehabt haben, geht aus der statistischen Tabelle IV hervor.

Durch die Handelsverträge, mit Gültigkeit vom 1. März 1906, ist der Zoll auf die Öle für diese beiden genannten Verwendungsarten von 6 auf 3 Mk. erniedrigt worden. Auch der Zoll auf Weichparaffin ist von 10 auf 8 Mk. ermäßigt worden. Im Jahre 1912 wurde der Zoll für Treiböl durch Bundes-ratsverordnung noch weiter, und zwar auf 1,50 Mk. erniedrigt. Der bestehende Zolltarif wurde im Juni 1921 aufgehoben. Der Zoll für Gasöl und Carburieröl wurde auf 10 Mk. erhöht, der Zoll für Treiböl und Paraffin blieb bestehen. Der Geldentwertung Rechnung tragend, kommen seit der Aufhebung der Zoll-tarife auf die Zolle Zuschläge, die bis 20. Oktober 1921 900 Proz. betrugen und dann auf 1900 Proz., später auf 3900, 4300 und schließlich seit 1. April 1922 auf 5900 Proz. erhöht wurden. Heute betragen die Zölle einschließlich der Tarazuschläge, die bei Ölen 20 Proz. und bei Paraffin 16 Proz. betragen, und einschließlich der Geldentwertungszuschläge von 5900 Proz.

für Treiböl	108 Mk.	
„ Gasöl	720 „	und
„ Paraffin	696 „	

Die sächsisch-thüringische Mineralölindustrie war dauernd ohne Erfolg bemüht, zu ihrem Schutze höhere Zölle zu erreichen. Die Erhöhung des Gasölzolles auf 10 Mk. bringt der Industrie nicht viel Nutzen, da der Absatz an Gasöl nicht mehr ins Gewicht fällt. Notwendig wäre die Beseitigung der Bundesratsverordnung von 1912 über die Ermäßigung des Treibölzolles auf 1,50 Mk. Die Verordnung ist bei der Aufhebung der Zolltarife in diesem Jahre leider bestehen geblieben. — Der Paraffinzoll ist ebenfalls ungenügend, zumal die Erzeugung an Paraffin im eigenen Lande in der Lage ist, den eigenen Bedarf zu decken. Geradezu hemmend auf die Industrie hat eingewirkt, daß der Bun-desrat ermächtigt war, mineralische Öle, die für andere gewerbliche Zwecke als für die Herstellung von Schmieröl, Leuchtöl oder Leuchtgas bestimmt waren, unter Überwachung der Verwendung vom Zolle frei zu lassen. Man kann sagen,

daß diese Ermächtigung dauernd als Damoklesschwert über der Industrie
hing und ihre freie Entwicklung nicht zuließ.

Wenn wir den Geschäftsgang der sächsisch-thüringischen Mineralölindustrie bis zum Weltkriege betrachten, so können wir zunächst einen stän-
digen Rückgang der Preise der Produkte beobachten. Die Ölpreise erhalten
erst von Anfang der neunziger Jahre des vorigen Jahrhunderts ab, wenn man
kleine Schwankungen unberücksichtigt läßt, Festigkeit. Sie standen vor Ausbruch des Krieges so, daß sie keine weitere Herabsetzung zu ertragen vermochten, ohne die Teerverarbeitung unwirtschaftlich zu machen. Die Preise für
Paraffin waren beständig schwankend und hängen auch heute noch
von den Preisen ab, wie sie das Ausland, Amerika und Galizien, für ihr
Paraffin stellt.

Dasselbe Bild zeigen die Kerzenpreise, deren Festsetzung sich außer nach
den Paraffinpreisen noch nach denen des Stearins und der Stearinkerzen
richten muß. Da für den Kerzenverkauf kein Syndikat bestand, so herrschte
hier ein beständiges Unterbieten und ein heftiger Konkurrenzkampf, an dem
zahlreiche andere Kerzenfabriken, die ausländisches Paraffin verarbeiteten,
mit teilnahmen. Die letzten Jahre vor Kriegsausbruch lag der Markt für
Paraffin und Paraffinkerzen schwer darnieder, und *B. Leupold* (Halle a. S.) sagt
mit Recht in einem seiner Berichte wörtlich über die Marktlage der sächsisch-
thüringischen Mineralölindustrie: „Man blättert vergebens 40 bis 42 Jahre in
den Aufzeichnungen, um derartige Entwertung unseres Paraffins und unserer
Kerzen zu entdecken." Der Weltkrieg und die mit ihm einsetzende Blockade
gegen die Mittelmächte hat zu einer starken Nachfrage sämtlicher Erzeugnisse
der sächsisch-thüringischen Industrie geführt. Die Schmierölknappheit war
schon Ende 1914 so groß geworden, daß auf die Paraffinöle der Industrie zur
direkten Herstellung von Schmierölen und als Streckungsmittel zurückge-
griffen werden mußte. Die Gasöle mußten als Treiböle für die Dieselmotore der
U-Boote freigemacht werden. Die Eisenbahnen gingen aus diesem Grunde
zur Steinkohlengasbeleuchtung ihrer Wagen über; nur die bayrischen Bahnen
haben die Ölgasbeleuchtung bis heute beibehalten. Der große Mangel an
Beleuchtungsstoffen während des Krieges hat zu einem wahren Kerzenhunger
der Bevölkerung geführt, da die Kerzenfabriken im wesentlichen für Heeres-
bedarf arbeiteten und nur geringe Mengen dem Privatgebrauch zugeführt
wurden.

Die Wichtigkeit der Mineralöle im Kriegshaushalt hat zur Zwangsbewirtschaftung der Produkte der sächsisch-thüringischen Industrie geführt, zuerst durch die Kriegsschmierölgesellschaft und später durch die
Mineralölversorgungsgesellschaft in Berlin. Wenn auch nicht zu ver-
kennen ist, daß die Bewirtschaftung von einer zentralen Stelle aus notwendig war, so wurde sie doch, und besonders an den Produktionsstellen,
infolge der Schwerfälligkeit des Verwaltungsapparates als Hemmschuh
empfunden. Nach dem Kriege wurde die Zwangsbewirtschaftung
allmählich wieder abgebaut und ist zur Zeit wieder vollständig aufgehoben.

Die Preise der Produkte sind infolge der steigenden Produktionskosten in und nach dem Kriege ständig gewachsen; die Preise stehen heute so, daß die Industrie ein Sinken dieser nicht vertragen könnte. Es kosten heute:

Treiböl . . . . 650 Mk. je 100 kg
Gasöl . . . . 750 „ „ 100 „
Dunkles Paraffinöl . . . . 750 „ „ 100 „
Paraffin . . . . 2500 bis 2800 Mk. je 100 kg .
Kerzen . . . . 3500 „ „ 100 „

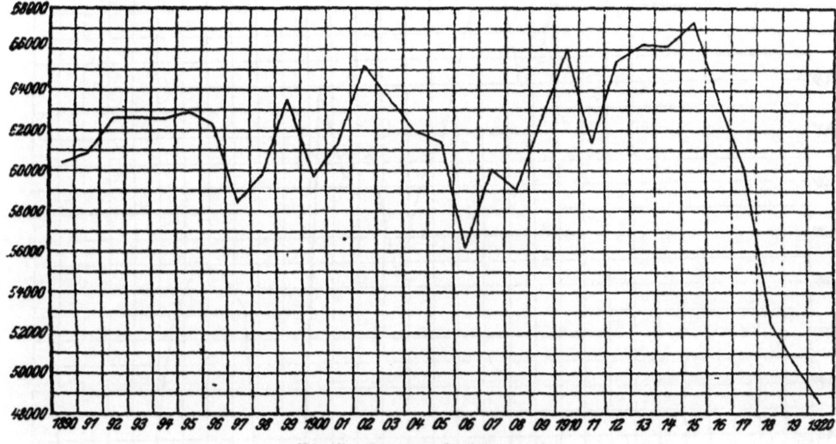

Fig. I. Teerverarbeitung in t.

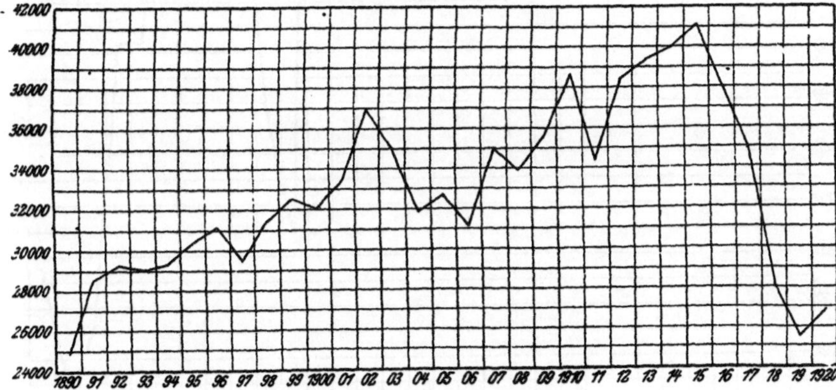

Fig. II. Paraffinölgewinnung in t.

Die starke Nachfrage nach den Erzeugnissen der Industrie hat bis Herbst 1920 angedauert; es folgte dann eine Zeit schlechten Geschäftsganges, der bis Mitte 1921 anhielt und zum großen Teil durch die Einfuhr billigerer ausländischer Fabrikate verursacht war. Seit 1. Januar 1920 bestand eine Preisvereinigung sämtlicher Kerzenfabriken im Reiche, es ist die Vereinigung deutscher Kerzenhersteller G. m. b. H. in Berlin, die aber am 30. Dezember 1921 wieder zu bestehen aufhörte.

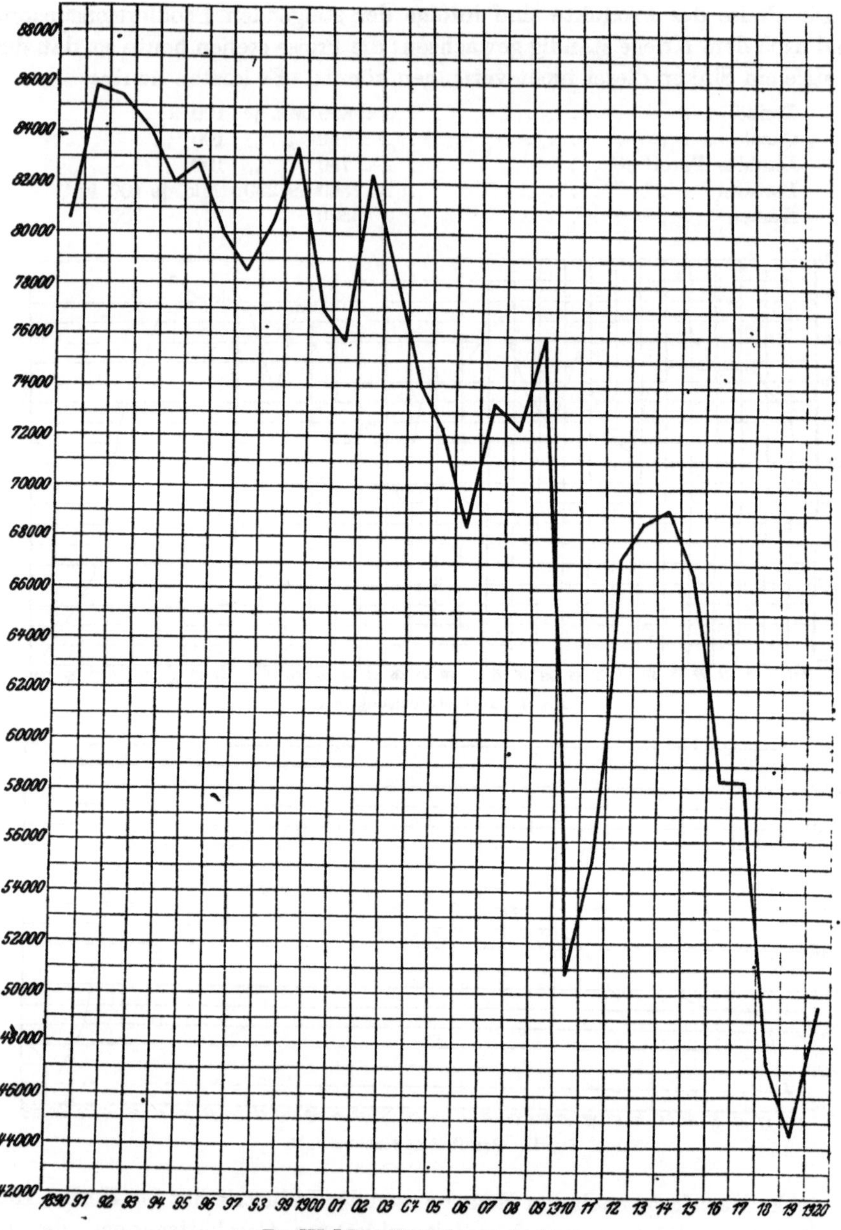

Fig. III. I Paraffingewinnung in dz.

Die erzeugte Menge Braunkohlenteer ist, wie die Tabelle I zeigt, keinen
wesentlichen Schwankungen unterworfen gewesen, sie bewegt sich um 60 000 t
im Jahre. Es ist nicht anzunehmen, daß eine Vergrößerung dieses Zweiges
des mitteldeutschen Braunkohlenbergbaues eintritt. Wie schon gesagt, haben

seit Jahrzehnten die Besitzer der Schwelereien und Mineralölfabriken die mechanische Verarbeitung der Braunkohle der chemischen zur Seite gestellt und sich nach dieser Richtung erweitert. Man wollte die schwankenden Erträgnisse des alten Zweiges der Industrie durch die festen des neuen ausgleichen. Doch hat einige Jahre vor Ausbruch des Weltkrieges die Vergrößerung der Brikettfabriken nicht mehr Schritt mit den Absatzmöglichkeiten gehalten. Die Zahl der Brikettfabriken war damals schon so groß geworden, daß Überproduktion herrschte. Heute haben sich die Verhältnisse infolge des allgemeinen Kohlenmangels wieder zu Gunsten der mechanischen Aufbereitung der Kohle verschoben. Die Brikettfabrikation wird wohl für Jahre hinaus die Nachfrage kaum befriedigen können.

Die graphischen Darstellungen geben ein Bild von der Entwicklung der Industrie in den letzten 30 Jahren.

I zeigt die Teererzeugung, die in den Mineralölfabriken zur Verarbeitung gelangt ist.

II stellt die Gewinnung von Paraffinöl. dar, die sich natürlich eng an I anlehnt.

Aus III ist ersichtlich, wie sich die Ausbeute von Paraffin, dem wertvollsten Erzeugnisse aus dem Teere, vermindert hat. Die Kurve zeigt seit 1902 einen ganz anderen Lauf als die in I dargestellte der Teererzeugung. Der zur Verarbeitung gelangende Teer ist gegen früher weit paraffinärmer, da er aus minderwertigerem Rohstoff gewonnen wird.

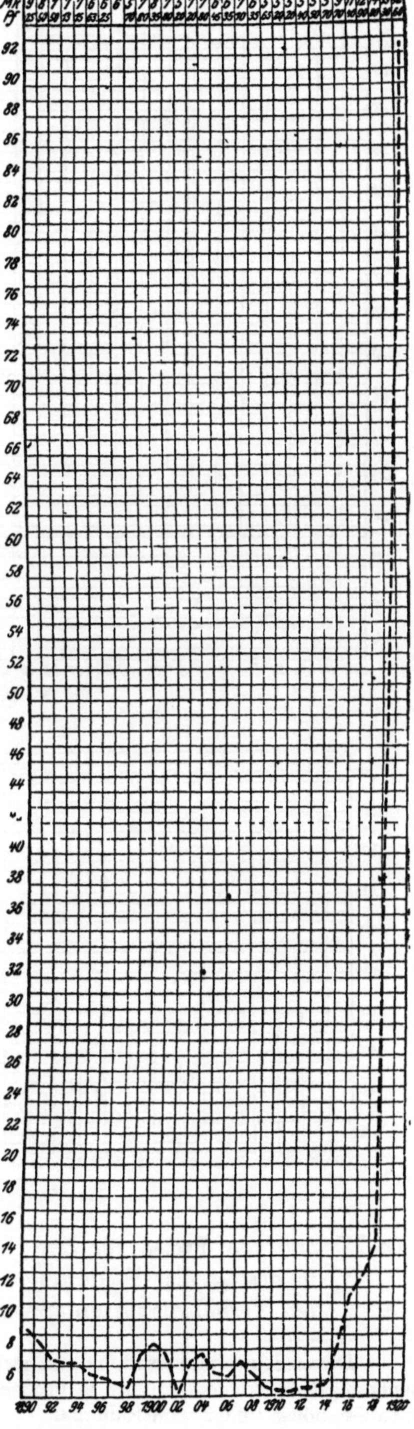

Fig. IV. Preise des Braunkohlenteers.

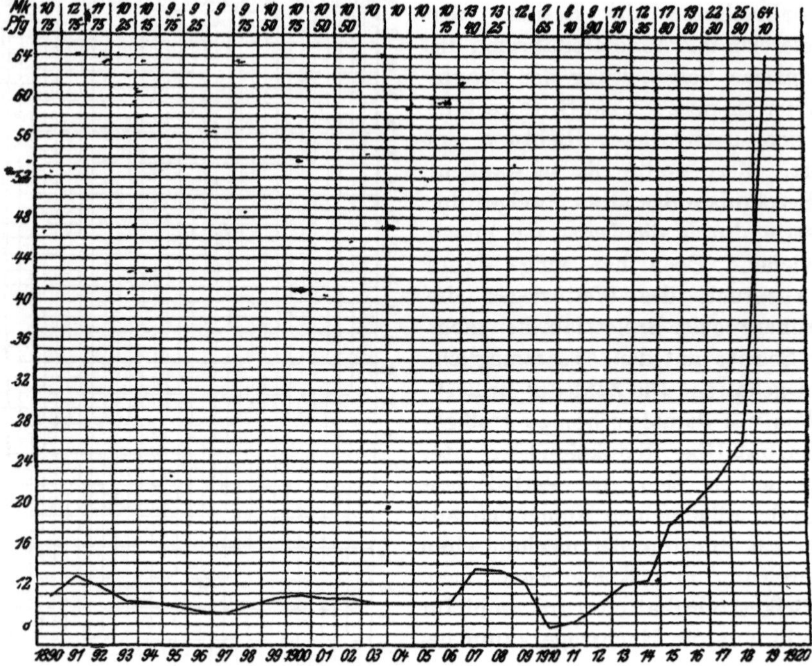

Fig. V. Preise des Gasöls.

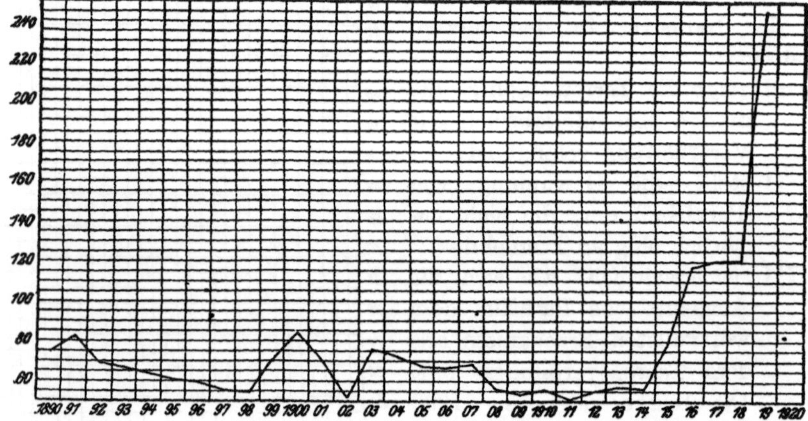

Fig. VI. Preise des Paraffins.

In IV sind die Preise für den Braunkohlenteer[1] wiedergegeben und in
V die des Gasöls. Beide zeigen seit 1914, dem Beginne des Weltkrieges,
den Verhältnissen entsprechend, eine wesentliche Steigerung.

---

[1] Dieser Schwelteer wurde nur in geringen Mengen gehandelt. — Die Preise für den
Generator-Braunkohlenteer, der in größeren Mengen auf den freien Markt kam, waren
zeitweise höher und unkontrollierbar.

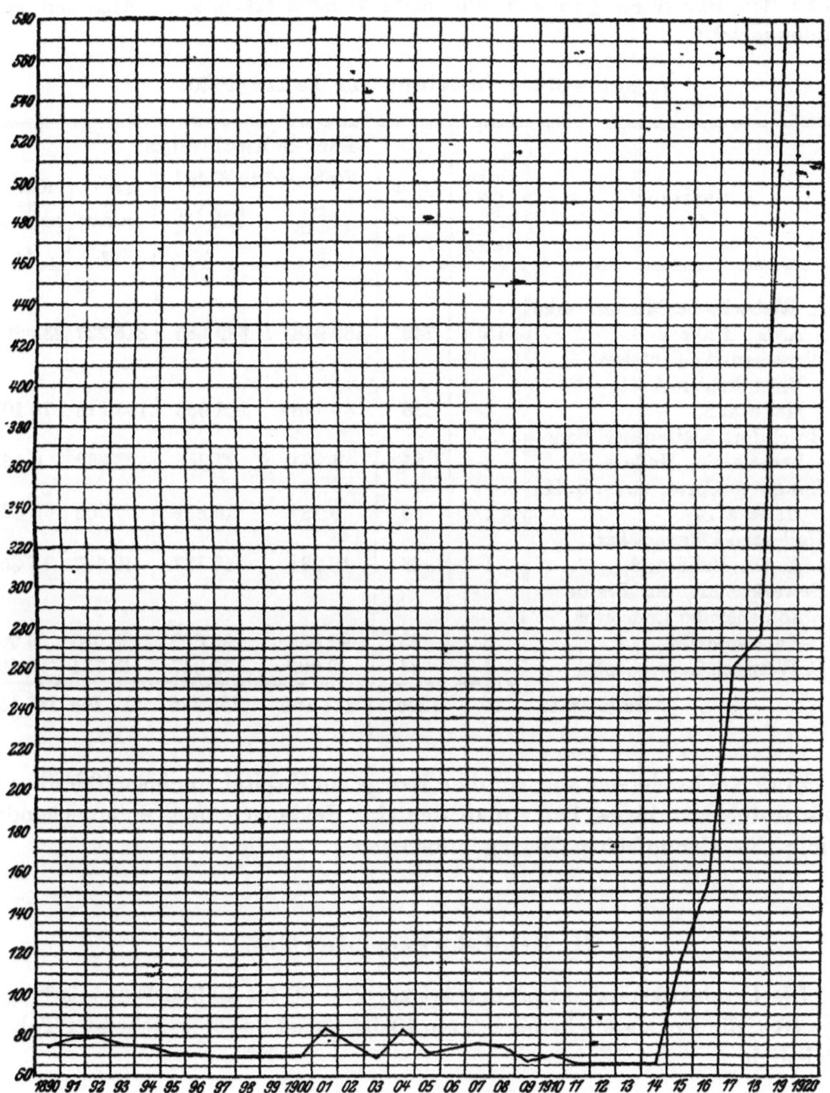

Fig VII. Preise der Paraffinkerzen.

VI zeigt die Zusammenstellung der Paraffinpreise[1], und

VII stellt die Kerzenpreise dar, die wie die Paraffinpreise großen Schwankungen unterworfen sind.

---

[1] Diese sind, wie es früher im Handel üblich war, mit den Beträgen von Mk.
eingetragen, die über den Schmelzpunkt des Paraffins bezahlt werden.

In den folgenden Tabellen sind noch weitere statistische Angaben zusammengestellt.

I. Schwelereibetriebe im Jahre 1920.

Nr.	Besitzer	Teer-Schwelereien					
		Anzahl der Betriebsstätten	Anzahl der Schwelöfen	Verbrauchte Kohle		Teer-erzeugung	Koks-erzeugung
				zum Feuern t	zum Verschwelen t	dz	dz
1	A. Riebecksche Montanwerke A.-G., Halle a. S.	15	740	189 948	689 685	315 237	233 250
2	Werschen-Weißenfelser Braunkohlen-A.-G., Halle a. S.	4	226	40 776	226 903	103 218	78 108
3	Bruckdorf-Nietlebener Bergbau-Verein, Halle a. S.	2	24	4 824	27 214	22 382	8 161
4	Bunge & Corte, G. m. b. H., Halle a. S.	1	50	9 737	16 891	7 782	5 870
5	Hallesche Pfännerschaft A.-G., Halle a. S.	1	36	10 231	46 137	19 787	15 352
6	Gewerkschaft der Braunkohlengrube Concordia, Nachterstedt	2	96	47 555	96 609	38 035	29 969
7	C. Wentzel, Teutschental	1	34	8 095	35 047	12 724	12 401
	Insgesamt:	26	1206	311 166	1 138 486	519 165	383 111

In den Schwelereien war vor dem Kriege ein Kapital von über 10 Millionen Mark festgelegt, heute kann man den der Geldentwertung entsprechenden dreißig- bis vierzigfachen Betrag annehmen.

II. Grudekoksproduktion.

Die Grudekoksproduktion beträgt zur Zeit 38 bis 40 000 Wagenladungen zu je 10 t; die Erzeugung in den letzten 10 Jahren ist aus obenstehender Tabelle ersichtlich.

Die allmähliche Steigerung des Verbrauchs zeigt die folgende Zusammenstellung:

Im Jahre 1883 stellte sich der Versand auf etwa 13 000 Wagenladungen,
,, ,, 1885 ,, ,, ,, ,, ,, ,, 25 000 ,,
,, ,, 1893 ,, ,, ,, ,, ,, ,, 26 700 ,,
,, ,, 1898 ,, ,, ,, ,, ,, ,, 32 600 ,,
,, ,, 1900 ,, ,, ,, ,, ,, ,, 35 200 ,,
,, ,, 1902 ,, ,, ,, ,, ,, ,, 38 000 ,,
,, ,, 1905 ,, ,, ,, ,, ,, ,, 40 500 ,,
,, ,, 1909 ,, ,, ,, ,, ,, ,, 42 000 ,,

III. Mineralöl- und Paraffinfabriken im Jahre 1920.

Nr.	Firma	Ort der Fabrik	Verarbeitete Teermenge dz	Verbrauchte Feuerkohle t
1	Riebecksche Montanwerke A.-G., Halle a..S.	Webau Gerstewitz Oberröblingen a. S. Döllnitz	325 174	151 402
2	Werschen-Weißenfelser Braunkohlen-A.-G., Halle a. S.	Köpsen Waldau	106 174	42 017
3	Bruckdorf-Nietlebener Bergbau-Verein, Halle a. S.	Nietleben	34 857	3 178
4	Bunge & Corte G. m. b. H., Halle a. S. .	Oberröblingen a. S.	7 862	3 175
5	Dörstewitz-Rattmannsdorfer Braunkohlen-Industrie-Ges., Halle a. S.	Rattmannsdorf	10 596	4 301
	Insgesamt:		484 663	204 073

Vor dem Kriege stellten die Mineralöl- und Paraffinfabriken einen Wert von etwa 8 Millionen Mark dar, heute kann man den Wert auf etwa 240 Millionen Mark einschätzen. ·

In den Schwelereien und in den Mineralöl- und Paraffinfabriken waren im Jahre 1920: 2649 Arbeiter beschäftigt. — Das bedeutet eine Steigerung von rund 20 Proz. gegen die Zeit vor der Revolution und stellt sich als eine Folge der Einführung des Achtstundentages und der nach der Revolution einsetzenden erheblichen Minderleistungen dar.

IV. Verwendungsart der Syndikatsöle.

Zur Herstellung von Ölgas für die Beleuchtung der Eisenbahnwagen werden jetzt nur noch etwa 20 000 dz Gasöl verbraucht, gegen 150 000 dz vor dem Kriege, von denen das Verkaufssyndikat für Paraffinöle etwa 110 000 dz geliefert hat. Wie schon gesagt, benutzen nur noch die bayrischen Bahnen die Ölgasbeleuchtung.

Zur Beleuchtung von Städten wird Ölgas nicht mehr gebraucht, auch die Verwendung in Privatbetrieben fällt für den Absatz von Gasöl nicht mehr ins Gewicht. 1895 stellte sich die in Städten und Fabriken zur Ölgasherstellung verwendete Menge Gasöl auf 72 000 dz, 1900 auf etwa 60 000 dz; sie ist dauernd gesunken und spielt heute überhaupt keine Rolle mehr.

Der Verbrauch an Braunkohlenteerölen zur Wagenfettfabrikation betrug vor dem Kriege etwa 12 000 dz, er ist jetzt auf etwa 50 000 dz angestiegen. Der Verbrauch an Gasöl zur Carburation von Wassergas hat vollständig aufgehört; die jetzigen Gasölpreise lassen die Verwendung von Gasöl zu diesem Zwecke nicht mehr zu. 1901 betrug der Verbrauch etwa 18 000 dz und stieg bis vor dem Kriege auf 200 000 dz, wovon das Syndikat etwa 20—30 000 dz geliefert hat.

Der Verbrauch der Mineralöle als Treiböle für Dieselmotore macht sich seit 1903 bemerkbar; er ist jedoch seit dieser Zeit wesentlich gestiegen. Vor dem Kriege lieferte das Syndikat etwa 50—60 000 dz; heute gibt das Syndikat etwa 175 000 dz Treiböl ab.

Der Verkauf von Solaröl ist dauernd, ebenso wie die Herstellung, zurückgegangen. Im Jahre 1898 wurden 40 800 dz, 1901: 23 200 dz, 1910: 15 000 dz erzeugt. Heute beträgt die Herstellung nur noch etwa 7 000 dz.

Im Anschluß hieran sei der Vollständigkeit wegen angeführt, daß zur Zeit die Gewinnung von Ruß aus Ölgas gänzlich eingestellt ist. In den früheren Jahren wurden nicht unbeträchtliche Mengen von Gasöl, etwa 15 000 dz, zu diesem Zwecke verbraucht. Die diesen Rohstoff verarbeitenden Rußfabriken vermochten nicht mehr mit dem billigen amerikanischen Ruße, aus Naturgas gewonnen, in Wettkampf zu treten und mußten ihren Betrieb einstellen.

V. Die Produktion der Kerzenfabriken

der Industrie betrug vor dem Kriege etwa 80 000 dz Paraffin- und Kompositionskerzen, heute beträgt die Herstellung nur noch etwa 45 000 dz, davon entfallen auf die *A. Riebeck*schen Montanwerke, Aktien-Gesellschaft, in Halle a. S. etwa 30 000 dz, auf die Werschen-Weißenfelser Braunkohlen-Aktiengesellschaft in Halle a. S. etwa 15 000 dz. Die Kompositionskerze ist während des Krieges infolge des Mangels an Stearin vollständig in den Hintergrund getreten und wird auch heute nur in bescheidenem Umfange hergestellt.

Kerzenfabriken sind den in Tabelle III angeführten Fabriken Webau, Gerstewitz und Köpsen angegliedert.

Es wird von Interesse sein, hier einzuschalten, wie die Ein- und Ausfuhr dieser Fabrikate in Deutschland sich in den Jahren 1909 und 1910 gestaltet hat

	Ausfuhr		Einfuhr	
	1909	1910	1909	1910
1. Gasöl zum Motorenbetriebe oder zur Carburation von Wassergas	—	—	301 650	303 687 dz
2. Paraffin, roh oder gereinigt	10 864	8 833	151 056	170 475 „
3. Kerzen aller Art	7 830	9 793	2 208	2 053 „

Die Ein- und Ausfuhr der Industrie wird zur Zeit von der Außenhandelsstelle für Paraffin, Kerzen, Erdwachs, Ceresin und Montanwachs in Berlin geregelt.

B. Die Statistik der schottischen Schieferindustrie.

In der Entwicklung der schottischen Schieferindustrie spielt der Schwelapparat eine weit wichtigere Rolle als in der sächsisch-thüringischen Industrie.
Während wir hier seit den siebziger Jahren keine oder nur unbedeutende
Änderungen am Schwelofen sehen, werden dort fortlaufend neue Ofenarten
eingeführt, und diese Veränderungen greifen bis in die letzten Jahrzehnte
hinein. Der Grund hierfür liegt im wesentlichen darin, daß bei der Braunkohlenteergewinnung, wie schon an anderer Stelle betont, seit Jahrzehnten der
Grudekoks eine große Rolle spielt. Diesen erhält man im *Rolle*schen Schwelofen in tadelloser Ware, und man hat daher keine Veranlassung, am Apparate
etwas zu ändern. Anders liegen die Verhältnisse in der schottischen Schieferindustrie, wo die Gewinnung von Ammoniak mit der des Grudekoks in der
sächsisch-thüringischen zu vergleichen ist. Seit 1865 wird das Ammoniak
als schwefelsaures Ammoniak auf den Markt gebracht, während vorher das
Schwelwasser als Abfallprodukt gilt. Das Bestreben, die Ammoniakausbeute zu erhöhen, hat in der Regel die Änderungen am Schwelofen
hervorgerufen, bis man jetzt zu durchaus befriedigend arbeitenden
Apparaten gelangt ist.

Die Eigenschaften des Rohstoffes, des Schiefers, haben sich im Laufe der
Jahrzehnte, seitdem die Industrie arbeitet, nur unwesentlich geändert, und die
Förderkosten sind auch vor dem Weltkriege großen Schwankungen nicht
unterworfen gewesen. *Beilby* berechnete 1897 die Kosten für 1 t Schiefer
mit 5,10 Mk. unter der Annahme, daß die Beschaffenheit des Schiefers dem des
Broxburner Lagers entsprach (1 t liefert 135 l Teer). Die Kosten für den
minderwertigen Schiefer aus den tieferliegenden Flözen von Dunnet, Barracks und Pumpherston waren mit 4,10 Mk. in Ansatz gebracht.

Für die Rentabilität einer Schwelerei wird es allezeit von größter Bedeutung sein, daß man die Förderkosten des Rohstoffes herabdrückt, wie es
in der sächsisch-thüringischen Industrie seit Jahren geschieht. Hier ist man
in einer glücklicheren Lage als in Schottland, da man weit größere Mengen
fördert, wovon nur ein geringer Teil Schwelkohle ist, während die andere
Kohle der mechanischen Aufarbeitung zugeführt wird. Durch diese Massen-
förderung werden die Kosten für die Einheit ermäßigt, und so erhält die
Schwelanlage billigen Rohstoff.

Die schottische Industrie hat es verstanden, durch fortlaufend getroffene
Verbesserungen die Kosten des Schwel- und Fabrikbetriebes von Jahr zu
Jahr herabzudrücken.

Die Kosten für den Schwelbetrieb stellten sich Ende der sechziger Jahre
auf 5,10 Mk. für 1 t Schiefer und die Kosten für die Destillation und Raffination des daraus erhaltenen Teers auf 5,60 Mk.

Die Schwelkosten stellten sich später erheblich billiger und betrugen
1882: 2,55 Mk. und 1897: 2,05 Mk. für 1 t Schiefer.

Die Destillations- und Raffinationskosten verbilligten sich gleichfalls
wesentlich und waren 1882: 3,55 Mk. und 1897: 1,95 Mk. Es wurde im Jahre

1882 aus 1 t Schiefer ein Gewinn von 3,85 Mk. und im Jahre 1897 ein solcher von 2 Mk. erzielt.

Die Preise für die Hauptverkaufswaren sind wie in der sächsisch-thüringischen Industrie beständig gesunken und standen vor Ausbruch des Weltkrieges sehr niedrig. Nur den alten Fabriken, die die guten Zeiten durchgemacht hatten und von großen Rücklagen zehren konnten, war es damals möglich, sich zu halten.

Während des Weltkrieges wurden von seiten der englischen Regierung große Anstrengungen gemacht die Industrie zu heben. Nach Beendigung des Krieges war die Lage der Industrie infolge der durch Lohnsteigerungen erhöhten Produktionskosten und infolge der ausländischen Konkurrenz eine schwierige, die zu den Erwägungen[1] führte, Rohöl aus den persischen Ölfeldern zu verarbeiten und die Ölschieferverarbeitung notfalls aufzugeben.

Die Schieferförderung betrug:

im Jahre 1880	1	Million t,
„ „ 1890	$2^1/_4$	Millionen t,
„ „ 1910	$2^1/_2$	„ „
„. „ 1916	3	„ „

Die gewonnene Teermenge, die zur Verarbeitung gelangt, hat im gleichen Maße zugenommen und beträgt zur Zeit 280 000 t, also etwa das Vier- bis Fünffache des zur Destillation kommenden Braunkohlenteeres.

In den Schwelanlagen werden ferner 500 bis 600 000 dz schwefelsaures Ammoniak erzeugt.

Aus dem Teere gewinnt man an Verkaufswaren[2] etwa

Naphtha	108 000	hl
Leuchtöle aller Art	738 000	„
Gasöle	386 000	dz
Schmieröle	406 000	„
Paraffin	228 000	„
Blasenkoks	50 000	„

Als ein Zeichen, mit welchen Schwierigkeiten die Industrie zu kämpfen hatte, ist es anzusehen, daß von 117 Fabrikanlagen, die im Laufe der Jahre gegründet sind, jetzt nur noch 6 arbeiten. Die übrigen sind wegen ungünstigen Verhältnissen eingegangen. Die 6 Gesellschaften sind: *Broxburn Oil Co., Dalmeny Oil Co., Oakbank Oil Co., Pumpherston Min. Oil Co., Tarbrax Oil Co. Youngs Paraffin Co.* Diese 6 Fabriken sind jetzt unter dem Namen *Scottish Oil Companies* von der *Anglo Persian Oil Co.* zusammengeschlossen (S. 6).

Sie haben über 1500 Schwelretorten im Betriebe. 4 Gesellschaften besitzen Mineralöl- und Paraffinfabriken und an zweien sind Kerzengießereien angegliedert. Vor dem Kriege waren in der Industrie 8 300 Leute beschäftigt, von denen 3380 Bergleute waren. Sie erhielten etwa 14 Millionen Mark Lohn.

---

[1] Petroleum 14, S. 1244.
[2] *E. Graefe:* Petroleum 6, 70.

Namenregister.